正点原子教你学嵌入式系统丛书

STM32F7 原理与应用
——寄存器版(上)

刘军 张洋 左忠凯 编著

北京航空航天大学出版社

内 容 简 介

本套书籍以 ST 公司的 STM32F767 为目标芯片,详细介绍了 STM32F7 的特点、片内外资源的使用,并辅以 65 个例程,由浅入深地介绍了 STM32F7 的使用。所有例程都经过精心编写,从原理开始介绍,到代码编写、下载验证,一步步教读者如何实现。所有源码都配有详细注释,且经过严格测试。另外,源码有生成好的 hex 文件,读者只需要通过仿真器下载到开发板即可看到实验现象,亲自体验实验过程。

套书总共分为 4 册:《STM32F7 原理与应用——寄存器版(上)》、《STM32F7 原理与应用——寄存器版(下)》、《STM32F7 原理与应用——HAL 库版(上)》和《STM32F7 原理与应用——HAL 库版(下)》。

本书是《STM32F7 原理与应用——寄存器版(上)》,分为 3 个篇:① 硬件篇,主要介绍本书的硬件平台;② 软件篇,主要介绍 STM32F7 常用开发软件的使用以及一些下载调试的技巧,并详细介绍几个常用的系统文件(程序);③ 实战篇,通过 30 个实例(后 35 个见下册)带领读者一步步深入了解 STM32F7。

本书适合 STM32F7 初学者和自学者学习参考,对有一定经验的电子工程技术人员也具有实用参考价值。本书也可以作为高校电子、通信、计算机、信息等相关专业的教学参考用书。

图书在版编目(CIP)数据

STM32F7 原理与应用:寄存器版. 上 / 刘军,张洋,左忠凯编著. -- 北京:北京航空航天大学出版社,2017.6
 ISBN 978-7-5124-2396-1

Ⅰ. ①S… Ⅱ. ①刘… ②张… ③左… Ⅲ. ①微控制器 Ⅳ. ①TP332.3

中国版本图书馆 CIP 数据核字(2017)第 079255 号

版权所有,侵权必究。

STM32F7 原理与应用——寄存器版(上)
刘军　张洋　左忠凯　编著
责任编辑　董立娟
＊
北京航空航天大学出版社出版发行
北京市海淀区学院路 37 号(邮编 100191)　http://www.buaapress.com.cn
发行部电话:(010)82317024　传真:(010)82328026
读者信箱:emsbook@buaacm.com.cn　邮购电话:(010)82316936
北京泽宇印刷有限公司印装　各地书店经销
开本:710×1 000　1/16　印张:29.5　字数:664 千字
2017 年 6 月第 1 版　2017 年 6 月第 1 次印刷　印数:3 000 册
ISBN 978-7-5124-2396-1　定价:75.00 元

若本书有倒页、脱页、缺页等印装质量问题,请与本社发行部联系调换。联系电话:(010)82317024

套书序言

2014年底,意法半导体(ST)发布了STM32F7系列芯片。该芯片采用ARM公司最近发布的最新、最强的ARM Cortex-M7内核,其性能约为意法半导体原有最强处理器STM32F4(采用ARM Cortex-M4内核)的两倍。STM32F7系列微控制器的工作频率高达216 MHz,采用6级超标量流水线和硬件浮点单元(Floating Point Unit,FPU),测试分数高达1 000 CoreMark。

在ST MCU高级市场部经理曹锦东先生的帮助下,作者有幸于2015年拿到了STM32F7的样片和评估板。STM32F7强大的处理能力以及丰富的外设资源足以应付各种需求,在工业控制、音频处理、智能家居、物联网和汽车电子等领域,有着广泛的应用前景。其强大的DSP处理性能足以替代一部分DSP处理器,在中高端通用处理器市场有很强的竞争力。

由于STM32F7和ARM Cortex-M7公布都不久,除了ST官方的STM32F7文档和源码,网络上很少有相关的教程和代码,遇到问题时也很少有人可以讨论。作为STM32F7在国内较早的使用者,作者经过近两年的学习和研究,将STM32F7的所有资源摸索了一遍,在此过程中,发现并解决了不少bug。为了让没接触过STM32F7的朋友更快、更好地掌握STM32F7,作者设计了一款STM32F7开发板(阿波罗STM32F767开发板),并对STM32F7的绝大部分资源编写了例程和详细教程。这些教程浅显易懂,使用的描述语言很自然,而且图文并茂,每一个知识点都设计了一个可以运行的示例程序,非常适合初学者学习。

时至今日,书已成型,两年的时间包含了太多的心酸与喜悦,最终呈现给读者的是包括:《STM32F7原理与应用——寄存器版(上)》、《STM32F7原理与应用——寄存器版(下)》、《STM32F7原理与应用——HAL库版(上)》和《STM32F7原理与应用——HAL库版(下)》共4本书的一套书籍。这主要有以下几点考虑:

① STM32F7的代码编写有两种方式:寄存器和HAL库。寄存器方式编写的代码具有精简、高效的特点,但是需要程序员对相关寄存器比较熟悉;HAL库方式编写的代码具有简单、易用的特点,但是效率低,代码量较大。一般想深入学习了解的话,建议选择寄存器方式;想快速上手的话,建议选择HAL库方式。实际应用中,这两种方式都有很多朋友选择,所以分为寄存器和库函数两个版本出版。

② STM32F7的功能十分强大,外设资源也非常丰富,因此教程篇幅也相对较大,而一本书的厚度是有限的,无法将所有内容都编到一本书上,于是分成上下两册。

由于 STM32F7 的知识点非常多，即便分成上下两册，对很多方面也没有深入探讨，需要后续继续研究，而一旦有新的内容，我们将尽快更新到开源电子网（www.openedv.com）。

STM32F7 简介

STM32F7 是 ST 公司推出的第一款基于 ARM Cortex-M7 内核的微处理器，具有 6 级流水线、硬件单/双精度浮点计算单元、L1 I/D Cache、支持 Flash 零等待运行代码、支持 DSP 指令、主频高达 216 MHz，实际性能是 STM32F4 的两倍；另外，还有 QSPI、FMC、TFTLCD 控制器、SAI、SPDIF、硬件 JPEG 编解码器等外设，资源十分丰富。

套书特色

本套书籍作为学习 STM32F7 的入门级教材，也是市面上第一套系统地介绍 STM32F7 原理和应用的教材，具有如下特色：

- ➢ 最新。新芯片，使用最新的 STM32F767 芯片；新编译器，使用最新的 MDK5.21 编译器；新库，基于 ST 主推的 HAL 库编写（HAL 库版）代码，不再使用标准库。
- ➢ 最全。书中包含了大量例程，基本上 STM32F7 的所有资源都有对应的实例，每个实例都从原理开始讲解→硬件设计→软件设计→结果测试，详细介绍了每个步骤，力求全面掌握各个知识点。
- ➢ 循序渐进。书本从实验平台开始→硬件资源介绍→软件使用介绍→基础知识讲解→例程讲解，一步一步地学习 STM32F7，力求做到心中有数，循序渐进。
- ➢ 由简入难。书本例程从最基础的跑马灯开始→最复杂的综合实验，由简入难，一步步深入，完成对 STM32F7 各个知识点的学习。
- ➢ 无限更新。由于书本的特殊性，无法随时更新，一旦有新知识点的教程和代码，作者都会发布在开源电子网（www.openedv.com），读者多关注即可。

套书结构

本套书籍一共分为 2 个版本，共 4 本：《STM32F7 原理与应用——寄存器版（上）》、《STM32F7 原理与应用——寄存器版（下）》、《STM32F7 原理与应用——HAL 库版（上）》和《STM32F7 原理与应用——HAL 库版（下）》。其中，寄存器版本全部基于寄存器操作，精简高效，适合深入学习和研究；HAL 库版本全部采用 HAL 库操作，简单易用，适合快速掌握和使用。上册详细介绍了实验平台的硬件、开发软件的入门和使用、新建工程、下载调试和 30 个基础例程，并且这 30 个基础例程绝大部分都是针对 STM32F7 内部一些基本外设的使用，比较容易掌握，也是灵活使用 STM32F7 的基础。对于想入门，或者刚接触 STM32F7 的朋友，上册版本是您的理想之选。下册则详细介绍了 34/35（寄存器版多了综合实验）个高级例程，针对 STM32F7 内部的一些高级外设和第三方代码（FATFS、Lwip、μC/OS 和音频解码库等）的使用等做了详细介绍，对学习者要求比较高,适合对 STM32F7 有一定了解、基础比较扎实的朋友学习。

本套书籍的结构如下所示:

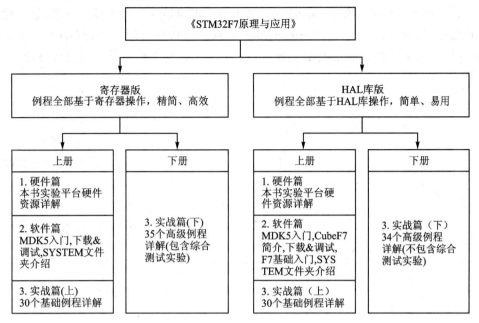

使用本套书籍

对于时间充足、有过单片机使用经验、对底层驱动感兴趣的朋友,建议选择寄存器版本学习。因为它全部是基于最底层的寄存器操作,对学习者要求比较高,需要较多的时间来掌握,但是学会之后,编写代码思路会清晰很多,而且代码精简,效率极高。

对于想快速入门、对底层接口兴趣不大、专注应用层软件的朋友,建议选择 HAL 库版本学习。因为它的底层驱动,全部由 ST 官方写好了,读者只须学会函数和参数的使用,就能实现对相关外设的驱动,有利于快速编写驱动代码,无须繁琐地查看寄存器,容易入门,能有更多的时间来实现应用层的功能。

对于没有学习过 STM32F7 的初学者,建议先学习上册的内容,它对 STM32F7 的软硬件开发环境进行了详细的介绍,从新建工程教起,包括 30 个 STM32F7 内部资源使用的基础例程,每个例程都有详细的解说和示例程序,非常适合初学者入门。

对于有一定单片机编程基础、对 STM32F7 有一定了解(最好学过本套书籍上册内容)、想进一步提高的朋友,推荐学习下册内容,它对 STM32F7 的一些高级外设有详细介绍和参考代码,并且对第三方代码组件也有比较详细的介绍,非常适合较大工程的应用。

致 谢

感谢北京航空航天大学出版社,它的支持才让本套书籍得以和大家见面。

感谢开源电子网的网友,是他们的支持和帮助才让我一步一步走了下来,其中有一些朋友还参与了本套书籍的审校和代码审核工作,特别感谢:八度空间、春风、jerymy_ z、yyx112358等网友,他们参与了本书的审校工作。是众多朋友的认真工作,才使得本套书籍可以较早地出版。

由于作者技术水平有限,精力有限,书中难免出现错误和代码设计缺陷,恳请读者批评指正(邮箱:liujun6037@foxmail.com)。读者可以在开源电子网(www.openedv.com)免费下载到本套书籍的全部源码,并查看与本套书籍对应的不断更新的系列教程。

刘　军

2017年2月于广州

前　言

作为 Cortex-M 系列通用处理器市场的最大占有者,STM32 以其优异的性能、超高的性价比、丰富的本地化教程,迅速占领了市场。ST 公司自 2007 年推出第一款 STM32 以来,先后推出了 STM32F0/F1/F2/F3/F4/F7 等系列产品,涵盖了 Cortex-M0/M3/M4/M7 等内核,总出货量超过 18 亿颗,是 ARM 公司 Cortex-M 系列内核的霸主。

STM32F7 系列是 ST 推出的基于 ARM Cortex-M7 内核的处理器,采用 6 级流水线,性能高达 5 CoreMark/MHz,在 200 MHz 工作频率下测试数据高达 1 000 CoreMarks,远超此前性能最高的 STM32F4(Cortex-M4 内核)系列(DSP 性能超过 STM32F4 的两倍)。

STM32F76x 系列(包括 STM32F765/767/768/769 等),主要有如下优势:

- ➢ 更先进的内核,采用 Cortex-M7 内核,具有 16 KB 指令/数据 Cache,采用 ST 独有的自适应实时加速技术(ART Accelerator),性能高达 5 CoreMark/MHz。
- ➢ 更丰富的外设,拥有高达 512 KB 的片内 SRAM,并且支持 SDRAM、带 TFTLCD 控制器、带图形加速器(Chorme ART)、带摄像头接口(DCMI)、带硬件 JPEG 编解码器、带 QSPI 接口、带 SAI&I^2S 音频接口、带 SPDIF RX 接口、USB 高速 OTG、真随机数发生器、OTP 存储器等。
- ➢ 更高的性能,STM32F767 最高运行频率可达 216 MHz,具有 6 级流水线,带有指令和数据 Cache,大大提高了性能,性能大概是 STM32F4 的两倍。而且 STM32F76x 自带了双精度硬件浮点单元(DFFPU),在做 DSP 处理的时候具有更好的性能。

STM32F76x 系列自带了 LCD 控制器和 SDRAM 接口,对于想要驱动大屏或需要大内存的朋友来说,是个非常不错的选择;更重要的是集成了硬件 JPEG 编解码器,可以秒解 JPEG 图片,做界面的时候可以大大提高加载速度,并且可以实现视频播放。本书将以 STM32F767 为例,向大家讲解 STM32F7 的学习。

内容特点

学习 STM32F767 有几份资料经常用到:《STM32F7 中文参考手册》、《STM32F7xx 参考手册》英文版、《STM32F7 编程手册》。

其中,最常用的是《STM32F7 中文参考手册》。该文档是 ST 官方针对 STM32F74x/75x 的一份中文参考资料,里面有绝大部分寄存器的详细描述,内容翔实,但是没有实例,也没有对 Cortex-M7 构架进行大多介绍,读者只能根据自己对书本的理解来编写相关代码。另外,对 STM32F767 特有的部分外设(比如硬件 JPEG 编解码器、DFSDM 等),则必须参考《STM32F7xx 参考手册》英文版来学习。

《STM32F7 编程手册》文档则重点介绍了 Cortex-M7 内核的汇编指令及其使用、内核相关寄存器(比如 SCB、NVIC、SYSTICK 等寄存器)是《STM32F7 中文参考手册》的重要补充。很多在《STM32F7 中文参考手册》无法找到的内容,都可以在这里找到答案,不过目前该文档没有中文版本,只有英文版。

本书将结合以上 3 份资料,从寄存器级别出发,深入浅出地向读者展示 STM32F767 的各种功能。总共配有 65 个实例,基本上每个实例均配有软硬件设计,在介绍完软硬件之后马上附上实例代码,并带有详细注释及说明,让读者快速理解代码。

这些实例涵盖了 STM32F7 的绝大部分内部资源,并且提供了很多实用级别的程序,如内存管理、NAND Flash FTL、拼音输入法、手写识别、图片解码、IAP 等。所有实例均在 MDK5.21A 编译器下编译通过,读者只须下载程序到 ALIENTEK 阿波罗 STM32 开发板即可验证实验。

读者对象

不管你是一个 STM32 初学者,还是一个老手,本书都非常适合。尤其对于初学者,本书将手把手地教你如何使用 MDK,包括新建工程、编译、仿真、下载调试等一系列步骤,让你轻松上手。本书不适用于想通过 HAL 库学习 STM32F7 的读者,因为本书的绝大部分内容都是直接操作寄存器的;如果想通过 HAL 库学习 STM32F7,可看本套书的 HAL 库版本。

配套资料

本书的实验平台是 ALIENTEK 阿波罗 STM32F7 开发板,有这款开发板的朋友可以直接拿本书配套资料上的例程在开发板上运行、验证。而没有这款开发板而又想要的朋友,可以上淘宝购买。当然,如果已有了一款自己的开发板,而又不想再买,也是可以的,只要你的板子上有和 ALIENTEK 阿波罗 STM32F7 开发板上的相同资源(需要实验用到的),代码一般都是可以通用的,你需要做的就只是把底层的驱动函数(比如 I/O 口修改)稍做修改,使之适合你的开发板即可。

本书配套资料包括 ALIENTEK 阿波罗 STM32F7 开发板相关模块原理图(pdf 格式)、视频教程、文档教程、配套软件、各例程程序源码和相关参考资料等,所有这些资料读者都可以在 http://www.openedv.com/thread-13912-1-1.html 免费下载。

刘 军

2017 年 2 月于广州

目 录

第一篇 硬件篇

第 1 章 实验平台简介 ·· 2
  1.1 ALIENTEK 阿波罗 STM32F4/F7 开发板资源初探 ··································· 2
    1.1.1 阿波罗 STM32 开发板底板资源 ·· 2
    1.1.2 STM32F767 核心板资源 ··· 4
  1.2 ALIENTEK 阿波罗 STM32F767 开发板资源 ··· 6
    1.2.1 硬件资源说明 ·· 6
    1.2.2 软件资源说明 ·· 13
    1.2.3 阿波罗 I/O 引脚分配 ··· 15

第 2 章 实验平台硬件资源详解 ·· 16
  2.1 开发板底板原理图详解 ·· 16
  2.2 STM32F767 核心板原理图详解 ·· 34
  2.3 开发板使用注意事项 ·· 42
  2.4 STM32F767 学习方法 ··· 42

第二篇 软件篇

第 3 章 MDK5 软件入门 ·· 46
  3.1 MDK5 简介 ··· 46
  3.2 新建 MDK5 工程 ··· 47
  3.3 MDK5 使用技巧 ·· 60
    3.3.1 文本美化 ··· 60
    3.3.2 语法检测 & 代码提示 ··· 63
    3.3.3 代码编辑技巧 ·· 64
    3.3.4 其他小技巧 ··· 68

第 4 章 下载与调试 ·· 70
  4.1 STM32F767 程序下载 ··· 70
  4.2 STM32F767 在线调试 ··· 74

第 5 章 SYSTEM 文件夹介绍 ·· 80
  5.1 delay 文件夹代码介绍 ·· 80

- 5.1.1 操作系统支持宏定义及相关函数 ·················· 81
- 5.1.2 delay_init 函数 ·················· 83
- 5.1.3 delay_us 函数 ·················· 84
- 5.1.4 delay_xms 函数 ·················· 86
- 5.1.5 delay_ms 函数 ·················· 87
- 5.2 sys 文件夹代码介绍 ·················· 88
  - 5.2.1 Cache 使能函数 ·················· 88
  - 5.2.2 时钟配置函数 ·················· 89
  - 5.2.3 Sys_Soft_Reset 函数 ·················· 94
  - 5.2.4 Sys_Standby 函数 ·················· 96
  - 5.2.5 I/O 设置函数 ·················· 98
  - 5.2.6 中断管理函数 ·················· 108
- 5.3 usart 文件夹介绍 ·················· 114
  - 5.3.1 USART1_IRQHandler 函数 ·················· 114
  - 5.3.2 uart_init 函数 ·················· 116

第三篇 实战篇

- 第 6 章 跑马灯实验 ·················· 119
- 第 7 章 按键输入实验 ·················· 125
- 第 8 章 串口通信实验 ·················· 131
- 第 9 章 外部中断实验 ·················· 138
- 第 10 章 独立看门狗（IWDG）实验 ·················· 143
- 第 11 章 窗口看门狗（WWDG）实验 ·················· 148
- 第 12 章 定时器中断实验 ·················· 153
- 第 13 章 PWM 输出实验 ·················· 160
- 第 14 章 输入捕获实验 ·················· 166
- 第 15 章 电容触摸按键实验 ·················· 175
- 第 16 章 OLED 显示实验 ·················· 182
- 第 17 章 内存保护（MPU）实验 ·················· 198
- 第 18 章 TFTLCD（MCU 屏）实验 ·················· 209
- 第 19 章 SDRAM 实验 ·················· 235
- 第 20 章 LTDC LCD（RGB 屏）实验 ·················· 257
- 第 21 章 USMART 调试组件实验 ·················· 292
- 第 22 章 RTC 实时时钟实验 ·················· 303
- 第 23 章 硬件随机数实验 ·················· 322
- 第 24 章 待机唤醒实验 ·················· 328
- 第 25 章 ADC 实验 ·················· 336

第 26 章	内部温度传感器实验	346
第 27 章	DAC 实验	350
第 28 章	PWM DAC 实验	359
第 29 章	DMA 实验	366
第 30 章	I^2C 实验	377
第 31 章	I/O 扩展实验	387
第 32 章	光环境传感器实验	395
第 33 章	QSPI 实验	403
第 34 章	RS485 实验	423
第 35 章	CAN 通信实验	431
参考文献		457

第一篇 硬件篇

实践出真知,要想学好 STM32F767,实验平台必不可少!本篇将详细介绍我们用来学习 STM32F767 的硬件平台:ALIENTEK 阿波罗 STM32F767 开发板。通过该篇的介绍,你将了解到我们的学习平台 ALIENTEK 阿波罗 STM32F767 开发板的功能及特点。

为了让读者更好使用 ALIENTEK 阿波罗 STM32F767 开发板,本篇还介绍了开发板的一些使用注意事项,读者在使用开发板的时候一定要注意。

本篇将分为如下两章:

第 1 章 实验平台简介

第 2 章 实验平台硬件资源详解

第1章

实验平台简介

本章主要介绍我们的实验平台：ALIENTEK 阿波罗 STM32F4/F7 开发板。通过本章的学习，读者将对本书使用的实验平台有个大概了解，为后面的学习做铺垫。

1.1 ALIENTEK 阿波罗 STM32F4/F7 开发板资源初探

ALIENTEK 之前总共推出过 4 款开发板：mini 板、精英板、战舰板和探索板。前 3 款均为 STM32F1 系列开发板，探索板为 STM32F407 开发板，这几款开发板常年稳居淘宝销量前茅，累计出货超过 7 万套。这款阿波罗开发板是 ALIENTEK 推出的第二款 Cortex-M4(F429)开发板和第一款 Cortex-M7(F767)开发板，其采用核心板+底板的形式，当使用 STM32F429 的核心板时，它就是一款 STM32F429 开发板；当使用 STM32F767 核心板时，它就是一款 STM32F767 开发板。接下来分别介绍阿波罗 STM32 开发板的底板和核心板。

1.1.1 阿波罗 STM32 开发板底板资源

阿波罗 STM32 开发板的底板资源图，如图 1.1.1 所示。可以看出，阿波罗 STM32 开发板底板资源十分丰富，把 STM32F429/F767 的内部资源发挥到了极致，基本所有 STM32F429/F767 的内部资源都可以在此开发板上验证，同时扩充丰富的接口和功能模块，整个开发板显得十分大气。

开发板的外形尺寸为 121 mm×160 mm 大小，板子的设计充分考虑了人性化设计，并结合笔者 ALIENTEK 多年的 STM32 开发板设计经验，经过多次改进，最终确定了这样的设计。

ALIENTEK 阿波罗 STM32 开发板底板板载资源如下：
➢ 一个核心板接口，支持 STM32F429/F767 等核心板；
➢ 一个电源指示灯（蓝色）；
➢ 二个状态指示灯（DS0:红色，DS1:绿色）；
➢ 一个红外接收头，并配备一款小巧的红外遥控器；
➢ 一个 9 轴（陀螺仪+加速度+磁力计）传感器芯片 MPU9250；
➢ 一个高性能音频编解码芯片 WM8978；
➢ 一个无线模块接口，支持 NRF24L01 无线模块；

第 1 章 实验平台简介

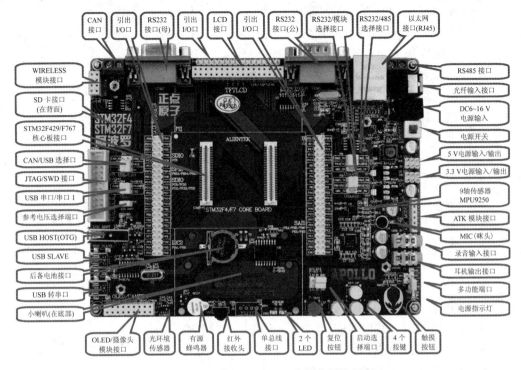

图 1.1.1 阿波罗 STM32 开发板底板资源图

- 一路光纤输入接口(音频,仅 F7 支持);
- 一路 CAN 接口,采用 TJA1050 芯片;
- 一路 485 接口,采用 SP3485 芯片;
- 二路 RS232 串口(一公一母)接口,采用 SP3232 芯片;
- 一路单总线接口,支持 DS18B20/DHT11 等单总线传感器;
- 一个 ATK 模块接口,支持 ALIENTEK 蓝牙/GPS/MPU6050/RGB 灯模块;
- 一个光环境传感器(光照、距离、红外三合一);
- 一个标准的 2.4/2.8/3.5/4.3/7 寸 LCD 接口,支持电阻/电容触摸屏;
- 一个摄像头模块接口;
- 一个 OLED 模块接口;
- 一个 USB 串口,可用于程序下载和代码调试(USMART 调试);
- 一个 USB SLAVE 接口,用于 USB 从机通信;
- 一个 USB HOST(OTG)接口,用于 USB 主机通信;
- 一个有源蜂鸣器;
- 一个 RS232/RS485 选择接口;
- 一个 RS232/模块选择接口;
- 一个 CAN/USB 选择接口;
- 一个串口选择接口;

- 一个SD卡接口(在板子背面);
- 一个百兆以太网接口(RJ45);
- 一个标准的JTAG/SWD调试下载口;
- 一个录音头(MIC/咪头);
- 一路立体声音频输出接口;
- 一路立体声录音输入接口;
- 一个小扬声器(在板子背面);
- 一组多功能端口(DAC/ADC/PWM DAC/AUDIO IN/TPAD);
- 一组5 V电源供应/接入口;
- 一组3.3 V电源供应/接入口;
- 一个参考电压设置接口;
- 一个直流电源输入接口(输入电压范围:DC6~24 V);
- 一个启动模式选择配置接口;
- 一个RTC后备电池座,并带电池;
- 一个复位按钮,可用于复位MCU和LCD;
- 4个功能按钮,其中KEY_UP(即WK_UP)兼具唤醒功能;
- 一个电容触摸按键;
- 一个电源开关,控制整个板的电源;
- 独创的一键下载功能;
- 引出110个I/O口。

ALIENTEK阿波罗STM32开发板底板的特点包括:
- 接口丰富。板子提供十余种标准接口,可以方便地进行各种外设的实验和开发。
- 设计灵活。其采用核心板+底板形式,一款底板可以学习多款MCU,减少重复投资;板上很多资源都可以灵活配置,以满足不同条件下的使用;引出了110个I/O口,极大地方便读者扩展及使用。板载一键下载功能可避免频繁设置B0、B1的麻烦,仅通过一根USB线即可实现STM32的开发。
- 资源丰富。板载高性能音频编解码芯片、9轴传感器、百兆网卡、光环境传感器以及各种接口芯片,满足各种应用需求。
- 人性化设计。各个接口都有丝印标注,且用方框框出,使用起来一目了然;部分常用外设用大丝印标出,方便查找;接口位置设计合理,方便顺手。资源搭配合理,物尽其用。

1.1.2 STM32F767核心板资源

STM32F767核心板资源图如图1.1.2所示。可以看出,STM32F767核心板的板载资源十分丰富,可以满足各种应用的需求,完全可以独立使用。整个核心板的外形尺寸为65 mm×45 mm,非常小巧,并且采用了贴片板对板连接器,使其可以很方便地应用在各种项目上。

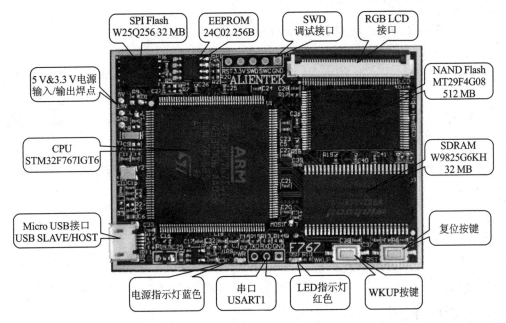

图 1.1.2 STM32F767 核心板资源图

ALIENTEKSTM32F767 核心板板载资源如下：
- CPU：STM32F767IGT6，LQFP176，Flash：1 024 KB，SRAM：512 KB；
- 外扩 SDRAM：W9825G6KH，32 MB；
- 外扩 NAND Flash：MT29F4G08，512 MB；
- 外扩 SPI Flash：W25Q256，32 MB；
- 外扩 EEPROM：24C02，256 字节；
- 二个板对板接口（在底部），引出 110 个 I/O，方便接入各种底板；
- 一个 5 V & 3.3 V 焊点，支持外接电源或输出电源给外部；
- 一个 Micro USB 接口，可作 USB SLAVE/HOST（OTG）使用；
- 一个电源指示灯（蓝色）；
- 一个状态指示灯（红色）；
- 一个 TTL 串口（USART1）；
- 一个复位按钮，可用于复位 MCU 和 LCD；
- 一个功能按钮，WKUP，可以用作 MCU 唤醒；
- 一个 RGB LCD 接口，支持 RGB 接口的 LCD 屏（RGB565 格式）；
- 一个 SWD 调试接口。

ALIENTEKSTM32F767 核心板的特点包括：
- 体积小巧。核心板仅 65 mm×45 mm 大小，方便使用到各种项目里面。
- 接口丰富。核心板自带了串口、SWD 调试接口、RGB LCD 屏接口、USB 接口和

3.3 V & 5 V 电源接口等,并通过板对板接口引出了 110 个 I/O 口,从而满足各种应用需求。
- ➢ 资源丰富。核心板板载 32 MB SDRAM、32 MB SPI Flash、512 MB NAND Flash 和 EEPROM 等存储器,可以满足各种应用需求。
- ➢ 性能稳定。核心板采用 4 层板设计,单独地层、电源层,且关键信号采用等长线走线,保证运行稳定、可靠。
- ➢ 人性化设计。各个接口都有丝印标注,使用起来一目了然;接口位置设计合理,方便顺手。

1.2 ALIENTEK 阿波罗 STM32F767 开发板资源

1.2.1 硬件资源说明

这里首先详细介绍阿波罗 STM32F767 开发板的各个部分,包括底板和核心板两部分(图 1.1.1 和图 1.1.2 中的标注部分)的硬件资源,可按逆时针的顺序依次介绍。

1. 底板的资源

(1) WIRELESS 模块接口

这是开发板板载的无线模块接口(U4),可以插入 NRF24L01 模块/WIFI 模块等无线模块,从而实现无线通信功能。注意,接 NRF24L01 模块进行无线通信的时候,必须同时有 2 个模块和 2 个板子才可以测试,单个模块/板子例程是不能测试的。

(2) SD 卡接口

这是开发板板载的一个标准 SD 卡接口(SD_CARD),其在开发板的背面,采用大 SD 卡接口(即相机卡,TF 卡是不能直接插的,TF 卡得加卡套才行),SDMMC 方式驱动。有了这个 SD 卡接口,就可以满足海量的数据存储需求。

(3) STM32F429/F767 核心板接口

这是开发板底板上面的核心板接口,由 2 个 2×30 的贴片板对板接线端子(3710F 母座)组成,可以用来插 ALIENTEK 的 STM32F429/STM32F767 核心板等,从而学习 STM32F429/STM32F767 等芯片,达到一个开发板学习多款 MCU 的目的,减少重复投资。

(4) CAN/USB 选择口

这是一个 CAN/USB 的选择接口(P10)。因为 STM32 的 USB 和 CAN 共用一组 I/O(PA11 和 PA12),所以通过跳线帽来选择不同的功能,以实现 USB/CAN 的实验。

(5) JTAG/SWD 接口

这是开发板板载的 20 针标准 JTAG 调试口(JTAG),可以直接和 ULINK、JLINK(V9 或者以上版本)或者 STLINK 等调试器(仿真器)连接。同时,由于 STM32 支持 SWD 调试,这个 JTAG 口也可以用 SWD 模式来连接。

用标准的 JTAG 调试时，需要占用 5 个 I/O 口，有些时候可能造成 I/O 口不够用；而用 SWD 则只需要 2 个 I/O 口，大大节约了 I/O 数量，但它们达到的效果是一样的，所以强烈建议仿真器使用 SWD 模式。

(6) USB 串口/串口 1

这是 USB 串口同 STM32 的串口 1 进行连接的接口(P4)。标号 RXD 和 TXD 是 USB 转串口的 2 个数据口(对 CH340G 来说)，而 PA9(TXD)和 PA10(RXD)则是 STM32 串口 1 的两个数据口(复用功能下)。它们通过跳线帽对接就可以和连接在一起了，从而实现 STM32 的串口通信。

设计成 USB 串口是因为现在计算机上的串口正在消失，尤其是笔记本，几乎清一色的没有串口，所以板载了 USB 串口可以方便调试。而板子上并没有直接连接在一起，则是出于使用方便的考虑。这样设计时就可以把阿波罗 STM32 开发板当成一个 USB 转 TTL 串口，从而和其他板子通信，而其他板子的串口也可以方便地接到开发板上。

(7) 参考电压选择端口(核心板指示灯控制口)

这是 STM32 的参考电压选择端口(P5)，默认接开发板的 3.3 V(VDDA)。如果想设置其他参考电压，则只需要把你的参考电压源接到 V_{ref+} 和 GND 即可。特别注意，P5 还有控制核心板指示灯亮灭的功能，当 P5 的 V_{ref+} 接 3.3 V 的时候(默认)，核心板的所有指示灯都停止工作。当 V_{ref+} 悬空的时候，核心板的指示灯才正常工作。

(8) USB HOST(OTG)

这是开发板板载的一个侧插式的 USB - A 座(USB_HOST)，由于 STM32F4/F7 的 USB 是支持 HOST 的，所以可以通过这个 USB - A 座连接 U 盘/USB 鼠标/USB 键盘等其他 USB 从设备，从而实现 USB 主机功能。注意，由于 USB HOST 和 USB SLAVE 是共用 PA11 和 PA12，所以两者不可以同时使用。

(9) USB SLAVE

这是开发板板载的一个 MiniUSB 头(USB_SLAVE)，用于 USB 从机(SLAVE)通信，一般用于 STM32 与计算机的 USB 通信。通过此 MiniUSB 头，开发板就可以和计算机进行 USB 通信了。注意，该接口不能和 USB HOST 同时使用。

开发板总共板载了两个 MiniUSB 头，一个(USB_232)用于 USB 转串口，连接 CH340G 芯片；另外一个(USB_SLAVE)用于 STM32 内带的 USB。同时开发板可以通过此 MiniUSB 头供电，板载两个 MiniUSB 头(不共用)，主要是考虑了使用的方便性以及可以给板子提供更大的电流(两个 USB 都接上)这两个因素。

(10) 后备电池接口

这是 STM32 后备区域的供电接口，可以用来给 STM32 的后备区域提供能量，在外部电源断电的时候，维持后备区域数据的存储以及 RTC 的运行。

(11) USB 转串口

这是开发板板载的另外一个 MiniUSB 头(USB_232)，用于 USB 连接 CH340G 芯片，从而实现 USB 转串口。同时，此 MiniUSB 接头也是开发板的电源提供口。

(12) 小扬声器

这是开发板自带的一个 8 Ω 2 W 的小扬声器,安装在开发板的背面,并带了一个小音箱,可以用来播放音频。该扬声器由 WM8978 直接驱动,最大输出功率可达 0.9 W。

(13) OLED/摄像头模块接口

这是开发板板载的一个 OLED/摄像头模块接口(P7),如果是 OLED 模块,靠左插即可(右边两个孔位悬空);如果是摄像头模块(ALIENTEK 提供),则刚好插满。通过这个接口可以分别连接多个外部模块,从而实现相关实验。

(14) 光环境传感器

这是开发板板载的一个光环境三合一传感器(U12),它可以作为环境光传感器、近距离(接近)传感器和红外传感器。通过该传感器,开发板可以感知周围环境光线的变化、接近距离等,从而可以实现类似手机的自动背光控制。

(15) 有源蜂鸣器

这是开发板的板载蜂鸣器(BEEP),可以实现简单的报警/闹铃,让开发板可以听得见。

(16) 红外接收头

这是开发板的红外接收头(U11),可以实现红外遥控功能。通过这个接收头,可以接收市面上常见的各种遥控器的红外信号,甚至可以自己实现万能红外解码。当然,如果应用得当,该接收头也可以用来传输数据。

阿波罗 STM32 开发板配备了一个小巧的红外遥控器,外观如图 1.2.1 所示。

(17) 单总线接口

这是开发板的一个单总线接口(U10),由 4 个镀金排孔组成,可以用来接 DS18B20/DS1820 等单总线数字温度传感器,也可以用来接 DHT11 单总线数字温湿度传感器,实现一个接口多个功能。不用的时候,可以拆下上面的传感器,放到其他地方去用,十分方便灵活。

图 1.2.1 红外遥控器

(18) 2 个 LED

这是开发板板载的两个 LED 灯(DS0 和 DS1),DS0 是红色的,DS1 是绿色的,主要是方便识别。两个 LED 对于一般的应用足够了,调试代码的时候,使用 LED 来指示程序状态是非常不错的一个辅助调试方法。阿波罗 STM32 开发板几乎每个实例都使用了 LED 来指示程序的运行状态。

(19) 复位按钮

这是开发板板载的复位按键(RESET),用于复位 STM32;还具有复位液晶的功能,因为液晶模块的复位引脚和 STM32 的复位引脚是连接在一起的。当按下该键的时候,STM32 和液晶一并被复位。

第 1 章 实验平台简介

(20) 启动选择端口

这是开发板板载的启动模式选择端口（BOOT），STM32 有 BOOT0（B0）和 BOOT1（B1）两个启动选择引脚，用于选择复位后 STM32 的启动模式；作为开发板，这两个是必须的。在开发板上，通过跳线帽选择 STM32 的启动模式。

(21) 4 个按键

这是开发板板载的 4 个机械式输入按键（KEY0、KEY1、KEY2 和 KEY_UP）。其中，KEY_UP 具有唤醒功能，连接到 STM32 的 WAKE_UP(PA0) 引脚，可用于待机模式下的唤醒；在不使用唤醒功能的时候，也可以作为普通按键输入使用。

其他 3 个是普通按键，可以用于人机交互的输入，这 3 个按键是直接连接在 STM32 的 I/O 口上的。注意，KEY_UP 是高电平有效，而 KEY0、KEY1 和 KEY2 是低电平有效。

(22) 触摸按钮

这是开发板板载的一个电容触摸输入按键（TPAD），利用电容充放电原理来实现触摸按键检测。

(23) 电源指示灯

这是开发板板载的一颗蓝色的 LED 灯（PWR），用于指示电源状态。电源开启的时候（通过板上的电源开关控制），该灯会亮；否则，不亮。通过这个 LED 可以判断开发板的上电情况。

(24) 多功能端口

这是一个由 6 个排针组成的一个接口（P1&P11）。可别小看这 6 个排针，这可是本开发板设计得很巧妙的一个端口（由 P1 和 P11 组成）。这组端口通过组合可以实现的功能有 ADC 采集、DAC 输出、PWM DAC 输出、外部音频输入、电容触摸按键、DAC 音频、PWM DAC 音频、DAC ADC 自测等，所有这些都是只需要一个跳线帽的设置，就可以逐一实现。

(25) 耳机输出接口

这是开发板板载的音频输出接口（PHONE），该接口可以插 3.5 mm 的耳机。当 WM8978 放音的时候，就可以通过在该接口插入耳机，从而欣赏音乐。

(26) 录音输入接口

这是开发板板载的外部录音输入接口（LINE_IN）。通过喇叭只能实现单声道的录音，而通过这个 LINE_IN 可以实现立体声录音。

(27) MIC（咪头）

这是开发板的板载录音输入口（MIC）。该咪头直接接到 WM8978 的输入上，可以用来实现录音功能。

(28) ATK 模块接口

这是开发板板载的一个 ALIENTEK 通用模块接口（U5），目前可以支持 ALIENTEK 开发的 GPS 模块、蓝牙模块、MPU6050 模块和全彩 RGB 灯模块等，直接插上对应的模块就可以进行开发。

(29) 9 轴传感器 MPU9250

MPU9250 是开发板板载的一个高性能的 9 轴传感器,内部集成一个 3 轴加速度传感器、一个 3 轴陀螺仪和一个 3 轴磁力传感器,并且带 MPL 功能,在 4 轴飞控方面应用非常广泛。所以喜欢玩 4 轴的读者也可通过本开发板进行学习。

(30) 3.3 V 电源输入/输出

这是开发板板载的一组 3.3 V 电源输入输出排针(2×3)(V_{OUT1}),用于给外部提供 3.3 V 的电源,也可以用于从外部接 3.3 V 的电源给板子供电。

在实验的时候可能经常会为没有 3.3 V 电源而苦恼不已,有了阿波罗 STM32 开发板,就可以很方便地拥有一个简单的 3.3 V 电源(最大电流不能超过 500 mA)。

(31) 5 V 电源输入/输出

这是开发板板载的一组 5 V 电源输入/输出排针(2×3)(V_{OUT2}),用于给外部提供 5 V 的电源,也可以用于从外部接 5 V 的电源给板子供电。

同样,有了这组 5 V 排针,读者就可以很方便地拥有一个简单的 5 V 电源(USB 供电的时候,最大电流不能超过 500 mA;外部供电的时候,最大可达 1 000 mA)。

(32) 电源开关

这是开发板板载的电源开关(K1)。该开关用于控制整个开发板的供电,如果切断,则整个开发板都将断电,电源指示灯(PWR)会随着此开关的状态而亮灭。

(33) DC6~16 V 电源输入

这是开发板板载的一个外部电源输入口(DC_IN),采用标准的直流电源插座。开发板板载了 DC-DC 芯片(MP2359),用于给开发板提供高效、稳定的 5 V 电源。由于采用了 DC-DC 芯片,所以开发板的供电范围十分宽,读者可以很方便地找到合适的电源(只要输出范围在 DC6~16 V 的基本都可以)来给开发板供电。在耗电比较大的情况下,比如用到 4.3 寸屏/7 寸屏/网口的时候,建议使用外部电源供电,还可以提供足够的电流给开发板使用。

(34) 光纤输入接口

这是开发板板载的音频光纤输入接口(OPTICAL),可以接收光纤传递过来的数字音频信号。注意,此接口仅在使用 STM32F7 核心板的时候才有用,STM32F429 核心板无法使用。

(35) RS485 接口

这是开发板板载的 RS485 总线接口(RS485),通过 2 个端口和外部 RS485 设备连接。注意,RS485 通信的时候,必须 A 接 A、B 接 B;否则,可能通信不正常。

(36) 以太网接口(RJ45)

这是开发板板载的网口(EARTHNET),可以用来连接网线,实现网络通信功能。该接口使用 STM32 内部的 MAC 控制器外加 PHY 芯片,从而实现 10/100M 网络的支持。

(37) RS232/485 选择接口

这是开发板板载的 RS232(COM2)/485 选择接口(P8)。因为 RS485 基本上就是一个半双工的串口,为了节约 I/O,这里把 RS232(COM2)和 RS485 共用一个串口,通过 P9 来设置当前是使用 RS232(COM2)还是 RS485。这样的设计还有一个好处,就是开发板既可以充当 RS232 到 TTL 串口的转换,又可以充当 RS485 到 TTL485 的转换。注意,这里的 TTL 高电平是 3.3 V。

(38) **RS232/模块选择接口**

这是开发板板载的一个 RS232(COM3)/ATK 模块(U5)的选择接口(P9),通过该选择接口,就可以选择 STM32 的串口 3 连接在 COM3 还是连接在 ATK 模块接口上,从而实现不同的应用需求。该接口同样也可以充当 RS232 到 TTL 串口的转换。

(39) **RS232 接口(公)**

这是开发板板载的一个 RS232 接口(COM3),通过一个标准的 DB9 公头和外部的串口连接。通过这个接口可以连接带有串口的计算机或者其他设备,从而实现串口通信。

(40) **引出 I/O 口(总共有 3 处)**

这是开发板 I/O 引出端口,总共有 3 组主 I/O 引出口:P2、P3 和 P6。其中,P2 和 P3 分别采用 2×22 排针引出,总共引出 86 个 I/O 口;P6 采用 1×16 排针,按顺序引出 FSMC_D0~D15 等 16 个 I/O 口。另外,还通过 P4、P8、P9 和 P10 引出 8 个 I/O,总共引出 110 个 I/O 口。

(41) **LCD 接口**

这是开发板板载的 LCD 模块接口(16 位 80 并口),兼容 ALIENTEK 全系列 LCD 模块,包括 2.4 寸、2.8 寸、3.5 寸、4.3 寸和 7 寸等 TFTLCD 模块,并且支持电阻/电容触摸功能。

(42) **RS232 接口(母)**

这是开发板板载的另外一个 RS232 接口(COM2),通过一个标准的 DB9 母头和外部的串口连接。通过这个接口可以连接带有串口的计算机或者其他设备,实现串口通信。

(43) **CAN 接口**

这是开发板板载的 CAN 总线接口(CAN),通过 2 个端口和外部 CAN 总线连接,即 CANH 和 CANL。注意,CAN 通信的时候,必须 CANH 接 CANH、CANL 接 CANL;否则,可能通信不正常。

2. STM32F767 核心板的资源

(1) **5 V & 3.3 V 电源**

这里实际上由 3 个焊点组成:5 V、3.3 V、GND。通过这 3 个焊点可以给核心板提供电源,也可以由核心板给外部提供电源(3.3 V 对外供电时,电流不要超过 300 mA),方便应用到各种场景中去。

(2) **CPU**

这是核心板的 CPU(U1),型号为 STM32F767IGT6。该芯片采用 6 级流水线,自带指令和数据 Cache、集成 JPEG 编解码器、集成双精度硬件浮点计算单元(DPFPU)和 DSP 指令,并具有 512 KB SRAM、1 024 KB Flash、13 个 16 位定时器、2 个 32 位定时器、2 个 DMA 控制器(共 16 个通道)、6 个 SPI、一个 QSPI 接口、3 个全双工 I^{2}S、2 个 SAI、4 个 I^{2}C、8 个串口、2 个 USB(支持 HOST/SLAVE)、3 个 CAN、3 个 12 位 ADC、2 个 12 位 DAC、一个 SPDIF RX 接口、一个 RTC(带日历功能)、2 个 SDMMC 接口、一个 FMC 接口、一个 TFTLCD 控制器(LTDC)、一个 10/100M 以太网 MAC 控制器、一个摄像头接口、一个硬件随机数生成器以及 140 个通用 I/O 口等。

(3) Micro USB 接口

这是核心板的 USB 接口(USB)。采用 Micro USB 接口和手机数据线通用时,此接口既可以作为 USB SLAVE 使用,也可以作为 USB HOST(OTG)使用;当作为 HOST 使用的时候,需要外接一根 USB OTG 线。同时,这个接口也是核心板电源的主要提供口(单独使用核心板时)。

(4) 电源指示灯

这是核心板自带的液晶电源指示灯(PWR),为蓝色。当核心板正常供电时,此 LED 会亮。不过,该 LED 默认受 V_{REF+} 控制,当 V_{REF+} 悬空时,才正常工作;当 V_{REF+} 接 3.3 V 时,则一直关闭。想要 LED 不受 V_{REF+} 控制,则把核心板的 R13 拆了即可。注意,当核心板插在底板上时,拔掉底板上 P5 的跳线帽即可实现 V_{REF+} 悬空,从而指示灯亮。

(5) 串口

这是核心板引出的串口 1(USART1),可用于串口通信。注意:排针默认没有焊接,需要自行焊接。

(6) LED 指示灯

这是核心板自带的一个状态指示灯(DS0),红色,可以表示程序运行状态,其与底板上的 DS0 共用一个 I/O。同样,当 V_{REF+} 悬空时才正常工作,受限条件同电源指示灯。

(7) WKUP 按键

这是核心板板载的一个功能按键(WKUP),并且具有唤醒功能。该按键和底板上的 KEY_UP 共用一个 I/O 口(PA0),也是高电平有效。

(8) 复位按键

这是核心板板载的复位按键(RST),用于复位 STM32,另外还具有复位液晶的功能。因为液晶模块的复位引脚和 STM32 的复位引脚是连接在一起的,当按下该键的时候,STM32 和液晶一并被复位。此按键和底板上的复位按键功能完全一样。

(9) SDRAM

这是核心板外扩的 SDRAM 芯(U3)片,型号为 W9825G6KH,容量为 32 MB,轻松应对各种大内存需求场景,比如 GUI 设计、算法设计、大数据处理等。

(10) NAND Flash

这是核心板外扩的 NAND Flash 芯(U4)片,型号为 MT29F4G08,容量为 512 MB,可

以实现大数据存储,满足各种应用需求。另外,读者可以自行更换更大容量的 NAND Flash,从而满足项目需要。

(11) RGB LCD 接口

这是核心板自带的 RGB LCD 接口(LCD),可以连接各种 ALIENTEK 的 RGB LCD 屏模块,并且支持触摸屏(电阻/电容屏都可以)。为了节省 I/O 口,采用的是 RGB565 格式,虽然降低了颜色深度,但是节省了 I/O,且 RGB565 格式在程序上更通用一些。

(12) SWD 接口

这是核心板自带的调试接口(SWD),可以用于代码下载和仿真调试。采用 SWD 接口时,只需最少 3 根线(SWD、SWC 和 GND),即可实现代码下载和仿真调试。注意,排针默认没有焊接,需要自行焊接。

(13) EEPROM

这是核心板板载的 EEPROM 芯片(U5),型号为 24C02,容量为 2 kbit,也就是 256 字节,用于存储一些掉电不能丢失的重要数据,比如系统设置的一些参数/触摸屏校准数据等。有了这个就可以方便地实现掉电数据保存。

(14) SPI Flash

这是核心板外扩的 SPI Flash 芯片(U6),型号为 W25Q256,容量为 256 Mbit,即 32 MB,可用于存储字库和其他用户数据,从而满足大容量数据存储要求。

最后,STM32F767 核心板的接口在底部,通过两个 2×30 的板对板端子组成,总共引出了 110 个 I/O,从而实现与阿波罗 STM32 开发板的对接。

1.2.2 软件资源说明

阿波罗 STM32F767 开发板提供的标准例程多达 65 个,一般的 STM32 开发板仅提供库函数代码,而我们则提供寄存器和库函数两个版本的代码(本书介绍寄存器版本)。我们提供的例程基本都是原创,拥有非常详细的注释,代码风格统一、循序渐进,非常适合初学者入门。而其他开发板的例程大都是来自于 ST 库函数的直接修改,注释也比较少,对初学者来说不那么容易入门。

阿波罗 STM32F767 开发板的例程如表 1.2.1 所列(本书介绍前 30 个例程,后 35 个例程见下册)。可以看出,ALIENTEK 阿波罗 STM32F767 开发板的例程基本上涵盖了 STM32F767IGT6 的所有内部资源,并且外扩展了很多有价值的例程,比如 Flash 模拟 EEPROM 实验、USMART 调试实验、μC/OS-II 实验、内存管理实验、IAP 实验、拼音输入法实验、手写识别实验、综合实验等。而且,例程安排是循序渐进的,首先从最基础的跑马灯开始,然后一步步深入,从简单到复杂,有利于读者的学习和掌握。所以,ALIENTEK 阿波罗 STM32F767 开发板是非常适合初学者的。当然,对于想深入了解 STM32 内部资源的朋友,ALIENTEK 阿波罗 STM32F767 开发板也绝对是一个不错的选择。

表 1.2.1　ALIENTEK 阿波罗 STM32F767 开发板例程表

编　号	实验名字	编　号	实验名字
1	跑马灯实验	34	数字温湿度传感器 DHT11 实验
2	按键输入实验	35	9 轴传感器 MPU9250 实验
3	串口通信实验	36	无线通信实验
4	外部中断实验	37	Flash 模拟 EEPROM 实验
5	独立看门狗实验	38	摄像头实验
6	窗口看门狗实验	39	内存管理实验
7	定时器中断实验	40	SD 卡实验
8	PWM 输出实验	41	NAND Flash 实验
9	输入捕获实验	42	FATFS 实验
10	电容触摸按键实验	43	汉字显示实验
11	OLED 实验	44	图片显示实验
12	内存保护(MPU)实验	45	硬件 JPEG 解码实验
13	TFTLCD(MCU 屏)实验	46	照相机实验
14	SDRAM 实验	47	音乐播放器实验
15	LTDC LCD(RGB 屏)实验	48	录音机实验
16	USMART 调试实验	49	SPDIF(光纤音频)实验
17	RTC 实验	50	视频播放器实验
18	硬件随机数实验	51	FPU 测试(Julia 分形)实验
19	待机唤醒实验	52	DSP 测试实验
20	ADC 实验	53	手写识别实验
21	内部温度传感器实验	54	T9 拼音输入法实验
22	DAC 实验	55	串口 IAP 实验
23	PWM DAC 实验	56	USB 读卡器(Slave)实验
24	DMA 实验	57	USB 声卡(Slave)实验
25	I^2C 实验	58	USB 虚拟串口(Slave)实验
26	I/O 扩展实验	59	USB U 盘(Host)实验
27	光环境传感器实验	60	USB 鼠标键盘(Host)实验
28	QSPI 实验	61	网络通信实验
29	RS485 实验	62	μC/OS-II 实验 1——任务调度
30	CAN 实验	63	μC/OS-II 实验 2——信号量和邮箱
31	触摸屏实验	64	μC/OS-II 实验 3——消息队列、信号量集和软件定时器
32	红外遥控实验	65	综合测试实验
33	数字温度传感器 DS18B20 实验		

1.2.3 阿波罗 I/O 引脚分配

为了让读者更快更好地使用阿波罗 STM32F767 开发板,这里特地将阿波罗开发板主芯片 STM32F767IGT6 的 I/O 资源分配做了一个总表,以便查阅,路径为:配套资料→3,ALIENTEK 阿波罗 STM32F767 开发板原理图→阿波罗 STM32F429 开发板 IO 引脚分配表.xlsx,其中注有详细说明和使用建议。

第 2 章
实验平台硬件资源详解

本章将详细介绍 ALIENTEK 阿波罗 STM32F767 开发板各部分(包括底板和核心板)的硬件原理图,让读者对该开发板的各部分硬件原理有个深入理解,并介绍开发板的使用注意事项,为后面的学习做好准备。

2.1 开发板底板原理图详解

1. 核心板接口

阿波罗 STM32F767 开发板采用底板+核心板的形式,使得一块底板可以学习多款 MCU,提高资源利用率,从而降低学习成本。阿波罗 STM32 开发板底板采用 2 个 2×30 的 3710F(插座)板对板连接器来同核心板连接,接插非常方便,底板上面的核心板接口原理图如图 2.1.1 所示。

图中的 M1 就是底板上的核心板接口,由 2 个 2×30PIN 的 3710F 板对板母座组成,总共引出了核心板上面 110 个 I/O 口,另外,还有 6 根电源线(VCC/GND 各占 3 根)、BOOT1、VBAT、RESET 和 VREF+。

2. 引出 I/O 口

阿波罗 STM32F767 开发板底板上面总共引出了 STM32F767IGT6 的 110 个 I/O 口,如图 2.1.2 所示。图中 P2、P3 和 P6 为 MCU 主 I/O 引出口,这 3 组排针共引出了 102 个 I/O 口。另外,通过 P4(PA9&PA10)、P8(PA2&PA3)、P9(PB10&PB11) 和 P10(PA11&PA12)这 4 组排针引出 8 个 I/O 口,这样底板上总共引出了 110 个 I/O。STM32F767IGT6 总共有 140 个 I/O,剩下的 30 个 I/O 主要用在了晶振、SDRAM、RGBLCD 等常用外设上面,不太适合再引出来做其他用,所以这里就没有引出来了。

3. USB 串口/串口 1 选择接口

阿波罗 STM32F767 开发板板载的 USB 串口和 STM32F767IGT6 的串口是通过 P4 连接起来的,如图 2.1.3 所示。图中 TXD/RXD 是相对 CH340G 来说的,也就是 USB 串口的发送和接收引脚。而 USART1_RX 和 USART1_TX 则是相对于 STM32F767IGT6 来说的。这样,通过对接就可以实现 USB 串口和 STM32F767IGT6 的串口通信了。同时,P4 是 PA9 和 PA10 的引出口。

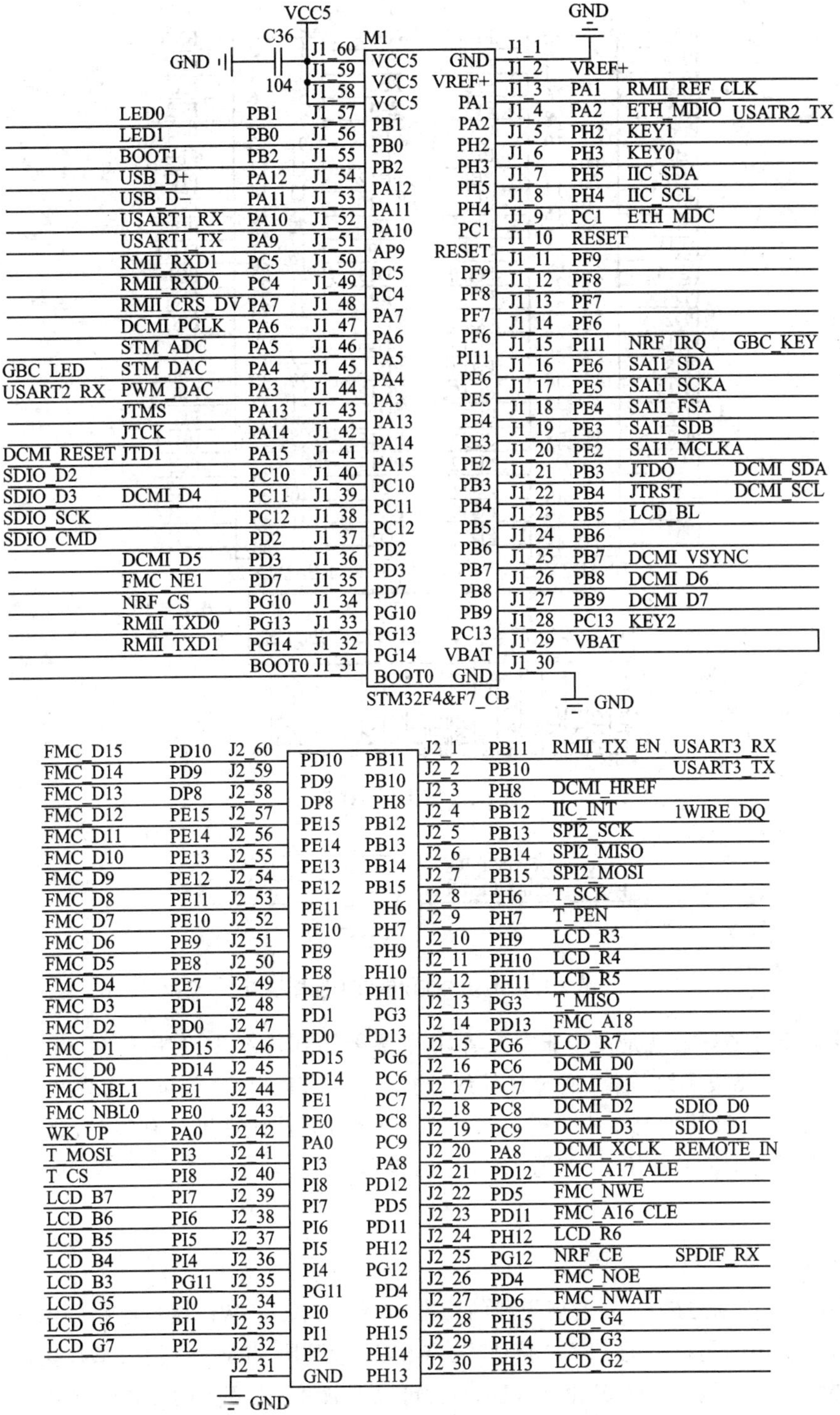

图 2.1.1　底板核心板接口部分原理图

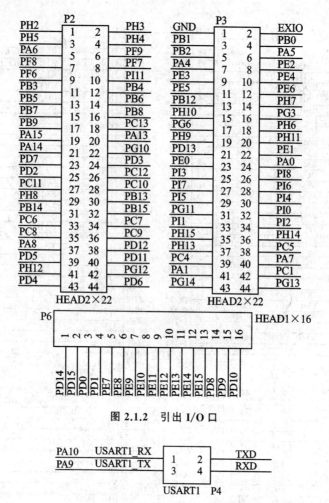

图 2.1.2 引出 I/O 口

图 2.1.3 USB 串口/串口 1 选择接口

这样设计的好处就是使用非常灵活,比如需要用到外部 TTL 串口和 STM32 通信的时候,只需要拔了跳线帽,通过杜邦线连接外部 TTL 串口,就可以实现和外部设备的串口通信了;又比如有个板子需要和计算机通信,但是计算机没有串口,那么就可以使用开发板的 RXD 和 TXD 来连接自己的设备,把我们的开发板当成 USB 转串口用了。

4. JTAG/SWD

阿波罗 STM32F767 开发板板载的标准 20 针 JTAG/SWD 接口电路如图 2.1.4 所示。这里采用的是标准的 JTAG 接法(支持 SWD),但是 STM32 还有 SWD 接口,SWD 只需要最少 2 跟线(SWCLK 和 SWDIO)就可以下载并调试代码了,这与使用串口下载代码差不多,而且速度非常快,也能调试。所以建议在设计产品的时候,可以留出 SWD 来下载调试代码,而摒弃 JTAG。STM32 的 SWD 接口与 JTAG 是共用的,只要接上

JTAG,就可以使用 SWD 模式了(其实并不需要 JTAG 这么多线)。当然,调试器必须支持 SWD 模式,JLINK(必须是 V9 或者以上版本)、ULINK2 和 ST LINK 等都支持 SWD 调试。

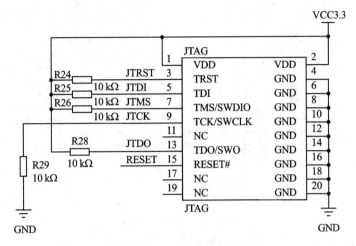

图 2.1.4　JTAG/SWD 接口

注意,JTAG 有几个信号线用来接其他外设了,但是 SWD 是完全没有接任何其他外设的,所以在使用的时候推荐一律使用 SWD 模式。

5. 参考电压选择端口

阿波罗 STM32F767 开发板板载了一个参考电压选择口,如图 2.1.5 所示。图中 VREF_SEL 默认用跳线帽连接 1&2 脚,于是 VREF+为 3.3 V,即 STM32 芯片的 ADC/DAC 参考电压默认是 3.3 V 的。如果想用自己的参考电压,则把参考电压接入 VREF+即可(注意,还要共地)。

注意,该接口还是控制核心板 LED 的总开关,当 VREF+接 3.3 V 时(插跳线帽),核心板所有 LED(PWR&DS0)都不工作;当 VREF+悬空时(拔掉跳线帽),核心板所有 LED 都正常工作。如果不想让此接口控制核心板的 LED,那么拆除核心板的 R14 电阻即可。

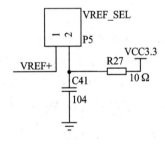

图 2.1.5　参考电压选择端口

6. LCD 模块接口

阿波罗 STM32F767 开发板板载的 LCD 模块接口电路如图 2.1.6 所示。图中 TFT_LCD 是一个通用的液晶模块接口,采用 16 位 80 并口,也称作 MCU 屏接口,仅支持 MCU 接口的液晶(不支持 RGB 接口的液晶)。ALIENTEK 的 MCU 接口 TFTLCD 模块有 2.4 寸、2.8 寸、3.5 寸、4.3 寸和 7 寸等尺寸。LCD 接口连接在 STM32F767IGT6 的 FSMC 总线上面,可以显著提高 LCD 的刷屏速度。

图中的 T_MISO/T_MOSI/T_PEN/T_CS/T_SCK 连接在 MCU 的 PG3/PI3/

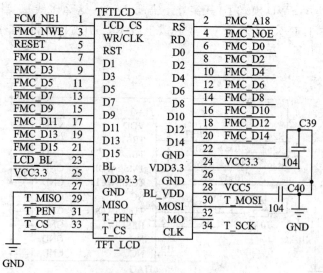

图 2.1.6 LCD 模块接口

PH7/PI8/PH6 上,用于实现对液晶触摸屏的控制(支持电阻屏和电容屏)。LCD_BL 连接在 MCU 的 PB5 上,用于控制 LCD 的背光。液晶复位信号 RESET 直接连接在开发板的复位按钮上,和 MCU 共用一个复位电路。注意,该接口核心板上的 RGBLCD (RGB 屏)接口共用触摸屏和背光信号线,所以它们不能同时都使用触摸屏。

7. 复位电路

阿波罗 STM32F767 开发板的复位电路如图 2.1.7 所示。因为 STM32 是低电平复位的,所以这里设计的电路也是低电平复位的,这里的 R21 和 C37 构成了上电复位电路。同时,开发板把 LCD 接口的复位引脚也接在 RESET 上,这样这个复位按钮不仅可以用来复位 MCU,还可以复位 LCD。

8. 启动模式设置接口

阿波罗 STM32F767 开发板的启动模式设置端口电路如图 2.1.8 所示。在 STM32F7 系列的芯片上,对应 STM32F7 芯片的 BOOT 引脚,图中的 BOOT0 和 BOOT1 只有 BOOT0 有效。STM32F7 的启动模式(也称自举模式)如表 2.1.1 所列。可见,一般情况下设置 BOOT0 为低电平即可,默认情况下系统通过 ITCM 总线接口访问 Flash(地址从 0X0020 0000 开始)。

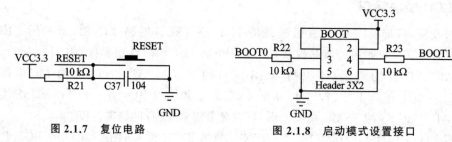

图 2.1.7 复位电路　　　　　图 2.1.8 启动模式设置接口

表 2.1.1 启动模式选择表

启动模式选择		启动地址
BOOT0	启动地址选项字节	
0	BOOT_ADD0[15:0]	由用户选项字节 BOOT_ADD0[15:0]决定启动地址,ST 出厂默认的启动地址为 0X0020 0000 的 ITCM 上的 Flash
1	BOOT_ADD1[15:0]	由用户选项字节 BOOT_ADD1[15:0]决定启动地址,ST 出厂默认的启动地址为 0X0010 0000 的 ITCM 上的 Flash
BOOT_ADDx=0x0000:从 ITCM RAM(0x0000 0000)启动		
BOOT_ADDx=0x0040:从系统存储器(0x0010 0000)启动		
BOOT_ADDx=0x0080:从 ITCM 接口上的 Flash(0x0020 0000)启动		
BOOT_ADDx=0x2000:从 AXIM 接口上的 Flash(0x0800 0000)启动		
BOOT_ADDx=0x8000:从 DTCM RAM(0x2000 0000)启动		
BOOT_ADDx=0x8004:从 SRAM1(0x2001 0000)启动		
BOOT_ADDx=0x8013:从 SRAM2(0x2004 C000)启动		
x=0/1,出厂时:BOOT_ADD0=0X0080;BOOT_ADD1=0X0040		

这里需要注意两点:

① STM32F7 虽然也支持串口下载(BOOT0=1,从系统存储器启动),但目前没有比较好的支持 STM32F7 的串口下载软件,所以,读者必须自备 ST LINK V2 仿真器一个,用来下载和调试代码。

② STM32F7 实际上只有一个 Flash 存储器,但是有两条访问路径:ITCM 和 AXIM,它们访问 Flash 的地址映射是不一样的,ITCM 是从 0X0020 0000 开始的 1 MB 访问空间,AXIM 则是从 0X0800 0000 开始的 1 MB 访问空间。通过 MDK 将代码下载到 0X0020 0000 还是 0X0800 0000 都是可以正常运行的,因为实际上只有一个 Flash,只是地址映射不一样而已。在 MDK 里面一般设置 Flash 地址为 0X0800 0000。

9. VBAT 供电接口

阿波罗 STM32F767 开发板的 VBAT 供电电路如图 2.1.9 所示。图中的 VBAT 接 MCU 的 VBAT 脚,从而给核心板的后备区域供电。采用 CR1220 纽扣电池和 VCC3.3 混合供电的方式,在有外部电源(VCC3.3)的时候,CR1220 不给 VBAT 供电;而在外部电源断开的时候,则由 CR1220 给其供电。这样,VBAT 总是有电的,以保证 RTC 的走时以及后备寄存器的内容不丢失。

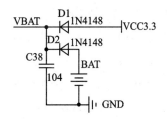

图 2.1.9 启动模式设置接口

10. RS232 串口

阿波罗 STM32F767 开发板板载了分别为一公一母的两个 RS232 接口,电路原理图如图 2.1.10 所示。因为 RS232 电平不能直接连接到 STM32,所以需要一个电平转换芯片。这里选择 SP3232(也可以用 MAX3232)来做电平转接,同时图 2.1.10 中的 P8 用来实现 RS232(COM2)/RS485 的选择,P9 用来实现 RS232(COM3)/ATK 模块接口的选择,以满足不同实验的需要。

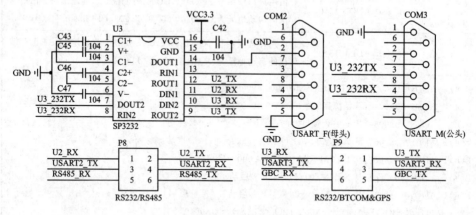

图 2.1.10　RS232 串口

图 2.1.10 中 USART2_TX/USART2_RX 连接在 MCU 的串口 2 上(PA2/PA3),所以这里的 RS232(COM2)/RS485 都是通过串口 2 来实现的。图 2.1.10 中 RS485_TX 和 RS485_RX 信号接在 SP3485 的 DI 和 RO 信号上。

图 2.1.10 中的 USART3_TX/USART3_RX 则连接在 MCU 的串口 3 上(PB10/PB11),所以 RS232(COM3)/ATK 模块接口都是通过串口 3 来实现的。图 2.1.10 中 GBC_RX 和 GBC_TX 连接在 ATK 模块接口 U5 上面。

P8/P9 的存在其实还带来另外一个好处,就是可以把开发板变成一个 RS232 电平转换器或者 RS485 电平转换器,比如读者买的核心板可能没有板载 RS232/RS485 接口,通过连接我们开发板的 P8/P9 端口,就可以让读者的核心板拥有 RS232/RS485 的功能。

11. RS485 接口

阿波罗 STM32F767 开发板板载的 RS485 接口电路如图 2.1.11 所示。RS485 电平也不能直接连接到 STM32,同样需要电平转换芯片。这里使用 SP3485 来做 RS485 电平转换,其中,R37 为终端匹配电阻,而 R34 和 R32 则是两个偏置电阻,以保证静默状态时,RS485 总线维持逻辑 1。

RS485_RX/RS485_TX 连接在 P8 上面,通过 P8 跳线来选择是否连接到 MCU 上面。RS485_RE 则连接在 PCF8574(I^2C I/O 扩展芯片)的 P6 引脚上,用来控制 SP3485 的工作模式(高电平为发送模式,低电平为接收模式)。

12. CAN/USB 接口

ALIENTEK 阿波罗 STM32F767 开发板板载的 CAN 接口电路以及 STM32 USB

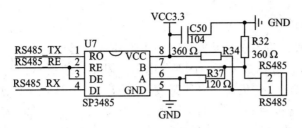

图 2.1.11　RS485 接口

接口电路如图 2.1.12 所示。CAN 总线电平也不能直接连接到 STM32,同样需要电平转换芯片。这里使用 TJA1050 来做 CAN 电平转换,其中,R43 为终端匹配电阻。

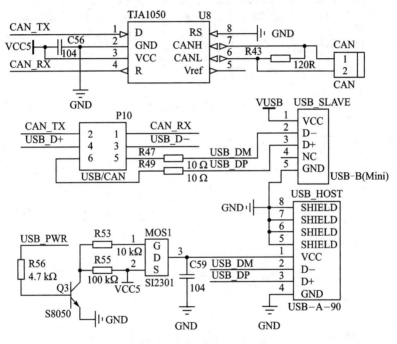

图 2.1.12　CAN/USB 接口

USB_D+/USB_D-连接在 MCU 的 USB 口(PA12/PA11)上,同时,因为 STM32 的 USB 和 CAN 共用这组信号,所以通过 P10 来选择使用 USB 还是 CAN。

图中共有 2 个 USB 口:USB_SLAVE 和 USB_HOST,前者是用来做 USB 从机通信,后者则用来做 USB 主机通信。

USB_SLAVE 可以用来连接计算机,实现 USB 读卡器、虚拟串口和声卡等 USB 从机实验。另外,该接口还具有供电功能,VUSB 为开发板的 USB 供电电压,通过这个 USB 口就可以给整个开发板供电了。

USB HOST 可以用来接比如 U 盘、USB 鼠标、USB 键盘和 USB 手柄等设备,实现 USB 主机功能。该接口可以对从设备供电,供电受 USB_PWR 控制。USB_PWR 信号连接在 PCF8574(I^2C I/O 扩展芯片)的 P3 引脚上。

13. 光环境传感器

阿波罗 STM32F767 开发板板载了一个光环境传感器,可以用来感应周围光线强度、接近距离和红外线强度等。该部分电路如图 2.1.13 所示。图中的 U12 就是光环境传感器 AP3216C,它集成了光照强度、近距离、红外这 3 个传感器功能于一身,广泛应用于各种智能手机。该芯片采用 I^2C 接口,IIC_SCL 和 IIC_SDA 分别连接 PH4 和 PH5 上,AP_INT 是中断输出脚,连接在 PCF8574(I^2C I/O 扩展芯片)的 P1 引脚上。

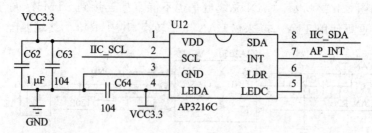

图 2.1.13　光环境传感器电路

14. I^2C I/O 扩展

阿波罗 STM32F767 开发板板载了一个 I^2C I/O 扩展芯片,电路如图 2.1.14 所示。I^2C I/O 扩展芯片型号为 PCF8574/AT8574(这两个芯片完全互相兼容,可互相替换),该芯片通过 I^2C 接口可以扩展出 8 个 I/O。这里利用扩展的 I/O 连接了蜂鸣器(BEEP)、光环境传感器(AP_INT)、OLED/CAMERA 接口(DCMI_PWDN)、USB HOST 接口(USB_PWR)、9 轴传感器(9D_INT)、RS485 接口(RS485_RE)和网络接口(ETH_RESET)等。多余的一个扩展 I/O(EXIO)通过 P3 排针引出。

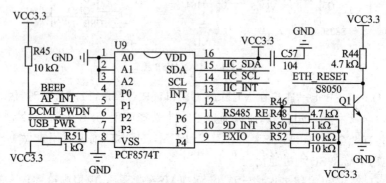

图 2.1.14　I^2C I/O 扩展芯片

同 AP3216C 一样,该芯片的 IIC_SCL 和 IIC_SDA 同样是挂在 PH4 和 PH5 上,共享一个 I^2C 总线。IIC_INT 连接在 PB12 上。注意,PB12 还连接了单总线接口的 1WIRE_DQ 信号,所以,单总线接口和 IIC_INT 不能同时使用。

15. 9轴传感器

阿波罗 STM32F767 开发板板载了一个 9 轴传感器,电路如图 2.1.15 所示。9 轴传感器芯片型号为 MPU9250,内部集成了 3 轴加速度传感器、3 轴陀螺仪和 3 轴磁力计,并且自带 DMP(Digital Motion Processor),支持 MPL。该传感器可以用于 4 轴飞行器的姿态控制和解算。这里使用 I^{2}C 接口来访问。

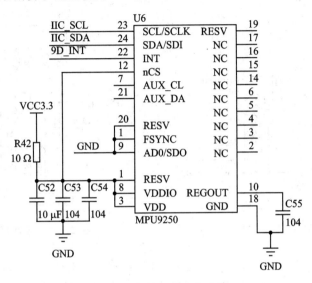

图 2.1.15　3D 加速度传感器

同 AP3216C 一样,该芯片的 IIC_SCL 和 IIC_SDA 同样是挂在 PH4 和 PH5 上,共享一个 I^{2}C 总线。9D_INT 是其中断输出脚,连接在 PCF8574(I^{2}C I/O 扩展芯片)的 P5 引脚上。

16. 温湿度传感器接口

阿波罗 STM32F767 开发板板载了一个温湿度传感器接口,电路如图 2.1.16 所示。该接口支持 DS18B20、DS1820、DHT11 等单总线数字温湿度传感器。1WIRE_DQ 是传感器的数据线,连接在 MCU 的 PB12 上。注意,该引脚同时还接了 IIC_INT 信号,所以,单总线接口和 IIC_INT 不能同时使用,但可以分时复用。

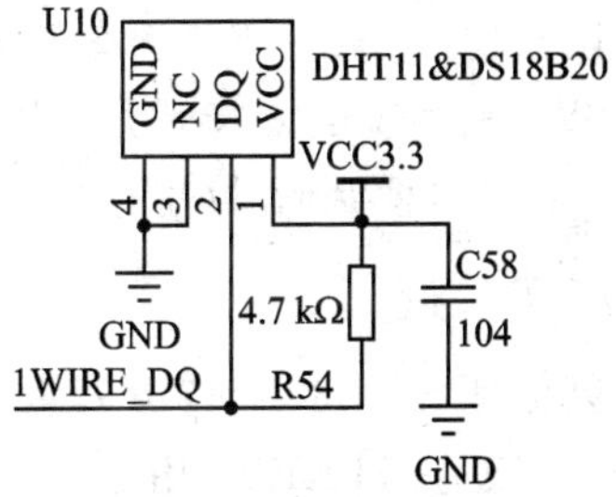

图 2.1.16　温湿度传感器接口

17. 红外接收头

阿波罗 STM32F767 开发板板载了一个红外接收头,电路如图 2.1.17 所示。HS0038 是一个通用的红外接收头,几乎可以接收市场上所有红外遥控器的信号,有了它,就可以用红外遥控器来控制开发板了。REMOTE_IN 为红外接收头的输出信号,该信号连接在 MCU 的 PA8 上。注意,PA8 同时连接了 DCMI_XCLK,用到 DCMI_

XCLK 的时候就不能同时使用 HS0038 了,但可以分时复用。

18. WIRELESS 模块接口

阿波罗 STM32F767 开发板板载了一个 WIRELESS 模块接口,电路如图 2.1.18 所示。该接口用来连接 NRF24L01、SPI WIFI 模块等无线模块,从而实现开发板与其他设备的无线数据传输(注意,NRF24L01 不能和蓝牙/WIFI 连接)。

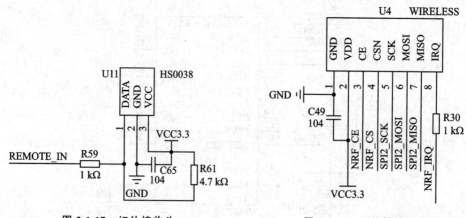

图 2.1.17　红外接收头　　　　　图 2.1.18　无线模块接口

NRF_CE、NRF_CS、NRF_IRQ 连接在 MCU 的 PG12、PG10、PI11 上,而另外 3 个 SPI 信号则接 MCU 的 SPI2(PB13、PB14、PB15)。注意,PI11 还接了 ATK - MODULE 接口的 KEY 信号(GBC_KEY),所以在使用 WIRELESS 中断引脚的时候不能和 ATK - MODULE 接口同时使用。如果没用到 WIRELESS 的中断引脚,那么 ATK - MODUL 接口和 WIRELESS 模块就可以同时使用了。另外,PG12 同时还连接了光纤输入信号(SPDIF_RX),所以,光纤输入和 WIRELESS 接口也不能同时使用。

19. LED

阿波罗 STM32F767 开发板板载总共有 3 个 LED,其原理图如图 2.1.19 所示。其中,PWR 是系统电源指示灯,为蓝色。LED0(DS0)和 LED1(DS1)分别接在 PB1 和 PB0。为了方便判断,这里选择了 DS0 为红色的 LED,DS1 为绿色的 LED。

20. 按　键

阿波罗 STM32F767 开发板板载总共有 4 个输入按键,其原理图如图 2.1.20 所示。KEY0、KEY1 和 KEY2 用作普通按键输入,分别连接在 PH3、PH2 和 PC13 上。这里并没有使用外部上拉电阻,但是 STM32 的 I/O 作为输入的时候,可以设置上下拉电阻,所以这里使用 STM32 的内部上拉电阻来为按键提供上拉。

KEY_UP 按键连接到 PA0(STM32 的 WKUP 引脚),它除了可以用作普通输入按键外,还可以用作 STM32 的唤醒输入。注意,这个按键是高电平触发的。

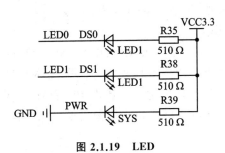

图 2.1.19　LED

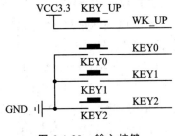

图 2.1.20　输入按键

21. TPAD 电容触摸按键

阿波罗 STM32F767 开发板板载了一个电容触摸按键，其原理图如图 2.1.21 所示。图中 100 kΩ 电阻是电容充电电阻，TPAD 并没有直接连接在 MCU 上，而是连接在多功能端口（P11）上面，通过跳线帽来选择是否连接到 STM32。

22. OLED/摄像头模块接口

阿波罗 STM32F767 开发板板载了一个 OLED/摄像头模块接口，连接在 MCU 的硬件摄像头接口（DCMI）上面，其原理图如图 2.1.22 所示。图中 P7 是接口，可以用来连接 ALIENTEK OLED 模块或者 ALIENTEK 摄像头模块。如果是 OLED 模块，则 DCMI_PWDN 和 DCMI_XCLK 不需要接（在板上靠左插即可）；如果是摄像头模块，则需要用到全部引脚。

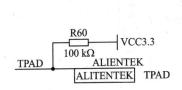

图 2.1.21　电容触摸按键

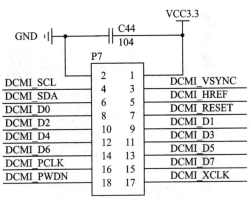

图 2.1.22　OLED/摄像头模块接口

其中，DCMI_SCL、DCMI_SDA、DCMI_RESET、DCMI_XCLK、DCMI_PWDN 这 5 个信号不属于 STM32F767 硬件摄像头接口的信号，通过普通 I/O 控制即可。前 4 根线分别接在 MCU 的 PB4、PB3、PA15、PA8 上面，DCMI_PWDN 则连接在 PCF8574（I^2C I/O 扩展芯片）的 P2 引脚上。

注意，DCMI_SCL、DCMI_SDA 和 DCMI_RESET 和 JTAG 接口共用 I/O，所以，使用摄像头的时候不能用 JTAG 调试/下载代码，但是 SWD 模式调试不受影响，这也是我们极力推荐使用 SWD 模式的原因。另外,DCMI_XCLK 和 REMOTE_IN 共用 I/O,它们不可以同时使用,不过可以分时复用。

此外,DCMI_VSYNC、DCMI_HREF、DCMI_D0、DCMI_D1、DCMI_D2、DCMI_D3、DCMI_D4、DCMI_D5、DCMI_D6、DCMI_D7、DCMI_PCLK 等信号,接 MCU 的硬件摄像头接口,即接在 PB7、PH8、PC6、PC7、PC8、PC9、PC11、PD3、PB8、PB9、PA6 上。注意,这些信号和 SD 卡 I/O 共用,所以在使用 OLED 模块或摄像头模块的时候,不能和 SD 卡同时使用,只能分时复用。

23. 有源蜂鸣器

阿波罗 STM32F767 开发板板载了一个有源蜂鸣器,其原理图如图 2.1.23 所示。有源蜂鸣器是指自带了振荡电路的蜂鸣器,这种蜂鸣器一接上电就会自己振荡发声。如果是无源蜂鸣器,则需要外加一定频率(2~5 kHz)的驱动信号才会发声。这里选择使用有源蜂鸣器,方便使用。

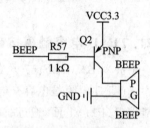

图 2.1.23 有源蜂鸣器

BEEP 信号直接连接在 PCF8574(I^2C I/O 扩展芯片)的 P0 引脚上,需要通过 I^2C 控制 PCF8574,间接控制蜂鸣器开关。

24. SD 卡接口

阿波罗 STM32F767 开发板板载了一个 SD 卡(大卡)接口,其原理图如图 2.1.24 所示。图中 SD_CARD 为 SD 卡接口,在开发板的底面,这也是阿波罗 STM32F767 开发板底面唯一的元器件。

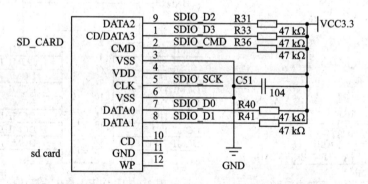

图 2.1.24 SD 卡/以太网接口

SD 卡采用 4 位 SDIO 方式驱动,理论上最大速度可以达到 24 Mbps,非常适合需要高速存储的情况。图中,SDIO_D0、SDIO_D1、SDIO_D2、SDIO_D3、SDIO_SCK、SDIO_CMD 分别连接在 MCU 的 PC8、PC9、PC10、PC11、PC12、PD2 上面(即 SDMMC 接口)。注意,SDIO 和 OLED/摄像头的部分 I/O 有共用,所以在使用 OLED 模块或摄像头模块的时候只能和 SDIO 分时复用,不能同时使用。

25. ATK 模块接口

阿波罗 STM32F767 开发板板载了 ATK 模块接口,其原理图如图 2.1.25 所示。如图所示,U5 是一个 1×6 的排座,可以用来连接 ALIENTEK 推出的一些模块,比如蓝牙串口模块、GPS 模块、MPU6050 模块、WIFI 模块和 RGB 彩灯模块等。有了这个接口,使连接模块非常简单,插上即可工作。

图中,GBC_TX、GBC_RX 可通过 P9 排针选择接入 PB11、PB10(即串口 3),而 GBC_KEY 和 GBC_LED 则分别连接在 MCU 的 PI11 和 PA4 上面。注意,GBC_LED 和 STM_DAC 共用 PA4,GBC_KEY 和 NRF_IRQ 共用 PI11,使用的时候注意分时复用。

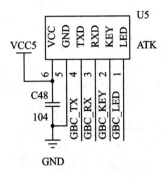

图 2.1.25 ATK 模块接口

26. 多功能端口

阿波罗 STM32F767 开发板板载的多功能端口,是由 P1 和 P11 构成的一个 6PIN 端口,其原理图如图 2.1.26 所示。从这个图可能还看不出这个多功能端口的全部功能,下面会详细介绍。

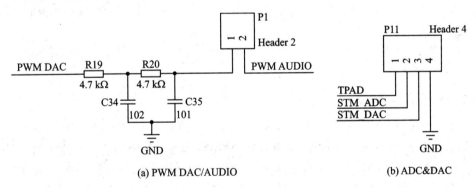

图 2.1.26 多功能端口

首先介绍图 2.1.26(b)中的 P11,其中 TPAD 为电容触摸按键信号,连接在电容触摸按键上。STM_ADC 和 STM_DAC 则分别连接在 PA5 和 PA4 上,用于 ADC 采集或 DAC 输出。当需要电容触摸按键的时候,通过跳线帽短接 TPAD 和 STM_ADC 就可以实现电容触摸按键(利用定时器的输入捕获)。STM_DAC 信号既可以用作 DAC 输出,也可以用作 ADC 输入,因为 STM32 的引脚同时具有这两个复用功能。注意,STM_DAC 与 ATK-MODULE 接口的 GBC_LED 共用 PA4,所以不可以同时使用,但是可以分时复用。

再来看看图 2.1.26(a)中的 P1。PWM_DAC 连接在 MCU 的 PA3,是定时器 2/5 的通道 4 输出,后面跟一个二阶 RC 滤波电路,其截止频率为 33.8 kHz。经过这个滤波电路，MCU 输出的方波就变为直流信号了。PWM_AUDIO 是一个音频输入通道，连接到 WM8978 的 AUX 输入，可通过配置 WM8978 而输出到耳机/扬声器。注意，PWM_DAC 和 USART2_RX 共用 PA3，所以 PWM_DAC 和串口 2 的接收不可以同时使用，不过可以分时复用。

单独介绍完了 P11 和 P1，再来看看它们组合在一起的多功能端口，如图 2.1.27 所示。图中 AIN 是 PWM_AUDIO，PDC 是滤波后的 PWM_DAC 信号。下面来看看通过一个跳线帽，这个多功能接口可以实现哪些功能？

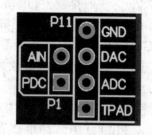

图 2.1.27 组合后的多功能端口

当不用跳线帽的时候：① AIN 和 GND 组成一个音频输入通道；② PDC 和 GND 组成一个 PWM_DAC 输出；③ DAC 和 GND 组成一个 DAC 输出/ADC 输入（因为 DAC 脚也刚好可以做 ADC 输入）；④ ADC 和 GND 组成一组 ADC 输入；⑤ TPAD 和 GND 组成一个触摸按键接口，可以连接其他板子实现触摸按键。

当使用一个跳线帽的时候：① AIN 和 PDC 组成一个 MCU 的音频输出通道，实现 PWM DAC 播放音乐。② AIN 和 DAC 同样可以组成一个 MCU 的音频输出通道，也可以用来播放音乐。③ DAC 和 ADC 组成一个自输出测试，用 MCU 的 ADC 来测试 MCU 的 DAC 输出。④ PDC 和 ADC 组成另外一个子输出测试，用 MCU 的 ADC 来测试 MCU 的 PWM DAC 输出。⑤ ADC 和 TPAD 组成一个触摸按键输入通道，实现 MCU 的触摸按键功能。

从上面的分析可以看出，这个多功能端口可以实现 10 个功能，所以，只要设计合理，1+1 是大于 2 的。

27. 光纤输入接口

阿波罗 STM32F767 开发板底板板载了一个光纤输入接口，其原理图如图 2.1.28 所示。图中，光纤输入采用的是 DLR1150，输出信号经过 SPIDIF_RX 传输给 MCU，SPIDIF_RX 连接在 MCU 的 PG12 上面。注意，SPIDIF_RX 和 NRF_CE 共用 PG12，所以光纤接口和 WIRELESS 接口不可以同时使用，不过，可以分时复用。

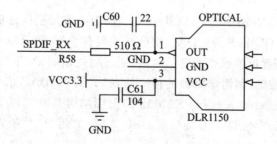

图 2.1.28 光纤输入接口

28. 以太网接口(RJ45)

阿波罗 STM32F767 开发板板载了一个以太网接口(RJ45),其原理图如图 2.1.29 所示。STM32F767 内部自带网络 MAC 控制器,所以只需要外加一个 PHY 芯片即可实现网络通信功能。这里选择的是 LAN8720A 芯片作为 STM32F767 的 PHY 芯片,该芯片采用 RMII 接口与 STM32F767 通信,占用 I/O 较少,且支持 auto mdix(可自动识别交叉/直连网线)功能。板载一个自带网络变压器的 RJ45 头(HR91105A),一起组成一个 10M/100M 自适应网卡。

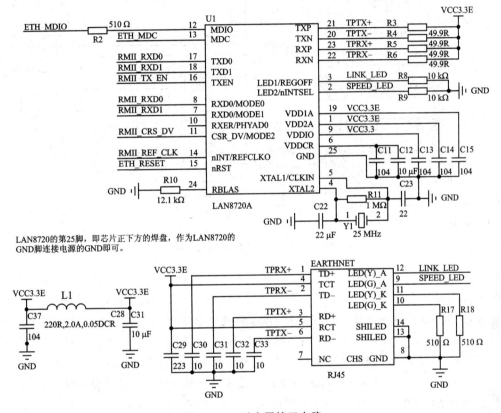

图 2.1.29 以太网接口电路

图中,ETH_MDIO、ETH_MDC、RMII_TXD0、RMII_TXD1、RMII_TX_EN、RMII_RXD0、RMII_RXD1、RMII_CRS_DV、RMII_REF_CLK 分别接在 MCU 的 PA2、PC1、PG13、PG14、PB11、PC4、PC5、PA7、PA1 上,ETH_RESET 则连接在 PCF8574(I^2C I/O 扩展芯片)的 P7 引脚上(有三极管反向)。注意,网络部分 ETH_MDIO 与 USART2_TX 共用 PA2,ETH_TX_EN 和 USART3_RX 共用 PB11,所以网络、串口 2 的发送以及串口 3 的接收不可以同时使用,但是可以分时复用。

29. I^2S 音频编解码器

阿波罗 STM32F767 开发板板载 WM8978 高性能音频编解码芯片,其原理图如

图 2.1.30 所示。

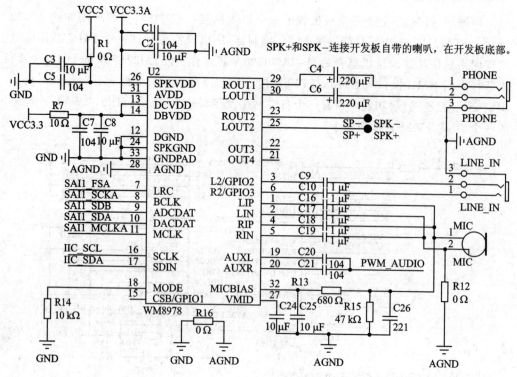

图 2.1.30　I²S 音频编解码芯片

WM8978 是一颗低功耗、高性能的立体声多媒体数字信号编解码器,内部集成了 24 位高性能 DAC&ADC,可以播放最高 192 kHz@24 bit 的音频信号,并且自带段 EQ 调节,支持 3D 音效等功能。不仅如此,该芯片还结合了立体声差分麦克风的前置放大与扬声器、耳机和差分、立体声线输出的驱动,减少了应用时必需的外部组件,可以直接驱动耳机(16 Ω@40 mW)和喇叭(8 Ω/0.9 W),无须外加功放电路。

图中,SPK−和 SPK+连接了一个板载的 8 Ω/2 W 小喇叭(在开发板背面)。MIC 是板载的喇叭,可用于录音机实验,实现录音。PHONE 是 3.5 mm 耳机输出接口,可以用来插耳机。LINE_IN 是线路输入接口,可以用来外接线路输入,实现立体声录音。

该芯片采用 I²S 与 MCU 的 SAI 接口连接(SAI 支持 I²S),图中,SAI1_FSA、SAI1_SCKA、SAI1_SDB、SAI1_SDA、SAI1_MCLKA 分别接在 MCU 的 PE4、PE5、PE3、PE6、PE2 上。IIC_SCL 和 IIC_SDA 是与 AP3216C 等共用一个 I²C 接口。

30. 电　源

阿波罗 STM32F767 开发板板载的电源供电部分原理图如图 2.1.31 所示。

图中,总共有 3 个稳压芯片,即 U13、U14、U16。DC_IN 用于外部直流电源输入,经过 U13 DC−DC 芯片转换为 5 V 电源输出,其中,D4 是防反接二极管,避免外部直流电源极性搞错的时候烧坏开发板。K1 为开发板的总电源开关;F1 为 1 000 mA 自恢

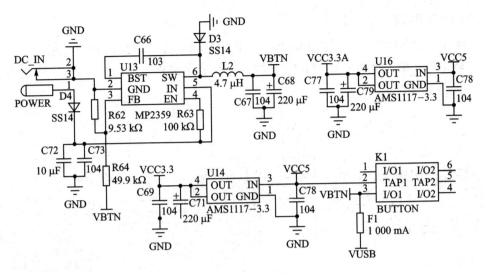

图 2.1.31 电 源

复保险丝,用于保护 USB。U14 和 U16 均为 3.3 V 稳压芯片,给开发板提供 3.3 V 电源。其中,U14 输出的 3.3 V 给数字电路用,U16 输出的 3.3 V 给模拟电路(WM8978)使用,分开供电,以得到最佳音质。

USB 供电部分这里没有列出来,其中 VUSB 就是来自 USB 供电部分。

31. 电源输入输出接口

阿波罗 STM32F767 开发板板载了两组简单电源输入/输出接口,其原理图如图 2.1.32 所示。图中,VOUT1 和 VOUT2 分别是 3.3 V 和 5 V 的电源输入/输出接口,有了这 2 组接口,就可以通过开发板给外部提供 3.3 V 和 5 V 电源了;虽然功率不大(最大 1 000 mA),但是一般情况都够用了。读者在调试自己的小电路板的时候,这两组电源还是比较方便的。同时,这两组端口也可以用来由外部给开发板供电。

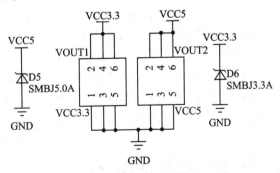

图 2.1.32 电 源

图中 D5 和 D6 为 TVS 管,可以有效地避免 VOUT 外接电源/负载不稳的时候(尤其是开发板外接电机、继电器、电磁阀等感性负载的时候),对开发板造成的损坏。同时,还能在一定程度上防止外接电源接反,对开发板造成损坏。

32. USB 串口

阿波罗 STM32F767 开发板板载了一个 USB 串口,其原理图如图 2.1.33 所示。USB 转串口这里选择的是 CH340G,是国内芯片公司南京沁恒的产品,稳定性经测试还不错,所以支持国产。

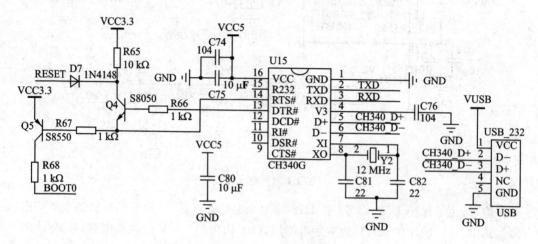

图 2.1.33 USB 串口

图中 Q4 和 Q5 的组合构成了开发板的一键下载电路,只需要在 flymcu 软件设置 DTR 的低电平复位、RTS 高电平进 BootLoader 就可以一键下载代码了,而不需要手动设置 B0 和按复位了。其中,RESET 是开发板的复位信号,BOOT0 是启动模式的 B0 信号。

一键下载电路的具体实现过程:首先,mcuisp 控制 DTR 输出低电平,则 DTR_N 输出高,然后 RTS 置高,则 RTS_N 输出低,这样 Q5 导通了,BOOT0 被拉高,即实现设置 BOOT0 为 1,同时 Q4 也会导通,STM32F767 的复位脚被拉低,从而实现复位。然后,延时 100 ms 后,mcuisp 控制 DTR 为高电平,则 DTR_N 输出低电平,RTS 维持高电平,RTS_N 继续为低电平,此时 STM32F767 的复位引脚却由于 Q4 不再导通,变为高电平,STM32F767 结束复位,但是 BOOT0 还是维持为 1,从而进入 ISP 模式;接着 mcuisp 就可以开始连接 STM32F767 下载代码了,从而实现一键下载。

USB_232 是一个 MiniUSB 座,提供 CH340G 和计算机通信的接口,同时可以给开发板供电。VUSB 就是来自计算机 USB 的电源,USB_232 是本开发板的主要供电口。

2.2 STM32F767 核心板原理图详解

1. MCU

阿波罗 STM32 开发板配套的 STM32F767 核心板采用 STM32F767IGT6 作为

MCU,该芯片采用六级流水线、自带指令和数据 Cache、集成 JPEG 编解码器、集成双精度硬件浮点计算单元(DPFPU)和 DSP 指令,并具有 512 KB SRAM、1 024 KB Flash、13 个 16 位定时器、2 个 32 位定时器、2 个 DMA 控制器(共 16 个通道)、6 个 SPI、一个 QSPI 接口、3 个全双工 I²S、2 个 SAI、4 个 I²C、8 个串口、2 个 USB(支持 HOST/SLAVE)、3 个 CAN、3 个 12 位 ADC、2 个 12 位 DAC、一个 SPDIF RX 接口、一个 RTC(带日历功能)、2 个 SDMMC 接口、一个 FMC 接口、一个 TFTLCD 控制器(LTDC)、一个 10/100M 以太网 MAC 控制器、一个摄像头接口、一个硬件随机数生成器以及 140 个通用 I/O 口等,芯片主频高达 216 MHz,可以轻松应对各种应用。

MCU 部分的原理图如图 2.2.1(因为原理图比较大,缩小下来可能看不清,包括未出的部分,读者可以打开开发板配套资料的原理图进行查看)所示。图中的 U1 为主芯片 STM32F767IGT6。这里主要讲解以下 4 个地方:

(a) 部门原理图A

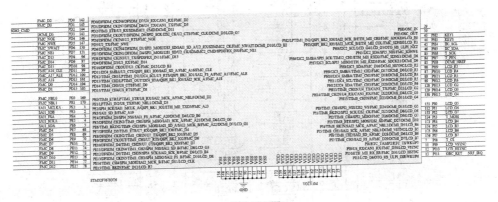

(b) 部分原理图B

图 2.2.1　MCU 部分原理图

① 后备区域 VBAT 引脚采用 CR1220 纽扣电池(在底板上)和 VCC3.3 混合供电的方式,在有外部电源(VCC3.3)的时候,CR1220 不给 VBAT 供电;而在外部电源断开的时候,则由 CR1220 给其供电。这样,VBAT 总是有电的,以保证 RTC 的走时以及后备寄存器的内容不丢失。

② 图 2.2.1 中的 R8 和 R9 用来隔离 MCU 部分和外部的电源,这样的设计主要是考虑了后期维护,如果 3.3 V 电源短路,则可以断开这两个电阻,于是确定是 MCU 部分短路,还是外部短路,有助于生产和维修。当然,在自己的设计上,这两个电阻是完全可以去掉的。

③ 图 2.2.1 中 VREF+ 是 MCU AD/DA 的参考电压,引出到底板。R2 默认不焊接,所以 VREF+ 由底板提供(底板的 P5 排针)。另外,VREF+ 还具有控制核心板 LED 总开关的功能,这将在后续介绍。

④ PDR_ON 引脚用于复位控制等,一般接 VCC 即可。在我们的核心板上默认通过 R5 电阻连接到 VCC3.3V。

2. 底板接口

STM32F767 核心板采用 2 个 2×30 的 3710M(公座)板对板连接器来同底板连接(在核心板底面),接插非常方便。核心板上面的底板接口原理图如图 2.2.2 所示。图

J2				J2			
GND	30	331	BOOT0	PH13	30	331	PND
VBAT	29	32	PG14	PH14	29	32	PI2
PC13	28	33	PG13	PH15	28	33	PI1
PB9	27	34	PG10	PD6	27	34	PI0
PB8	26	35	PD7	PD4	26	35	PG11
PB7	25	36	PD3	PG12	25	36	PI4
PB6	24	37	PD2	PH12	24	37	PI5
PB5	23	38	PC12	PD11	23	38	PI6
PB4	22	39	PC11	PD5	22	39	PI7
PB3	21	40	PC10	PD12	21	40	PI8
PE2	20	41	PA15	PA8	20	41	PI3
PE3	19	42	PA14	PC9	19	42	PA0
PE4	18	43	PA13	PC8	18	43	PE0
PE5	17	44	PA3	PC7	17	44	PE1
PE6	16	45	PA4	PC6	16	45	PD14
PI11	15	46	PA5	PG6	15	46	PD15
PF6	14	47	PA6	PD13	14	47	PD0
PF7	13	48	PA7	PG3	13	48	PD1
PF8	12	49	PC4	PH11	12	49	PE7
PF9	11	50	PC5	PH10	11	50	PE8
RESET	10	51	PA9	PH9	10	51	PE9
PC1	9	52	PA10	PH7	9	52	PE10
PH4	8	53	PA11	PH6	8	53	PE11
PH5	7	54	PA12	PB15	7	54	PE12
PH3	6	55	PB2	PB14	6	55	PE13
PH2	5	56	PB0	PB13	5	56	PE14
PA2	4	57	PB1	PB12	4	57	PE15
PA1	3	58	VCC5	PH8	3	58	PD8
VREF+	2	59	VCC5	PB10	2	59	PD9
GND	1	60	VCC5	PB11	1	60	PD10
3710M060046G3FT01				3710M060046G3FT01			

图 2.2.2 底板接口

中,J1 和 J2 是 2 个 2×30 的板对板公座(3710M),和底板的接插非常方便,方便读者嵌入自己的项目中去。该接口总共引出 110 个 I/O 口,另外,还有 3 根电源线、3 根地线、VBAT、RESET、BOOT0 和 VREF+。

3. SWD 调试接口

STM32F767 核心板板载了一个 SWD 调试接口,只需要最少 3 根线(GND、SWDCLK 和 SWDIO)即可实现代码调试和下载。SWD 接口原理图如图 2.2.3 所示。

图中 P1 就是一个 6P 的排针(默认没有焊接,须自行焊接),引出了 SWD 的信号线(JTMS=SWDIO,JTCK=SWDCLK)、RESET、电源和地。

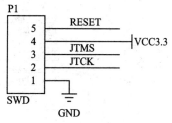

图 2.2.3　SWD 调试接口

将这几个引脚正确连接 ST LINK、JLINK(V9 或者以上版本)或 ULINK 等仿真器对应的引脚,就可以对核心板进行仿真调试了。

4. SDRAM

STM32F767 核心板板载了 SDRAM,此部分电路如图 2.2.4 所示。图中,U3 就是 SDRAM 芯片,型号为 W9825G6KH,容量为 32 MB。该芯片挂在 STM32F767 的 FMC 接口上,大大扩展了 STM32 的内存(本身只有 256 KB)。在各种大内存需求场合下,ALIENTEK 这款 STM32F767 核心板都可以从容面对。

5. NAND Flash

STM32F767 核心板板载了 NAND Flash,此部分电路如图 2.2.5 所示。图中,U4 就是 NAND Flash 芯片,型号为 MT29F4G08,容量为 512 MB。该芯片同样是挂在 STM32F767 的 FMC 接口上,大大扩展了 STM32 的存储空间,可以实现海量数据存储。如果觉得 512 MB 不够用,还可以更换其他更大容量的 NAND Flash 芯片,硬件上,接口是完全兼容的。

6. SPI Flash

STM32F767 核心板板载了 SPI Flash,此部分电路如图 2.2.6 所示。图中,U6 就是 SPI Flash 芯片,支持 QSPI 接口,型号为 W25Q256,容量为 32 MB,可以用来存放字库、启动文件等重要的数据。这里采用 STM32F7 的 QSPI 接口连接,使得访问速度大大提高。

7. EEPROM

STM32F767 核心板板载了 EEPROM,此部分电路如图 2.2.7 所示。图中,U5 就是 EEPROM 芯片,型号为 24C02。该芯片的容量为 2 kbit,也就是 256 字节,对于普通应用是足够了。当然,也可以选择换大的芯片,因为电路在原理上是兼容 24C02～24C512 全系列 EEPROM 芯片的。

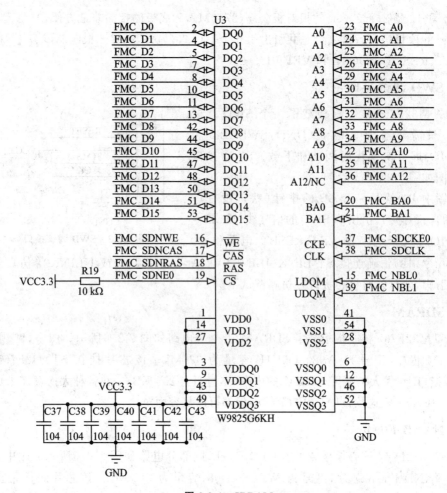

图 2.2.4 SDRAM

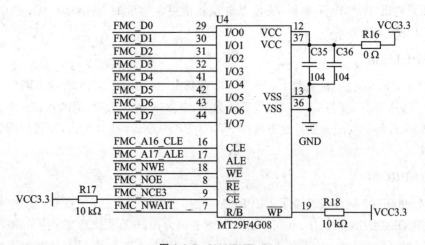

图 2.2.5 NAND Flash

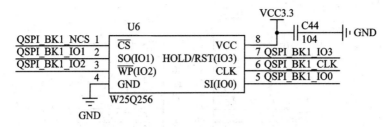

图 2.2.6 SPI Flash

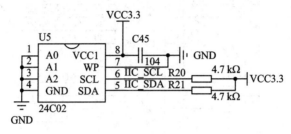

图 2.2.7 EEPROM

这里把 A0～A2 均接地,对 24C02 来说也就是把地址位设置成 0 了,写程序的时候要注意这点。IIC_SCL 接在 MCU 的 PH4 上,IIC_SDA 接在 MCU 的 PH5 上,这里虽然接到了 STM32 的硬件 I^2C 上,但是并不提倡使用硬件 I^2C,因为 STM32 的 I^2C 非常不好用。IIC_SCL/IIC_SDA 总线上总共挂了 5 个器件,即 24C02、AP3216C、PCF8574、MPU9250 和 WM8978(后面 4 个在之前已经介绍过)。

8. RGB LCD 接口

STM32F767 核心板板载了 RGB LCD 接口,此部分电路如图 2.2.8 所示。图中,J3(RGBLCD)就是 RGB LCD 接口,采用 RGB565 数据格式,并支持触摸屏(支持电阻屏和电容屏)。该接口仅支持 RGB 接口的液晶(不支持 MCU 接口的液晶),目前 ALIENTEK 的 RGB 接口 LCD 模块有 4.3 寸(ID:4342,480×272)和 7 寸(ID:7084,800×480 和 ID:7016,1 024×600)等尺寸可选。

图中的 T_MISO、T_MOSI、T_PEN、T_CS、T_SCK 连接在 MCU 的 PG3、PI3、PH7、PI8、PH6 上,用于实现对液晶触摸屏的控制(支持电阻屏和电容屏)。LCD_BL 连接在 MCU 的 PB5 上,用于控制 LCD 的背光。液晶复位信号 RESET 直接连接在开发板的复位按钮上,和 MCU 共用一个复位电路。注意,该接口底板上的 LCD(MCU 屏)模块接口共用触摸屏和背光信号线,所以它们不能同时都使用触摸屏。

9. 串 口

STM32F767 核心板板载了一个 TTL 串口,引出了 MCU 的串口 1(USART1),此部分电路如图 2.2.9 所示。图中,P2 就是核心板引出的串口 1(USART1)接口,通过 3 个排针引出(默认没有焊接,须自行焊接),USART1_TX 和 USART1_RX 分别连接在 MCU 的 PA9 和 PA10 上面。注意,它和底板上的 P4 是连接在一起的。

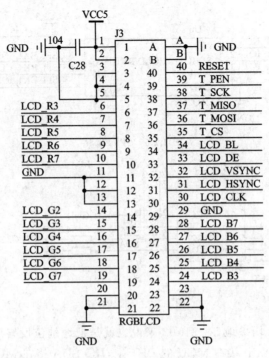

图 2.2.8 RGB LCD 接口

10. Micro USB 接口

STM32F767 核心板板载了一个 Micro USB 接口，此部分电路如图 2.2.10 所示。图中，USB-AB 就是一个 Micro USB 座，可以用来连接计算机，做从机（SLAVE）；也可以通过外接 USB OTG 线连接 U 盘、USB 鼠标、USB 键盘和 USB 手柄等，做主机（HOST）。USB_D-和 USB_D+分别连接在 MCU 的 PA11 和 PA12 上面，它们和底板上的 P10 是连接在一起的。同时，该接口也可以用于给核心板提供电源。

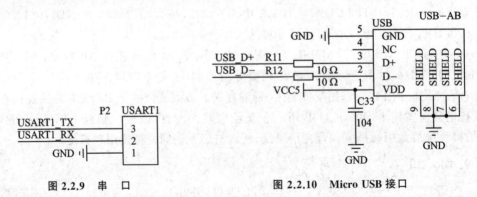

图 2.2.9 串口   图 2.2.10 Micro USB 接口

11. 按 键

STM32F767 核心板板载了一个功能按键：WK_UP，此部分电路如图 2.2.11 所示。

图中,KEY_UP 按键连接在 MCU 的 PA0,高电平有效,可以用来实现按键输入,也可以用作 MCU 的唤醒(WKUP)。注意,它和底板上的 KEY_UP 是连接在一起的。

图 2.2.11　功能按键

12. LED

STM32F767 核心板板载了 2 个 LED,此部分电路如图 2.2.12 所示。图中,PWR 是电源指示灯(蓝色),用于指示核心板的供电状态;DS0 是功能指示灯(红色);LED0 连接在 MCU 的 PB1,可以用于指示程序运行状态。这两个 LED 的工作状态都受 VREF+的控制,当 VREF+悬空(核心板单独工作或拔了底板 P5 的跳线帽)时,PWR 和 DS0 都正常工作;当 VREF+接 3.3 V 时(底板的 P5 跳线帽短接),PWR 和 DS0 都关闭。如果不想让 PWR 和 DS0 受 VREF+控制(一直工作),那么去掉 R13 即可。

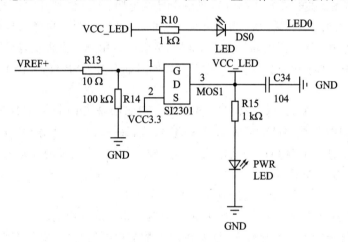

图 2.2.12　2 个 LED

13. 电　源

STM32F767 核心板板载的电源供电部分,原理图如图 2.2.13 所示。图中,U2 是稳压芯片,将 5 V 转换为 3.3 V,整个核心板的 3.3 V 电源都来自此芯片。F1 是自恢复保险丝,可以起到过流保护的作用。右侧的 5 V、3.3 V 和 GND 这 3 个 TEST_POINT 是在核心板流出的 3 个焊盘,可以给开发板供电,或者从开发板取电。

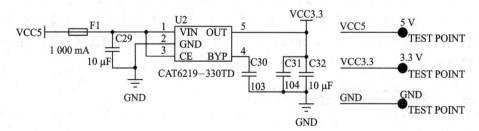

图 2.2.13　电　源

2.3 开发板使用注意事项

为了让大家更好地使用 ALIENTEK 阿波罗 STM32F767 开发板,这里总结了该开发板使用的时候尤其要注意的一些问题供读者参考:

① 如果 USB_232 接口连接了计算机,第一次上电的时候由于 CH340G 在和计算机建立连接的过程中,导致 DTR/RTS 信号不稳定,会引起 STM32 复位 3~5 次。这个现象是正常的,后续按复位键就不会出现这种问题了。

② 核心板上的 PWR 和 DS0 两个 LED 是受 VREF+ 控制的,所以,当底板上的 P5 跳线帽连接时(默认就是连接的,短接 VREF+ 和 3.3 V),核心板的 PWR 和 DS0 是一直关闭的(不会亮)。如果想要核心板的 PWR 和 DS0 受控,则拔了 P5 的跳线帽即可。

③ 一个 USB 供电最多 500 mA,且由于导线电阻存在,供到开发板的电压一般都不会有 5 V。如果使用了很多大负载外设,比如 4.3 寸屏、网络、摄像头模块等,那么可能引起 USB 供电不够;所以如果使用 4.3 屏,或者同时用到多个模块,则建议使用一个独立电源供电。如果没有独立电源,建议可以同时插 2 个 USB 口,并插上 JTAG,这样供电可以更足一些。

④ JTAG 接口有几个信号(JTDI、JTDO、JTRST)被 OLED/CAMERA 接口占用了,所以在调试这个接口的时候须选择 SWD 模式,最好就是一直用 SWD 模式。

⑤ 想使用某个 I/O 口用作其他用处的时候,须看看开发板的原理图,查看该 I/O 口是否有连接在开发板的某个外设上;如果有,看该外设的这个信号是否会对你的使用造成干扰,先确定无干扰,再使用这个 I/O。比如 PA8 就不太适合做输入 I/O,因为 REMOTE_IN 连接在这个 I/O 上面,可能会对输入检测造成影响。

⑥ 开发板上的跳线帽比较多,读者在使用某个功能的时候,要先查查这个是否需要设置跳线帽,以免浪费时间。

⑦ 当液晶显示白屏的时候,须先检查液晶模块是否插好(拔下来重新插试试)。如果还不行,可以通过串口看看 LCD ID 是否正常,再做进一步的分析。

⑧ 开发板的 USB SLAVE 和 USB HOST 共用同一个 USB 口,所以,它们不可以同时使用。使用的时候须注意。

至此,本书实验平台(ALIENTEK 阿波罗 STM32F767 开发板)的硬件部分就介绍完了,了解了整个硬件对后面的学习会有很大帮助,有助于理解后面的代码,编写软件的时候可以事半功倍,所以读者要细读! 另外,ALIENTEK 开发板的其他资料及教程更新,都可以在技术论坛 www.openedv.com 下载到,读者可以经常去这个论坛获取更新的信息。

2.4 STM32F767 学习方法

STM32F7 系列是目前最强大的 ARM Cortex - M7 处理器,由于其强大的功能,可替代 DSP 等特性,具有非常广泛的应用前景。初学者可能会认为 STM32F767 很难学,以前可能只学过 51,或者甚至连 51 都没学过的,一看到 STM32F767 那么多寄存器就憷了。其实,万事开头难,只要掌握了方法,学好 STM32F767 还是非常简单的,这里总结了学习 STM32F767 的几个要点:

① 一款实用的开发板。

这个是实验的基础,有个开发板在手,什么东西都可以直观地看到。但开发板不宜多,多了的话连自己都不知道该学哪个了,觉得这个也还可以,那个也不错,这个学半天,那个学半天,结果学个四不像。倒不如从一而终,学完一个再学另外一个。

② 3 本参考资料,即《STM32F7 中文参考手册》、《STM32F7xx 参考手册》和《STM32F7 编程手册》。

《STM32F7 中文参考手册》和《STM32F7xx 参考手册》都是 STM32F7 系列的参考手册,前者是中文翻译版本,仅针对 STM32F74x/75x 系列,后者则是英文版本,针对 STM32F76x/77x 系列,这两本手册详细介绍了 STM32F7 的各种寄存器定义以及外设的使用说明等,是学习 STM32F767 的必备资料。而《STM327 编程手册》则是对《STM32F7 中文参考手册》的补充,很多关于 Cortex - M7 内核的介绍(寄存器等)都可以在这个文档找到答案;该文档同样是 ST 的官方资料,专门针对 ST 的 Cortex - M7 产品。结合这 3 本参考资料,就可以比较好地学习 STM32F7 了。

③ 掌握方法,勤学善悟。

STM32F767 不是妖魔鬼怪,不要畏难,其学习和普通单片机一样,基本方法就是:

a) 掌握时钟树图(见《STM32F7 中文参考手册》图 12)。

任何单片机必定是靠时钟驱动的,时钟就是单片机的动力,STM32F767 也不例外,通过时钟可以知道,各种外设的时钟是怎么来的? 有什么限制? 从而理清思路,方便理解。

b) 多思考,多动手。

所谓熟能生巧,先要熟,才能巧。如何熟悉? 这就要靠自己动手,多多练习了,光看/说是没什么太多用的。学习 STM32F767,不是应试教育,不需要考试,不需要倒背如流,只需要知道这些寄存器在哪个地方,用到的时候可以迅速查找到就可以了。掌握学习的方法远比掌握学习的内容重要得多。

熟悉了之后就应该进一步思考,也就是所谓的巧了。我们提供了几十个例程供读者学习,跟着例程走无非就是熟悉 STM32F767 的过程,只有进一步思考才能更好地掌握 STM32F767,即举一反三。例程是死的,人是活的,所以,可以在例程的基础上自由发挥,实现更多的其他功能并总结规律,为以后的学习/使用打下坚实的基础,如此,方能信手拈来。

所以,学习一定要自己动手,光看视频、光看文档是不行的

只要以上 3 点做好了,学习 STM32F767 基本上就不会有什么太大问题了。如果遇到问题,可以在我们的技术论坛——开源电子网 www.openedv.com 提问。论坛 STM32 板块已经有 6 万多个主题,很多疑问已经有网友提过了,所以可以先在论坛搜

索一下，很多时候就可以直接找到答案了。论坛是一个分享交流的好地方，是一个可以让大家互相学习、互相提高的平台，所以有时间可以多上去看看。

另外，很多 ST 官方发布的所有资料（芯片文档、用户手册、应用笔记、固件库、勘误手册等）都可以在 www.stmcu.org 下载到。同时，ST 也会将最新的资料都放到这个网址。

第二篇 软件篇

上一篇介绍了本书的实验平台,本篇将详细介绍 STM32F767 的开发软件:MDK5。通过该篇的学习可以了解到:① 如何在 MDK5 下新建 STM32F767 工程;② 工程的编译;③ MDK5 的一些使用技巧;④ 程序下载;⑤ 在线调试。这环节概括了一个完整的 STM32F767 开发流程。本篇将图文并茂地介绍以上几个方面,通过本篇的学习,希望读者能掌握 STM32F767 的开发流程,并能独立开始 STM32F767 的编程和学习。

本篇将分为如下 3 个章节:

第 3 章 MDK5 软件入门

第 4 章 下载与调试

第 5 章 SYSTEM 文件夹介绍

第 3 章
MDK5 软件入门

本章介绍 MDK5 软件的使用。通过本章的学习,我们最终将建立一个自己的 MDK5 工程。同时,本章还介绍 MDK5 软件的一些使用技巧,使读者对 MDK5 软件有个比较全面的了解。

3.1 MDK5 简介

MDK 源自德国的 KEIL 公司,是 RealView MDK 的简称。在全球,MDK 被超过 10 万的嵌入式开发工程师使用。目前最新版本为 MDK5.21A,该版本使用 μVision5 IDE 集成开发环境,是针对 ARM 处理器,尤其是 Cortex-M 内核处理器的最佳开发工具。

MDK5 向后兼容 MDK4 和 MDK3 等,以前的项目同样可以在 MDK5 上进行开发(但是全部头文件须自己添加)。MDK5 同时加强了针对 Cortex-M 微控制器开发的支持,并且对传统的开发模式和界面进行升级。MDK5 由两个部分组成:MDK Core 和 Software Packs。其中,Software Packs 可以独立于工具链进行新芯片支持和中间库的升级,如图 3.1.1 所示。

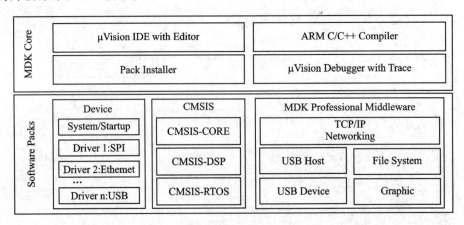

图 3.1.1 MDK5 组成

可以看出,MDK Core 又分成 4 个部分:μVision IDE with Editor(编辑器)、ARM C/C++ Compiler(编译器)、Pack Installer(包安装器)、μVision Debugger with Trace

(调试跟踪器)。μVision IDE 从 MDK4.7 版本开始就加入了代码提示和语法动态检测等实用功能,相对于以往的 IDE 改进很大。

Software Packs(包安装器)又分为 Device(芯片支持)、CMSIS(ARM Cortex 微控制器软件接口标准)和 Mdidleware(中间库)3 个小部分。通过包安装器,我们可以安装最新的组件,从而支持新的器件、提供新的设备驱动库以及最新例程等,加速产品开发进度。

MDK5 安装包可以在 http://www.keil.com/demo/eval/arm.htm 下载到。而器件支持、设备驱动、CMSIS 等组件可以在 http://www.keil.com/dd2/pack 这个地址下载(推荐),然后进行安装。也可以单击 Pack Installer 按钮(不推荐)来进行各种组件的安装。具体安装步骤可参考配套资料的"6,软件资料→1,软件→MDK5→安装过程.txt"即可。

在 MDK5 安装完成后,要让 MDK5 支持 STM32F767 的开发,还要安装 STM32F767 的器件支持包:Keil.STM32F7xx_DFP.2.7.0.pack(STM32F7 系列的器件包)。这个包以及 MDK5.21A 安装软件我们都已经在开发板配套资料提供了,读者自行安装即可。

3.2 新建 MDK5 工程

MDK5 的安装可参考配套资料的"6,软件资料\1,软件\MDK5\安装过程.txt",里面详细介绍了 MDK5 的安装方法,本节介绍如何新建一个 STM32 的 MDK5 工程。为了方便读者参考,我们将本节最终新建好的工程模板存放在配套资料的"4,程序源码\1,标准例程-寄存器版本\实验 0 新建工程实验",如遇新建工程问题,则可打开该实验对比。

首先,打开 MDK(以下将 MDK5 简称为 MDK)软件,然后选择 Project→New μVision Project 菜单项,如图 3.2.1 所示,则弹出如图 3.2.2 所示界面。

图 3.2.1 新建 MDK 工程

在桌面新建一个 TEST 的文件夹,然后在 TEST 文件夹里面新建 USER 文件夹,

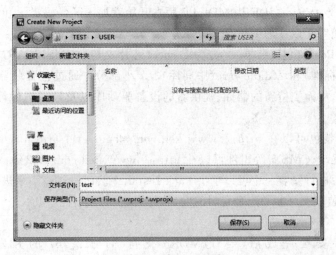

图 3.2.2 保存工程界面

将工程名字设为 test,保存在这个 USER 文件夹里面。之后,弹出选择器件的对话框,如图 3.2.3 所示。因为 ALIENTEK 阿波罗 STM32F7 开发板使用的 STM32 型号为 STM32F767IGT6,所以这里选择 STMicroelectronics → STM32F7 Series → STM32F767→STM32F767IG→STM32F767IGTx(如果使用的是其他系列的芯片,则选择相应的型号就可以了。注意,一定要安装对应的器件 pack 才会显示这些内容。如果没得选择,须关闭 MDK,然后安装配套资料的"6,软件资料\1,软件\MDK5\Keil. STM32F7xx_DFP.2.7.0.pack"安装包)。

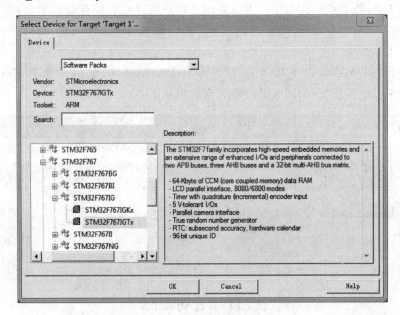

图 3.2.3 器件选择界面

第 3 章　MDK5 软件入门

单击 OK 按钮,则 MDK 弹出 Manage Run‐Time Environment 对话框,如图 3.2.4 所示。这是 MDK5 新增的一个功能,在这个界面可以添加自己需要的组件,从而方便构建开发环境,不过这里不做介绍。所以在图 3.2.4 所示界面中直接单击 Cancel,则得到如图 3.2.5 所示界面。

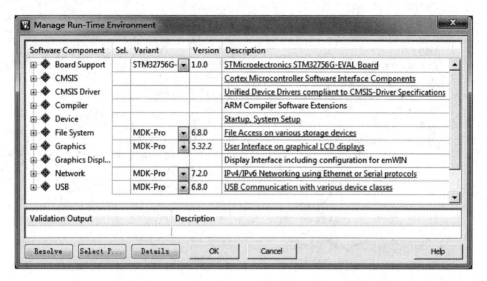

图 3.2.4　Manage Run‐Time Environment 界面

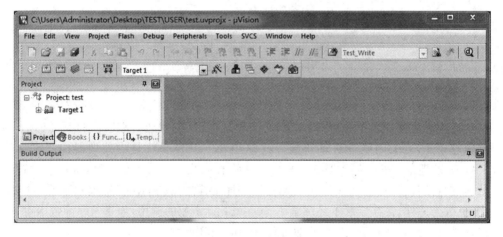

图 3.2.5　工程初步建立

到这里还只是建了一个框架,还需要添加启动代码以及.c 文件等。这里先介绍启动代码。启动代码是一段和硬件相关的汇编代码,是必不可少的,其主要作用如下:
① 堆栈(SP)的初始化;② 初始化程序计数器(PC);③ 设置向量表异常事件的入口地址;④ 调用 main 函数。

ST 公司为 STM32F767 系列提供了一个启动文件,名字为 startup_stm32f767xx.s。我们开发板使用的是 STM32F767IGT6,属于 STM32F767xx 系列,所以直接使用 startup_stm32f767xx.s 启动文件即可。不过做了一点点修改,具体是 Reset_Handler 函数,该函数修改后代码如下:

```
Reset_Handler    PROC
    EXPORT    Reset_Handler              [WEAK]
    ;IMPORT    SystemInit
    ;寄存器代码,不需要在这里调用 SystemInit 函数,故屏蔽掉,库函数版本代码,可以留下
    ;不过需要在外部实现 SystemInit 函数,否则会报错
    IMPORT    __main
    IF {FPU} ! = "SoftVFP"              ;通过 Target 选项卡的 Floating Point Hardware 选项来控制
    ;如果选择:Not Used,则不编译以下代码(到 ENDIF 结束)
    ;如果选择:Use Single/Double Precision,则编译以下代码
    ;Enable Floating Point Support at reset for FPU
    LDR.W    R0, = 0xE000ED88           ;Load address of CPACR register
    LDR      R1, [R0]                   ;Read value at CPACR
    ORR      R1, R1, #(0xF << 20)       ;设置位 20 - 23,使能 CP10 和 CP11 协处理器
    ; Write back the modified CPACR value
    STR      R1, [R0]                   ;Wait for store to complete
    DSB
    ;针对 OS 应用,FPU 寄存器全部由 OS 压栈保存,关闭硬件压栈
    ; Disable automatic FP register content
    ; Disable lazy context switch
    LDR.W    R0, = 0xE000EF34           ;Load address to FPCCR register
    LDR      R1, [R0]
    AND      R1, R1, #(0x3FFFFFFF)      ;Clear the LSPEN and ASPEN bits
    STR      R1, [R0]
    ISB                                 ;Reset pipeline now the FPU is enabled
    ENDIF
    ;LDR     R0, = SystemInit           ;寄存器代码,未用到,屏蔽
    ;BLX     R0                         ;寄存器代码,未用到,屏蔽
    LDR      R0, = __main
    BX       R0
    ENDP
```

这段代码主要加入了开启 STM32F767 硬件 FPU 的代码,以使能 STM32F767 的浮点运算单元,并关闭硬件自动压栈。其中,0xE000ED88 就是协处理器控制寄存器(CPACR)的地址,该寄存器的第 20~23 位用来控制是否支持浮点运算,这里全设置为 1,从而支持硬件浮点运算。CPACR 寄存器的详细描述见《STM32F7 编程手册.pdf》第 4.7.1 小节。另外,寄存器版本还屏蔽了 SystemInit 函数的调用,如果是库函数版本,则可以取消这个函数的注释,并在外部实现 SystemInit 函数。

注意,我们在汇编代码里面使能了 FPU,所以在 MDK 里面也要设置使用 FPU,否则代码可能会无法运行。设置方法如下:选择 Options for Target 'Target1',打开 Target 选项卡,在 Code Generation 栏里面选择 Use Double Precision,如图 3.2.6 所示。

这样,MDK 编译生成的代码就可以直接使用硬件 FPU 了。其实就 2 个步骤:① 设置 CPACR 寄存器 20~23 位全为 1,使能硬件 FPU。② 设置 MDK 选项,选择 UseDouble Precision。另外,在图 3.2.6 中,MDK 默认 STM32F767 外部晶振为

第 3 章　MDK5 软件入门

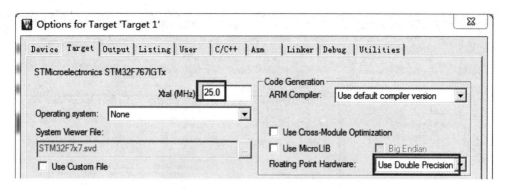

图 3.2.6　MDK 开启浮点运算

12 MHz，我们板子用的是 25 MHz，所以这里设置为 25 MHz。

修改后的这个启动文件在配套资料的"4，程序源码→STM32 启动文件"文件夹里面，这里把这个 startup_stm32f767xx.s 复制到刚刚新建的 USER 文件夹里面。

按照图 3.2.7 所示①～③步进行操作，之后单击 Add 按钮，则可得到如图 3.2.8 所示界面。其中，图 3.2.7 看到的 3 个文件夹：DebugConfig、Listings 和 Objects，是 MDK5 自行创建的，用于保存编译过程中生成的一些文件，后续会介绍。

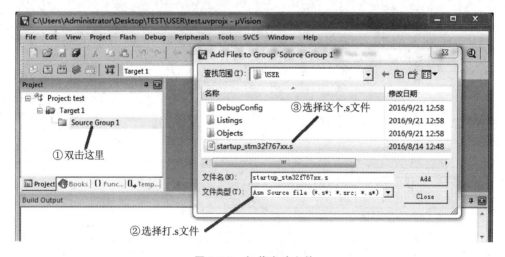

图 3.2.7　加载启动文件

至此，我们就可以开始编写自己的代码了。不过，在此之前先来做两件事：第一件，先编译一下，看看什么情况？编译后如图 3.2.9 所示。

图 3.2.9 中 1 处为编译当前目标按钮，2 处为全部重新编译按钮（工程大的时候，编译耗时较久，建议少用）。出错和警告信息在下面的 Bulilt Output 对话框中提示出来了，因为工程中没有 main 函数，所以报错了。

接下来，第二件事，让我们看看存放工程的文件夹有什么变化？打开刚刚建立的 TEST\USER 文件夹可以看到，里面多了 3 个文件夹：DebugConfig、Listings 和

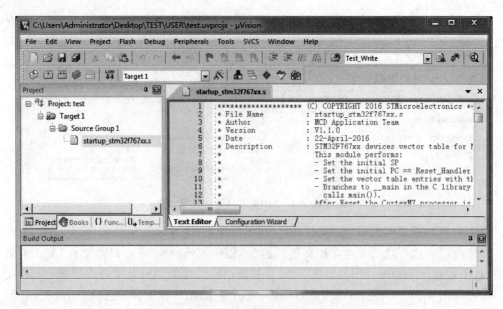

图 3.2.8 成功添加启动文件

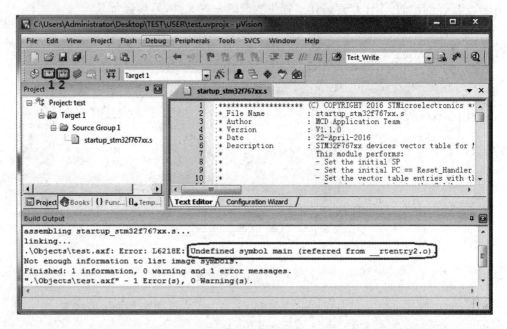

图 3.2.9 编译结果

Objects，如图 3.2.10 所示。

在 USER 文件夹下，startup_stm32f767xx.s（启动文件）和 test.uvprojx（MDK5 工程文件）是必须用到的 2 个文件；DebugConfig、Listings 和 Objects 文件夹是 MDK5 自动生成的；DebugConfig 文件夹用于存储一些调试配置文件；Listings 和 Objects 文件夹用来存储 MDK 编译过程的一些中间文件。

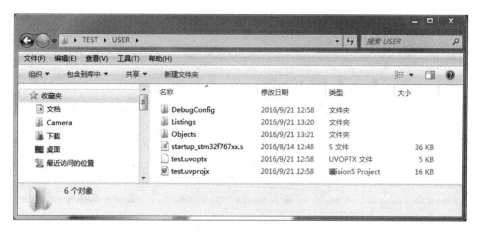

图 3.2.10　编译后工程文件夹的变化

这里不用 Listings 和 Objects 文件夹来存放中间文件，而是在 TEST 目录下新建一个新的 OBJ 文件夹来存放这些中间文件。这样，USER 文件夹专门用来存放启动文件、DebugConfig 文件夹（MDK 自己生成）（startup_stm32f767xx.s）、工程文件（test.uvprojx）等不可缺少的文件，而 OBJ 则用来存放这些编译过程中产生的中间文件（包括 .hex 文件也将存放在这个文件夹里面）。然后把 Listings 和 Objects 文件夹删除，里面的东西全部移到 OBJ 文件夹下（当然要先关闭 MDK 软件）。整理后效果如图 3.2.11 所示。

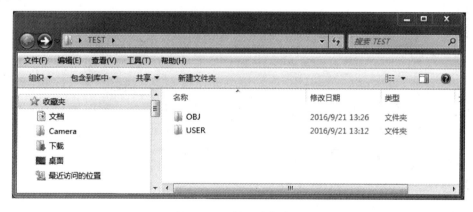

图 3.2.11　整理后的效果

由于上面还没有任何代码在工程里面，这里把系统代码复制过来（即 SYSTEM 文件夹，该文件夹由 ALIENTEK 提供，可以在配套资料任何一个实例的工程目录下找到。注意，不要复制错了，不要把库函数代码的系统文件夹复制到寄存器代码里面用。这些代码在任何 STM32F7xx 的芯片上都是通用的，可以用于快速构建自己的工程，后面会有详细介绍）。完成之后，TEST 文件夹下的文件如图 3.2.12 所示。

在 USER 文件夹下面找到 test.uvprojx 并打开，然后在 Target 目录树上右击，在弹出的级联菜单中选择 Manage Project Items，则弹出如图 3.2.13 所示界面。

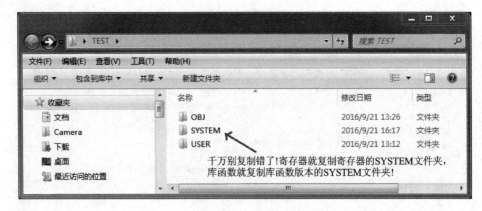

图 3.2.12　TEST 文件夹最终模样

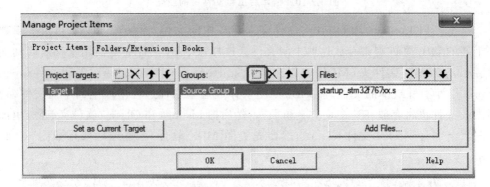

图 3.2.13　Manage Project Items 界面

在图 3.2.13 的中间栏单击新建(用圆圈标出)按钮(也可以通过双击下面的空白处实现),新建 USER 和 SYSTEM 两个组。然后单击 Add Files 按钮,把 SYSTEM 文件夹 3 个子文件夹里面的 sys.c、usart.c、delay.c 加入到 SYSTEM 组中。注意,此时 USER组下还是没有任何文件,则得到如图 3.2.14 所示的界面。

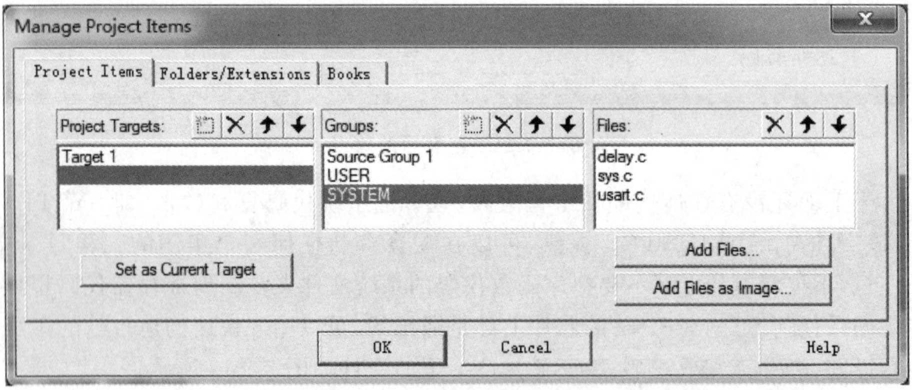

图 3.2.14　修改结果

第 3 章　MDK5 软件入门

单击 OK 按钮退出该界面返回 IDE,这时,Target1 树下多了 2 个组名,就是刚刚新建的 2 个组,如图 3.2.15 所示。

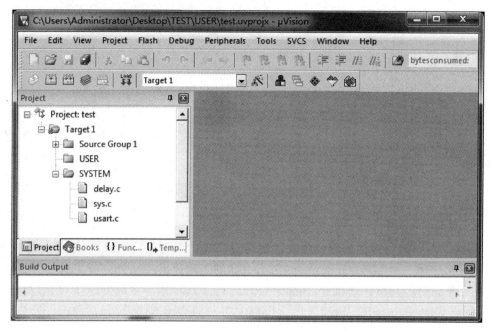

图 3.2.15　在编辑状态下的体现

接着,新建一个 test.c 文件,并保存在 USER 文件夹下。然后双击 USER 组,则弹出加载文件的对话框,此时在 USER 目录下选择 test.c 文件,加入到 USER 组下,则得到如图 3.2.16 所示的界面。

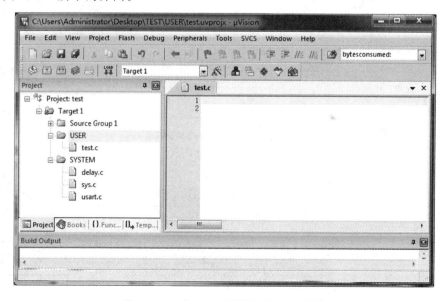

图 3.2.16　在 USER 组下加入 test.c 文件

至此，就可以开始编写自己的代码了。在 test.c 文件里面输入如下代码：

```c
#include "sys.h"
#include "usart.h"
#include "delay.h"
int main(void)
{
    u8 t = 0;
    Stm32_Clock_Init(432,25,2,9);     //设置时钟,216 MHz
    delay_init(216);                   //延时初始化
    uart_init(108,115200);             //串口初始化
    while(1)
    {
        printf("t:%d\r\n",t);
        delay_ms(500);
        t++;
    }
}
```

如果此时编译，则生成的过程文件还是会存放在 USER 文件夹下，所以先设置输出路径再编译。单击 (Options for Target 按钮)，则弹出 Options for Target 'Target 1'对话框，选择 Output 选项卡，并选中 Create Hex File（用于生成 Hex 文件，后面会用到）复选项，再单击 Select Folder for Objects，并找到 OBJ 文件夹，最后单击 OK 按钮，操作如图 3.2.17 所示。

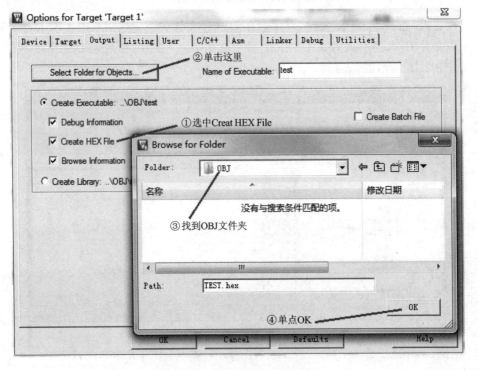

图 3.2.17　设置 Output 文件路径

接着，设置 Listings 文件路径。在图 3.2.17 的基础上打开 Listing 选项卡，并单击 Select Folder for Listings，找到 OBJ 文件夹，最后单击 OK 按钮，操作如图 3.2.18 所示。

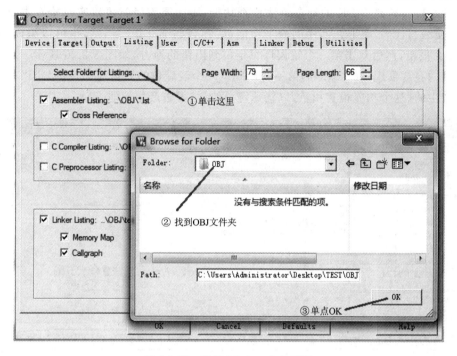

图 3.2.18　设置 Listings 文件路径

最后单击 OK 按钮回到 IDE 主界面，如图 3.2.19 所示。

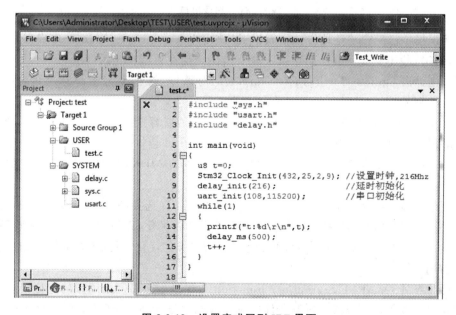

图 3.2.19　设置完成回到 IDE 界面

这个界面同我们刚输入完代码的时候一样,在第一行会出现一个红色的"X",把光标放上面,则会看到提示信息:fatal error:'sys.h' file not found,意思是找不到 sys.h 这个源文件。这是 MDK 的动态语法检查功能,不需要编译就可以实时检查出语法错误,方便编写代码,是非常实用的一个功能,后续会详细介绍。当然,也可以编译一下,MDK 会报错,然后双击第一个错误即可定位到出错的地方,如图 3.2.20 所示。双击圆圈内的内容会发现,在 test.c 的第一行出现了一个浅绿色的三角箭头,说明错误是这个地方产生的(这个功能很实用,可以快速定位错误、警告产生的地方)。

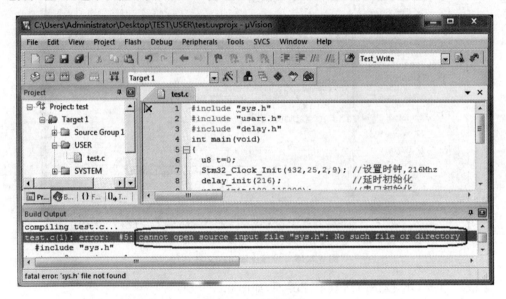

图 3.2.20　编译出错

错误提示已经很清楚地告诉我们错误的原因了,就是 sys.h 的 include 路径没有加进去,MDK 找不到 sys.h,从而导致了这个错误。现在再次单击 (Options for Target 按钮),则弹出 Options for Target 'Target 1'对话框,选择 C/C++选项卡,操作如图 3.2.21 所示。

注意,图中 1 处设置的 STM32F767xx 宏是为了兼容低版本的 MDK(比如 MDK4 等)才添加的,MDK5 在用户选择器件的时候就会内部定义这个宏,因此,在 MDK5 下面这里不设置也是可以的。但是为了兼容低版本的 MDK,我们还是将这个宏添加进来。

图中 2 处是编译器优化选项,有-O0~-O3 这 4 种选择(默认是-O2),值越大,优化效果越强,但是仿真调试效果越差。这里选择-O0 优化,以得到最好的调试效果,方便开发代码。在代码调试结束后,可以选择-O2 之类的优化,得到更好的性能和更少的代码占用量。

图中 3 处 One ELF Section per Function 主要是用来对冗余函数的优化。通过这个选项可以在最后生成的二进制文件中将冗余函数排除掉,以便最大程度地优化最后生成的二进制代码,所以,一般选中这个,这样可以减少整个程序的代码量。

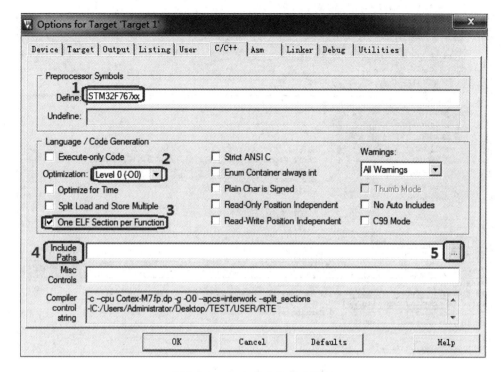

图 3.2.21　加入头文件包含路径

然后在 Include Paths 处（4 处）单击 5 处的按钮，在弹出的对话框中加入 SYSTEM 文件夹下的 3 个文件夹名字，把这几个路径都加进去（此操作即加入编译器的头文件包含路径，后面会经常用到），如图 3.2.22 所示。

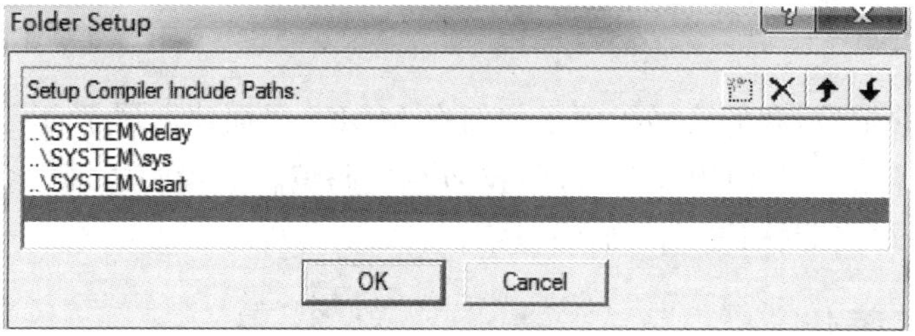

图 3.2.22　头文件包含路径设置

单击 OK 确认，则回到 IDE，此时再单击 按钮，再编译一次，就发现没错误了，得到如图 3.2.23 所示的界面。

因为之前选择了生成 Hex 文件，所以在编译的时候，MDK 自动生成 Hex 文件（图 3.2.3 中圈出的部分），这个文件在 OBJ 文件夹里面。

这里有的用户编译后可能会出现一个警告：warning：#1-D last line of file ends without a newline。这个警告是在告诉我们，在某个 C 文件的最后没有输入新行，只需要双击这个警告，跳转到警告处，然后在后面多输入一个空行就好了。

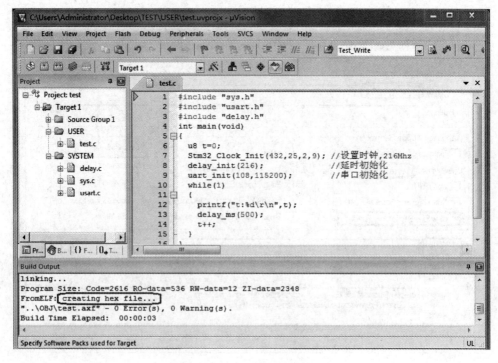

图 3.2.23 再次编译后的结果

至此,一个完整的 STM32F767 开发工程在 MDK5 下建立完成了,接下来就可以进行代码下载和仿真调试了。

3.3 MDK5 使用技巧

通过前面的学习,我们已经了解了如何在 MDK5 里面建立属于自己的工程。下面介绍 MDK5 软件的一些使用技巧,这些技巧在代码编辑和编写方面非常有用,希望读者好好掌握,最好实际操作一下,加深印象。

3.3.1 文本美化

文本美化,主要是设置一些关键字、注释、数字等的颜色和字体。在介绍 MDK5 新建工程的时候看到界面如图 3.2.23 所示,这是 MDK 默认的设置,可以看到,其中的关键字和注释等字体的颜色不是很漂亮,而 MDK 提供了自定义字体颜色的功能。可以在工具条上单击(配置对话框),则弹出如图 3.3.1 所示界面。

在该对话框中,先设置 Encoding 为 Chinese GB2312(Simplified),然后设置 Tab size 为 4。以更好地支持简体中文(否则,复制到其他地方的时候,中文可能是一堆问号),同时 TAB 间隔设置为 4 个单位。然后,选择 Colors&Fonts 选项卡,在该选项卡内就可以设置自己代码的字体和颜色了。我们使用的是 C 语言,所以在 Window 下面选择 C/C++ Editor Files，则在右边就可以看到相应的元素了，如图 3.3.2 所示。

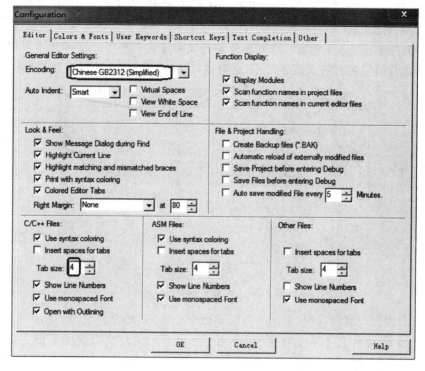

图 3.3.1　配置对话框

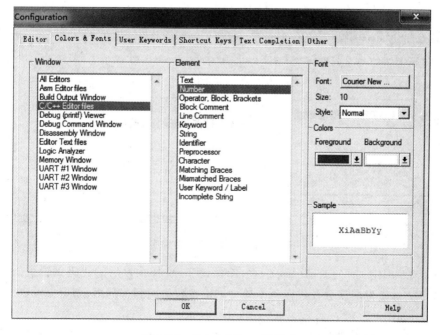

图 3.3.2　Colors&Fonts 选项卡

然后双击各个元素修改为自己喜欢的颜色(注意是双击,且有时候可能需要设置多次才生效,这是 MDK 的 bug),当然也可以在 Font 栏设置字体的类型以及字体的大小等。设置完成之后,单击 OK 按钮就可以在主界面看到修改后的结果。例如,修改后的代码显示效果如图 3.3.3 所示。这就比开始的效果好看一些了。字体大小可以直接按住 Ctrl+鼠标滚轮进行放大或者缩小,也可以在刚刚的配置界面设置字体大小。

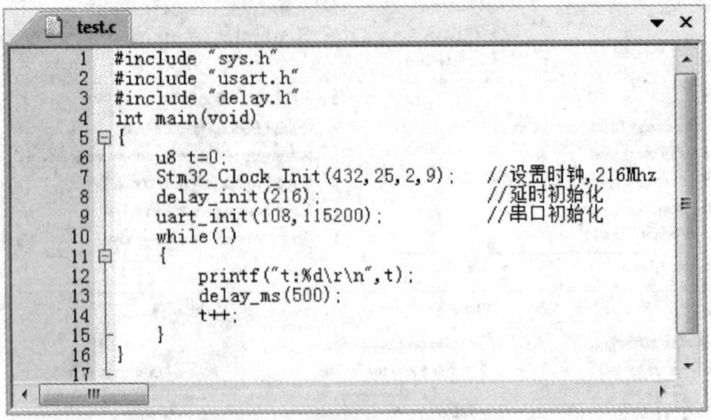

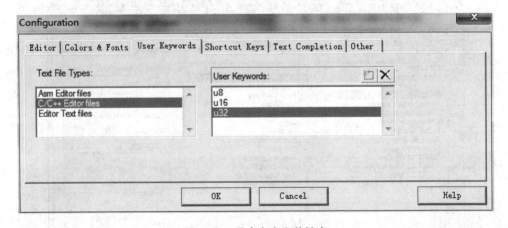

图 3.3.3　设置完后显示效果

细心的读者可能会发现,上面的代码里面有一个 u8 还是黑色的,这是一个用户自定义的关键字,为什么不显示蓝色(假定刚刚已经设置了用户自定义关键字颜色为蓝色)呢?这就又要回到刚刚的配置对话框了,但这次要选择 User Keywords 选项卡,同样选择 C/C++ Editor Files,在右边的 User Keywords 对话框下面输入自定义的关键字,如图 3.3.4 所示。

图 3.3.4　用户自定义关键字

图 3.3.5 中定义了 u8、u16、u32 这 3 个关键字,这样在以后的代码编辑里面只要出现这 3 个关键字肯定就会变成蓝色。单击 OK 按钮再回到主界面,则可以看到 u8 变成了蓝色了,如图 3.3.5 所示。

其实这个编辑配置对话框里面还可以对其他很多功能进行设置,比如动态语法检

图 3.3.5　设置完后显示效果

测等,我们将下面介绍。

3.3.2　语法检测 & 代码提示

MDK5 支持代码提示与动态语法检测功能,使得 MDK 的编辑器越来越好用了,这里简单说一下如何设置。同样,单击 按钮,打开配置对话框,选择 Text Completion 选项卡,如图 3.3.6 所示。

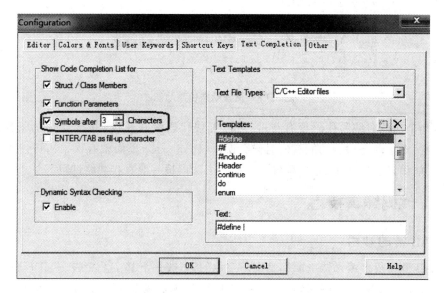

图 3.3.6　Text Completion 选项卡设置

Strut/Class Members,用于开启结构体/类成员提示功能。
Function Parameters,用于开启函数参数提示功能。
Symbols after xx characters,用于开启代码提示功能,即在输入多少个字符以后,提示匹配的内容(比如函数名字、结构体名字、变量名字等)。这里默认设置 3 个字符以后,就开始提示,如图 3.3.7 所示。

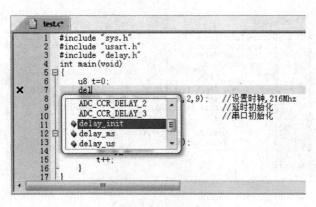

图 3.3.7 代码提示

Dynamic Syntax Checking,用于开启动态语法检测,比如编写的代码存在语法错误的时候,则会在对应行前面出现 ✖ 图标。如出现警告,则会出现 ⚠ 图标,将鼠标光标放图标上面,则会提示产生的错误/警告的原因,如图 3.3.8 所示。

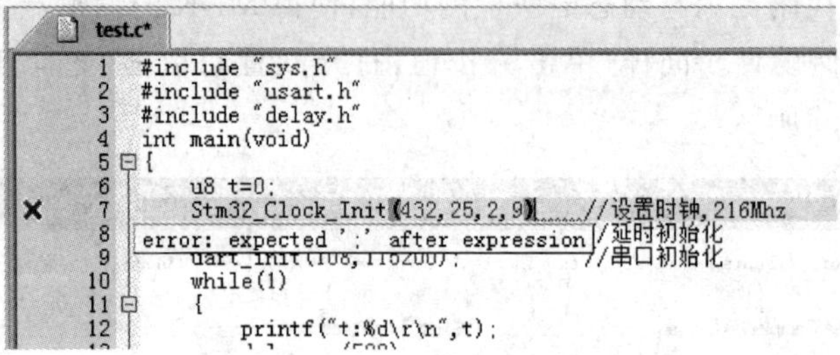

图 3.3.8 语法动态检测功能

这几个功能对编写代码很有帮助,可以加快代码编写速度,并且及时发现各种问题。注意,语法动态检测功能有的时候会误报(比如 sys.c 里面就有误报),可以不用理会,只要能编译通过(0 错误,0 警告),这样的语法误报一般直接忽略即可。

3.3.3 代码编辑技巧

1. TAB 键的妙用

TAB 键在很多编译器里面都是用来空位的,每按一下移空几个位。MDK 的 TAB 键还可以支持块操作,也就是可以让一片代码整体右移固定的几个位,也可以通过 SHIFT+TAB 键整体左移固定的几个位。

假设前面串口 1 中断响应函数如图 3.3.9 所示。这样的代码读者肯定不喜欢,这还只是短短的 30 来行代码,如果代码有几千行,全部是这个样子,不头大才怪。这时就可以通过 TAB 键的妙用来快速修改为比较规范的代码格式。

选中一块代码,然后按 TAB 键,可以看到,整块代码都跟着右移了一定距离,如图 3.3.10 所示。

第 3 章　MDK5 软件入门

```
70  void USART1_IRQHandler(void)
71  {
72      u8 res;
73  #if SYSTEM_SUPPORT_OS        //如果SYSTEM_SUPPORT_OS为真,则需要支持OS.
74      OSIntEnter();
75  #endif
76      if(USART1->ISR&(1<<5))//接收到数据
77      {
78          res=USART1->RDR;
79          if((USART_RX_STA&0x8000)==0)//接收未完成
80          {
81              if(USART_RX_STA&0x4000)//接收到了0x0d
82              {
83                  if(res!=0x0a)USART_RX_STA=0;//接收错误,重新开始
84                  else USART_RX_STA|=0x8000;   //接收完成了
85              }else //还没收到0X0D
86              {
87                  if(res==0x0d)USART_RX_STA|=0x4000;
88                  else
89                  {
90                      USART_RX_BUF[USART_RX_STA&0X3FFF]=res;
91                      USART_RX_STA++;
92                      if(USART_RX_STA>(USART_REC_LEN-1))USART_RX_STA=0;//接收数据错误,重新开始接收
93                  }
94              }
95          }
96      }
97  #if SYSTEM_SUPPORT_OS        //如果SYSTEM_SUPPORT_OS为真,则需要支持OS.
98      OSIntExit();
99  #endif
100 }
```

图 3.3.9　头大的代码

```
70  void USART1_IRQHandler(void)
71  {
72      u8 res;
73      #if SYSTEM_SUPPORT_OS        //如果SYSTEM_SUPPORT_OS为真,则需要支持OS.
74      OSIntEnter();
75      #endif
76      if(USART1->ISR&(1<<5))//接收到数据
77      {
78          res=USART1->RDR;
79          if((USART_RX_STA&0x8000)==0)//接收未完成
80          {
81              if(USART_RX_STA&0x4000)//接收到了0x0d
82              {
83                  if(res!=0x0a)USART_RX_STA=0;//接收错误,重新开始
84                  else USART_RX_STA|=0x8000;   //接收完成了
85              }else //还没收到0X0D
86              {
87                  if(res==0x0d)USART_RX_STA|=0x4000;
88                  else
89                  {
90                      USART_RX_BUF[USART_RX_STA&0X3FFF]=res;
91                      USART_RX_STA++;
92                      if(USART_RX_STA>(USART_REC_LEN-1))USART_RX_STA=0;//接收数据错误,重新开始接收
93                  }
94              }
95          }
96      }
97      #if SYSTEM_SUPPORT_OS        //如果SYSTEM_SUPPORT_OS为真,则需要支持OS.
98      OSIntExit();
99      #endif
100 }
```

图 3.3.10　代码整体偏移

接下来就是要多选几次,然后多按几次 TAB 键就可以达到迅速使代码规范化的目的,最终效果如图 3.3.11 所示。

图 3.3.11 中的代码相对于图 3.3.9 中的要好看多了,整个代码一下就变得有条理多了,看起来很舒服。

2. 快速定位函数/变量被定义的地方

在调试代码或编写代码的时候,读者一定有时想看看某个函数是在哪个地方定义的、具体里面的内容是怎么样的,也可能想看看某个变量或数组是在哪个地方定义的

```
70   void USART1_IRQHandler(void)
71   {
72       u8 res;
73   #if SYSTEM_SUPPORT_OS        //如果SYSTEM_SUPPORT_OS为真,则需要支持OS.
74       OSIntEnter();
75   #endif
76       if(USART1->ISR&(1<<5))//接收到数据
77       {
78           res=USART1->RDR;
79           if((USART_RX_STA&0x8000)==0)//接收未完成
80           {
81               if(USART_RX_STA&0x4000)//接收到了0x0d
82               {
83                   if(res!=0x0a)USART_RX_STA=0;//接收错误,重新开始
84                   else USART_RX_STA|=0x8000;   //接收完成了
85               }else //还没收到0X0D
86               {
87                   if(res==0x0d)USART_RX_STA|=0x4000;
88                   else
89                   {
90                       USART_RX_BUF[USART_RX_STA&0X3FFF]=res;
91                       USART_RX_STA++;
92                       if(USART_RX_STA>(USART_REC_LEN-1))USART_RX_STA=0;//接收数据错误,重新开始接收
93                   }
94               }
95           }
96       }
97   #if SYSTEM_SUPPORT_OS        //如果SYSTEM_SUPPORT_OS为真,则需要支持OS.
98       OSIntExit();
99   #endif
100  }
```

图 3.3.11　修改后的代码

等。尤其在调试代码或者看别人代码的时候,如果编译器没有快速定位的功能,就只能自己慢慢找,代码量一大就要花很久的时间来找这个函数到底在哪里。MDK提供了这样的快速定位的功能。只要把光标放到这个函数/变量(xxx)的上面(xxx为想要查看的函数或变量的名字),然后右键,则弹出如图3.3.12所示的级联菜单。选择 Go to Definition Of 'STM32_Clock_Init',就可以快速跳到STM32_Clock_Init函数的定义处(注意,要先在 Options for Target 的 Output 选项卡里面选中 Browse Information 选项,再编译,再定位,否则无法定位),如图 3.3.13 所示。

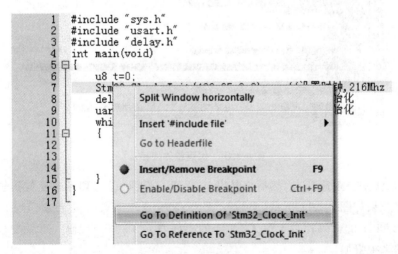

图 3.3.12　快速定位

对于变量,也可以按这样的操作来快速定位这个变量被定义的地方,大大缩短了查找代码的时间。

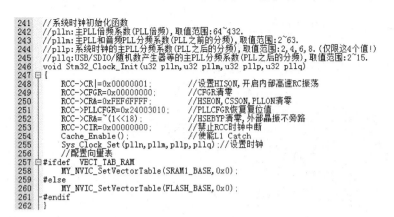

图 3.3.13　定位结果

很多时候,我们利用 Go to Definition 看完函数/变量的定义后,又想返回之前的代码继续看,此时可以通过 IDE 上的 ⬅ 按钮(Back to previous position)来快速返回之前的位置,这个按钮非常好用。

3. 快速注释与快速消注释

调试代码时,可能会想注释某一片代码来看看执行的情况,MDK 提供了这样的快速注释/消注释块代码的功能,也是通过右键实现的。这个操作比较简单,就是先选中要注释的代码区,然后右键,在弹出的级联菜单中选择 Advanced→Comment Selection 就可以了。

以 stm32_Clock_Init 函数为例,比如要注释掉图 3.3.14 所选中区域的代码,则只要在选中了之后右击,在弹出的联级菜单中选择 Advanced→Comment Selection 就可以把这段代码注释掉了。执行这个操作以后的结果如图 3.3.15 所示。

图 3.3.14　选中要注释的区域

这样就快速地注释掉了一片代码,而在某些时候又希望这段注释的代码能快速地取消注释,MDK 也提供了这个功能。与注释类似,先选中被注释掉的地方,然后右击,并在弹出的级联菜单中选择 Advanced→Uncomment Selection 即可。

```
241  //系统时钟初始化函数
242  //plln:主PLL倍频系数(PLL倍频),取值范围:64~432.
243  //pllm:主PLL和音频PLL分频系数(PLL之前的分频),取值范围:2~63.
244  //pllp:系统时钟的主PLL分频系数(PLL之后的分频),取值范围:2,4,6,8.(仅限这4个值!)
245  //pllq:USB/SDIO/随机数产生器等的主PLL分频系数(PLL之后的分频),取值范围:2~15.
246  void Stm32_Clock_Init(u32 plln,u32 pllm,u32 pllp,u32 pllq)
247  {
248  //   RCC->CR|=0x00000001;          //设置HISON,开启内部高速RC振荡
249  //   RCC->CFGR=0x00000000;         //CFGR清零
250  //   RCC->CR&=0xFEF6FFFF;          //HSEON,CSSON,PLLON清零
251  //   RCC->PLLCFGR=0x24003010;      //PLLCFGR恢复复位值
252  //   RCC->CR&=~(1<<18);            //HSEBYP清零,外部晶振不旁路
253  //   RCC->CIR=0x00000000;          //禁止RCC时钟中断
254  //   Cache_Enable();               //使能L1 Catch
255       Sys_Clock_Set(plln,pllm,pllp,pllq);//设置时钟
256  //   //配置向量表
257  //#ifdef  VECT_TAB_RAM
258       MY_NVIC_SetVectorTable(SRAM1_BASE,0x0);
259  //#else
260  //   MY_NVIC_SetVectorTable(FLASH_BASE,0x0);
261  //#endif
262  }
```

图 3.3.15　注释完毕

3.3.4　其他小技巧

第一个是快速打开头文件。将光标放到要打开的引用头文件上,然后右击,并在弹出的级联菜单中选择 Open Document"XXX",就可以快速打开这个文件了(XXX 是你要打开的头文件名字),如图 3.3.16 所示。

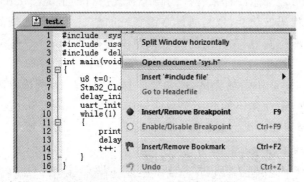

图 3.3.16　快速打开头文件

第二个是查找替换功能。这个和 WORD 等很多文档操作的替换功能是差不多的,在 MDK 里面查找替换的快捷键是"CTRL＋H",只要按下该按钮就会调出如图 3.3.17 所示界面。

这个替换的功能在有的时候是很有用的,它的用法与其他编辑工具或编译器的差不多,相信读者都不陌生了,这里就不啰嗦了。

第三个是跨文件查找功能。先双击要找的函数/变量名(这里还是以系统时钟初始化函数 Stm32_Clock_Init 为例),然后再单击 IDE 上面的 ,则弹出如图 3.3.18 所示对话框。单击 Find All 按钮,MDK 就会找出所有含有 Stm32_Clock_Init 字段的文件,并列出其所在位置,如图 3.3.19 所示。

该方法可以很方便地查找各种函数/变量,而且可以限定搜索范围(比如只查找.c 文件和.h 文件等),是一个非常实用的技巧。

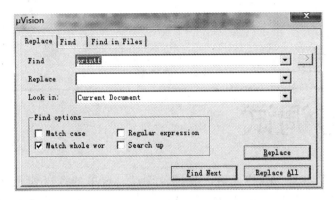

图 3.3.17　替换文本

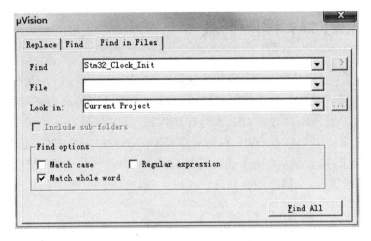

图 3.3.18　跨文件查找

```
Searching for 'Stm32_Clock_Init'...
C:\Users\Administrator\Desktop\TEST\USER\test.c(7) :     Stm32_Clock_Init(432,25,2,9);   //设置时钟,216Mhz
C:\Users\Administrator\Desktop\TEST\SYSTEM\sys\sys.h(90) : void Stm32_Clock_Init(u32 plln,u32 pllm,u32 pllp,u32 pllq); //时钟初始化
C:\Users\Administrator\Desktop\TEST\SYSTEM\sys\sys.c(246) : void Stm32_Clock_Init(u32 plln,u32 pllm,u32 pllp,u32 pllq)
Lines matched: 3      Files matched: 3      Total files searched: 17
```

图 3.3.19　查找结果

第 4 章
下载与调试

本章介绍 STM32F767 的代码下载以及调试。这里的调试即硬件调试（在线调试），必须有仿真器（JLINK、ULINK、STLINK 等，注意，JLINK 必须是 V9 或以上版本才可以支持 STM32F767，其他版本不支持）才可以。

4.1 STM32F767 程序下载

STM32F767 的程序下载有多种方法，比如 USB、串口、JTAG、SWD 等，由于 STM32F7 暂时没有比较好的串口下载软件，所以，一般通过仿真器下载。接下来介绍如何使用 ST LINK V2，结合 MDK，来给 STM32F7 下载代码。

ST LINK 支持 JTAG 和 SWD 两种通信接口，同时 STM32F767 也支持 JTAG 和 SWD。所以，可以有 2 种方式来下载代码，JTAG 模式，占用的 I/O 线比较多；SWD 模式占用的 I/O 线很少，只需要两根即可。所以，一般选择 SW 模式来给 STM32F767 下载代码。

首先，需要安装 ST LINK 的驱动。驱动安装可参考配套资料的"6，软件资料→1，软件→ST LINK 驱动及教程"文件夹里面的《STLINK 调试补充教程.pdf》自行安装。

安装了 ST LINK 的驱动之后，我们接上 ST LINK，并用灰排线连接 ST LINK 和开发板 JTAG 接口，打开 3.2 节新建的工程，单击 ，选择 Debug 选项卡，在 Debug 栏选择仿真工具为 ST-Link Debugger，如图 4.1.1 所示。

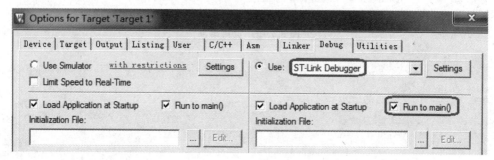

图 4.1.1 Debug 选项卡设置

图中还选中了 Run to main()。该选项选中后，只要单击仿真就会直接运行到 main 函数；如果没选择这个选项，则会先执行 startup_stm32f767xx.s 文件的 Reset_

第 4 章 下载与调试

Handler,再跳到 main 函数。

然后单击 Settings,设置 ST LINK 的一些参数,如图 4.1.2 所示。图 4.1.2 中使用 ST LINK 的 SW 模式调试,因为 JTAG 需要占用比 SW 模式多很多的 I/O 口,而开发板上这些 I/O 口可能被其他外设用到,从而造成部分外设无法使用。所以,建议下载/调试代码的时候,一定要选择 SW 模式。Max Clock 设置为最大,即 4 MHz(需要更新固件,否则最大只能到 1.8 MHz)。如果 USB 数据线比较差,那么可能会出问题,此时,可以通过降低这里的速率来试试。

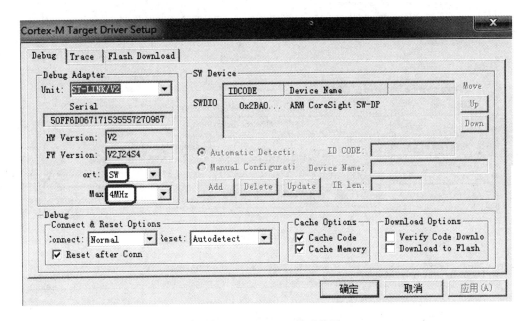

图 4.1.2 ST LINK 模式设置

单击 OK 完成此部分设置,接下来还需要在 Utilities 选项卡里面设置下载时的目标编程器,如图 4.1.3 所示。图中直接选中 Use Debug Driver,即和调试一样,选择 ST LINK 来给目标器件的 Flash 编程,然后单击 Settings,设置如图 4.1.4 所示。

这里 MDK5 会根据新建工程时选择的目标器件,自动设置 Flash 算法。我们使用的是 STM32F767IGT6,Flash 容量为 1 MB,所以 Programming Algorithm 里面默认会有 1 MB 型号的 STM32F7xx Flash 算法。MDK 默认选择的是 AXIM 总线访问的 Flash 算法(起始地址为 0X0800 0000),为了方便大家使用,我们将 ITCM 总线访问的 Flash 算法(起始地址为 0X0020 0000)也添加进来,由 MDK 自动选择下载算法(实际上是根据 Target 选项卡的 on-chip IROM 地址范围设置来选择的,默认为 0X0800 0000)。

注意,这里的 1 MB Flash 算法不仅仅针对 1 MB 容量的 STM32F767,对于小于 1 MB Flash 的型号也适用。最后,选中 Reset and Run 选项,以实现编程后自动运行,其他默认设置即可。设置完成之后,如图 4.1.4 所示。

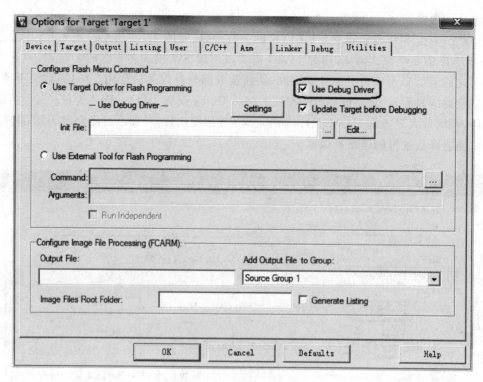

图 4.1.3　Flash 编程器选择

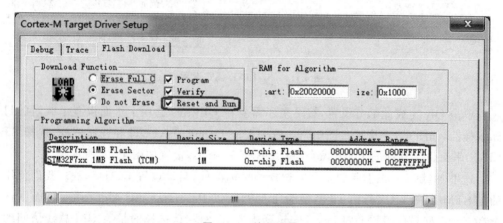

图 4.1.4　编程设置

在设置完之后,连续两次单击 OK 按钮,则回到 IDE 界面,编译工程。然后单击 ![LOAD] (下载)按钮,就可以下载代码到 STM32F767 上面了,如图 4.1.5 所示。

下载完成后,在 Build Output 窗口会提示"Programming Down,Application running",如图 4.1.6 所示。

下载完成后,则自动运行刚刚下载的代码(因为选中了 Reset and run,如图 4.1.4 所示)。接下来就可以打开串口调试助手,从而验证是否收到了 STM32F767 串口发送

第 4 章 下载与调试

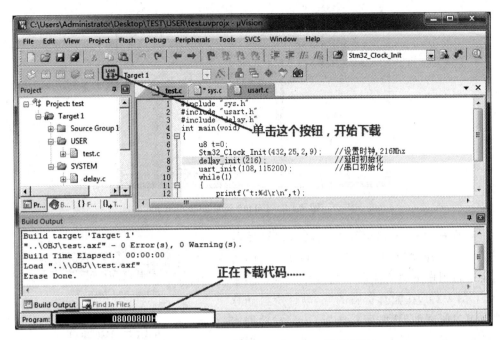

图 4.1.5　通过仿真器给 STM32F767 下载代码

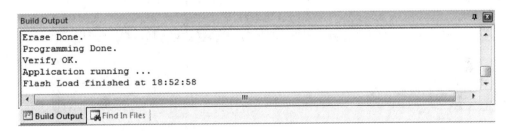

图 4.1.6　下载完成并运行代码

出来的数据。

在开发板的 USB_232 处插入 USB 线,并接上计算机,如果之前没有安装 CH340G 的驱动(如果已经安装过了驱动,则应该能在设备管理器里面看到 USB 串口;如果不能,则要先卸载之前的驱动,卸载完后重启计算机,再重新安装我们提供的驱动),则需要先安装 CH340G 的驱动,找到配套资料的"软件资料→软件"文件夹下的 CH340 驱动,并安装该驱动,如图 4.1.7 所示。

驱动安装成功之后,拔掉 USB 线,然后重新插入计算机,此时计算机就会自动给其安装驱动了。安装完成之后,可以在计算机的设备管理器里面找到 USB 串口(如果找不到,则重启计算机),如图 4.1.8 所示。

在图 4.1.8 中可以看到,我们的 USB 串口被识别为 COM3。注意,不同计算机可能不一样,可能是 COM4、COM5 等,但是 USB – SERIAL CH340 一定是一样的。如果没找到 USB 串口,则可能是安装有误或者系统不兼容。

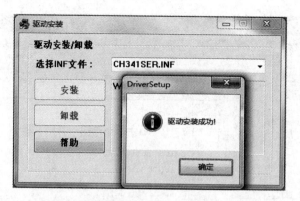

图 4.1.7 CH340 驱动安装

安装完 USB 串口驱动之后就可以开始验证了(注意,开发板的 B0 必须接 GND,否则将不会运行用户下载的代码),打开串口调试助手(XCOM V2.0,在配套资料的"6,软件资料→软件→串口调试助手"里面),选择 COM3(根据实际情况选择),设置波特率为 115 200,则发现从 ALIENTEK 阿波罗 STM32F767 开发板发回来的信息,如图 4.1.9 所示。

图 4.1.8 USB 串口

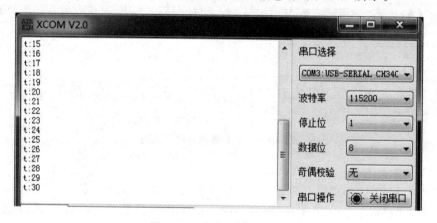

图 4.1.9 程序开始运行了

接收到的数据和期望的是一样的,证明程序没有问题。至此,说明我们下载代码成功了,并且从硬件上验证了代码的正确性。

4.2 STM32F767 在线调试

上一节介绍了如何利用 ST LINK 给 STM32 下载代码,并在 ALIENTEK 阿波罗 STM32 开发板上验证了程序的正确性。这个代码比较简单,所以不需要硬件调试,直接就一次成功了。可是,如果代码工程比较大,难免存在一些 bug,这时就有必要通过在线调试来解决问题了。

利用调试工具，比如 JLINK（必须是 JLINK V9 或者以上版本）、ULINK、STLINK 等，可以实时跟踪程序，从而找到程序中的 bug，使你的开发事半功倍。这里以 ST 公司的仿真器 ST LINK V2 为例，说说如何在线调试 STM32F767。

通过上一节的学习我们知道，ST LINK 支持 JTAG 和 SWD 两种通信方式，而且 SWD 方式具有占用 I/O 少的优点（2 个 I/O 口），所以，一般选择 SWD 方式进行调试。在 MDK 里面，对 ST LINK 的相关设置同 4.1 节完全一样。

在 MDK 的 IDE 界面编译一下工程，然后单击 （开始/停止仿真）按钮开始仿真（如果开发板的代码没被更新过，则会先更新代码（即下载代码）再仿真。注意，开发板上的 B0 脚要接 GND，否则不会运行我们下载的代码），如图 4.2.1 所示。

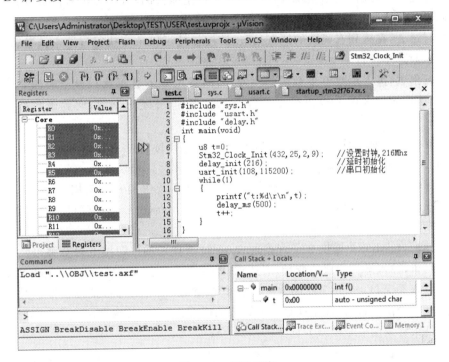

图 4.2.1　开始仿真

因为之前选中了 Run to main() 选项，所以，程序直接就运行到了 main 函数的入口处。另外，此时 MDK 多出了一个工具条，这就是 Debug 工具条，这个工具条在仿真的时候是非常有用的，下面简单介绍相关按钮的功能。Debug 工具条部分按钮的功能如图 4.2.2 所示。

复位：其功能等同于硬件上按复位按钮，相当于实现了一次硬复位。按下该按钮之后，代码会重新从头开始执行。

执行到断点处：该按钮用来快速执行到断点处，有时候并不需要查看每步是怎么执行的，而是想快速执行到程序的某个地方看结果，这个按钮就可以实现这样的功能，前提是在查看的地方设置了断点。

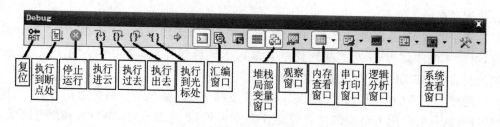

图 4.2.2 Debug 工具条

停止运行：该按钮在程序一直执行的时候会变为有效。通过按该按钮，就可以使程序停止下来，进入到单步调试状态。

执行进去：该按钮用来实现执行到某个函数里面去的功能，在没有函数的情况下，是等同于执行过去按钮的。

执行过去：在碰到有函数的地方，通过该按钮就可以单步执行过这个函数，而不进入这个函数单步执行。

执行出去：进入函数单步调试的时候，有时候可能不必再执行该函数的剩余部分了，通过该按钮就直接一步执行完函数余下的部分，并跳出函数，回到函数被调用的位置。

执行到光标处：该按钮可以迅速使程序运行到光标处，类似执行到断点处按钮功能，但是两者是有区别的，断点可以有多个，但是光标所在处只有一个。

汇编窗口：通过该按钮就可以查看汇编代码，这对分析程序很有用。

堆栈局部变量窗口：通过该按钮可以显示 Call Stack＋Locals 窗口，显示当前函数的局部变量及其值，方便查看。

观察窗口：MDK5 提供 2 个观察窗口（下拉选择），该按钮按下时会弹出一个显示变量的窗口，输入想要观察的变量/表达式，即可查看其值，是很常用的一个调试窗口。

内存查看窗口：MDK5 提供 4 个内存查看窗口（下拉选择），该按钮按下时会弹出一个内存查看窗口，可以在里面输入要查看的内存地址，然后观察这一片内存的变化情况。这是很常用的一个调试窗口。

串口打印窗口：MDK5 提供 4 个串口打印窗口（下拉选择），该按钮按下时会弹出一个类似串口调试助手界面的窗口，用来显示从串口打印出来的内容。

逻辑分析窗口：该图标下面有 3 个选项（下拉选择），一般用第一个，也就是逻辑分析窗口（Logic Analyzer），单击即可调出该窗口。通过 SETUP 按钮新建一些 I/O 口，就可以观察这些 I/O 口的电平变化情况，以多种形式显示出来，比较直观。

系统查看窗口：该按钮可以提供各种外设寄存器的查看窗口（通过下拉选择），选择对应外设即可调出该外设的相关寄存器表，并显示这些寄存器的值，方便查看设置的是否正确。

Debug 工具条上的其他几个按钮用得比较少，这里就不介绍了。以上介绍的是比较常用的，当然也不是每次都用得着这么多，具体根据程序调试的时候有没有必要看这些东西来决定。

第 4 章 下载与调试

注意,串口打印窗口和逻辑分析窗口仅在软件仿真的时候可用,而 MDK5 对 STM32F767 的软件仿真基本上不支持(故本书没有直接对软件仿真进行介绍),所以,基本上这两个窗口用不着。但是对 STM32F1 的软件仿真,MDK5 是支持的,在 F1 开发的时候可以用到。

这样,在上面的仿真界面里面调出堆栈局部变量窗口,如图 4.2.3 所示。

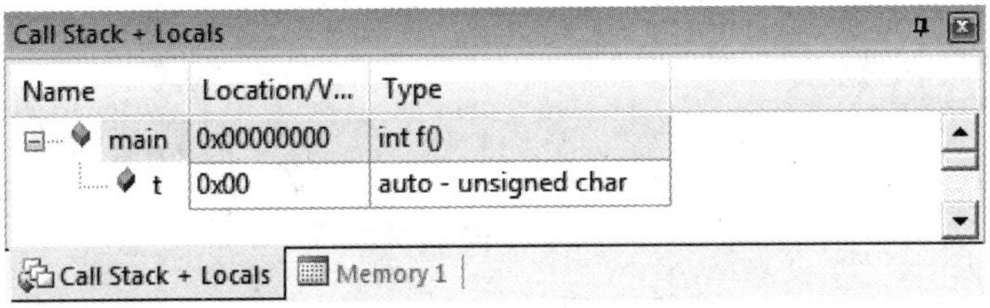

图 4.2.3　堆栈局部变量查看窗口

把光标放到 test.c 第 9 行左侧的灰色区域,然后单击鼠标即可放置一个断点(红色的实心点,也可以通过鼠标右键弹出的级联菜单来加入),再次单击则取消。然后单击 执行到该断点处,如图 4.2.4 所示。

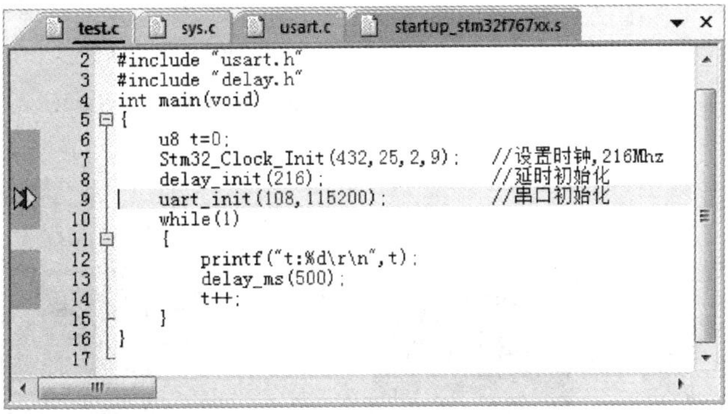

图 4.2.4　执行到断点处

先不忙着往下执行,选择 Peripherals→System Viewer→USART→USART1 菜单项可以看到,有很多外设可以查看,这里查看的是串口 1 的情况,如图 4.2.5 所示。

单击 USART1 后会在 IDE 右侧出现一个如图 4.2.6(a)所示的界面。图 4.2.6(a)是 STM32 的串口 1 的默认设置状态,从中可以看到所有与串口相关的寄存器全部在这上面表示出来了。接着单击一下 执行完串口初始化函数,则得到了如图 4.2.6(b)所示的串口信息。可以对比一下这两个图的区别,就知道在 uart_init(108,115200)函数里面大概执行了哪些操作。

通过图 4.2.6(b)可以查看串口 1 各个寄存器的设置状态,从而判断编写的代码是否有问题。只有这里的设置正确了之后,才有可能在硬件上正确执行。同样,这样的方法也可以适用于很多其他外设,这个读者慢慢体会吧!这一方法不论是在排错还是在编写代码的时候,都是非常有用的。

· 77 ·

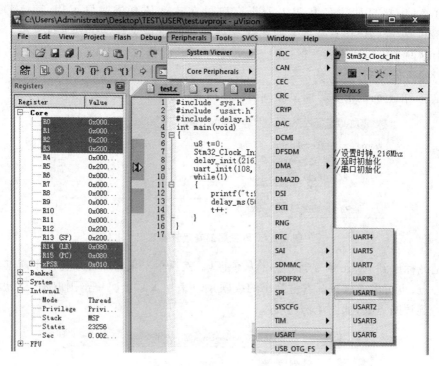

图 4.2.5 查看串口 1 相关寄存器

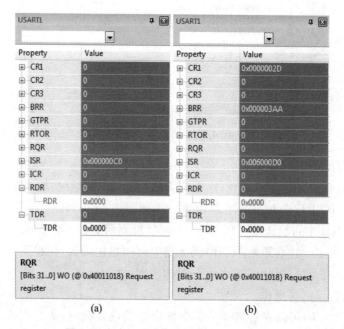

图 4.2.6 串口 1 各寄存器初始化前后对比

此时,先打开串口调试助手(XCOM V2.0,在配套资料的"6,软件资料→软件→串口调试助手"里面)设置好串口号和波特率,然后继续单击 按钮一步步执行,此时在堆栈局部变量窗口可以看到 t 的值变化，同时在串口调试助手中，也可看到打印出 t 的值，如图 4.2.7 和 4.2.8 所示。

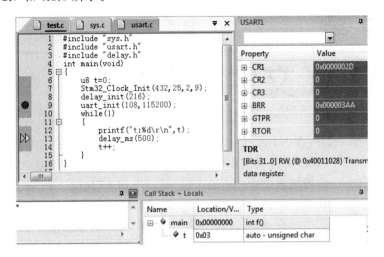

图 4.2.7　堆栈局部变量窗口查看 t 的值

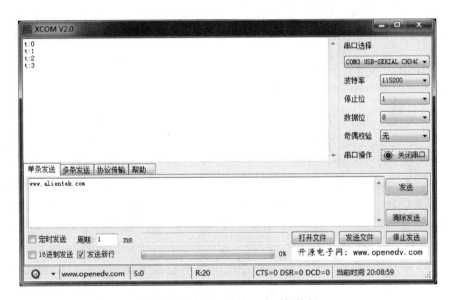

图 4.2.8　串口调试助手收到的数据

STM32F767 的硬件调试就介绍到这里。这仅仅是一个简单的 demo 演示，实际使用中硬件调试更是大有用处，所以一定要好好掌握。

第 5 章

SYSTEM 文件夹介绍

第 3 章介绍了如何在 MDK5.21A 下建立 STM32F767 工程,在这个新建的工程之中用到了一个 SYSTEM 文件夹里面的代码,此文件夹里面的代码由 ALIENTEK 提供,是 STM32F7xx 系列的底层核心驱动函数,可以用在 STM32F7xx 系列的各个型号上面,方便读者快速构建自己的工程。

SYSTEM 文件夹下包含 delay、sys、usart 共 3 个文件夹,分别包含了 delay.c、sys.c、usart.c 及其头文件。通过这 3 个 c 文件可以快速给任何一款 STM32F7 芯片构建最基本的框架,使用起来是很方便的。

本章将介绍这些代码,使读者了解到这些代码的由来,也希望读者可以灵活使用 SYSTEM 文件夹提供的函数来快速构建工程,并实际应用到自己的项目中去。

5.1 delay 文件夹代码介绍

delay 文件夹内包含了 delay.c 和 delay.h 两个文件,用来实现系统的延时功能,其中包含 7 个函数,分别为 void delay_osschedlock(void)、void delay_osschedunlock(void)、void delay_ostimedly(u32 ticks)、void SysTick_Handler(void)、void delay_init(u8 SYSCLK)、void delay_ms(u16 nms)、void delay_us(u32 nus)。前面 4 个函数仅在支持操作系统(OS)的时候要用到,而后面 3 个函数则不论是否支持 OS 都需要用到。

介绍这些函数之前先了解一下编程思想:Cortex-M7 内核和 Cortex-M3/Cortex-M4 内核一样,内部都包含了一个 SysTick 定时器。SysTick 是一个 24 位的倒计数定时器,当计到 0 时,将从 RELOAD 寄存器中自动重装载定时初值。只要不把它在 SysTick 控制及状态寄存器中的使能位清除,就永不停息。《STM32F7 中文参考手册》里面基本没有介绍 SysTick,详细介绍可参阅《STM32F7 编程手册》第 211 页 4.4 节。我们就是利用 STM32 的内部 SysTick 来实现延时的,这样既不占用中断,也不占用系统定时器。

这里介绍的是 ALIENTEK 提供的最新版本的延时函数,该版本的延时函数支持在任意操作系统(OS)下面使用,可以和操作系统共用 SysTick 定时器。

这里以 μC/OS-II 为例,介绍如何实现操作系统和 delay 函数共用 SysTick 定时器。首先,简单介绍下 μC/OS-II 的时钟。μC/OS 运行需要一个系统时钟节拍(类似"心跳"),而这个节拍是固定的(由 OS_TICKS_PER_SEC 宏定义设置),比如要求 5 ms

第5章 SYSTEM 文件夹介绍

一次(即可设置 OS_TICKS_PER_SEC=200),STM32 上一般由 SysTick 来提供这个节拍,也就是 SysTick 要设置为 5 ms 中断一次,为 μC/OS 提供时钟节拍,而且这个时钟一般是不能被打断的(否则就不准了)。

因为在 μC/OS 下 systick 不能再被随意更改,如果还想利用 systick 来做 delay_us 或者 delay_ms 的延时,就必须想点办法了,这里利用的是时钟摘取法。以 delay_us 为例,比如 delay_us(50),在刚进入 delay_us 的时候先计算好这段延时需要等待的 systick 计数次数,这里为 50×27(假设系统时钟为 216 MHz,因为 systick 的频率为系统时钟频率的 1/8,那么 systick 每增加 1,就是 1/27 μs),然后就一直统计 systick 的计数变化,直到这个值变化了 50×27,一旦检测到变化达到或者超过这个值,就说明延时 50 μs 时间到了。这样,我们只是抓取 SysTick 计数器的变化,并不需要修改 SysTick 的任何状态,完全不影响 SysTick 作为 μC/OS 时钟节拍的功能,这就是实现 delay 和操作系统共用 SysTick 定时器的原理。

下面开始介绍这几个函数。

5.1.1 操作系统支持宏定义及相关函数

当需要 delay_ms 和 delay_us 支持操作系统(OS)的时候,需要用到 3 个宏定义和 4 个函数。宏定义及函数代码如下:

```
//本例程仅作 UCOSII 和 UCOSIII 的支持,其他 OS,请自行参考着移植
//支持 UCOSII
#ifdef    OS_CRITICAL_METHOD
//OS_CRITICAL_METHOD 定义了,说明要支持 UCOSII
#define delay_osrunning          OSRunning           //OS 是否运行标记,0,不运行;1,在运行
#define delay_ostickspersec      OS_TICKS_PER_SEC    //OS 时钟节拍,即每秒调度次数
#define delay_osintnesting       OSIntNesting        //中断嵌套级别,即中断嵌套次数
#endif

//支持 UCOSIII
#ifdef    CPU_CFG_CRITICAL_METHOD
//CPU_CFG_CRITICAL_METHOD 定义了,说明要支持 UCOSIII
#define delay_osrunning          OSRunning           //OS 是否运行标记,0,不运行;1,在运行
#define delay_ostickspersec      OSCfg_TickRate_Hz   //OS 时钟节拍,即每秒调度次数
#define delay_osintnesting       OSIntNestingCtr     //中断嵌套级别,即中断嵌套次数
#endif
//us 级延时时,关闭任务调度(防止打断 us 级延迟)
void delay_osschedlock(void)
{
#ifdef CPU_CFG_CRITICAL_METHOD          //使用 UCOSIII
    OS_ERR err;
    OSSchedLock(&err);                  //UCOSIII 的方式,禁止调度,防止打断 us 延时
#else                                   //否则 UCOSII
    OSSchedLock();                      //UCOSII 的方式,禁止调度,防止打断 us 延时
#endif
}
//us 级延时时,恢复任务调度
```

```c
void delay_osschedunlock(void)
{
#ifdef CPU_CFG_CRITICAL_METHOD              //使用 UCOSIII
    OS_ERR err;
    OSSchedUnlock(&err);                    //UCOSIII 的方式,恢复调度
#else                                       //否则 UCOSII
    OSSchedUnlock();                        //UCOSII 的方式,恢复调度
#endif
}
//调用 OS 自带的延时函数延时
//ticks:延时的节拍数
void delay_ostimedly(u32 ticks)
{
#ifdef CPU_CFG_CRITICAL_METHOD              //使用 UCOSIII 时
    OS_ERR err;
    OSTimeDly(ticks,OS_OPT_TIME_PERIODIC,&err);   //UCOSIII 延时采用周期模式
#else
    OSTimeDly(ticks);                       //UCOSII 延时
#endif
}
//systick 中断服务函数,使用 ucos 时用到
void SysTick_Handler(void)
{
    if(delay_osrunning == 1)                //OS 开始跑了,才执行正常的调度处理
    {
        OSIntEnter();                       //进入中断
        OSTimeTick();                       //调用 ucos 的时钟服务程序
        OSIntExit();                        //触发任务切换软中断
    }
}
```

以上代码仅支持 μC/OS-II 和 μC/OS-III,不过,对于其他 OS 的支持,也只需要对以上代码进行简单修改即可实现。

支持 OS 需要用到的 3 个宏定义(以 μC/OS-II 为例),即:

#define delay_osrunning	OSRunning	//OS 是否运行标记,0,不运行;1,在运行
#define delay_ostickspersec	OS_TICKS_PER_SEC	//OS 时钟节拍,即每秒调度次数
#define delay_osintnesting	OSIntNesting	//中断嵌套级别,即中断嵌套次数

宏定义 delay_osrunning,用于标记 OS 是否正在运行,当 OS 已经开始运行时,该宏定义值为 1,当 OS 还未运行时,该宏定义值为 0。

宏定义 delay_ostickspersec,用于表示 OS 的时钟节拍,即 OS 每秒钟任务调度次数。

宏定义 delay_osintnesting,用于表示 OS 中断嵌套级别,即中断嵌套次数。每进入一个中断,该值加 1,每退出一个中断,该值减 1。

支持 OS 需要用到的 4 个函数,即:

函数 delay_osschedlock,用于 delay_us 延时,作用是禁止 OS 进行调度,以防打断 μs 级延时,导致延时时间不准。

第 5 章 SYSTEM 文件夹介绍

函数 delay_osschedunlock,同样用于 delay_us 延时,作用是在延时结束后恢复 OS 的调度,继续正常的 OS 任务调度。

函数 delay_ostimedly,则是调用 OS 自带的延时函数实现延时。该函数的参数为时钟节拍数。

函数 SysTick_Handler,则是 systick 的中断服务函数。该函数为 OS 提供时钟节拍,同时可以引起任务调度。

以上就是 delay_ms 和 delay_us 支持操作系统时,需要实现的 3 个宏定义和 4 个函数。

5.1.2 delay_init 函数

该函数用来初始化 2 个重要参数,即 fac_us 以及 fac_ms;同时,把 SysTick 的时钟源选择为外部时钟。如果需要支持操作系统(OS),则只需要在 sys.h 里面设置 SYSTEM_SUPPORT_OS 宏的值为 1 即可,然后,该函数会根据 delay_ostickspersec 宏的设置来配置 SysTick 的中断时间,并开启 SysTick 中断。具体代码如下:

```c
//初始化延迟函数
//当使用 OS 的时候,此函数会初始化 OS 的时钟节拍
//SYSTICK 的时钟固定为 AHB 时钟的 1/8
//SYSCLK:系统时钟频率
void delay_init(u8 SYSCLK)
{
# if SYSTEM_SUPPORT_OS                          //如果需要支持 OS
    u32 reload;
# endif
    SysTick->CTRL&= ~(1 << 2);                  //SYSTICK 使用外部时钟源
    fac_us = SYSCLK/8;                          //不论是否使用 OS,fac_us 都需要使用
# if SYSTEM_SUPPORT_OS                          //如果需要支持 OS
    reload = SYSCLK/8;                          //每秒钟的计数次数单位为 M
    reload *= 1000000/delay_ostickspersec;      //根据 delay_ostickspersec 设定溢出时间
    //reload 为 24 位寄存器,最大值:16777216,在 216 MHz 下,约合 0.621 s
    fac_ms = 1000/delay_ostickspersec;          //代表 OS 可以延时的最少单位
    SysTick->CTRL|= 1 << 1;                     //开启 SYSTICK 中断
    SysTick->LOAD = reload;                     //每 1/delay_ostickspersec 秒中断一次
    SysTick->CTRL|= 1 << 0;                     //开启 SYSTICK
# else
    fac_ms = ((u32)SYSCLK * 1000)/8;            //非 OS 下,每个 ms 需要的 systick 时钟数
# endif
}
```

可以看到,delay_init 函数使用了条件编译来选择不同的初始化过程。如果不使用 OS,则只是设置一下 SysTick 的时钟源以及确定 fac_us 和 fac_ms 的值。如果使用 OS,则会进行一些不同的配置。这里的条件编译是根据 SYSTEM_SUPPORT_OS 这个宏来确定的,该宏在 sys.h 里面定义。

SysTick 是 MDK 定义了的一个结构体(在 core_m7.h 里面),里面包含 CTRL、LOAD、VAL、CALIB 这 4 个寄存器。

SysTick→CTRL 的各位定义如图 5.1.1 所示。SysTick→LOAD 的定义如图 5.1.2 所示。SysTick→VAL 的定义如图 5.1.3 所示。SysTick→CALIB 不常用,这里也用不到,故不介绍了。

位段	名称	类型	复位值	描述
16	COUNTFLAG	R	0	如果在上次读取本寄存器后SysTick已经数到了0,则该位为1。如果读取该位,该位将自动清0
2	CLKSOURCE	R/W	0	0=HCLK/8 1=HCLK
1	TICKINT	R/W	0	1=SysTick倒数到0时产生SysTick异常请求 0=数到0时无动作
0	ENABLE	R/W	0	SysTick定时器的使能位

图 5.1.1　SysTick→CTRL 寄存器各位定义

位段	名称	类型	复位值	描述
23:0	RELOAD	R/W	0	当倒数至0时,将被重装载的值

图 5.1.2　SysTick→LOAD 寄存器各位定义

位段	名称	类型	复位值	描述
23:0	CURRENT	R/Wc	0	读取时返回当前倒计数的值,写它则使之清0,同时还会清除在SysTick控制及状寄存器中的COUNTFLABG标志

图 5.1.3　SysTick→VAL 寄存器各位定义

"SysTick→CTRL&=0xfffffffb;"这一句把 SysTick 的时钟选择 HCLK/8,也就是 CPU 时钟频率的 1/8。假设我们外部晶振为 8 MHz,然后倍频到 192 MHz,那么 SysTick 的时钟即为 24 MHz,也就是 SysTick 的计数器 VAL 每减 1,就代表时间过了 $1/24~\mu s$。

在不使用 OS 的时候,fac_us 为 μs 延时的基数,也就是延时 1 μs 时 SysTick→LOAD 所应设置的值。fac_ms 为 ms 延时的基数,也就是延时 1 ms 时 SysTick→LOAD 所应设置的值。fac_us 为 8 位整型数据,fac_ms 为 16 位整型数据。Systick 的时钟来自于系统时钟 8 分频,如此,系统时钟如果不是 8 的倍数(不能被 8 整除),则会导致延时函数不准确(比如 180 MHz 主频的时候,delay_us 会变快),这点要特别留意。

当使用 OS 的时候,fac_us 还是 μs 延时的基数,不过这个值不会被写到 SysTick→LOAD 寄存器来实现延时,而是通过时钟摘取的办法实现的(前面已经介绍了)。而 fac_ms 则代表 OS 自带的延时函数所能实现的最小延时时间(如 delay_ostickspersec=200,那么 fac_ms 就是 5 ms)。

5.1.3　delay_us 函数

该函数用来延时指定的 μs,其参数 nus 为要延时的微秒数。该函数有使用 OS 和

第 5 章 SYSTEM 文件夹介绍

不使用 OS 两个版本,这里分别介绍,首先是不使用 OS 的时候,实现函数如下:

```c
//延时 nus
//nus 为要延时的 us 数
//注意:nus 的值,不要大于 798 915 us@168 MHz
void delay_us(u32 nus)
{
    u32 temp;
    if(nus == 0)return;                      //nus = 0,直接退出
    SysTick ->LOAD = nus * fac_us;           //时间加载
    SysTick ->VAL = 0x00;                    //清空计数器
    SysTick ->CTRL = 0x01 ;                  //开始倒数
    do
    {
        temp = SysTick ->CTRL;
    }while((temp&0x01)&&!(temp&(1 << 16)));  //等待时间到达
    SysTick ->CTRL = 0x00;                   //关闭计数器
    SysTick ->VAL  = 0X00;                   //清空计数器
}
```

有了上面对 SysTick 寄存器的描述,这段代码不难理解。其实就是先把要延时的 μs 数换算成 SysTick 的时钟数,然后写入 LOAD 寄存器。清空当前寄存器 VAL 的内容,再开启倒数功能。等到倒数结束,即延时了 nus。最后关闭 SysTick,清空 VAL 的值,实现一次延时 nus 的操作。但是这里要注意 nus 的值,不能太大,必须保证 nus≤ 2^{24}/fac_us,否则将导致延时时间不准确。这里特别说明一下,"temp&0x01"这一句用来判断 systick 定时器是否还处于开启状态,可以防止 systick 被意外关闭导致的死循环。

再来看看使用 OS 的时候,delay_us 的实现函数如下:

```c
//延时 nus
//nus:要延时的 us 数
//nus:0~204522252(最大值即 2^32/fac_us@fac_us = 21,f = 168 MHz)
void delay_us(u32 nus)
{
    u32 ticks;
    u32 told,tnow,tcnt = 0;
    u32 reload = SysTick ->LOAD;             //LOAD 的值
    ticks = nus * fac_us;                    //需要的节拍数
    delay_osschedlock();                     //阻止 OS 调度,防止打断 us 延时
    told = SysTick ->VAL;                    //刚进入时的计数器值
    while(1)
    {
        tnow = SysTick ->VAL;
        if(tnow! = told)
        {
            if(tnow<told)tcnt += told - tnow;//注意 SYSTICK 是一个递减的计数器
            else tcnt += reload - tnow + told;
            told = tnow;
```

```
            if(tcnt>=ticks)break;              //时间超过/等于要延迟的时间,则退出
        }
    };
    delay_osschedunlock();                      //恢复OS调度
}
```

这里就正是利用了前面提到的时钟摘取法,ticks是延时nus需要等待的SysTick计数次数(也就是延时时间),told用于记录最近一次的SysTick→VAL值,tnow是当前的SysTick→VAL值,通过它们的对比累加实现SysTick计数次数的统计,统计值存放在tcnt里面。然后通过对比tcnt和ticks来判断延时是否到达,从而达到不修改SysTick实现nus的延时,于是可以和OS共用一个SysTick。

上面的delay_osschedlock和delay_osschedunlock是OS提供的两个函数,用于调度上锁和解锁,这里为了防止OS在delay_us的时候打断延时而可能导致的延时不准,所以利用这两个函数来实现免打断,从而保证延时精度。同时,此时的delay_us可以实现最长2^{32}/fac_us,在216 MHz主频下,最大延时大概是159 s。

5.1.4 delay_xms函数

该函数仅在没用到OS的时候使用,用来延时指定的ms,其参数nms为要延时的毫秒数。该函数代码如下:

```
//延时nms
//注意nms的范围
//SysTick->LOAD为24位寄存器,所以,最大延时为
//nms<=0xffffff*8*1000/SYSCLK
//SYSCLK单位为Hz,nms单位为ms
//对216 MHz条件下,nms<=621 ms
void delay_xms(u16 nms)
{
    u32 temp;
    SysTick->LOAD = (u32)nms * fac_ms;          //时间加载(SysTick->LOAD为24bit)
    SysTick->VAL = 0x00;                        //清空计数器
    SysTick->CTRL = 0x01 ;                      //开始倒数
    do
    {
        temp = SysTick->CTRL;
    }while((temp&0x01)&&!(temp&(1 << 16)));     //等待时间到达
    SysTick->CTRL = 0x00;                       //关闭计数器
    SysTick->VAL = 0X00;                        //清空计数器
}
```

此部分代码和5.1.3小节的delay_us(非OS版本)大致一样。注意,因为LOAD仅仅是一个24 bit的寄存器,延时的ms数不能太长,否则超出了LOAD的范围,高位会被舍去,从而导致延时不准。最大延迟ms数可以通过公式"nms<=0xffffff*8*1000/SYSCLK"计算。SYSCLK单位为Hz,nms的单位为ms。如果时钟为216 MHz,那么nms的最大值为621 ms。超过这个值则建议通过多次调用delay_xms

第 5 章 SYSTEM 文件夹介绍

实现,否则就会导致延时不准确。

很显然,仅仅提供 delay_xms 函数是不够用的,很多时候延时都是大于 621 ms 的,所以需要再做一个 delay_ms 函数,下面将介绍该函数。

5.1.5 delay_ms 函数

该函数同 delay_xms 一样,也是用来延时指定的 ms 的,其参数 nms 为要延时的毫秒数。该函数也有使用 OS 和不使用 OS 两个版本,这里分别介绍。首先是不使用 OS 的时候,实现函数如下:

```c
//延时 nms
//nms:0~65535
void delay_ms(u16 nms)
{
    u8 repeat = nms/540;    //这里用 540,是考虑到某些客户可能超频使用
                            //比如超频到 248 MHz 时,delay_xms 最大只能延时 541ms 左右了
    u16 remain = nms % 540;
    while(repeat)
    {
        delay_xms(540);
        repeat -- ;
    }
    if(remain)delay_xms(remain);
}
```

该函数其实就是多次调用前面所讲的 delay_xms 函数来实现毫秒级延时。注意,这里以 540 ms 为周期是考虑到 MCU 超频使用的情况。

再来看看使用 OS 的时候,delay_ms 的实现函数如下:

```c
//延时 nms
//nms:要延时的 ms 数
//nms:0~65535
void delay_ms(u16 nms)
{
    if(delay_osrunning&&delay_osintnesting == 0)//如果 OS 已经在跑了,且不是在中断里面
    {
        if(nms> = fac_ms)                       //延时的时间大于 OS 的最少时间周期
        {
            delay_ostimedly(nms/fac_ms);        //OS 延时
        }
        nms % = fac_ms;                         //OS 已经无法提供这么小的延时了,采用普通方式延时
    }
    delay_us((u32)(nms * 1000));                //普通方式延时
}
```

该函数中,delay_osrunning 是 OS 正在运行的标志,delay_osintnesting 是 OS 中断嵌套次数,必须 delay_osrunning 为真且 delay_osintnesting 为 0 时,才可以调用 OS 自带的延时函数进行延时(可以进行任务调度)。delay_ostimedly 函数就是利用 OS 自带的延时函数实现任务级延时,其参数代表延时的时钟节拍数(假设 delay_ostickspersec =

200,那么 delay_ostimedly(1),就代表延时 5 ms)。

当 OS 还未运行的时候,delay_ms 就是直接由 delay_us 实现的,OS 下的 delay_us 可以实现很长的延时(达到 195 s)而不溢出,所以放心使用 delay_us 来实现 delay_ms。不过由于 delay_us 的时候任务调度被上锁了,所以还是建议不要用 delay_us 来延时很长的时间,否则影响整个系统的性能。

当 OS 运行的时候,delay_ms 函数将先判断延时时长是否大于等于一个 OS 时钟节拍(fac_ms),当大于这个值的时候,就通过调用 OS 的延时函数来实现(此时任务可以调度);不足一个时钟节拍的时候,就直接调用 delay_us 函数实现(此时任务无法调度)。

5.2 sys 文件夹代码介绍

sys 文件夹内共 10 个文件,即 sys.c、sys.h、core_cm7.h、core_cmSimd.h、core_cmFunc.h、core_cmInstr.h、cmsis_armcc.h、stm32f7xx.h、stm32f767xx.h 和 system_stm32f7xx.h。其中,sys.c 和 sys.h 由 ALIENTEK 提供,我们将重点介绍。其他 7 个文件都是从 STM32F767 的 CMSIS 库文件复制过来的,主要包含了 STM32F767 的寄存器定义、位定义以及内存映射等,代码里面需要用到这些内容,所以直接复制就可以,这些文件就不介绍了。

sys.h 里面定义了 STM32F767 的 I/O 口输入读取宏定义和输出宏定义。sys.c 里面定义了很多与 STM32F767 底层硬件很相关的设置函数,包括系统时钟的配置、I/O 配置、中断的配置等。下面分别介绍这两个文件。

5.2.1 Cache 使能函数

STM32F7 自带了指令 Cache(I Cache)和数据 Cache(D Cache),使用 I/D Cache 可以缓存指令/数据,提高 CPU 访问指令/数据的速度,从而大大提高 MCU 的性能。不过,MCU 在复位后,I/D Cache 默认都是关闭的,为了提高性能,这里需要开启 I/D Cache。sys.c 里面提供了如下函数:

```
//使能 STM32F7 的 L1-Cache,同时开启 D cache 的强制透写
void Cache_Enable(void)
{
    SCB_EnableICache();     //使能 I-Cache,函数在 core_cm7.h 里面定义
    SCB_EnableDCache();     //使能 D-Cache,函数在 core_cm7.h 里面定义
    SCB->CACR|=1<<2;        //强制 D-Cache 透写,如不开启,实际使用中可能遇到各种问题
}
```

该函数通过调用 SCB_EnableICache 和 SCB_EnableDCache 函数来使能 I Cache 和 D Cache。不过,在使能 D Cache 之后,SRAM 里面的数据有可能被缓存在 Cache 里面,此时如果有 DMA 之类的外设访问这个 SRAM 里面的数据,就可能和 Cache 里面数据不同步,从而导致数据出错。为了防止这种问题,保证数据的一致性,这里设置了

第 5 章　SYSTEM 文件夹介绍

D Cache 的强制透写功能(Write Through),这样 CPU 每次操作 Cache 里面的数据时也会更新到 SRAM 里面,保证 D Cache 和 SRAM 里面数据一致。Cache 的详细介绍可参考《STM32F7 Cache Oveview》和《Level 1 cache on STM32F7 Series》(见配套资料的"8、STM32 参考资料"文件夹)。

SCB_EnableICache 和 SCB_EnableDCache 这两个函数是在 core_cm7.h 里面定义的,直接调用即可,另外,core_cm7.h 里面还提供了以下 5 个常用函数:

- SCB_DisableICache 函数,用于关闭 I Cache。
- SCB_DisableDCache 函数,用于关闭 D Cache。
- SCB_InvalidateDCache 函数,用于丢弃 D Cache 当前数据,重新从 SRAM 获取数据。
- SCB_CleanDCache 函数,用于将 D Cache 数据回写到 SRAM 里面,同步数据。
- SCB_CleanInvalidateDCache 函数,用于回写数据到 SRAM,并重新获取 D Cache 数据。

Cache_Enable 函数里面直接开启了 D Cache 的透写模式,这样带来的好处就是可以保证 D Cache 和 SRAM 里面数据的一致性,坏处就是会损失一定的性能(每次都要回写数据)。如果想自己控制 D Cache 数据的回写,以获得最佳性能,则可以关闭 D Cache 透写模式,并在适当的时候调用 SCB_CleanDCache、SCB_InvalidateDCache 和 SCB_CleanInvalidateDCache 等函数。这对程序员的要求非常高,程序员必须清楚什么时候该回写、什么时候该更新 D Cache;如果能力不够,还是建议开启 D Cache 的透写,以免引起各种莫名其妙的问题。

5.2.2　时钟配置函数

STM32F767 相对于 STM32F1 来说,时钟部分复杂了很多。STM32F767 的时钟配置提供两个函数:Sys_Clock_Set 和 Stm32_Clock_Init。其中,Sys_Clock_Set 是核心的系统时钟配置函数,由 Stm32_Clock_Init 调用,实现对系统时钟的配置。外部程序一般调用 Stm32_Clock_Init 函数来配置时钟。

介绍这两个函数之前,先来看看 STM32F767 的时钟树图(非常重要),如图 5.2.1 所示。从左往右看就是整个 STM32F767 的时钟走向。这里挑选出 13 个重要的地方进行介绍(图 5.2.1 中标出的①~⑬)。

① 这是进入 PLL 之前的时钟分频系数(M),取值范围是 2~63,一般取外部晶振的频率(比如 25 MHz 晶振,设置为 25)。注意,这个分频系数对主 PLL、PLLI2S 和 PLLSAI 都有效。

② 这是主 PLL,该部分控制 STM32F767 的主频率(PLLCLK)和 USB、SDMMC、随机数发生器等外设的频率(PLL48CLK)。其中,N 是主 PLL vco 的倍频系数,其取值范围是 50~432;P 是系统时钟的主 PLL 分频系数,其取值范围是 2、4、6 和 8(仅限这 4 个值);Q 是 USB、SDMMC、随机数产生器等的主 PLL 分频系数,其取值范围是 2~15;R 没用到。

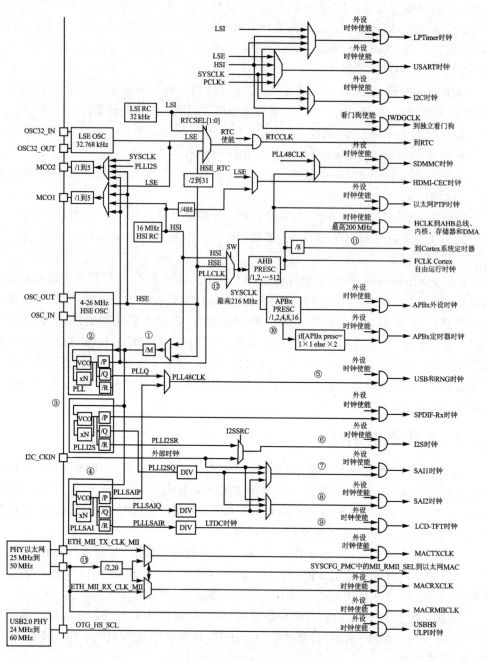

图 5.2.1 STM32F767 时钟树图

③ 这是 I^2S 部分的 PLL，主要用于设置 I^2S/SAI 内部输入时钟频率。其中，N 是用于 PLLI2S vco 的倍频系数，取值范围是 50～432；R 是 I^2S 时钟的分频系数，取值范围是 2～7；Q 是 SAI 时钟分频系数，取值范围是 2～15；P 没用到。

④ 这是 SAI 部分的 PLL，主要用于设置 SAI/LTDC 内部输入时钟频率。其中，N

第 5 章　SYSTEM 文件夹介绍

是用于 PLLSAI vco 的倍频系数,取值范围是 50～432;Q 是 SAI 时钟分频系数,取值范围是 2～15;R 是 LTDC 时钟的分频系数,取值范围是 2～7;P 没用到。

⑤ 这是 PLL 之后的 USB、SDMMC、随机数发生器时钟频率,由于 USB 必须是 48 MHz 才可以正常工作,所以这个频率一般设置为 48 MHz(M=25,N=432,Q=9)。

⑥ 是 I²S 的时钟,通过 I2SSRC 选择内部 PLLI2SR 还是外部 I2SCKIN 作为时钟。阿波罗 STM32 没用到 I²S 音频接口(用 SAI),所以这里不用设置。

⑦ 是 SAI1 的时钟,通过 SAI1SEL 选择内部 PLLSAI_Q、PLLI2S_Q 还是外部 I2SCKIN 作为时钟。阿波罗 STM32 使用 SAI1 驱动 WM8978,时钟源来自 PLLSAI_Q。

⑧ 是 SAI2 的时钟,通过 SAI2SEL 选择内部 PLLSAI_Q、PLLI2S_Q 还是外部 I2SCKIN 作为时钟。阿波罗没用到 SAI2 输出,所以这里不用设置。

⑨ 是 LTDC 接口的时钟,LTDC 的时钟固定为 PLLSAI_R,不可更改。

⑩ 这里是 STM32F767 很多外设的时钟来源,即两个总线桥 APB1 和 APB2,其中,APB1 是低速总线(最高 45 MHz),APB2 是高速总线(最高 90 MHz)。另外,对于定时器部分,如果所在总线(APB1、APB2)的分频系数为 1,那么就不倍频;如果不为 1 (比如 2、4、8、16),那么就会 2 倍频(Fabpx·2)后,作为定时器时钟输入。

⑪ 这是 Cortex 系统定时器,也就是 SYSTICK 的时钟。图 5.2.1 清楚地表明 SYSTICK 的来源是 AHB 分频后再 8 分频(这个 8 分频是可以设置的,即 8 分频,或者不分频,一般使用 8 分频),一般设置 8 分频,则 SYSTICK 的频率为 216 MHz/8 = 27 MHz。前面介绍的延时函数就是基于 SYSTICK 来实现的。

⑫ 这是 PLL 之后的系统主时钟(PLLCLK)。STM32F767 的主频最高是 216 MHz,所以一般设置 PLLCLK 为 216 MHz(M=25,N=432,P=2),通过 SW 选择 SYSCLK=PLLCLK 即可得到 216 MHz 的系统运行频率。

⑬ 是 STM32F767 内部以太网 MAC 时钟的来源。对于 MII 接口来说,必须向外部 PHY 芯片提供 25 MHz 的时钟,这个时钟可以由 PHY 芯片外接晶振,或者使用 STM32F767 的 MCO 输出来提供。然后,PHY 芯片再给 STM32F767 提供 ETH_MII_TX_CLK 和 ETH_MII_RX_CLK 时钟。对于 RMII 接口来说,外部必须提供 50 MHz 的时钟驱动 PHY 和 STM32F767 的 ETH_RMII_REF_CLK,这个 50 MHz 时钟可以来自 PHY、有源晶振或者 STM32F767 的 MCO。我们的开发板使用的是 RMII 接口,使用 PHY 芯片提供 50 MHz 时钟驱动 STM32F767 的 ETH_RMII_REF_CLK。

时钟的详细介绍在《STM32F7 中文参考手册》第 5.2 节(122～130 页),有不明白的地方可以对照手册仔细研究。注意,STM32F767 默认的情况下(比如串口 IAP 时或未初始化时钟时),使用的是内部 16 MHz 的 HSI 作为时钟,所以不需要外部晶振也可以下载和运行代码。

从图 5.2.1 可以看出,STM32F767 的时钟设计比较复杂,各个时钟基本都是可控的,任何外设都有对应的时钟控制开关,这样的设计对降低功耗是非常有用的,不用的外设不开启时钟,就可以大大降低其功耗。

下面开始介绍 Sys_Clock_Set 函数。该函数用于配置 STM32F767 的时钟,包括系统主时钟、USB/SDMMC/随机数发生器时钟、APB1 和 APB2 时钟等。该函数代码如下：

```c
//时钟设置函数
//Fvco = Fs * (plln/pllm);
//Fsys = Fvco/pllp = Fs * (plln/(pllm * pllp));
//Fusb = Fvco/pllq = Fs * (plln/(pllm * pllq));
//Fvco:VCO 频率
//Fsys:系统时钟频率
//Fusb:USB,SDMMC,RNG 等的时钟频率
//Fs:PLL 输入时钟频率,可以是 HSI,HSE 等
//plln:主 PLL 倍频系数(PLL 倍频),取值范围:50~432
//pllm:主 PLL 和音频 PLL 分频系数(PLL 之前的分频),取值范围:2~63
//pllp:系统时钟的主 PLL 分频系数(PLL 之后的分频),取值范围:2,4,6,8.(仅限这 4 个值!)
//pllq:USB/SDMMC/随机数产生器等的主 PLL 分频系数(PLL 之后的分频),取值范围:2~15
//外部晶振为 25 MHz 的时候,推荐值:plln = 432,pllm = 25,pllp = 2,pllq = 9.
//得到:Fvco = 25 * (432/25) = 432 MHz
//       Fsys = 432/2 = 216 MHz
//       Fusb = 432/9 = 48 MHz
//返回值:0,成功;1,失败
u8 Sys_Clock_Set(u32 plln,u32 pllm,u32 pllp,u32 pllq)
{
    u16 retry = 0;
    u8 status = 0;
    RCC->CR|= 1 << 16;                              //HSE 开启
    while(((RCC->CR&(1 << 17)) == 0)&&(retry<0X1FFF))retry++;//等待 HSE RDY
    if(retry == 0X1FFF)status = 1;                  //HSE 无法就绪
    else
    {
        RCC->APB1ENR|= 1 << 28;                     //电源接口时钟使能
        PWR->CR1|= 3 << 14;                         //高性能模式,时钟可到 180 MHz
        PWR->CR1|= 1 << 16;                         //使能过驱动,频率可到 216 MHz
        PWR->CR1|= 1 << 17;                         //使能过驱动切换
        RCC->CFGR|= (0 << 4)|(5 << 10)|(4 << 13);   //HCLK 不分频;APB1 4 分频;APB2 2 分频
        RCC->CR& = ~(1 << 24);                      //关闭主 PLL
        RCC->PLLCFGR = pllm|(plln << 6)|(((pllp >> 1)-1) << 16)|(pllq << 24)|(1 << 22);
        //配置主 PLL,PLL 时钟源来自 HSE
        RCC->CR|= 1 << 24;                          //打开主 PLL
        while((RCC->CR&(1 << 25)) == 0);            //等待 PLL 准备好
        FLASH->ACR|= 1 << 8;                        //指令预取使能
        FLASH->ACR|= 1 << 9;                        //使能 ART Accelerator
        FLASH->ACR|= 7 << 0;                        //8 个 CPU 等待周期
        RCC->CFGR& = ~(3 << 0);                     //清零
        RCC->CFGR|= 2 << 0;                         //选择主 PLL 作为系统时钟
        while((RCC->CFGR&(3 << 2))!= (2 << 2));     //等待主 PLL 作为系统时钟成功
    }
    return status;
}
```

Sys_Clock_Set 函数中设置了 APB1 为 4 分频,APB2 为 2 分频,HCLK 不分频,同

第 5 章 SYSTEM 文件夹介绍

时选择 PLLCLK 作为系统时钟。该函数有 4 个参数,具体意义和计算方法见函数前面的说明。推荐设置为 Sys_Clock_Set(432,25,2,9),即可设置 STM32F767 运行在 216 MHz 的频率下,APB1 为 54 MHz,APB2 为 108 MHz(稍有超频,但不影响使用),USB/SDMMC/随机数发生器时钟为 48 MHz。

以上代码中,RCC 和 Flash 都是 MDK 定义的一个结构体,包含 RCC/Flash 相关的寄存器组。其寄存器名与《STM32F7 中文参考手册》里面定义的寄存器名字是一模一样的,所以在不明白某个寄存器干什么用的时候,可以到《STM32F7 中文参考手册》里面查找一下,就可以迅速查到这个寄存器的作用以及每个位所代表的意思。注意,由于 Flash 速度远远跟不上 CPU 的运行频率,所以这里设置了 Flash 的等待周期为 8。很明显,Flash 会大大拖慢程序的运行,不过 STM32F767 有自适实时存储器加速器(ART),通过这个加速器可以让 STM32F767 获得相当于 0 Flash 等待周期的运行效果。STM32F767 的 Flash 以及 ART 等的介绍可参考《STM32F7 中文参考手册》第 3.3 节(71 页开始)。

接下来,再看 Stm32_Clock_Init 函数,该函数代码如下:

```
//系统时钟初始化函数
//plln:主 PLL 倍频系数(PLL 倍频),取值范围:50~432
//pllm:主 PLL 和音频 PLL 分频系数(PLL 之前的分频),取值范围:2~63
//pllp:系统时钟的主 PLL 分频系数(PLL 之后的分频),取值范围:2,4,6,8.(仅限这 4 个值!)
//pllq:USB/SDMMC/随机数产生器等的主 PLL 分频系数(PLL 之后的分频),取值范围:2~15
void Stm32_Clock_Init(u32 plln,u32 pllm,u32 pllp,u32 pllq)
{
    RCC->CR|= 0x00000001;           //设置 HISON,开启内部高速 RC 振荡
    RCC->CFGR = 0x00000000;         //CFGR 清零
    RCC->CR&= 0xFEF6FFFF;           //HSEON,CSSON,PLLON 清零
    RCC->PLLCFGR = 0x24003010;      //PLLCFGR 恢复复位值
    RCC->CR&= ~(1 << 18);           //HSEBYP 清零,外部晶振不旁路
    RCC->CIR = 0x00000000;          //禁止 RCC 时钟中断
    Cache_Enable();                 //使能 L1 Cache
    Sys_Clock_Set(plln,pllm,pllp,pllq);//设置时钟
    //配置向量表
#ifdef  VECT_TAB_RAM
    MY_NVIC_SetVectorTable(SRAM1_BASE,0x0);
#else
    MY_NVIC_SetVectorTable(FLASH_BASE,0x0);
#endif
}
```

该函数主要进行了时钟配置前的一些设置工作,并使能 Cache,然后调用 Sys_Clock_Set 函数实现对 STM32F767 的时钟配置。最后,根据代码运行的位置(Flash 或 SRAM),调用函数 MY_NVIC_SetVectorTable 进行中断向量表偏移设置。

MY_NVIC_SetVectorTable 函数的代码如下:

```
//设置向量表偏移地址
//NVIC_VectTab:基址
```

```c
//Offset:偏移量
void MY_NVIC_SetVectorTable(u32 NVIC_VectTab,u32 Offset)
{
    SCB -> VTOR = NVIC_VectTab|(Offset&(u32)0xFFFFFE00);
    //设置NVIC的向量表偏移寄存器,VTOR低9位保留,即[8:0]保留
}
```

该函数用来配置中断向量表基址和偏移量,决定是在哪个区域。在RAM中调试代码时,需要把中断向量表放到RAM里面,这就需要通过这个函数来配置。向量表的详细介绍可参考《ARM Cortex-M3权威指南》第7章第113页的向量表一章(Cortex-M3、Cortex-M4、Cortex-M7的中断向量表设计是类似的)。SCB→VTOR寄存器的内容可参考《STM32F7编程手册》第4.3.4小节(196页)。

5.2.3 Sys_Soft_Reset 函数

该函数用来实现STM32F767的软复位,代码如下:

```c
//系统软复位
void Sys_Soft_Reset(void)
{
    SCB -> AIRCR = 0X05FA0000|(u32)0x04;
}
```

SCB为MDK定义的一个寄存器组,里面包含了很多与内核相关的控制器,该结构体在core_m7.h里面可以找到,具体的定义如下所示:

```c
typedef struct
{
    __IM  uint32_t CPUID;              //CPUID Base Register
    __IOM uint32_t ICSR;               //Interrupt Control and State Register
    __IOM uint32_t VTOR;               //Vector Table Offset Register
    __IOM uint32_t AIRCR;              //Application Interrupt and Reset Control Register
    __IOM uint32_t SCR;                //System Control Register
    __IOM uint32_t CCR;                //Configuration Control Register
    __IOM uint8_t  SHPR[12U];          //System Handlers Priority Registers (4-7, 8-11, 12-15)
    __IOM uint32_t SHCSR;              //System Handler Control and State Register
    __IOM uint32_t CFSR;               //Configurable Fault Status Register
    __IOM uint32_t HFSR;               //HardFault Status Register
    __IOM uint32_t DFSR;               //Debug Fault Status Register
    __IOM uint32_t MMFAR;              //MemManage Fault Address Register
    __IOM uint32_t BFAR;               //BusFault Address Register
    __IOM uint32_t AFSR;               //Auxiliary Fault Status Register
    __IM  uint32_t ID_PFR[2U];         //Processor Feature Register
    __IM  uint32_t ID_DFR;             //Debug Feature Register
    __IM  uint32_t ID_AFR;             //Auxiliary Feature Register
    __IM  uint32_t ID_MFR[4U];         //Memory Model Feature Register
    __IM  uint32_t ID_ISAR[5U];        //Instruction Set Attributes Register
          uint32_t RESERVED0[1U];
    __IM  uint32_t CLIDR;              //Cache Level ID register
    __IM  uint32_t CTR;                //Cache Type register
```

第5章 SYSTEM 文件夹介绍

```
    __IM  uint32_t CCSIDR;          //Cache Size ID Register
    __IOM uint32_t CSSELR;          //Cache Size Selection Register
    __IOM uint32_t CPACR;           //Coprocessor Access Control Register
         uint32_t RESERVED3[93U];
    __OM  uint32_t STIR;            //Software Triggered Interrupt Register
         uint32_t RESERVED4[15U];
    __IM  uint32_t MVFR0;           //Media and VFP Feature Register 0
    __IM  uint32_t MVFR1;           //Media and VFP Feature Register 1
    __IM  uint32_t MVFR2;           //Media and VFP Feature Register 1
         uint32_t RESERVED5[1U];
    __OM  uint32_t ICIALLU;         //I-Cache Invalidate All to PoU
         uint32_t RESERVED6[1U];
    __OM  uint32_t ICIMVAU;         //I-Cache Invalidate by MVA to PoU
    __OM  uint32_t DCIMVAC;         //D-Cache Invalidate by MVA to PoC
    __OM  uint32_t DCISW;           //D-Cache Invalidate by Set-way
    __OM  uint32_t DCCMVAU;         //D-Cache Clean by MVA to PoU
    __OM  uint32_t DCCMVAC;         //D-Cache Clean by MVA to PoC
    __OM  uint32_t DCCSW;           //D-Cache Clean by Set-way
    __OM  uint32_t DCCIMVAC;        //D-Cache Clean and Invalidate by MVA to PoC
    __OM  uint32_t DCCISW;          //D-Cache Clean and Invalidate by Set-way
         uint32_t RESERVED7[6U];
    __IOM uint32_t ITCMCR;          //Instruction Tightly-Coupled Memory Control Register
    __IOM uint32_t DTCMCR;          //Data Tightly-Coupled Memory Control Registers
    __IOM uint32_t AHBPCR;          //AHBP Control Register
    __IOM uint32_t CACR;            //L1 Cache Control Register
    __IOM uint32_t AHBSCR;          //AHB Slave Control Register
         uint32_t RESERVED8[1U];
    __IOM uint32_t ABFSR;           //Auxiliary Bus Fault Status Register
} SCB_TypeDef;
```

在 Sys_Soft_Reset 函数里面,我们只是对 SCB→AIRCR 进行了一次操作即实现了 STM32F767 的软复位。AIRCR 寄存器的各位定义如图 5.2.2 所示。

位 段	名 称	类 型	复位值	描 述
31:16	VECTKEY	RW	—	访问钥匙:任何对该寄存器的写操作,都必须同时把 0x5FA 写入此段,否则写操作被忽略。若读取此半字,则 0xFA05
1:5	ENDIANESS	R	—	指示端设置。1=大端(BE8),0=小端。此值是在复位时确定的,不能更改
10:8	PRIGROUP	R/W	0	优先级分组
2	SYSRESETREQ	W	—	请求芯片控制逻辑产生一次复位
1	VECTCLRACTIVE	W	—	清零所有异常的活动状态信息。通常只在调试时用,或者在 OS 从错误中恢复时用
0	VECTRESET	W	—	复位 Cortex-M4 处理器内核(调试逻辑除外),但是此复位不影响芯片上在内核以外的电路

图 5.2.2 AIRCR 寄存器各位定义

从图 5.2.2 中各位的定义可以看出,要实现 STM32F767 的软复位,只要置位 BIT2,这样就可以请求一次软复位。这里要注意 bit31～16 的访问钥匙,要将访问钥匙

0X05FA0000 与我们要进行的操作相或,然后写入 AIRCR,这样才被 Cortex-M7 接受。

5.2.4 Sys_Standby 函数

STM32F767 提供了 3 种低功耗模式,以达到不同层次的降低功耗的目的:
- 睡眠模式(Cortex-M7 内核停止工作,外设仍在运行);
- 停止模式(所有的时钟都停止);
- 待机模式。

其中,睡眠模式又分为有深度睡眠和睡眠之分。Sys_Standby 函数用来使 STM32F767 进入待机模式,在该模式下,STM32F767 消耗的功耗最低。表 5.2.1 是一个 STM32F767 的低功耗一览表。

表 5.2.1 STM32F767 低功耗模式一览表

模型名称	进 入		唤 醒	对 1.2V 域时钟的影响	对 V_{DD} 域时钟的影响	调压器
睡眠 (立即休眠或退出时休眠)	WFI		任意中断	CPU CLK 关闭对其他时钟或模拟时钟源无影响	无	开启
	WFE		唤醒事件			
停止	SLEEPDEEP 位 +WFI 或 WFE		任意 EXTI 线(在 EXTI 寄存器中配置,内部线和外部线)	所有 1.2V 域时钟都关闭	HSI 和 HSE 振荡器关闭	主调压器或低功耗调压器(取决于 PWR 电源控制寄存器(PWR_CR1))
待机	PDDS 位+ SLEEPDEEP 位 +WFI 或 WFE		WKUP 引脚的上升沿或下降沿、RTC 闹钟(闹钟 A 或闹钟 B)、RTC 唤醒事件、RTC 入侵事件、RTC 时间戳事件、NRST 引脚外部复位、IWDG 复位			

表 5.2.2 列出了如何让 STM32F767 进入和退出待机模式,关于待机模式的更详细介绍可参考《STM32F7 中文参考手册》第 4.3.6 小节(110 页)。

根据上面的了解就可以写出进入待机模式的代码,Sys_Standby 的具体实现代码如下:

```
//进入待机模式
void Sys_Standby(void)
{
    SCB->SCR|=1 << 2;          //使能 SLEEPDEEP 位 (SYS->CTRL)
    RCC->APB1ENR|=1 << 28;     //使能电源时钟
    PWR->CSR|=1 << 8;          //设置 WKUP 用于唤醒
    PWR->CR1|=1 << 1;          //PDDS 置位
    PWR->CR1|=1 << 0;          //LPDS 置位
    WFI_SET();                 //执行 WFI 指令,进入待机模式
}
```

第 5 章 SYSTEM 文件夹介绍

表 5.2.2 待机模式进入及退出方法

待机模式	说 明
进入模式	WFI(等待中断)或 WFE(等待事件),且: - Cortex - M7 系统控制寄存器中的 SLEEPDEEP 置 1 - 电源控制寄存器(PWR_CR)中的 PDDS 位置 1 - 没有中断(针对 WFI)和事件(针对 WFE)挂起 - 电源控制寄存器(PWR_CR)中的 WUF 位清零 - 将与所选唤醒源(RTC 闹钟 A、RTC 闹钟 B、RTC 唤醒、RTC 入侵或 RTC 时间戳标志)对应的 RTC 标志清零 从 ISR 恢复,条件为: - Cortex - M7 系统控制寄存器中的 SLEEPDEEP 位置 1 - SLEEPONEXIT=1 - 电源控制寄存器(PWR_CR)中的 PDDS 位置 1 - 没有中断挂起 - 电源控制/状态寄存器(PWR_SR)中的 WUF 位清零 - 将与所选唤醒源(RTC 闹钟 A、RTC 闹钟 B、RTC 唤醒、RTC 入侵或 RTC 时间戳标志)对庆的 RTC 标志清零
退出模式	WKUP 引脚上升沿或下降沿、RTC 闹钟(闹钟 A 和闹钟 B)、RTC 唤醒事件、入侵事件、时间戳事件、NRST 引脚外部复位和 IWDG 复位
唤醒延迟	复位阶段

这里用到了一个"WFI_SET();"函数,该函数其实是在 C 语言里面嵌入一条汇编指令,因为 Cortex - M7 内核的 STM32F767 支持的 THUMB 指令并不能内嵌汇编,所以需要通过这个方法来实现汇编代码的嵌入。该函数的代码如下:

```
//THUMB 指令不支持汇编内联
//采用如下方法实现执行汇编指令 WFI
void WFI_SET(void)
{
    __ASM volatile("wfi");
}
```

执行完 WFI 指令之后,STM32F767 就进入待机模式了,系统将停止工作,此时 JTAG 会失效,这点在使用的时候要注意。这里顺带介绍 sys.c 里面的另外几个嵌入汇编的代码:

```
//关闭所有中断(但是不包括 fault 和 NMI 中断)
void INTX_DISABLE(void)
{
    __ASM volatile("cpsid i");
}
//开启所有中断
void INTX_ENABLE(void)
```

```
{
    __ASM volatile("cpsie i");
}
//设置栈顶地址
//addr:栈顶地址
__asm void MSR_MSP(u32 addr)
{
    MSR MSP, r0          //set Main Stack value
    BX r14
}
```

INTX_DISABLE 和 INTX_ENABLE 用于关闭和开启所有中断,是 STM32F767 的中断总开关。MSR_MSP 函数用来设置栈顶指针,在 IAP 实验的时候会用到。

5.2.5 I/O 设置函数

该部分包含 4 个函数:GPIO_Set、GPIO_AF_Set、GPIO_Pin_Set 和 GPIO_Pin_Get。相对于 STM32F1 来说,STM32F767 的 GPIO 设置显得更为复杂,也更加灵活,尤其是复用功能部分,比 STM32F1 改进了很多,使用起来更加方便。

STM32F767 每组通用 I/O 端口包括 4 个 32 位配置寄存器(MODER、OTYPER、OSPEEDR 和 PUPDR)、2 个 32 位数据寄存器(IDR 和 ODR)、一个 32 位置位/复位寄存器(BSRR)、一个 32 位锁定寄存器(LCKR)和 2 个 32 位复用功能选择寄存器(AFRH 和 AFRL)等。

这样,STM32F767 每组 I/O 由 10 个 32 位寄存器控制,如果使用时每次都直接操作寄存器配置 I/O,代码会比较多,也不容易记住,所以 ALIENTEK 提供了 GPIO_Set、GPIO_AF_Set、GPIO_Pin_Set 和 GPIO_Pin_Get 共 4 个函数,用于 I/O 口的驱动。

GPIO_Set 函数,用于配置 I/O 口的模式、类型、速度、上下拉等,支持多个 I/O 同时配置。

GPIO_AF_Set 函数,用于配置某个 I/O 口的复用功能,仅支持单个 I/O 设置。

GPIO_Pin_Set 函数,用于设置某个 I/O 口的输出状态(0/1),仅支持单个 I/O 设置。

GPIO_Pin_Get 函数,用于读取某个 I/O 口的当前状态(0/1),仅支持单个 I/O 读取。

同 STM32F1 一样,STM32F767 的 I/O 可以由软件配置成如下 8 种模式中的任何一种:输入浮空、输入上拉、输入下拉、模拟输入、开漏输出、推挽输出、推挽式复用功能、开漏式复用功能。这些模式的介绍及应用场景这里就不详细介绍了,感兴趣的读者可以看看这个帖子了解下:http://www.openedv.com/posts/list/32730.htm。接下来详细介绍 I/O 配置常用的 9 个寄存器:MODER、OTYPER、OSPEEDR、PUPDR、ODR、IDR、BSRR、AFRH 和 AFRL。

首先看 MODER 寄存器。该寄存器是 GPIO 端口模式控制寄存器,用于控制 GPIOx(STM32F767 最多有 9 组 I/O,分别用大写字母表示,即 x=A、B、C、D、E、F、G、

H、I,下同)的工作模式。该寄存器各位描述如图 5.2.3 所示。

MODERy[1:0]:端口 x 配置位(y=0:15)
这些位通过软件写入,用于配置 I/O 方向模式。
00:输入(复位状态);01:通用输出模式;10:复用功能模式;11:模拟模式

图 5.2.3 GPIOx MODER 寄存器各位描述

该寄存器各位在复位后一般都是 0(个别不是 0,比如 JTAG 占用的几个 I/O 口),也就是默认条件下一般是输入状态的。每组 I/O 下有 16 个 I/O 口,该寄存器共 32 位,每 2 个位控制一个 I/O,不同设置所对应的模式见图 5.2.3 描述。

然后看 OTYPER 寄存器,该寄存器用于控制 GPIOx 的输出类型,各位描述如 5.2.4 所示。该寄存器仅用于输出模式,在输入模式(MODER[1:0]=00/11 时)下不起作用。该寄存器低 16 位有效,每一个位控制一个 I/O 口,复位后该寄存器值均为 0。

31	30	29	28	27	26	25	24	23	22	21	20	19	18	17	16
							Reserved								
15	14	13	12	11	10	9	8	7	6	5	4	3	2	1	0
OT15	OT14	OT13	OT12	OT11	OT10	OT9	OT8	OT7	OT6	OT5	OT4	OT3	OT2	OT1	OT0
rw	rw	rw	rw	rw	rw	rw	rw	rw	rw	rw	rw	rw	rw	rw	rw

位 31:16　保留,必须保持复位值。
位 15:0　　OTy[1:0]:端口 x 配置位(y=0:15)
　　　　　这些位通过软件写入,用于配置 I/O 端口的输出类型。
　　　　　0:输出推挽(复位状态);1:输出开漏

图 5.2.4 GPIOx OTYPER 寄存器各位描述

然后看 OSPEEDR 寄存器,该寄存器用于控制 GPIOx 的输出速度,各位描述如图 5.2.5 所示。该寄存器也仅用于输出模式,在输入模式(MODER[1:0]=00/11 时)下不起作用。该寄存器每 2 个位控制一个 I/O 口,复位后该寄存器值一般为 0。

然后看 PUPDR 寄存器,该寄存器用于控制 GPIOx 的上拉/下拉,各位描述如图 5.2.6 所示。

该寄存器每 2 个位控制一个 I/O 口,用于设置上下拉。注意,STM32F1 通过 ODR 寄存器控制上下拉,而 STM32F767 则由单独的寄存器 PUPDR 控制上下拉,使用起来更加灵活。复位后,该寄存器值一般为 0。

然后看 ODR 寄存器,该寄存器用于控制 GPIOx 的输出,各位描述如图 5.2.7 所示。该寄存器用于设置某个 I/O 输出低电平(ODRy=0)还是高电平(ODRy=1),也仅在输出模式下有效,在输入模式(MODER[1:0]=00/11 时)下不起作用。

31	30	29	28	27	26	25	24	23	22	21	20	19	18	17	16
OSPEEDR15 [1:0]		OSPEEDR14 [1:0]		OSPEEDR13 [1:0]		OSPEEDR12 [1:0]		OSPEEDR11 [1:0]		OSPEEDR10 [1:0]		OSPEEDR9 [1:0]		OSPEEDR8 [1:0]	
rw	rw	rw	rw	rw	rw	rw	rw	rw	rw	rw	rw	rw	rw	rw	rw
15	14	13	12	11	10	9	8	7	6	5	4	3	2	1	0
OSPEEDR7 [1:0]		OSPEEDR6 [1:0]		OSPEEDR5 [1:0]		OSPEEDR4 [1:0]		OSPEEDR3 [1:0]		OSPEEDR2 [1:0]		OSPEEDR1 [1:0]		OSPEEDR0 [1:0]	
rw	rw	rw	rw	rw	rw	rw	rw	rw	rw	rw	rw	rw	rw	rw	rw

位 2y+1:2y OSPEEDRy[1:0]:端口 x 配置位(y=0:15)

这些位通过软件写入,用于配置 I/O 输出速度。

00:低速;01:中速;10:快速;11:高速

图 5.2.5 GPIOx OSPEEDR 寄存器各位描述

31	30	29	28	27	26	25	24	23	22	21	20	19	18	17	16
PUPDR15 [1:0]		PUPDR14 [1:0]		PUPDR13 [1:0]		PUPDR12 [1:0]		PUPDR11 [1:0]		PUPDR10 [1:0]		PUPDR9 [1:0]		PUPDR8 [1:0]	
rw	rw	rw	rw	rw	rw	rw	rw	rw	rw	rw	rw	rw	rw	rw	rw
15	14	13	12	11	10	9	8	7	6	5	4	3	2	1	0
PUPDR7 [1:0]		PUPDR6 [1:0]		PUPDR5 [1:0]		PUPDR4 [1:0]		PUPDR3 [1:0]		PUPDR2 [1:0]		PUPDR1 [1:0]		PUPDR0 [1:0]	
rw	rw	rw	rw	rw	rw	rw	rw	rw	rw	rw	rw	rw	rw	rw	rw

PUPDRy[1:0]:端口 x 配置位(y=0:15)

这些位通过软件写入,用于配置 I/O 上拉或下拉。

00:无上拉或下拉;01:上拉;10:下拉;11:保留

图 5.2.6 GPIOx PUPDR 寄存器各位描述

31	30	29	28	27	26	25	24	23	22	21	20	19	18	17	16
Reserved															
15	14	13	12	11	10	9	8	7	6	5	4	3	2	1	0
ODR15	ODR14	ODR13	ODR12	ODR11	ODR10	ODR9	ODR8	ODR7	ODR6	ODR5	ODR4	ODR3	ODR2	ODR1	ODR0
rw	rw	rw	rw	rw	rw	rw	rw	rw	rw	rw	rw	rw	rw	rw	rw

位 31:16 保留,必须保持复位值。

位 15:0   ODRy[15:0]:端口输出数据(y=0:15)

这些位可通过软件读取和写入

图 5.2.7 GPIOx ODR 寄存器各位描述

然后看 IDR 寄存器,该寄存器用于读取 GPIOx 的输入,各位描述如图 5.2.8 所示。该寄存器用于读取某个 I/O 的电平,如果对应的位为 0(IDRy=0),则说明该 I/O 输入的是低电平;如果是 1(IDRy=1),则表示输入的是高电平。

通过以上 6 个寄存器的介绍,我们结合实例来理解下讲解 STM32F767 的 I/O 设

第 5 章 SYSTEM 文件夹介绍

置,熟悉这几个寄存器的使用。

31	30	29	28	27	26	25	24	23	22	21	20	19	18	17	16
							Reserved								
15	14	13	12	11	10	9	8	7	6	5	4	3	2	1	0
IDR15	IDR14	IDR13	IDR12	IDR11	IDR10	IDR9	IDR8	IDR7	IDR6	IDR5	IDR4	IDR3	IDR2	IDR1	IDR0
r	r	r	r	r	r	r	r	r	r	r	r	r	r	r	r

位 31:16 保留,必须保持复位值。

位 15:0 IDRy[15:0]:端口输出数据(Port iutput data)(y=0:15)

这些位为只读形式,只能在字模式下访问。它们包含相应 I/O 端口听输入值。

图 5.2.8 GPIOx IDR 寄存器各位描述

比如,要设置 PORTC 的第 12 个 I/O(即 PC11)为推挽输出,速度为 100 MHz(高速),不带上下拉,并输出高电平。代码如下:

```
RCC->AHB1ENR|=1<<2;                      //使能 PORTC 时钟
GPIOC->MODER&=~(3<<(11*2));              //先清除 PC11 原来的设置
GPIOC->MODER|=1<<(11*2);                 //设置 PC11 为输出模式
GPIOC->OTYPER&=~(1<<11);                 //清除 PC11 原来的设置
GPIOC->OTYPER|=0<<11;                    //设置 PC11 为推挽输出
GPIOC->OSPEEDR&=~(3<<(11*2));            //先清除 PC11 原来的设置
GPIOC->OSPEEDR|=3<<(11*2);               //设置 PC11 输出速度为 100 MHz
GPIOC->PUPDR&=~(3<<(11*2));              //先清除 PC11 原来的设置
GPIOC->PUPDR|=0<<(11*2);                 //设置 PC11 不带上下拉
GPIOC->ODR|=1<<11;                       //设置 PC11 输出 1(高电平)
```

以上代码中,第一句为开启 PORTC 时钟操作,STM32F767 所有外设的使用都必需先开启时钟。通过以上配置,我们就可以设置 PC11 为推挽输出,速度为 100 MHz,且输出高电平了,可以看到,即便是简单的一个 I/O 设置,其代码还是比较长的。

又比如,要设置 PORTE 的第 4 个 I/O(即 PE3)为带上拉的输入。代码如下:

```
RCC->AHB1ENR|=1<<4;                      //使能 PORTE 时钟
GPIOE->MODER&=~(3<<(3*2));               //先清除 PE3 原来的设置
GPIOE->MODER|=0<<(3*2);                  //设置 PE3 为输入模式
GPIOE->PUPDR&=~(3<<(3*2));               //先清除 PE3 原来的设置
GPIOE->PUPDR|=1<<(3*2);                  //设置 PE3 上拉
```

通过以上配置就设置了 PE3 为上拉输入。相对输出配置来说,输入设置简单了不少。有了这个输入配置,然后读取 GPIOE→IDR 的 bit3 位,就可以得到 PE3 引脚上面的电平了。

经过以上了解,我们便可以设计一个通用的 GPIO 设置函数来设置 STM32F767 的 I/O,即 GPIO_Set 函数,该函数代码如下:

```
//GPIO 通用设置
//GPIOx:GPIOA~GPIOI
//BITx:0X0000~0XFFFF,位设置,每个位代表一个 I/O
//第 0 位代表 Px0,第一位代表 Px1,依次类推.比如 0X0101,代表同时设置 Px0 和 Px8
```

```c
//MODE:0~3;模式选择,0,输入(系统复位默认状态);1,普通输出;2,复用功能;3,模拟输入
//OTYPE:0/1;输出类型选择,0,推挽输出;1,开漏输出
//OSPEED:0~3;输出速度设置,0,2 MHz;1,25 MHz;2,50 MHz;3,100 MHz
//PUPD:0~3;上下拉设置,0,不带上下拉;1,上拉;2,下拉;3,保留
//注意:在输入模式(普通输入/模拟输入)下,OTYPE 和 OSPEED 参数无效
void GPIO_Set(GPIO_TypeDef * GPIOx,u32 BITx,u32 MODE,u32 OTYPE,u32 OSPEED,
              u32 PUPD)
{
    u32 pinpos = 0,pos = 0,curpin = 0;
    for(pinpos = 0;pinpos<16;pinpos ++ )
    {
        pos = 1 << pinpos;         //一个个位检查
        curpin = BITx&pos;         //检查引脚是否要设置
        if(curpin == pos)          //需要设置
        {
            GPIOx->MODER& = ~(3 << (pinpos * 2));           //先清除原来的设置
            GPIOx->MODER|= MODE << (pinpos * 2);            //设置新的模式
            if((MODE == 0X01)||(MODE == 0X02))              //如果是输出模式/复用功能模式
            {
                GPIOx->OSPEEDR& = ~(3 << (pinpos * 2));     //清除原来的设置
                GPIOx->OSPEEDR|= (OSPEED << (pinpos * 2));  //设置新的速度值
                GPIOx->OTYPER& = ~(1 << pinpos) ;           //清除原来的设置
                GPIOx->OTYPER|= OTYPE << pinpos;            //设置新的输出模式
            }
            GPIOx->PUPDR& = ~(3 << (pinpos * 2));           //先清除原来的设置
            GPIOx->PUPDR|= PUPD << (pinpos * 2);            //设置新的上下拉
        }
    }
}
```

该函数支持对 STM32F767 的任何 I/O 进行设置,并且支持同时设置多个 I/O(功能一致时)。有了这个函数,便可以大大简化 STM32F767 的 I/O 设置过程,比如同样实现上面设置 PC11 为推挽输出,利用 GPIO_Set 函数实现,代码如下:

```c
RCC->AHB1ENR|= 1 << 2;                   //使能 PORTC 时钟
GPIO_Set(PORTC,1 << 11,1,0,3,0);         //设置 PC11 推挽输出,高速,不带上下拉
GPIOC->ODR|= 1 << 11;                    //设置 PC11 输出1(高电平)
```

这样仅仅 3 行代码就可以实现之前代码一样的功能,大大简化了设置 I/O 时的操作。并且,为 GPIO_Set 等函数定义了一系列的宏,方便记忆,这些宏在 sys.h 里面定义,如下:

```c
//0,不支持 OS
//1,支持 OS
#define SYSTEM_SUPPORT_OS    0          //定义系统文件夹是否支持 OS
//Ex_NVIC_Config专用定义
#define GPIO_A               0
#define GPIO_B               1
#define GPIO_C               2
#define GPIO_D               3
```

第 5 章 SYSTEM 文件夹介绍

```
#define GPIO_E             4
#define GPIO_F             5
#define GPIO_G             6
#define GPIO_H             7
#define GPIO_I             8
#define FTIR               1        //下降沿触发
#define RTIR               2        //上升沿触发
//GPIO 设置专用宏定义
#define GPIO_MODE_IN       0        //普通输入模式
#define GPIO_MODE_OUT      1        //普通输出模式
#define GPIO_MODE_AF       2        //AF 功能模式
#define GPIO_MODE_AIN      3        //模拟输入模式
#define GPIO_SPEED_2M      0        //GPIO 速度 2 MHz(低速)
#define GPIO_SPEED_25M     1        //GPIO 速度 25 MHz(中速)
#define GPIO_SPEED_50M     2        //GPIO 速度 50 MHz(快速)
#define GPIO_SPEED_100M    3        //GPIO 速度 100 MHz(高速)
#define GPIO_PUPD_NONE     0        //不带上下拉
#define GPIO_PUPD_PU       1        //上拉
#define GPIO_PUPD_PD       2        //下拉
#define GPIO_PUPD_RES      3        //保留
#define GPIO_OTYPE_PP      0        //推挽输出
#define GPIO_OTYPE_OD      1        //开漏输出
//GPIO 引脚编号定义
#define PIN0               1 << 0
#define PIN1               1 << 1
#define PIN2               1 << 2
#define PIN3               1 << 3
#define PIN4               1 << 4
#define PIN5               1 << 5
#define PIN6               1 << 6
#define PIN7               1 << 7
#define PIN8               1 << 8
#define PIN9               1 << 9
#define PIN10              1 << 10
#define PIN11              1 << 11
#define PIN12              1 << 12
#define PIN13              1 << 13
#define PIN14              1 << 14
#define PIN15              1 << 15
```

SYSTEM_SUPPORT_OS 宏定义用来定义 SYSTEM 文件夹是否支持操作系统(OS)，如果在 OS 下面使用 SYSTEM 文件夹，那么设置这个值为 1 即可，否则设置为 0（默认）。

Ex_NVIC_Config 部分的宏定义是在使用 Ex_NVIC_Config 函数设置外部中断的时候才用到。GPIO 设置专用宏定义和 GPIO 引脚编号宏定义是在使用 GPIO_Set 函数或者 GPIO_AF_Set 设置 I/O 口的时候才用到。这些宏定义的使用详见相关函数的说明。

如果全换成宏，则：

```
GPIO_Set(PORTC,1 << 11,1,0,3,0);    //设置PC11推挽输出,100 MHz,不带上下拉
```

可以写成:

```
GPIO_Set(PORTC,PIN11,GPIO_MODE_OUT,GPIO_OTYPE_PP,GPIO_SPEED_100M,
        GPIO_PUPD_NONE);    //设置PC11推挽输出,100 MHz(高速),不带上下拉
```

虽然看起来长了一点,但是一眼便知参数设置的意义,具有很好的可读性。所以,推荐读者用这种方式设置I/O。GPIO_Set函数就介绍到这。

接下来看BSRR寄存器,该寄存器用于设置端口的置位/复位,各位描述如图5.2.9所示。

31	30	29	28	27	26	25	24	23	22	21	20	19	18	17	16
BR15	BR14	BR13	BR12	BR11	BR10	BR9	BR8	BR7	BR6	BR5	BR4	BR3	BR2	BR1	BR10
w	w	w	w	w	w	w	w	w	w	w	w	w	w	w	w

15	14	13	12	11	10	9	8	7	6	5	4	3	2	1	0
BS15	BS14	BS13	BS12	BS11	BS10	BS9	BS8	BS7	BS6	BS5	BS4	BS3	BS2	BS1	BS0
w	w	w	w	w	w	w	w	w	w	w	w	w	w	w	w

位31:16 BRy:端口x复位位y(y=0:15)

这些位为只写。读取这些位可返回值0x0000。

0:不会对相应的ODRx位执行任何操作;1:复位相应的ODRx位

注:如果同时对BSx和BRx置位,则BSx的优先级更高。

位15:0 BSy:端口x置位位y(y=0:15)

这些位为只写。读取这些位可返回值0x0000。

0:不会对相应的ODRx位执行任何操作;1:置位相应的ODRx位

图5.2.9 GPIOx BSRR寄存器各位描述

BSRR寄存器可以对任意一个I/O的输出进行控制,每个位对应一个I/O,低16位用于控制I/O输出1(置位),高16位用于控制I/O输出0(复位),所以,通过BSRR寄存器可以很方便地实现STM32F7的I/O控制。

事实上,BSRR也是通过控制ODR寄存器来实现的,也可以直接操作ODR寄存器来控制I/O口的输出状态;不过没有BSRR方便,因为BSRR可以单独控制某个I/O口,而直接操作ODR寄存器会影响到其他I/O的状态(除非采用"读-改-写"的方式)。

注意,STM32F7不支持位带操作,所以,不能像STM32F1/F4那样使用位带操作来控制I/O口的输出和输入了。不过,通过BSRR寄存器可以很方便地对任意I/O进行输出控制,这里提供了GPIO_Pin_Set和GPIO_Pin_Get用于对STM32F7的I/O进行输出控制和输入读取,代码如下:

```
//设置GPIO某个引脚的输出状态
//GPIOx:GPIOA~GPIOI
//pinx:引脚编号,范围:0~15
//status:引脚状态(仅最低位有效),0,输出低电平;1,输出高电平
void GPIO_Pin_Set(GPIO_TypeDef * GPIOx,u16 pinx,u8 status)
{
```

第 5 章　SYSTEM 文件夹介绍

```
        if(status&0X01)GPIOx ->BSRR = pinx;         //设置 GPIOx 的 pinx 为 1
        else GPIOx ->BSRR = pinx << 16;             //设置 GPIOx 的 pinx 为 0
}
//读取 GPIO 某个引脚的状态
//GPIOx:GPIOA～GPIOI
//pinx:引脚编号,范围:0～15
//返回值:引脚状态,0,引脚低电平;1,引脚高电平
u8 GPIO_Pin_Get(GPIO_TypeDef * GPIOx,u16 pinx)
{
        if(GPIOx ->IDR&pinx)return 1;               //pinx 的状态为 1
        else return 0;                              //pinx 的状态为 0
}
```

　　有了这两个函数就可以很方便地对 I/O 口进行输出控制,或者读取某个 I/O 口的状态了。注意,这两个函数每次都只能设置/读取一个 I/O 口,不支持多个 I/O 口同时设置/读取。如要同时操作多个 I/O 口,则直接操作 BSRR/IDR 寄存器。

　　前面介绍了 7 个 GPIO 相关寄存器,还有 AFRL 和 AFRH 这两个寄存器没有介绍。这两个寄存器用来设置 I/O 引脚复用和映射,与 STM32F1 的复用不同,STM32F767 每个 I/O 引脚通过一个复用器连接到板载外设/模块,该复用器一次仅允许一个外设的复用功能(AF)连接到 I/O 引脚,这样可以确保共用同一个 I/O 引脚的外设之间不会发生冲突,而 STM32F1 则可能存在冲突的情况。引脚复用功能选择正是通过 AFRL 和 AFRH 来控制的,其中,AFRL 控制 0～7 这 8 个 I/O 口,AFRH 控制 8～15 这 8 个 I/O 口。

　　AFRL 寄存器各位描述如图 5.2.10 所示。AFRL 寄存器每 4 个位控制一个 I/O,用于选择 AF0～AF15。寄存器总共 32 位,即可以控制 8 个 I/O,另外 8 个 I/O 由 AFRH 寄存器控制,这里就不再贴出了。

31	30	29	28	27	26	25	24	23	22	21	20	19	18	17	16
AFRL7[3:0]				AFRL6[3:0]				AFRL5[3:0]				AFRL4[3:0]			
rw	rw	rw	rw	rw	rw	rw	rw	rw	rw	rw	rw	rw	rw	rw	rw
15	14	13	12	11	10	9	8	7	6	5	4	3	2	1	0
AFRL3[3:0]				AFRL2[3:0]				AFRL1[3:0]				AFRL0[3:0]			
rw	rw	rw	rw	rw	rw	rw	rw	rw	rw	rw	rw	rw	rw	rw	rw

位 31:0　AFRLy:端口 x 位 y 的复用功能选择(y=0:7)
　　　　这些位通过软件写入,用于配置复用功能 I/O。
　　　　AFRLy 选择:
　　　　0000:AF0;　0001:AF1;　0010:AF2;　0011:AF3;　0100:AF4;　0101:AF5;
　　　　0110:AF6;　0111:AF7;　1000:AF8;　1001:AF9;　1010:AF10;　1011:AF11;
　　　　1100:AF12;　1101:AF13;　1110:AF14;　1111:AF15

图 5.2.10　AFRL 寄存器各位描述

　　对于 STM32F767xx 来说,其简单的复用功能映射关系如图 5.2.11 所示。图中仅列出了部分复用情况,详细的 STM32F767 引脚复用情况可参考 STM32F767 的数据

手册第 92 页 Table 12。

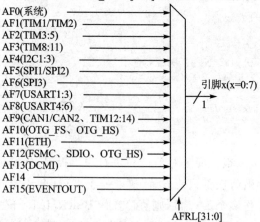

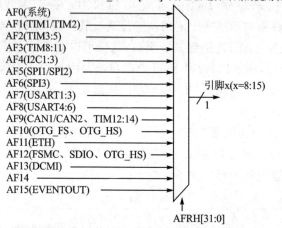

图 5.2.11　AFRL 和 AFRH 复用功能映射关系简图

接下来简单说明一下这个图要如何看,举个例子,阿波罗 STM32F767 开发板的原理图上 PC11 的原理图如图 5.2.12 所示。可见,PC11 可以作为 DFSDM_D5、SPI3_MISO、U3_RX、U4_RX、QSPI_BK2_NCS、SDMMC1_D3、DCMI_D4 等复用功能输出。这么多复用功能,如果这些外设都开启了,那么对 STM32F1 来说那就可能乱套了,外设之间可互相干扰,但是 STM32F767 由于有复用功能选择功能,可以让 PC11 仅连接到某个特定的外设,因此不存在互相干扰的情况。

图 5.2.12　阿波罗 STM32F767 开发板 PC11 原理图

比如,要用 PC11 的复用功能为 SDMMC1_D3。因为 11 脚是由 AFRH[15:12] 控制,且属于 SDMMC 功能复用,所以要选择 AF12,即设置 AFRH[15:12] = AF12,代码

如下：

```
RCC->AHB1ENR|=1 << 2;                    //使能 PORTC 时钟
GPIO_Set(PORTC,PIN11,GPIO_MODE_AF,GPIO_OTYPE_PP,GPIO_SPEED_100M,
        GPIO_PUPD_PU);                   //设置 PC11 复用输出,100 MHz(高速),上拉
GPIOC->AFR[1]&=~(0X0F << 12);            //清除 PC11 原来的设置
GPIOC->AFR[1]|=12 << 12;                 //设置 PC11 为 AF12
```

注意,在 MDK 里面,AFRL 和 AFRH 被定义成 AFR[2],其中,AFR[0]代表 AFRL,AFR[1]代表 AFRH。经过以上设置,将 PC11 设置为复用功能输出,且复用功能选择 SDMMC1_D3。

同样,我们将 AFRL 和 AFRH 的设置封装成函数,即 GPIO_AF_Set 函数,该函数代码如下：

```
//GPIO 复用设置
//GPIOx:GPIOA~GPIOI
//BITx:0~15,代表 IO 引脚编号
//AFx:0~15,代表 AF0~AF15
//AF0~15 设置情况(这里仅是列出常用的,详细的请见 429 数据手册,71 页 Table 12)
//AF0:MCO/SWD/SWCLK/RTCAF1:TIM1/2;AF2:TIM3~5;AF3:TIM8~11
//AF4:I2C1~I2C3;AF5:SPI1/SPI2;AF6:SPI3;AF7:USART1~3;
//AF8:USART4~6;AF9:CAN1/2/TIM12~14AF10:USB_OTG/USB_HSAF11:ETH
//AF12:FSMC/SDMMC/OTG/HSAF13:DCIMAF14: AF15:EVENTOUT
void GPIO_AF_Set(GPIO_TypeDef * GPIOx,u8 BITx,u8 AFx)
{
    GPIOx->AFR[BITx >> 3]&=~(0X0F << ((BITx&0X07)*4));
    GPIOx->AFR[BITx >> 3]|=(u32)AFx << ((BITx&0X07)*4);
}
```

通过该函数就可以很方便地设置任何一个 I/O 口的复用功能了。同样,以设置 PC11 为 SDMMC1_D3,代码如下：

```
RCC->AHB1ENR|=1 << 2;                    //使能 PORTC 时钟
GPIO_Set(PORTC,PIN11,GPIO_MODE_AF,GPIO_OTYPE_PP,GPIO_SPEED_100M,
        GPIO_PUPD_PU);                   //设置 PC11 复用输出,100 MHz(高速),上拉
GPIO_AF_Set(GPIOC,11,AF12);              //设置 PC11 为 AF12
```

其中,PIN11 和 AF12 是 sys.h 里面定义好的宏,方便记忆。注意,GPIO_AF_Set 函数每次只能设置一个 I/O 口的复用功能选择,如果有多个 I/O 要设置,那么需要多次调用该函数。

STM32F767 的复用选择功能使得很多 I/O 口可以做同一个外设的输出,所以,看 STM32F767 的原理图的时候可能有些迷糊:好几个引脚都是同样的功能,比如 U3_RX (串口 3 的接收引脚),在 PB11、PC11、PD9 上面都有这个复用功能,到底该选哪个呢? 这就要通过对应 I/O 的复用功能选择器来选择了。可以选择这 3 个脚里面的任何一个作为 U3_RX,只需要设置对应引脚所在 GPIO 的 AFRL/AFRH 即可;而且,没有选择作为 U3_RX 复用的另外两个 I/O 口,还是可以用来作为普通 I/O 输出或者其他复用功能输出的。因此,可以看出,STM32F767 的 I/O 复用,相对 STM32F1 来说,强大

了很多。

5.2.6 中断管理函数

Cortex-M7 内核支持 256 个中断,其中包含了 16 个内核中断和 240 个外部中断,并且具有 256 级的可编程中断设置。但 STM32F767 并没有使用 Cortex-M7 内核的全部东西,而是只用了它的一部分。STM32F767xx 总共有 118 个中断,以下仅以 STM32F767xx 为例讲解。

STM32F767xx 的 118 个中断里面包括 10 个内核中断和 108 个可屏蔽中断,具有 16 级可编程的中断优先级,常用的就是这 108 个可屏蔽中断。在 MDK 内,对于与 NVIC 相关的寄存器,MDK 为其定义了如下的结构体:

```
typedef struct
{
    __IOM uint32_t ISER[8U];            //Interrupt Set Enable Register
         uint32_t RESERVED0[24U];
    __IOM uint32_t ICER[8U];            //Interrupt Clear Enable Register
         uint32_t RSERVED1[24U];
    __IOM uint32_t ISPR[8U];            //Interrupt Set Pending Register
         uint32_t RESERVED2[24U];
    __IOM uint32_t ICPR[8U];            //Interrupt Clear Pending Register
         uint32_t RESERVED3[24U];
    __IOM uint32_t IABR[8U];            //Interrupt Active bit Register
         uint32_t RESERVED4[56U];
    __IOM uint8_t  IP[240U];            //Interrupt Priority Register (8Bit wide)
         uint32_t RESERVED5[644U];
    __OM  uint32_t STIR;                //Software Trigger Interrupt Register
} NVIC_Type;
```

STM32F767 的中断在这些寄存器的控制下有序地执行,只有了解这些中断寄存器,才能方便地使用 STM32F767 的中断。下面重点介绍这几个寄存器:

ISER[8]:ISER 全称是 Interrupt SetEnable Registers,这是一个中断使能寄存器组。上面说了 Cortexe-M7 内核支持 256 个中断,这里用 8 个 32 位寄存器来控制,每个位控制一个中断。但是 STM32F767 的可屏蔽中断最多只有 108 个,所以对我们来说,有用的就是 4 个(ISER[0~3]),总共可以表示 128 个中断。而 STM32F767 只用了其中的 108 个。ISER[0] 的 bit0~31 分别对应中断 0~31,ISER[1] 的 bit0~32 对应中断 32~63,其他依此类推,这样总共 108 个中断就可以分别对应上了。要使能某个中断,就必须设置相应的 ISER 位为 1,使该中断被使能(这里仅仅是使能,还要配合中断分组、屏蔽、I/O 口映射等设置才算是一个完整的中断设置)。具体每一位对应哪个中断,可参考 stm32f767xx.h 里面的第 69 行处。

ICER[8]:全称是 Interrupt ClearEnable Registers,是一个中断除能寄存器组。该寄存器组与 ISER 的作用恰好相反,是用来清除某个中断的使能的。其对应位的功能也和 ICER 一样。这里要专门设置一个 ICER 来清除中断位,而不是向 ISER 写 0 来清除,是因为 NVIC 的这些寄存器都是写 1 有效的,写 0 是无效的。

第 5 章　SYSTEM 文件夹介绍

ISPR[8]：全称是 Interrupt SetPending Registers，是一个中断挂起控制寄存器组。每个位对应的中断和 ISER 是一样的。置 1 可以将正在进行的中断挂起，转而执行同级或更高级别的中断。写 0 是无效的。

ICPR[8]：全称是 Interrupt ClearPending Registers，是一个中断解挂控制寄存器组。其作用与 ISPR 相反，对应位也和 ISER 是一样的。通过设置 1，可以将挂起的中断接挂；写 0 无效。

IABR[8]：全称是 Interrupt Active Bit Registers，是一个中断激活标志位寄存器组。对应位代表的中断和 ISER 一样，如果为 1，则表示该位对应的中断正在被执行。这是一个只读寄存器，通过它可以知道当前在执行的中断是哪一个。中断执行完后由硬件自动清零。

IP[240]：全称是 Interrupt Priority Registers，是一个中断优先级控制的寄存器组。这个寄存器组相当重要！STM32F767 的中断分组与这个寄存器组密切相关。IP 寄存器组由 240 个 8 bit 的寄存器组成，每个可屏蔽中断占用 8 bit，这样总共可以表示 240 个可屏蔽中断。而 STM32F767 只用到了其中的 108 个。IP[109]~IP[0]分别对应中断 109~0(其中,98 和 79 没用到,所以,总共还是 108 个)。每个可屏蔽中断占用的 8 bit 并没有全部使用，而是只用了高 4 位。这 4 位又分为抢占优先级和子优先级。抢占优先级在前，子优先级在后。而这两个优先级各占几个位又要根据 SCB→AIRCR 中的中断分组设置来决定。

这里简单介绍一下 STM32F767 的中断分组：STM32F767 将中断分为 5 个组,组 0~4。该分组的设置是由 SCB→AIRCR 寄存器的 bit10~8 来定义的。具体的分配关系如表 5.2.3 所列。

表 5.2.3　AIRCR 中断分组设置表

组	AIRCR[10:8]	bit[7:4]分配情况	分配结果
0	111	0:4	0 位抢占优先级,4 位响应优先级
1	110	1:3	1 位抢占优先级,3 位响应优先级
2	101	2:2	2 位抢占优先级,2 位响应优先级
3	100	3:1	3 位抢占优先级,1 位响应优先级
4	011	4:0	4 位抢占优先级,0 位响应优先级

通过这个表就可以清楚地看到组 0~4 对应的配置关系。例如,组设置为 3,那么此时所有的 108 个中断中,每个中断的中断优先寄存器高 4 位中的最高 3 位是抢占优先级,低一位是响应优先级。每个中断可以设置抢占优先级为 0~7,响应优先级为 1 或 0。抢占优先级的级别高于响应优先级。而数值越小所代表的优先级就越高。

这里需要注意两点：第一,如果两个中断的抢占优先级和响应优先级都是一样的,则看哪个中断先发生就先执行；第二,高优先级的抢占优先级是可以打断正在进行的低抢占优先级中断的。而抢占优先级相同的中断时,高优先级的响应优先级不可以打断低响应优先级的中断。

结合实例说明一下：假定设置中断优先级组为 2，然后设置中断 3(RTC_WKUP 中断)的抢占优先级为 2，响应优先级为 1。中断 6(外部中断 0)的抢占优先级为 3，响应优先级为 0。中断 7(外部中断 1)的抢占优先级为 2，响应优先级为 0。那么这 3 个中断的优先级顺序为：中断 7＞中断 3＞中断 6。上面例子中的中断 3 和中断 7 都可以打断中断 6 的中断，而中断 7 和中断 3 却不可以相互打断。

通过以上介绍，我们熟悉了 STM32F767 中断设置的大致过程。接下来介绍如何使用函数实现以上中断设置，使得以后的中断设置简单化。

第一个介绍的是 NVIC 的分组函数 MY_NVIC_PriorityGroupConfig，该函数的参数 NVIC_Group 为要设置的分组号，可选范围为 0～4，总共 5 组。如果参数非法，将可能导致不可预料的结果。MY_NVIC_PriorityGroupConfig 函数代码如下：

```
//设置 NVIC 分组
//NVIC_Group:NVIC 分组 0～4 总共 5 组
void MY_NVIC_PriorityGroupConfig(u8 NVIC_Group)
{
    u32 temp,temp1;
    temp1 = (~NVIC_Group)&0x07;     //取后 3 位
    temp1 << = 8;
    temp = SCB -> AIRCR;            //读取先前的设置
    temp& = 0X0000F8FF;             //清空先前分组
    temp|= 0X05FA0000;              //写入钥匙
    temp|= temp1;
    SCB -> AIRCR = temp;            //设置分组
}
```

通过前面的介绍我们知道，STM32F767 的 5 个分组是通过设置 SCB→AIRCR 的 BIT[10:8] 来实现的，而通过 5.2.3 小节的介绍我们知道，SCB→AIRCR 的修改需要通过在高 16 位写入 0X05FA 密钥才能修改，故在设置 AIRCR 之前，应该把密钥加入到要写入的内容的高 16 位，以保证能正常写入 AIRCR。在修改 AIRCR 的时候，一般采用"读→改→写"的步骤来实现不改变 AIRCR 原来的其他设置。以上就是 MY_NVIC_PriorityGroupConfig 函数设置中断优先级分组的思路。

第二个函数是 NVIC 设置函数 MY_NVIC_Init。该函数有 4 个参数，分别为 NVIC_PreemptionPriority、NVIC_SubPriority、NVIC_Channel、NVIC_Group。第一个参数 NVIC_PreemptionPriority 为中断抢占优先级数值，第二个参数 NVIC_SubPriority 为中断子优先级数值，前两个参数的值必须在规定范围内，否则也可能产生意想不到的错误。第三个参数 NVIC_Channel 为中断的编号(对 STM32F767xx 来说是 0～109)，最后一个参数 NVIC_Group 为中断分组设置(范围为 0～4)。该函数代码如下：

```
//设置 NVIC
//NVIC_PreemptionPriority:抢占优先级
//NVIC_SubPriority       :响应优先级
//NVIC_Channel           :中断编号
//NVIC_Group             :中断分组 0～4
```

```
//注意优先级不能超过设定的组的范围!否则会有意想不到的错误
//组划分:
//组 0:0 位抢占优先级,4 位响应优先级;组 1:1 位抢占优先级,3 位响应优先级
//组 2:2 位抢占优先级,2 位响应优先级;组 3:3 位抢占优先级,1 位响应优先级
//组 4:4 位抢占优先级,0 位响应优先级
//NVIC_SubPriority 和 NVIC_PreemptionPriority 的原则是,数值越小,越优先
void MY_NVIC_Init(u8 NVIC_PreemptionPriority,u8 NVIC_SubPriority,u8 NVIC_Channel,
                u8 NVIC_Group)
{
    u32 temp;
    MY_NVIC_PriorityGroupConfig(NVIC_Group);//设置分组
    temp = NVIC_PreemptionPriority << (4 - NVIC_Group);
    temp|= NVIC_SubPriority&(0x0f >> NVIC_Group);
    temp& = 0xf;                              //取低 4 位
    NVIC -> ISER[NVIC_Channel/32]|= 1 << NVIC_Channel % 32;
    //使能中断位(要清除的话,设置 ICER 对应位为 1 即可)
    NVIC -> IP[NVIC_Channel]|= temp << 4;     //设置响应优先级和抢断优先级
}
```

通过前面的介绍我们知道,每个可屏蔽中断优先级的设置是在 IP 寄存器组里面的,每个中断占 8 位,但只用了其中的 4 个位。以上代码就是根据中断分组情况来设置每个中断对应高 4 位的数值的。当然,该函数里面还引用了 MY_NVIC_Priority-GroupConfig 函数来设置分组。其实这个分组函数在每个系统里面只要设置一次就够了,设置多次则以最后的那一次为准,但是只要多次设置的组号都是一样就没事;否则,前面设置的中断会因为后面组的变化优先级发生改变,这点在使用的时候要特别注意!一个系统代码里面所有的中断分组都要统一,以上代码对要配置的中断号默认是开启中断的,也就是 ISER 中的值设置为 1 了。

通过以上两个函数就实现了对 NVIC 的管理和配置,但是外部中断的设置还需要配置相关寄存器才可以。下面就介绍外部中断的配置和使用。

STM32F767 的 EXTI 控制器支持 24 个外部中断/事件请求。每个中断设有状态位,每个中断/事件都有独立的触发和屏蔽设置。STM32F767 的 24 个外部中断为:
- 线 0~15:对应外部 I/O 口的输入中断。
- 线 16:连接到 PVD 输出。
- 线 17:连接到 RTC 闹钟事件。
- 线 18:连接到 USB OTG FS 唤醒事件。
- 线 19:连接到以太网唤醒事件。
- 线 20:连接到 USB OTG HS 唤醒事件。
- 线 21:连接到 RTC 入侵和时间戳事件。
- 线 22:连接到 RTC 唤醒事件。
- 线 23:连接到 LPTIM1 异步事件。

对于外部中断 EXTI 控制,MDK 定义了如下结构体:

```
typedef struct
{
    __IO uint32_t IMR;      //EXTI Interrupt mask register
    __IO uint32_t EMR;      //EXTI Event mask register
    __IO uint32_t RTSR;     //EXTI Rising trigger selection register
    __IO uint32_t FTSR;     //EXTI Falling trigger selection register
    __IO uint32_t SWIER;    //EXTI Software interrupt event register
    __IO uint32_t PR;       //EXTI Pending register
} EXTI_TypeDef;
```

通过这些寄存器的设置就可以对外部中断进行详细设置了,下面重点介绍这些寄存器的作用。

IMR:中断屏蔽寄存器。这是一个32位寄存器。但是只有前24位有效。当位x设置为1时,则开启这个线上的中断;否则,关闭该线上的中断。

EMR:事件屏蔽寄存器,同IMR,只是该寄存器是针对事件的屏蔽和开启。

RTSR:上升沿触发选择寄存器。该寄存器同IMR,也是一个32位的寄存器,只有前24位有效。位x对应线x上的上升沿触发,如果设置为1,则是允许上升沿触发中断/事件;否则,不允许。

FTSR:下降沿触发选择寄存器。同RTSR,不过这个寄存器是设置下降沿的。下降沿和上升沿可以被同时设置,这样就变成了任意电平触发了。

SWIER:软件中断事件寄存器。通过向该寄存器的位x写入1,在未设置IMR和EMR的时候,将设置PR中相应位挂起。如果设置了IMR和EMR,则将产生一次中断。被设置的SWIER位将会在PR中的对应位清除后清除。

PR:挂起寄存器。当外部中断线上发生了选择的边沿事件时,该寄存器的对应位会被置为1。0,表示对应线上没有发生触发请求。向该寄存器的对应位写入1可以清除该位。在中断服务函数里面经常会要向该寄存器的对应位写1来清除中断请求。

以上就是与中断相关寄存器的介绍,更详细的介绍可参考《STM32F7中文参考手册》第276页11.9节EXTI寄存器描述这一章。

通过以上配置就可以正常设置外部中断了,但是外部I/O口的中断还需要一个寄存器配置,也就是外部中断配置寄存器EXTICR。这是因为STM32F767任何一个I/O口都可以配置成中断输入口,但是I/O口的数目远大于中断线数(16个)。于是STM32F767就这样设计,GPIOA~GPIOI的[15:0]分别对应中断线15~0。这样每个中断线对应了最多9个I/O口,以线0为例,它对应了GPIOA.0、GPIOB.0、GPIOC.0、GPIOD.0、GPIOE.0、GPIOF.0、GPIOG.0、GPIOH.O、GPIOI.0。而中断线每次只能连接到一个I/O口上,这样就需要EXTICR来决定对应的中断线配置到哪个GPIO上了。

EXTICR寄存器在SYSCFG的结构体中定义,如下:

```
typedef struct
{
    __IO uint32_t MEMRMP;        //SYSCFG memory remap register
```

```
    __IO uint32_t PMC;              //SYSCFG peripheral mode configuration register
    __IO uint32_t EXTICR[4];        //SYSCFG external interrupt configuration registers
    uint32_t      RESERVED;         //Reserved,
    __IO uint32_t CBR;              //SYSCFG Class B register
    __IO uint32_t CMPCR;            //SYSCFG Compensation cell control register,
} SYSCFG_TypeDef;
```

EXTICR 寄存器组总共有 4 个,因为编译器的寄存器组都是从 0 开始编号的,所以 EXTICR[0]～EXTICR[3]对应《STM32F7 中文参考手册》里的 EXTICR1～EXTICR4(201 页,7.2.3 小节)。每个 EXTICR 只用了其低 16 位。EXTICR[0]的分配如图 5.2.13 所示。

31	30	29	28	27	26	25	24	23	22	21	20	19	18	17	16
							Reserved								
15	14	13	12	11	10	9	8	7	6	5	4	3	2	1	0
EXTI3[3:0]				EXTI2[3:0]				EXTI1[3:0]				EXTI0[3:0]			
rw	rw	rw	rw	rw	rw	rw	rw	rw	rw	rw	rw	rw	rw	rw	rw

位 31:16　保留,必须保持复位值。

位 15:0　　EXTIx[3:0]:EXTI x 配置(x=0～3)
　　　　　这些位通过软件写入,以选择 EXTIx 外部中断的源输入。
　　　　　0000:PA[x]引脚　　0011:PD[x]引脚　　0110:PG[x]引脚
　　　　　0001:PB[x]引脚　　0100:PE[x]引脚　　0111:PH[x]引脚
　　　　　0010:PC[x]引脚　　0101:PF[C]引脚　　1000:PI[x]引脚

图 5.2.13　寄存器 EXTICR[0]各位定义

比如要设置 GPIOB.1 映射到 EXTI1,则只要设置 EXTICR[0]的 bit[7:4]为 0001 即可。默认都是 0000,即映射到 GPIOA。从图 5.2.13 中可以看出,EXTICR[0]只管了 GPIO 的 0～3 端口,相应的其他端口由 EXTICR[1～3]管理,具体可参考《STM32F7 中文参考手册》第 201～203 页。

通过上面的分析就可以完成对外部中断的配置了。函数 Ex_NVIC_Config 有 3 个参数:GPIOx 为 GPIOA～I(0～8),在 sys.h 里面定义代表要配置的 I/O 口;BITx 代表这个 I/O 口的第几位。TRIM 为触发方式,低 2 位有效(0x01 代表下降触发,0x02 代表上升沿触发,0x03 代表任意电平触发)。代码如下:

```
//外部中断配置函数
//只针对 GPIOA~I;不包括 PVD,RTC,USB_OTG,USB_HS,以太网唤醒等
//参数:GPIOx:0~8,代表 GPIOA~I
//BITx:需要使能的位
//TRIM:触发模式,1,下升沿,2,上升沿,3,任意电平触发
//该函数一次只能配置一个 I/O 口,多个 I/O 口,须多次调用
//该函数会自动开启对应中断以及屏蔽线
void Ex_NVIC_Config(u8 GPIOx, u8 BITx, u8 TRIM)
{
    u8 EXTOFFSET = (BITx % 4) * 4;
    RCC->APB2ENR |= 1 << 14;                //使能 SYSCFG 时钟
```

```
    SYSCFG->EXTICR[BITx/4]&=~(0x000F << EXTOFFSET);        //清除原来设置!!!
    SYSCFG->EXTICR[BITx/4]|=GPIOx << EXTOFFSET;
    //EXTI.BITx 映射到 GPIOx.BITx
    //自动设置
    EXTI->IMR|=1 << BITx;  //开启 line BITx 上的中断(如果要禁止中断,则反操作即可)
    if(TRIM&0x01)EXTI->FTSR|=1 << BITx;       //line BITx 上事件下降沿触发
    if(TRIM&0x02)EXTI->RTSR|=1 << BITx;       //line BITx 上事件上升降沿触发
}
```

Ex_NVIC_Config 完全是按照之前的分析来编写的,首先得开启 SYSCFG 的时钟;然后根据 GPIOx 的位得到中断寄存器组的编号,即 EXTICR 的编号,在 EXTICR 里面配置中断线应该配置到 GPIOx 的哪个位。然后使能该位的中断,最后配置触发方式,这样就完成了外部中断的配置了。注意,该函数一次只能配置一个 I/O 口,如果有多个 I/O 口需要配置,则多次调用这个函数就可以了。

至此,对 STM32F767 的中断管理就介绍完了。其中,中断响应函数在后面的实例中会讲述的。

5.3　usart 文件夹介绍

usart 文件夹内包含了 usart.c 和 usart.h 两个文件,用于串口的初始化和中断接收。这里只是针对串口 1,比如要用串口 2 或者其他的串口,只要对代码稍作修改就可以了。usart.c 里面包含了 2 个函数,一个是"void USART1_IRQHandler(void);";另外一个是"void uart_init(u32 pclk2,u32 bound);",里面还有一段对串口 printf 的支持代码,如果去掉,则会导致 printf 无法使用,虽然软件编译不会报错,但是硬件上 STM32F767 是无法启动的,这段代码不要去修改。

5.3.1　USART1_IRQHandler 函数

void USART1_IRQHandler(void)函数是串口 1 的中断响应函数,当串口 1 发生了相应的中断后,就会跳到该函数执行。这里设计了一个小小的接收协议:通过这个函数,配合一个数组 USART_RX_BUF[],一个接收状态寄存器 USART_RX_STA(此寄存器其实就是一个全局变量,由作者自行添加。由于它起到类似寄存器的功能,这里暂且称之为寄存器)就可以实现对串口数据的接收管理。USART_RX_BUF 的大小由 USART_REC_LEN 定义,也就是一次接收的数据最大不能超过 USART_REC_LEN 个字节。USART_RX_STA 是一个接收状态寄存器其各的定义如表 5.3.1 所列。

表 5.3.1　接收状态寄存器位定义表

位	bit15	bit14	bit13~0
意义	接收完成标志	接收到 0X0D 标志	接收到的有效数据个数

设计思路如下:当接收到从计算机发过来的数据时,把接收到的数据保存在

USART_RX_BUF 中；同时，在接收状态寄存器（USART_RX_STA）中计数接收到的有效数据个数，当收到回车（回车的表示由 2 个字节组成：0X0D 和 0X0A）的第一个字节 0X0D 时，计数器将不再增加，等待 0X0A 的到来；而如果 0X0A 没有来到，则认为这次接收失败，重新开始下一次接收。如果顺利接收到 0X0A，则标记 USART_RX_STA 的第 15 位，这样完成一次接收，并等待该位被其他程序清除，从而开始下一次的接收。如果迟迟没有收到 0X0D，那么在接收数据超过 USART_REC_LEN 的时候，则会丢弃前面的数据，重新接收。函数代码如下：

```c
#if EN_USART1_RX       //如果使能了接收
//串口 1 中断服务程序
//注意,读取 USARTx->ISR 能避免莫名其妙的错误
u8 USART_RX_BUF[USART_REC_LEN];//接收缓冲,最大 USART_REC_LEN 个字节
//接收状态
//bit15, 接收完成标志
//bit14, 接收到 0x0d
//bit13~0, 接收到的有效字节数目
u16 USART_RX_STA = 0;       //接收状态标记
void USART1_IRQHandler(void)
{
    u8 res;
#if SYSTEM_SUPPORT_OS      //如果 SYSTEM_SUPPORT_OS 为真,则需要支持 OS
    OSIntEnter();
#endif
    if(USART1->ISR&(1<<5))//接收到数据
    {
        res = USART1->RDR;
        if((USART_RX_STA&0x8000) == 0)//接收未完成
        {
            if(USART_RX_STA&0x4000)//接收到了 0x0d
            {
                if(res! = 0x0a)USART_RX_STA = 0;//接收错误,重新开始
                else USART_RX_STA |= 0x8000;    //接收完成了
            }else //还没收到 0X0D
            {
                if(res == 0x0d)USART_RX_STA |= 0x4000;
                else
                {
                    USART_RX_BUF[USART_RX_STA&0X3FFF] = res;
                    USART_RX_STA ++ ;
                    if(USART_RX_STA>(USART_REC_LEN - 1))USART_RX_STA = 0;
                    //接收数据错误,重新开始接收
                }
            }
        }
    }
#if SYSTEM_SUPPORT_OS      //如果 SYSTEM_SUPPORT_OS 为真,则需要支持 OS
    OSIntExit();
#endif
}
```

EN_USART1_RX 和 USART_REC_LEN 都是在 usart.h 文件里面定义的,当需要使用串口接收的时候,则只要在 usart.h 里面设置 EN_USART1_RX 为 1 就可以了。不使用的时候,设置 EN_USART1_RX 为 0 即可,这样可以省出部分 SRAM 和 Flash。默认是设置 EN_USART1_RX 为 1,也就是开启串口接收的。

SYSTEM_SUPPORT_OS 用来判断是否使用操作系统(OS),如果使用了 OS,则调用 OSIntEnter 和 OSIntExit 函数;如果没有使用 OS,则不调用这两个函数(这两个函数用于实现中断嵌套处理,由 μC/OS 提供,这里先不理会)。

5.3.2 uart_init 函数

void uart_init(u32 pclk2,u32 bound)函数是串口 1 初始化函数,有 2 个参数,第一个为 pclk2,是 APB2 总线的时钟频率;第二个参数为需要设置的波特率,如 9 600、115 200 等。而这个函数的重点就是波特率的设置。

STM32F767 的每个串口都有一个自己独立的波特率寄存器 USART_BRR,通过设置该寄存器就可以达到配置不同波特率的目的。其各位描述如图 5.3.1 所示。

31	30	29	28	27	26	25	24	23	22	21	20	19	18	17	16
Res.	Res.	Res.	Res.	Res.	Res.	Res.	Res.	Res.	Res.	Res.	Res.	Res.	Res.	Res.	Res.

15	14	13	12	11	10	9	8	7	6	5	4	3	2	1	0
BRR[15:0]															
rw	rw	rw	rw	rw	rw	rw	rw	rw	rw	rw	rw	rw	rw	rw	rw

位 31:16　保留,必须保持复位值。

位 15:4　BRR[15:4]

　　　　BRR[15:4]=USARTDIV[15:4]

位 3:0　BRR[3:0]

　　　　当 OVER8=0 时,BRR[3:0]=USARTDIV[3:0]。

　　　　当 OVER8=1 时:

　　　　BRR[2:0]=USARTDIV[3:0],右移 1 位。

　　　　BRR[3]必须保持清零

图 5.3.1　寄存器 USART_BRR 各位描述

相对于 STM32F1 来说,STM32F767 多了一个接收器过采样设置位:OVER8 位。该位在 USART_CR1 寄存器里面设置,当 OVER8=0 的时候,采用 16 倍过采样,可以增加接收器对时钟的容差。当 OVER8=1 的时候,可以获得更高的速度。简单说,就是 OVER8=0 时精度高,容错性好;OVER8=1 的时候,容错差,但是速度快。这里一般设置 OVER8=0,以得到更好的容错性,以下皆以 OVER8=0 为例进行介绍。关于 OVER8 的详细介绍可参考《STM32F7 中文参考手册》第 31.5.3 小节。

当 OVER8=0 时,USART_BRR 寄存器的低 16 位全部用来存放 USARTDIV 的值,此时串口波特率的计算公式为:

第 5 章　SYSTEM 文件夹介绍

$$\text{Tx/Rx baud} = \frac{f_{CK}}{\text{USARTDIV}}$$

式中，f_{CK} 是给串口的时钟，PCLK1 用于 UART2～5、UART7～8，PCLK2 用于 USART1 和 USART6，USARTDIV 是串口波特率寄存器 USART1→BRR 的值，baud 是需要的串口波特率。

假设串口 1 要设置为 115 200 的波特率，而 PCLK2 的时钟（即 APB2 总线时钟频率）为 108 MHz。这样，根据上面的公式有：

USARTDIV=108 000 000 Hz/115 200 bps=937.5=938(四舍五入)=0X3AA

这样就得到了 USARTDIV 的值为 0X3AA。只要设置串口 1 的 BRR 寄存器值为 0X3AA 就可以得到 115 200 的波特率。注意，这里采用了四舍五入的计算方法。

当然，并不是任何条件下都可以随便设置串口波特率的，在某些波特率和 PCLK2 频率下，还是会存在误差的，具体可以参考《STM32F7 中文参考手册》的第 922 页表 168。

接下来就可以初始化串口了，注意，这里初始化串口是按 8 位数据格式，1 位停止位，无奇偶校验位格式的。具体代码如下：

```
//初始化 I/O 串口 1
//pclk2:PCLK2 时钟频率(MHz)
//bound:波特率
void uart_init(u32 pclk2,u32 bound)
{
    u32  temp;
    temp = (pclk2 * 1000000 + bound/2)/bound;//得到 USARTDIV@OVER8 = 0,用四舍五入计算
    RCC ->AHB1ENR|=1 << 0;              //使能 PORTA 口时钟
    RCC ->APB2ENR|=1 << 4;              //使能串口 1 时钟
    GPIO_Set(GPIOA,PIN9|PIN10,GPIO_MODE_AF,GPIO_OTYPE_PP,GPIO_SPEED_50M,
            GPIO_PUPD_PU);              //PA9,PA10,复用功能,上拉输出
    GPIO_AF_Set(GPIOA,9,7);             //PA9,AF7
    GPIO_AF_Set(GPIOA,10,7);            //PA10,AF7
    //波特率设置
    USART1 ->BRR = temp;                //波特率设置@OVER8 = 0
    USART1 ->CR1 = 0;                   //清零 CR1 寄存器
    USART1 ->CR1|= 0 << 28;             //设置 M1 = 0
    USART1 ->CR1|= 0 << 12;             //设置 M0 = 0&M1 = 0,选择 8 位字长
    USART1 ->CR1|= 0 << 15;             //设置 OVER8 = 0,16 倍过采样
    USART1 ->CR1|= 1 << 3;              //串口发送使能
#if EN_USART1_RX
    //使能接收中断
    USART1 ->CR1|= 1 << 2;              //串口接收使能
    USART1 ->CR1|= 1 << 5;              //接收缓冲区非空中断使能
    MY_NVIC_Init(3,3,USART1_IRQn,2);    //组 2,最低优先级
#endif
    USART1 ->CR1|= 1 << 0;              //串口使能
}
```

上面的代码就实现了对串口 1 波特率的设置。通过该函数的初始化，就可以得到在当前频率(pclk2)下得到想要的波特率。

第三篇 实战篇

经过前两篇的学习,我们对 STM32F767 开发的软件和硬件平台都有了个比较深入的了解,接下来将通过实例,由浅入深,带读者一步步地学习 STM32F767。

STM32F767 的内部资源非常丰富,对于初学者来说,一般不知道从何开始。本篇将从 STM32F767 最简单的外设说起,然后一步步深入。每一个实例都配有详细的代码及解释,手把手教读者如何入手 STM32F767 的各种外设。

本篇总共分为 30 章,每一章即一个实例,下面就让我们开始精彩的 STM32F767 之旅!

第 6 章

跑马灯实验

任何一个单片机,最简单的外设莫过于 I/O 口的高低电平控制了,本章将通过一个经典的跑马灯程序,带读者开启 STM32F767 之旅。本章将通过代码控制 ALIENTEK 阿波罗 STM32 开发板上的两个 LED:DS0 和 DS1 交替闪烁,从而实现类似跑马灯的效果。

6.1 STM32F767 I/O 简介

本章将要实现的是控制 ALIENTEK 阿波罗 STM32 开发板上的两个 LED 实现一个类似跑马灯的效果,关键在于如何控制 STM32F767 的 I/O 口输出。通过这一章的学习将初步掌握 STM32F767 基本 I/O 口的使用,而这是迈向 STM32F767 的第一步。

STM32F767 的 I/O 在 5.2.5 小节已经做过详细介绍了,主要由 MODER、OTYPER、OSPEEDR、PUPDR、ODR、IDR、BSRR、AFRH 和 AFRL 共 9 个寄存器控制。本章主要使用 STM32F767 I/O 口的推挽输出功能,利用前面讲过的 GPIO_Set 函数来设置即可很简单地完成对 I/O 口的配置。I/O 口和 GPIO_Set 函数的介绍这里就不再多说了,可参考 5.2.5 小节。

这里重点说一下 STM32F767 的 I/O 电平兼容性问题。STM32F767 的绝大部分 I/O 口都兼容 5 V,至于到底哪些是兼容 5 V 的,可参考 STM32F767xx 的数据手册(注意是数据手册,不是中文参考手册)的 Table 10 STM32F765xx, STM32F767xx, STM32F768Ax and STM32F769xx pin andball definitions,凡是有 FT 标志的,都是兼容 5 V 电平的 I/O 口,可以直接接 5 V 的外设(注意,如果引脚设置的是模拟输入模式,则不能接 5 V);不是 FT 标志的,就不要接 5 V 了,可能烧坏 MCU。

6.2 硬件设计

本章用到的硬件只有 LED(DS0 和 DS1),其电路在 ALIENTEK 阿波罗 STM32 开发板上默认是已经连接好了的。DS0 接 PB1,DS1 接 PB0。所以在硬件上不需要动任何东西。其连接原理图如图 6.2.1 所示。

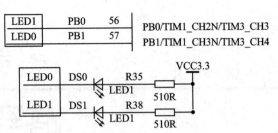

图 6.2.1 LED 与 STM32F767 连接原理图

6.3 软件设计

首先，找到 3.2 节新建的 TEST 工程(在配套资料"4,程序源码\1,标准例程-寄存器版本\实验 0 新建工程实验")，在该工程文件夹下面新建一个 HARDWARE 的文件夹，用来存储以后与硬件相关的代码。然后在 HARDWARE 文件夹下新建一个 LED 文件夹，用来存放与 LED 相关的代码，如图 6.3.1 所示。

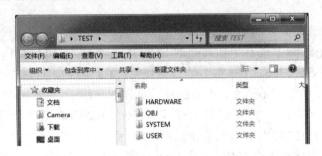

图 6.3.1 新建 HARDWARE 文件夹

然后打开 USER 文件夹下的 test.uvprojx 工程，单击 按钮新建一个文件，然后保存在 HARDWARE→LED 文件夹下面，保存为 led.c。在该文件中输入如下代码：

```
#include "led.h"
//初始化 PB0 和 PB1 为输出口.并使能这两个口的时钟
//LED IO 初始化
void LED_Init(void)
{
    RCC->AHB1ENR|=1<<1;      //使能 PORTB 时钟
    GPIO_Set(GPIOB,PIN0|PIN1,GPIO_MODE_OUT,GPIO_OTYPE_PP,
            GPIO_SPEED_100M,GPIO_PUPD_PU); //PB0,PB1 设置
    LED0(1);                 //关闭 DS0
    LED1(1);                 //关闭 DS1
}
```

该代码里面就包含了一个函数 void LED_Init(void)，该函数的功能就是配置 PB0 和 PB1 为推挽输出。I/O 配置采用 GPIO_Set 函数实现，该函数在 5.2.5 小节有详细介绍，这里就不再多说了。LED0(1)和 LED1(1)用于控制 DS0 和 DS1 输出 1，在 led.h 里面定义了。

第6章 跑马灯实验

注意，在配置 STM32F767 外设的时候，任何时候都要先使能该外设的时钟。AHB1ENR 是 AHB1 总线上的外设时钟使能寄存器，其各位的描述如图 6.3.2 所示。

31	30	29	28	27	26	25	24	23	22	21	20	19	18	17	16
Res.	OTGHS ULPIEN	OTGHS EN	ETHM ACPTP EN	ETHM ACRX EN	ETHM ACTX EN	ETHM ACEN	Res.	DMA2D EN	DMA2 EN	DMA1 EN	DTCM AMEN	Res.	BKPSR AMEN	Res.	Res.
	rw	rw	rw	rw	rw	rw		rw	rw	rw	rw		rw		
15	14	13	12	11	10	9	8	7	6	5	4	3	2	1	0
Res.	Res.	Res.	CRC EN	Res.	GPIOK EN	GPIOJ EN	GPIOI EN	GPIOH EN	GPIOG EN	GPIOF EN	GPIOE EN	GPIOD EN	GPIOC EN	GPIOB EN	GPIOA EN
			rw		rw	rw	rw	rw	rw	rw	rw	rw	rw	rw	rw

图 6.3.2 寄存器 AHB1ENR 各位描述

要使能 PORTB 的时钟使能位，则只要将该寄存器的 bit1 置 1 就可以了。该寄存器还包括了很多其他外设的时钟使能，以后会慢慢使用到的。这个寄存器的详细说明可参见《STM32F7 中文参考手册》的第 148 页。

设置完时钟之后就是配置完时钟，LED_Init 调用 GPIO_Set 函数完成对 PB0 和 PB1 的模式配置，然后控制 LED0 和 LED1 输出 1(LED 灭)。至此，两个 LED 的初始化完毕。

保存 led.c 代码，然后按同样的方法，新建一个 led.h 文件，也保存在 LED 文件夹下面。在 led.h 中输入如下代码：

```
#ifndef __LED_H
#define __LED_H
#include "sys.h"
//LED 端口定义
#define LED0(x)    GPIO_Pin_Set(GPIOB,PIN1,x)    //DS0
#define LED1(x)    GPIO_Pin_Set(GPIOB,PIN0,x)    //DS1
void LED_Init(void);                             //初始化
#endif
```

这段代码里面最关键就是 2 个宏定义：

```
#define LED0(x)    GPIO_Pin_Set(GPIOB,PIN1,x)    // DS0
#define LED1(x)    GPIO_Pin_Set(GPIOB,PIN0,x)    // DS1
```

这里使用 GPIO_Pin_Set 函数来实现操作某个 I/O 口，实际上就是通过设置 BSRR 寄存器来实现的。该函数的详细介绍可参考 5.2.5 小节。

将 led.h 也保存一下。接着，在 Manage Components 管理里面新建一个 HARD-WARE 的组，并把 led.c 加入到这个组里面，如图 6.3.3 所示。

单击 OK 按钮回到工程，则发现 Project Workspace 里面多了一个 HARDWARE 的组。该组下面有一个 led.c 的文件，如图 6.3.4 所示。

然后用之前介绍的方法(在 3.2 节介绍的)将 led.h 头文件包含路径加入到工程里面。回到主界面，在 main 函数里面编写如下代码：

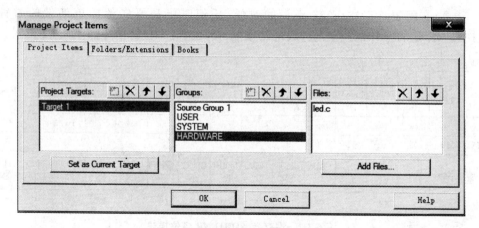

图 6.3.3　给工程新增 HARDWARE 组

图 6.3.4　新增 HARDWARE 组

```
#include "sys.h"
#include "delay.h"
#include "led.h"
int main(void)
{
    Stm32_Clock_Init(432,25,2,9);    //设置时钟,216 MHz
    delay_init(216);                 //延时初始化
    LED_Init();                      //初始化 LED 时钟
    while(1)
    {
        LED0(0);                     //DS0 亮
        LED1(1);                     //DS1 灭
        delay_ms(500);
        LED0(1);                     //DS0 灭
        LED1(0);                     //DS1 亮
        delay_ms(500);
    }
}
```

第 6 章 跑马灯实验

代码包含了#include "led.h"这句,使得 LED0、LED1、LED_Init 等能在 main 函数里被调用。接下来,main 函数先调用 Stm32_Clock_Init 函数,配置系统时钟为 216 MHz,然后调用 delay_init 函数,初始化延时函数。接着,调用 LED_Init 来初始化 PB0 和 PB1 为输出。最后,在死循环里面实现 LED0 和 LED1 交替闪烁,间隔为 500 ms。

然后单击 ![img] 编译工程,得到结果如图 6.3.5 所示。可以看到,没有错误,也没有警告。从编译信息可以看出,我们的代码占用 Flash 大小为 2 288 字节(1 752+536),所用的 SRAM 大小为 2 360 字节(12+2 348)。

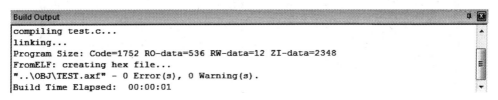

图 6.3.5 编译结果

这里解释一下编译结果里面的几个数据的意义:
- Code:表示程序所占用 Flash 的大小(Flash)。
- RO-data:即 Read Only-data,表示程序定义的常量,如 const 类型(Flash)。
- RW-data:即 Read Write-data,表示已被初始化的全局变量(SRAM)。
- ZI-data:即 Zero Init-data,表示未被初始化的全局变量(SRAM)。

有了这个就可以知道当前使用的 Flash 和 SRAM 大小了。注意,程序的大小不是.hex 文件的大小,而是编译后的 Code 和 RO-data 之和。

接下来就可以下载验证了。利用 ST LINK 还可以进行在线调试(需要先下载代码),单步查看代码的运行,STM32F767 的在线调试方法参见 4.2 节。

6.4 下载验证

这里使用 ST LINK 下载(也可以通过其他仿真器下载,如果是 JLINK,则必须是 V9 或者以上版本,才可以支持 STM32F767),ST LINK 的详细设置可参考 4.1 节。设置完成后,在 MDK 里面单击 ![img] 图标就可以开始下载,如图 6.4.1 所示。

下载完之后,运行结果如图 6.4.2 所示。

至此,第一章的学习就结束了。本章作为 STM32F767 入门的第一个例子,介绍了 STM32F767 的 I/O 口的使用及注意事项,同时巩固了前面的学习,希望读者好好理解。

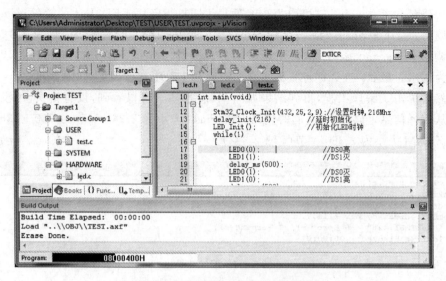

图 6.4.1 利用 ST LINK 下载代码

图 6.4.2 程序运行结果

第 7 章
按键输入实验

上一章介绍了 STM32F767 的 I/O 口作为输出的使用,这一章将介绍如何使用 STM32F767 的 I/O 口作为输入用。本章将利用板载的 4 个按键来控制板载的两个 LED 的亮灭。通过本章的学习,读者将了解到 STM32F767 的 I/O 口作为输入口的使用方法。

7.1　STM32F767 I/O 口简介

STM32F767 的 I/O 口在上一章已经有了比较详细的介绍,这里不再多说。STM32F767 的 I/O 口作为输入使用的时候,是通过读取 IDR 的内容来读取 I/O 口状态的。了解了这点就可以开始我们的代码编写了。

这一章将通过 ALIENTEK 阿波罗 STM32 开发板上载有的 4 个按钮(KEY_UP、KEY0、KEY1 和 KEY2)来控制板上的 2 个 LED(DS0 和 DS1)。其中,KEY_UP 控制 DS0、DS1 互斥点亮;KEY2 控制 DS0,按一次亮,再按一次灭;KEY1 控制 DS1,效果同 KEY2;KEY0 则同时控制 DS0 和 DS1,按一次,它们的状态就翻转一次。

7.2　硬件设计

本实验用到的硬件资源有:指示灯 DS0、DS1;4 个按键:KEY0、KEY1、KEY2 和 KEY_UP。

DS0、DS1 和 STM32F767 的连接在上一章已经介绍过了,在阿波罗 STM32 开发板上的按键 KEY0 连接在 PH3 上、KEY1 连接在 PH2 上、KEY2 连接在 PC13 上、KEY_UP 连接在 PA0 上,如图 7.2.1 所示。

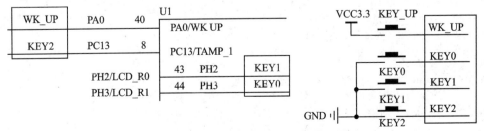

图 7.2.1　按键与 STM32F767 连接原理图

注意，KEY0、KEY1 和 KEY2 是低电平有效的，而 KEY_UP 是高电平有效的，并且外部都没有上下拉电阻，所以，需要在 STM32F767 内部设置上下拉。

7.3 软件设计

这里的代码设计还是在之前的基础上继续编写，打开上一章的 TEST 工程，然后在 HARDWARE 文件夹下新建一个 KEY 文件夹，用来存放与按键相关的代码，如图 7.3.1 所示。

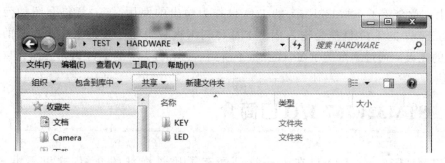

图 7.3.1 在 HARDWARE 下新增 KEY 文件夹

然后打开 USER 文件夹下的 TEST.uvprojx 工程，单击 按钮新建一个文件，然后保存在 HARDWARE→KEY 文件夹下面，保存为 key.c。在该文件中输入如下代码：

```
#include "key.h"
#include "delay.h"
//按键初始化函数
void KEY_Init(void)
{
    RCC->AHB1ENR|=1<<0;        //使能 PORTA 时钟
    RCC->AHB1ENR|=1<<2;        //使能 PORTC 时钟
    RCC->AHB1ENR|=1<<7;        //使能 PORTH 时钟
    GPIO_Set(GPIOA,PIN0,GPIO_MODE_IN,0,0,GPIO_PUPD_PD);         //PA0 下拉输入
    GPIO_Set(GPIOC,PIN13,GPIO_MODE_IN,0,0,GPIO_PUPD_PU);        //PC13 上拉输入
    GPIO_Set(GPIOH,PIN2|PIN3,GPIO_MODE_IN,0,0,GPIO_PUPD_PU);    //PH2/3 上拉输入
}
//按键处理函数
//返回按键值
//mode:0,不支持连续按;1,支持连续按
//0,没有任何按键按下;1,KEY0 按下;2,KEY1 按下
//3,KEY2 按下;4,KEY_UP 按下即 WK_UP
//注意此函数有响应优先级,KEY0>KEY1>KEY2>KEY_UP
u8 KEY_Scan(u8 mode)
{
    static u8 key_up=1;    //按键按松开标志
    if(mode)key_up=1;      //支持连按
    if(key_up&&(KEY0==0||KEY1==0||KEY2==0||WK_UP==1))
    {
```

第7章 按键输入实验

```
        delay_ms(10);//去抖动
        key_up = 0;
        if(KEY0 == 0)return 1;
        else if(KEY1 == 0)return 2;
        else if(KEY2 == 0)return 3;
        else if(WK_UP == 1)return 4;
    }else if(KEY0 == 1&&KEY1 == 1&&KEY2 == 1&&WK_UP == 0)key_up = 1;
    return 0;              //无按键按下
}
```

这段代码包含 2 个函数，void KEY_Init(void)和 u8 KEY_Scan(u8 mode)，前者是用来初始化按键输入的 I/O 口的，用来实现 PA0、PC13、PH2 和 PH3 的输入设置。这里和第 6 章的输出配置差不多，只是这里用来设置成的是输入而第 6 章是输出。

KEY_Scan 函数则用来扫描这 4 个 I/O 口是否有按键按下，支持两种扫描方式，通过 mode 参数来设置。

当 mode 为 0 的时候，KEY_Scan 函数将不支持连续按，扫描某个按键时，该按键按下之后必须要松开才能第二次触发；否则，不会再响应这个按键。这样的好处就是可以防止按一次而多次触发，坏处就是在需要长按的时候比较不合适。

当 mode 为 1 的时候，KEY_Scan 函数将支持连续按。如果某个按键一直按下，则会一直返回这个按键的键值，这样可以方便地实现长按检测。

有了 mode 这个参数，就可以根据自己的需要选择不同的方式。这里要提醒大家，因为该函数里面有 static 变量，所以该函数不是一个可重入函数，在有 OS 的情况下，这个要留意下。注意，该函数的按键扫描是有优先级的，最优先的是 KEY0，第二优先的是 KEY1，接着 KEY2，最后是 KEY3(KEY3 对应 KEY_UP 按键)。该函数有返回值，如果有按键按下，则返回非 0 值；如果没有或者按键不正确，则返回 0。

保存 key.c 代码，然后按同样的方法新建一个 key.h 文件，也保存在 KEY 文件夹下面。在 key.h 中输入如下代码：

```
#ifndef __KEY_H
#define __KEY_H
#include "sys.h"
#define KEY0        GPIO_Pin_Get(GPIOH,PIN3)     //PH3
#define KEY1        GPIO_Pin_Get(GPIOH,PIN2)     //PH2
#define KEY2        GPIO_Pin_Get(GPIOC,PIN13)    //PC13
#define WK_UP       GPIO_Pin_Get(GPIOA,PIN0)     //PA0
#define KEY0_PRES   1    //KEY0 按下
#define KEY1_PRES   2    //KEY1 按下
#define KEY2_PRES   3    //KEY2 按下
#define WKUP_PRES   4    //KEY_UP 按下(即 WK_UP)
void KEY_Init(void);     //IO 初始化
u8 KEY_Scan(u8);         //按键扫描函数
#endif
```

这段代码里面最关键就是 4 个宏定义：

```
#define KEY0    GPIO_Pin_Get(GPIOH,PIN3)    //PH3
#define KEY1    GPIO_Pin_Get(GPIOH,PIN2)    //PH2
#define KEY2    GPIO_Pin_Get(GPIOC,PIN13)   //PC13
#define WK_UP   GPIO_Pin_Get(GPIOA,PIN0)    //PA0
```

这里使用的是 GPIO_Pin_Get 函数来实现读取某个 I/O 口的状态,实际上就是读取 IDR 寄存器。该函数的详细介绍可参考 5.2.5 小节。

key.h 中还定义了 KEY0_PRES、KEY1_PRES、KEY2_PRES、WKUP_PRES 共 4 个宏定义,分别对应开发板 4 个按键(KEY0、KEY1、KEY2、KEY_UP)按下时 KEY_Scan 返回的值。通过宏定义的方式判断返回值,方便记忆和使用。

将 key.h 也保存一下。接着,把 key.c 加入到 HARDWARE 组里面,这一次通过双击的方式来增加新的.c 文件。双击 HARDWARE,找到 key.c 并加入到 HARDWARE 里面,如图 7.3.2 所示。

图 7.3.2 将 key.c 加入 HARDWARE 组下

可以看到,HARDWARE 文件夹里面多了一个 key.c 的文件。然后,用老办法把 key.h 头文件所在的路径加入到工程里面。回到主界面,在 test.c 里面编写如下代码:

```
#include "sys.h"
#include "delay.h"
#include "led.h"
#include "key.h"
int main(void)
{
    u8 key;
```

第7章 按键输入实验

```
u8 led0sta = 1,led1sta = 1;              //LED0,LED1 的当前状态
Stm32_Clock_Init(432,25,2,9);            //设置时钟,216 MHz
delay_init(216);                         //延时初始化
LED_Init();                              //初始化 LED 时钟
KEY_Init();                              //初始化与按键连接的硬件接口
LED0(0);                                 //先点亮红灯
while(1)
{
    key = KEY_Scan(0);                   //得到键值
    if(key)
    {
        switch(key)
        {
            case WKUP_PRES:              //控制 LED0,LED1 互斥点亮
                led1sta = !led1sta;
                led0sta = !led1sta;
                break;
            case KEY2_PRES:              //控制 LED0 翻转
                led0sta = !led0sta;
                break;
            case KEY1_PRES:              //控制 LED1 翻转
                led1sta = !led1sta;
                break;
            case KEY0_PRES:              //同时控制 LED0,LED1 翻转
                led0sta = !led0sta;
                led1sta = !led1sta;
                break;
        }
        LED0(led0sta);                   //控制 LED0 状态
        LED1(led1sta);                   //控制 LED1 状态
    }else delay_ms(10);
}
```

这里通过 led0sta 和 led1sta 来表示当前 LED 的状态,最后通过 LED0 和 LED1 函数控制 DS0 和 DS1 的状态。另外,要将 KEY 文件夹加入头文件包含路径,否则编译的时候会报错。这段代码就实现了 7.1 节所阐述的功能,相对比较简单。

然后单击 ![编译] 编译工程,得到结果如图 7.3.3 所示。可以看到,没有错误,也没有警告。接下来就可以下载验证了。同样,可以用 ST LINK 进行在线调试(需要先下载代码),单步查看代码的运行。STM32F767 的在线调试方法介绍可参见 4.2 节。

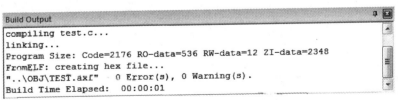

图 7.3.3 编译结果

7.4 下载验证

这里还是通过 ST LINK 来下载代码,下载完之后可以按 KEY0、KEY1、KEY2 和 KEY_UP 来看看 DS0、DS1 的变化,是否和我们预期的结果一致。

至此,本章的学习就结束了。本章作为 STM32F767 的入门第 2 个例子,介绍了 STM32F767 的 I/O 作为输入的使用方法,同时巩固了前面的学习。希望读者在开发板上实际验证一下,从而加深印象。

第 8 章

串口通信实验

前面两章介绍了 STM32F767 的 I/O 口操作，这一章将学习 STM32F767 的串口，介绍如何使用 STM32F767 的串口来发送和接收数据。本章将实现如下功能：STM32F767 通过串口和上位机的对话，STM32F767 在收到上位机发过来的字符串后，原原本本地返回给上位机。

8.1 STM32F767 串口简介

串口作为 MCU 的重要外部接口，同时也是软件开发重要的调试手段，其重要性不言而喻。现在基本上所有的 MCU 都会带有串口，STM32 自然也不例外。

STM32F767 的串口资源相当丰富，功能也相当强劲。ALIENTEK 阿波罗 STM32F767 开发板所使用的 STM32F767IGT6 最多可提供 8 路串口，支持 8/16 倍过采样、支持自动波特率检测、支持 Modbus 通信、支持同步单线通信和半双工单线通信、支持 LIN、支持调制解调器操作、智能卡协议和 IrDA SIR ENDEC 规范、具有 DMA 等。

5.3 节对串口有过简单的介绍，接下来将从寄存器层面介绍如何设置串口，以达到最基本的通信功能。本章将实现利用串口 1 不停地打印信息到计算机上，同时接收从串口发过来的数据，把发送过来的数据直接送回给计算机。阿波罗 STM32F767 开发板板载了一个 USB 串口和 2 个 RS232 串口，本章介绍的是通过 USB 串口和计算机通信。

串口最基本的设置就是波特率的设置。STM32F767 的串口使用起来还是蛮简单的，只要开启了串口时钟，并设置相应 I/O 口的模式，然后配置一下波特率、数据位长度、奇偶校验位等信息就可以使用了，详见 5.3.2 小节。下面就简单介绍这几个与串口基本配置直接相关的寄存器。

① 串口时钟使能。串口作为 STM32F767 的一个外设，其时钟由外设时钟使能寄存器控制，这里使用的串口 1 是 APB2ENR 寄存器的第 4 位。APB2ENR 寄存器在之前已经介绍过了，这里不再介绍。只是说明一点，就是除了串口 1 和串口 6 的时钟使能在 APB2ENR 寄存器，其他串口的时钟使能位都在 APB1ENR 寄存器。

② 串口波特率设置。5.3.2 小节已经介绍过了，每个串口都有一个自己独立的波特率寄存器 USART_BRR，通过设置该寄存器就可以达到配置不同波特率的目的。

③ 串口控制。STM32F767 的每个串口都有 3 个控制寄存器 USART_CR1~3,串口的很多配置都是通过这 3 个寄存器来设置的。这里只要用 USART_CR1 就可以实现我们的功能了,该寄存器的各位描述如图 8.1.1 所示。

31	30	29	28	27	26	25	24	23	22	21	20	19	18	17	16
Res.	Res.	Res.	M1	EOBIE	RTOIE	DEAT[4:0]					DEDT[4:0]				
			rw	rw	rw	rw	rw	rw	rw	rw	rw	rw	rw	rw	rw
15	14	13	12	11	10	9	8	7	6	5	4	3	2	1	0
OVER8	CMIE	MME	M0	WAKE	PCE	PS	PEIE	TXEIE	TCIE	RXNEIE	IDLEIE	TE	RE	Res.	UE
rw	rw	rw	rw	rw	rw	rw	rw	rw	rw	rw	rw	rw	rw		rw

图 8.1.1 USART_CR1 寄存器各位描述

对于该寄存器,这里只介绍本节需要用到的一些位。M[1:0] 位(位 28 和 12)用于设置字长,一般设置为:00 表示一个起始位,8 个数据位,n 个停止位(n 的个数由 USART_CR2 的 [13:12] 位控制)。OVER8 为过采样模式设置位,一般设置为 0,即 16 倍过采样已获得更好的容错性;UE 为串口使能位,通过该位置 1 来使能串口;PCE 为校验使能位,设置为 0 则禁止校验,否则使能校验;PS 为校验位选择位,设置为 0 则为偶校验,否则为奇校验;TXEIE 为发送缓冲区空的中断使能位,设置该位为 1,当 USART_ISR 中的 TXE 位为 1 时,将产生串口中断;TCIE 为发送完成中断使能位,设置该位为 1,当 USART_ISR 中的 TC 位为 1 时,将产生串口中断;RXNEIE 为接收缓冲区非空中断使能,设置该位为 1,当 USART_ISR 中的 ORE 或者 RXNE 位为 1 时,将产生串口中断;TE 为发送使能位,设置为 1,将开启串口的发送功能;RE 为接收使能位,用法同 TE。

其他位的设置这里就不一一列出来了,读者可以参考《STM32F7 中文参考手册》第 945 页的详细介绍。

④ 数据发送与接收。与 STM32F1 和 F4 不同,STM32F7 的串口发送和接收由两个不同的寄存器组成。发送数据是 USART_TDR 寄存器,接收数据是 USART_RDR 寄存器。USART_TDR 寄存器各位描述如图 8.1.2 所示。

31	30	29	28	27	26	25	24	23	22	21	20	19	18	17	16
Res.	Res.	Res.	Res.	Res.	Res.	Res.	Res.	Res.	Res.	Res.	Res.	Res.	Res.	Res.	Res.
15	14	13	12	11	10	9	8	7	6	5	4	3	2	1	0
Res.	Res.	Res.	Res.	Res.	Res.	Res.	TDR[8:0]								
							rw	rw	rw	rw	rw	rw	rw	rw	rw

图 8.1.2 USART_TDR 寄存器各位描述

可以看出,USART_TDR 虽然是一个 32 位寄存器,但是只用了低 9 位(DR[8:0]),其他都是保留。TDR[8:0] 为串口数据,具体多少位由前面介绍的 M[1:0] 决定(一般是 8 位数据)。

当需要发送数据的时候,往 USART_TDR 寄存器写入想要发送的数据,就可以通过串口发送出去了。而当有串口数据接收到且需要读取出来的时候,则必须读取 US-ART_RDR 寄存器。USART_RDR 寄存器各位描述同 USART_TDR 是完全一样的,只是一个用来接收,一个用来发送。

当使能校验位(USART_CR1 中 PCE 位被置位)进行发送时,写到 MSB 的值(根据数据的长度不同,MSB 是第 7 位或者第 8 位)会被后来的校验位取代。

当使能校验位进行接收时,读到的 MSB 位是接收到的校验位。

⑤ 串口状态。串口的状态可以通过状态寄存器 USART_ISR 读取。USART_ISR 的各位描述如图 8.1.3 所示。

31	30	29	28	27	26	25	24	23	22	21	20	19	18	17	16
Res.	Res.	Res.	Res.	Res.	Res.	Res.	Res.	Res.	Res.	TEACK	Res.	Res.	SBKF	CMF	BUSY
										r			r	r	r

15	14	13	12	11	10	9	8	7	6	5	4	3	2	1	0
ABRF	ABRE	Res.	EOBF	RTOF	CTS	CTSIF	LBDF	TXE	TC	RXNE	IDLE	ORE	NF	FE	PE
r	r		r	r	r	r	r	r	r	r	r	r	r	r	r

图 8.1.3 USART_ISR 寄存器各位描述

这里关注两个位,即第 5、6 位 RXNE 和 TC。

RXNE(读数据寄存器非空),当该位被置 1 的时候,就是提示已经有数据被接收到了,并且可以读出来了。这时候要做的就是尽快去读取 USART_RDR,通过读 USART_RDR 可以将该位清零,也可以向该位写 0 直接清除。

TC(发送完成),当该位被置位的时候,表示 USART_TDR 内的数据已经被发送完成了。如果设置了这个位的中断,则会产生中断。该位也有两种清零方式:① 读 USART_ISR,写 USART_TDR。② 直接向该位写 0。

通过以上一些寄存器的操作及 I/O 口的配置,就可以达到串口最基本的配置了,串口更详细的介绍可参考《STM32F7 中文参考手册》第 907~964 页通用同步异步收发器这一章。

8.2 硬件设计

本实验需要用到的硬件资源有:指示灯 DS0、串口 1。串口 1 之前还没有介绍过,本实验用到的串口 1 与 USB 串口并没有在 PCB 上连接在一起,需要通过跳线帽来连接一下。这里把 P4 的 RXD、TXD 用跳线帽与 PA9、PA10 连接起来,如图 8.2.1 所示。连接上这里之后,硬件上就设置完成了,可以开始软件设计了。

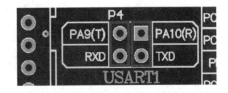

图 8.2.1 硬件连接图示意图

8.3 软件设计

本章的代码设计比前两章简单很多,因为串口初始化代码和接收代码就是用之前介绍的 SYSTEM 文件夹下串口部分的内容。这里对代码部分稍作讲解。

打开上一章的 TEST 工程,因为本章用不到按键的功能,所以把 key.c 从工程 HARDWARE 组里面删除。删除方法(下同):光标放在 key.c 上并右击,在弹出的级联菜单中选择 Remove File 'key.c' 即可删除,从减少工程代码量。后续也将这样,仅留下必须的.c 文件,无关的.c 文件尽量删掉,从而节省空间,加快编译速度。

然后在 SYSTEM 组下双击 usart.c,则可以看到该文件里面的代码。先介绍 uart_init 函数,该函数代码如下:

```c
//初始化 IO 串口 1
//pclk2:PCLK2 时钟频率(MHz)
//bound:波特率
void uart_init(u32 pclk2,u32 bound)
{
    u32    temp;
    temp = (pclk2 * 1000000 + bound/2)/bound;//得到 USARTDIV@OVER8 = 0,四舍五入计算
    RCC->AHB1ENR |= 1 << 0;       //使能 PORTA 口时钟
    RCC->APB2ENR |= 1 << 4;       //使能串口 1 时钟
    GPIO_Set(GPIOA,PIN9|PIN10,GPIO_MODE_AF,GPIO_OTYPE_PP,GPIO_SPEED_50M,
             GPIO_PUPD_PU);       //PA9,PA10,复用功能,上拉输出
    GPIO_AF_Set(GPIOA,9,7);       //PA9,AF7
    GPIO_AF_Set(GPIOA,10,7);      //PA10,AF7
    //波特率设置
    USART1->BRR = temp;           //波特率设置@OVER8 = 0
    USART1->CR1 = 0;              //清零 CR1 寄存器
    USART1->CR1 |= 0 << 28;       //设置 M1 = 0.
    USART1->CR1 |= 0 << 12;       //设置 M0 = 0&M1 = 0,选择 8 位字长
    USART1->CR1 |= 0 << 15;       //设置 OVER8 = 0,16 倍过采样
    USART1->CR1 |= 1 << 3;        //串口发送使能
#if EN_USART1_RX
    //使能接收中断
    USART1->CR1 |= 1 << 2;        //串口接收使能
    USART1->CR1 |= 1 << 5;        //接收缓冲区非空中断使能
    MY_NVIC_Init(3,3,USART1_IRQn,2);//组 2,最低优先级
#endif
    USART1->CR1 |= 1 << 0;        //串口使能
}
```

从该代码可以看出,其初始化串口的过程和前面介绍的一致。先计算得到 USART1→BRR 的内容(采用四舍五入计算方法),然后开始初始化串口引脚,最后设置波特率和奇偶校验等。

注意,因为用到了串口的中断接收,所以必须在 usart.h 里面设置 EN_USART1_

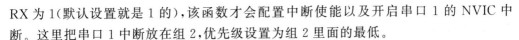

RX 为 1(默认设置就是 1 的),该函数才会配置中断使能以及开启串口 1 的 NVIC 中断。这里把串口 1 中断放在组 2,优先级设置为组 2 里面的最低。

串口 1 的中断服务函数 USART1_IRQHandler 在 5.3.1 小节已经有详细介绍了,这里就不再介绍了。

介绍完了这两个函数,再回到 test.c,在 test.c 里面编写如下代码:

```c
#include "sys.h"
#include "delay.h"
#include "usart.h"
#include "led.h"
int main(void)
{
    u8 t;
    u8 len;
    u16 times = 0;
    u8 led0sta = 1;                      //LED0 前状态
    Stm32_Clock_Init(432,25,2,9);        //设置时钟,216 MHz
    delay_init(216);                     //延时初始化
    uart_init(108,115200);               //串口初始化为 115 200
    LED_Init();                          //初始化与 LED 连接的硬件接口
    while(1)
    {
        if(USART_RX_STA&0x8000)
        {
            len = USART_RX_STA&0x3fff;//得到此次接收到的数据长度
            printf("\r\n您发送的消息为:\r\n");
            for(t = 0;t<len;t++)
            {
                USART1->TDR = USART_RX_BUF[t];
                while((USART1->ISR&0X40) == 0);//等待发送结束
            }
            printf("\r\n\r\n");//插入换行
            USART_RX_STA = 0;
        }else
        {
            times++;
            if(times%5000 == 0)
            {
                printf("\r\nALIENTEK 阿波罗 STM32F4/F7 开发板串口实验\r\n");
                printf("正点原子@ALIENTEK\r\n\r\n\r\n");
            }
            if(times%200 == 0)printf("请输入数据,以回车键结束\r\n");
            if(times%30 == 0)LED0(led0sta^ = 1);//闪烁 LED,提示系统正在运行
            delay_ms(10);
        }
    }
}
```

这段代码比较简单,重点看下以下两句:

```
USART1->TDR = USART_RX_BUF[t];
while((USART1->ISR&0X40)==0);//等待发送结束
```

第一句其实就是发送一个字节到串口,通过直接操作寄存器来实现的。第二句就是写了一个字节在 USART1→TDR 之后,要检测这个数据是否已经被发送完成了,通过检测 USART1→ISR 的第 6 位是否为 1 来决定是否可以开始第二个字节的发送。

另外,这里控制 DS0 闪烁使用的是 led0sta 变量,取反语句为:

```
led0sta^=1
```

实际上等效于:

```
led0sta = led0sta^1
```

就是将 led0sta 的最低位取反,然后通过 LED0 函数控制 DS0,从而实现不停地闪烁 DS0。

其他的代码比较简单,编译之后看看有没有错误,没有错误就可以开始仿真与调试了。整个工程的编译结果如图 8.3.1 所示。可以看到,编译没有任何错误和警告,下面可以开始下载验证了。

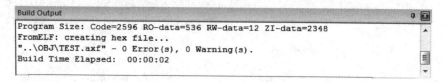

图 8.3.1 编译结果

8.4 下载验证

把程序下载到阿波罗 STM32F767 开发板可以看到,板子上的 DS0 开始闪烁,说明程序已经在跑了。对于串口调试助手,这里用 XCOM V2.0,且无须安装,直接可以运行,但是需要计算机安装有.NET Framework 4.0(WIN7 直接自带了)或以上版本的环境才可以。该软件的详细介绍可参考 http://www.openedv.com/posts/list/22994.htm 这个帖子。

接着,打开 XCOM V2.0,设置串口为开发板的 USB 转串口(CH340 虚拟串口须根据自己的计算机选择,笔者的计算机是 COM3,注意,波特率是 115 200),可以看到如图 8.4.1 所示信息。

从图 8.4.1 可以看出,STM32F767 的串口数据发送是没问题的了。但是,因为程序上面设置了必须输入回车,串口才认可接收到的数据,所以必须在发送数据后再发送一个回车符。这里 XCOM 提供的发送方法是通过选中"发送新行"项实现,如图 8.4.1 所示;只要选中了这个选项,每次发送数据后,XCOM 都会自动多发一个回车(0X0D+0X0A)。之后,再在发送区输入想要发送的文字,然后单击"发送",则可以得到如图 8.4.2 所示结果。

第 8 章　串口通信实验

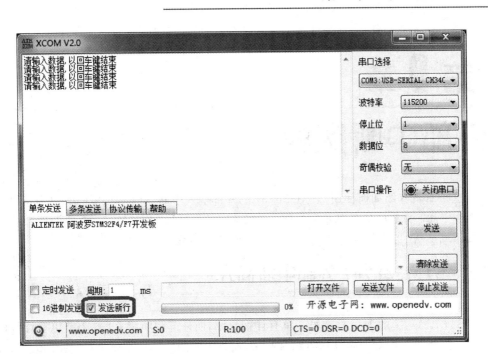

图 8.4.1　串口调试助手收到的信息

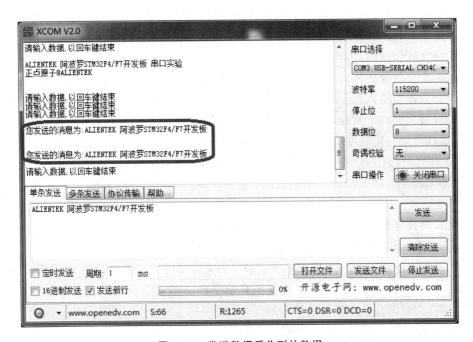

图 8.4.2　发送数据后收到的数据

可以看到,发送的消息被发送回来了(图中圆圈内)。读者可以试试,如果不发送回车(取消发送新行),在输入内容之后直接按发送是什么结果?

第 9 章

外部中断实验

这一章将介绍如何使用 STM32F767 的外部输入中断。前面几章的学习中掌握了 STM32F767 的 I/O 口最基本的操作。本章将介绍如何将 STM32F767 的 I/O 口作为外部中断输入，以中断的方式实现第 7 章所实现的功能。

9.1　STM32F767 外部中断简介

STM32F767 的 I/O 口在第 6 章有详细介绍，而外部中断第 5.2.6 小节也有详细的阐述。这里将介绍如何将这两者结合起来，通过中断的功能达到第 7 章实验的效果，即通过板载的 4 个按键控制板载的两个 LED 的亮灭。

STM32F767 的每个 I/O 口都可以作为中断输入，这点很好很强大。要把 I/O 口作为外部中断输入，有以下几个步骤：

① 初始化 I/O 口为输入。

这一步设置要作为外部中断输入的 I/O 口的状态，可以设置为上拉/下拉输入，也可以设置为浮空输入；但浮空的时候外部一定要带上拉或者下拉电阻，否则可能导致中断不停地触发。在干扰较大的地方，就算使用了上拉/下拉，也建议使用外部上拉/下拉电阻，这样可以一定程度防止外部干扰带来的影响。

② 开启 SYSCFG 时钟，设置 I/O 口与中断线的映射关系。

STM32F767 的 I/O 口与中断线的对应关系需要配置外部中断配置寄存器 EXTI-CR，于是需要先开启 SYSCFG 的时钟，然后配置 I/O 口与中断线的对应关系（通过 EXTICR 寄存器设置），才能把外部中断与中断线连接起来。

③ 开启与该 I/O 口相对的线上中断，设置触发条件。

这一步要配置中断产生的条件，STM32F767 可以配置成上升沿触发、下降沿触发或者任意电平变化触发，但是不能配置成高电平触发和低电平触发。这里根据实际情况来配置，同时要开启中断线上的中断。

④ 配置中断分组（NVIC），并使能中断。

这一步就是配置中断的分组以及使能。对 STM32F767 的中断来说，只有配置了 NVIC 的设置并开启才能被执行，否则是不会执行到中断服务函数里面去的。NVIC 的详细介绍可参考 5.2.6 小节。

⑤ 编写中断服务函数。

这是中断设置的最后一步。中断服务函数是必不可少的,如果在代码里面开启了中断,但是没编写中断服务函数就可能引起硬件错误,从而导致程序崩溃,所以开启了某个中断后,一定要记得为该中断编写服务函数,在中断服务函数里面编写要执行中断后的操作。

通过以上几个步骤的设置就可以正常使用外部中断了。

本章要实现同第 7 章差不多的功能,但是这里使用的是中断来检测按键,还是 KEY_UP 控制 DS0、DS1 互斥点亮;KEY2 控制 DS0,按一次亮,再按一次灭;KEY1 控制 DS1,效果同 KEY2;KEY0 则同时控制 DS0 和 DS1,按一次,它们的状态就翻转一次。

9.2 硬件设计

本实验用到的硬件资源和第 7 章实验的一样,不再多介绍了。

9.3 软件设计

软件设计还是在之前的工程上面增加。本章要用到按键,所以要先将 key.c 添加到 HARDWARE 组下,然后在 HARDWARE 文件夹下新建 EXTI 的文件夹。打开 USER 文件夹下的工程,新建一个 exti.c 文件和 exti.h 头文件,保存在 EXTI 文件夹下,并将 EXTI 文件夹加入头文件包含路径(即设定编译器包含路径,3.2 节介绍过了)。在 exti.c 里输入如下代码:

```c
#include "exti.h"
#include "delay.h"
#include "led.h"
#include "key.h"
//外部中断 0 服务程序
void EXTI0_IRQHandler(void)
{
    static u8 led0sta=1,led1sta=1;
    delay_ms(10);        //消抖
    EXTI->PR=1<<0;       //清除 LINE0 上的中断标志位
    if(WK_UP==1)
    {
        led1sta=!led1sta;
        led0sta=!led1sta;
        LED1(led1sta);
        LED0(led0sta);
    }
}
//外部中断 2 服务程序
void EXTI2_IRQHandler(void)
{
    static u8 led1sta=1;
```

```c
        delay_ms(10);              //消抖
        EXTI ->PR = 1 << 2;       //清除LINE2上的中断标志位
        if(KEY1 == 0)
        {
            led1sta = !led1sta;
            LED1(led1sta);
        }
    }
    //外部中断3服务程序
    void EXTI3_IRQHandler(void)
    {
        static u8 led0sta = 1,led1sta = 1;
        delay_ms(10);              //消抖
        EXTI ->PR = 1 << 3;       //清除LINE3上的中断标志位
        if(KEY0 == 0)
        {
            led1sta = !led1sta;
            led0sta = !led0sta;
            LED1(led1sta);
            LED0(led0sta);
        }
    }
    //外部中断10~15服务程序
    void EXTI15_10_IRQHandler(void)
    {
        static u8 led0sta = 1;
        delay_ms(10);              //消抖
        EXTI ->PR = 1 << 13;      //清除LINE13上的中断标志位
        if(KEY2 == 0)
        {
            led0sta = !led0sta;
            LED0(led0sta);
        }
    }
    //外部中断初始化程序
    //初始化PH2,PH3,PC13,PA0为中断输入
    void EXTIX_Init(void)
    {
        KEY_Init();
        Ex_NVIC_Config(GPIO_C,13,FTIR);          //下降沿触发
        Ex_NVIC_Config(GPIO_H,2,FTIR);           //下降沿触发
        Ex_NVIC_Config(GPIO_H,3,FTIR);           //下降沿触发
        Ex_NVIC_Config(GPIO_A,0,RTIR);           //上升沿触发
        MY_NVIC_Init(3,2,EXTI2_IRQn,2);          //抢占3,子优先级2,组2
        MY_NVIC_Init(2,2,EXTI3_IRQn,2);          //抢占2,子优先级2,组2
        MY_NVIC_Init(1,2,EXTI15_10_IRQn,2);      //抢占1,子优先级2,组2
        MY_NVIC_Init(0,2,EXTI0_IRQn,2);          //抢占0,子优先级2,组2
    }
```

exti.c文件总共包含5个函数,一个是外部中断初始化函数void EXTIX_Init(void),另外4个都是中断服务函数。void EXTI0_IRQHandler(void)是外部中断0的

服务函数,负责 KEY_UP 按键的中断检测;void EXTI2_IRQHandler(void)是外部中断 2 的服务函数,负责 KEY2 按键的中断检测;void EXTI3_IRQHandler(void)是外部中断 3 的服务函数,负责 KEY1 按键的中断检测;void EXTI15_10_IRQHandler(void)是外部中断 13 的服务函数,负责 KEY0 按键的中断检测。下面我们分别介绍这几个函数。

首先是外部中断初始化函数 void EXTIX_Init(void)。该函数严格按照之前的步骤来初始化外部中断,首先调用 KEY_Init,利用第 7 章按键初始化函数来初始化外部中断输入的 I/O 口;接着调用了两个函数 Ex_NVIC_Config 和 MY_NVIC_Init,详细介绍见 5.2.6 小节。需要说明的是因为 KEY_UP 按键是高电平有效的,而 KEY0、KEY1 和 KEY2 是低电平有效的,所以设置 KEY_UP 为上升沿触发中断,而 KEY0、KEY1 和 KEY2 则设置为下降沿触发。这里把所有中断都分配到第二组,把按键的设置成子优先级一样,而抢占优先级不同,这 4 个按键中,KEY0 的优先级最高。

接下来介绍各个按键的中断服务函数,一共 4 个。先看 KEY_UP 的中断服务函数 void EXTI0_IRQHandler(void)。该函数代码比较简单,先延时 10 ms 以消抖,再检测 KEY_UP 是否还是为高电平,如果是,则执行此次操作(控制 DS0、DS1 互斥点亮);如果不是,则直接跳过,在最后有一句"EXTI->PR=1 << 0;"来清除已经发生的中断请求。可以发现,KEY0、KEY1 和 KEY2 的中断服务函数和 KEY_UP 按键的十分相似,就不逐个介绍了。

这里说明一下,STM32F767 的外部中断 0~4 都有单独的中断服务函数,但是从 5 开始就没有单独的服务函数了,而是多个中断共用一个服务函数,比如外部中断 5~9 的中断服务函数为 void EXTI9_5_IRQHandler(void),类似的,void EXTI15_10_IRQHandler(void)就是外部中断 10~15 的中断服务函数。另外,STM32F767 所有中断服务函数的名字都已经在 startup_stm32f767xx.s 里面定义好了,不知道的去这个文件里面找就可以了。

将 exti.c 文件保存,然后加入到 HARDWARE 组下。在 exti.h 文件里面输入如下代码:

```
#ifndef __EXTI_H
#define __EXTI_H
#include "sys.h"
void EXTIX_Init(void);//外部中断初始化
#endif
```

这部分代码很简单,保存就可以了。接着在 test.c 里面写入如下内容:

```
#include "sys.h"
#include "delay.h"
#include "usart.h"
#include "led.h"
#include "exti.h"
int main(void)
{
```

```
Stm32_Clock_Init(432,25,2,9);    //设置时钟,216 MHz
delay_init(216);                  //延时初始化
uart_init(108,115200);            //串口初始化为 115 200
LED_Init();                       //初始化与 LED 连接的硬件接口
EXTIX_Init();                     //初始化外部中断输入
LED0(0);                          //先点亮红灯
while(1)
{
    printf("OK\r\n");
    delay_ms(1000);
}
```

该部分代码很简单,在初始化完中断后点亮 LED0,于是进入死循环等待。这里的死循环里面通过一个 printf 函数来告诉我们系统正在运行。中断发生后就执行相应的处理,从而实现第 7 章类似的功能。

9.4 下载验证

编译成功之后就可以下载代码到阿波罗 STM32 开发板上实际验证一下程序是否正确。下载代码后,在串口调试助手里面可以看到如图 9.4.1 所示信息。可以看出,程序已经在运行了,此时可以通过按下 KEY0、KEY1、KEY2 和 KEY_UP 来观察 DS0、DS1 是否跟着按键的变化而变化。

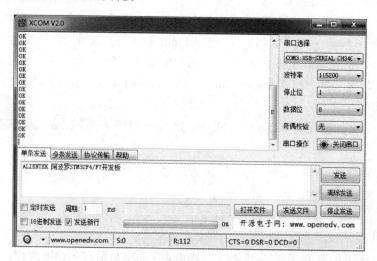

图 9.4.1 串口收到的数据

第 10 章

独立看门狗(IWDG)实验

这一章将介绍如何使用 STM32F767 的独立看门狗(以下简称 IWDG)。STM32F767 内部自带了 2 个看门狗:独立看门狗(IWDG)和窗口看门狗(WWDG)。这一章只介绍独立看门狗,窗口看门狗将在下一章介绍。本章将通过按键 KEY_UP 来喂狗,然后通过 DS0 提示复位状态。

10.1 STM32F767 独立看门狗简介

STM32F767 的独立看门狗由内部专门的 32 kHz 低速时钟(LSI)驱动,即使主时钟发生故障,它也仍然有效。注意,独立看门狗的时钟是一个内部 RC 时钟,所以并不是准确的 32 kHz,而是在 17~47 kHz 之间的一个可变化的时钟,只是估算的时候以 32 kHz 的频率来计算。看门狗对时间的要求不是很精确,所以,时钟有些偏差都是可以接受的。

独立看门狗有几个寄存器与这节相关,这里分别介绍这几个寄存器。首先是键值寄存器 IWDG_KR,各位描述如图 10.1.1 所示。

31 30 29 28 27 26 25 24 23 22 21 20 19 18 17 16	15 14 13 12 11 10 9 8 7 6 5 4 3 2 1 0
Reserved	KEY[15:0]
	w w w w w w w w w w w w w w w w

位 31:16　保留,必须保持复位值。

位 15:0　键值(只写位,读为 0000h)
　　　　必须每隔一段时间便通过软件对这些位写入键值 AAAAh,否则当计数器计数到 0 时,看门狗会产生复位。
　　　　写入键值 5555h 可使能对 IWDG_PR 和 IWDG_RLR 寄存器的访问
　　　　写入键值 CCCCh 可启动看门狗(选中硬件看门狗选项的情况除外)

图 10.1.1　IWDG_KR 寄存器各位描述

在键寄存器(IWDG_KR)中写入 0xCCCC,开始启用独立看门狗,此时计数器开始从其复位值 0xFFF 递减计数。当计数器计数到末尾 0x000 时,会产生一个复位信号(IWDG_RESET)。无论何时,只要键寄存器 IWDG_KR 中被写入 0xAAAA,IWDG_RLR 中的值就会被重新加载到计数器中,从而避免产生看门狗复位。

IWDG_PR 和 IWDG_RLR 寄存器具有写保护功能。要修改这两个寄存器的值,必须先向 IWDG_KR 寄存器中写入 0x5555。将其他值写入这个寄存器将会打乱操作顺序,寄存器将重新被保护。重装载操作(即写入 0xAAAA)也会启动写保护功能。

接下来介绍预分频寄存器(IWDG_PR)。该寄存器用来设置看门狗时钟的分频系数,最低为 4,最高位 256。该寄存器是一个 32 位的寄存器,但是我们只用了最低 3 位,其他都是保留位。预分频寄存器各位定义如图 10.1.2 所示。

31	30	29	28	27	26	25	24	23	22	21	20	19	18	17	16	15	14	13	12	11	10	9	8	7	6	5	4	3	2	1	0
																													PR[2:0]		
											Reserved																		rw	rw	rw

位 31:3 保留,必须保持复位值。

位 2:0 预分频器
这些位受写访问保护,通过软件设置这些位来选择计数器时钟的预分频因子。若要更改预分频器的分频系数,IWDG_SR 的 PVU 位必须为 0。

000:4 分频   100:64 分频
001:8 分频   101:128 分频
010:16 分频   110:256 分频
011:32 分频   111:256 分频

注意:读取该寄存器会返回 VDD 电压域的预分频器值。如果正在对该寄存器执行写操作,则读取的值可能不是最新的、有效的。因此,只有在 IWDG_SR 寄存器中的 PVU 位为 0 时,从寄存器读取的值才有效

图 10.1.2   IWDG_PR 寄存器各位描述

重装载寄存器用来保存重装载到计数器中的值,也是一个 32 位寄存器,但是只有低 12 位是有效的。该寄存器的各位描述如图 10.1.3 所示。

31	30	29	28	27	26	25	24	23	22	21	20	19	18	17	16	15	14	13	12	11	10	9	8	7	6	5	4	3	2	1	0
										Reserved										RL[11:0]											
																				rw	rw	rw	rw	rw	rw	rw	rw	rw	rw	rw	rw

位 31:12 保留,必须保持复位值。

位 11:0 看门狗计数器生载值
这些位受写访问保护,可参考之前介绍。这个值由软件设置,每次对 IWDR_KR 寄存器写入值 AAAAh 时,这个值就会生装载到看门狗计数器中。之后,看门狗计数器便从该装载的值开始递减计数。超时周期由该值和时钟预分频器共同决定。
若要更改重载值,IWDG_SR 中的 RVU 位必须为 0。
注意:读取该寄存器会返回 VDD 电压域的重载值。如果正在对该寄存器执行写操作,则读取的值可能不是最新的、有效的。因此,只有在 IWDG_SR 寄存器中的 RVU 位为 0 时,从寄存器读取的值才有效

图 10.1.3   重装载寄存器各位描述

只要对以上 3 个寄存器进行相应的设置,就可以启动 STM32F767 的独立看门狗。启动过程可以按如下步骤实现:

① 向 IWDG_KR 写入 0X5555。

通过这步可取消 IWDG_PR 和 IWDG_RLR 的写保护,使后面可以操作这两个寄

存器,并设置 IWDG_PR 和 IWDG_RLR 的值。这两步是设置看门狗的分频系数和重装载的值。由此,就可以知道看门狗的喂狗时间(也就是看门狗溢出时间),计算方式为:

$$T_{out}=((4\times 2^{prer})\cdot rlr)/32$$

其中,T_{out} 为看门狗溢出时间(单位为 ms);prer 为看门狗时钟预分频值(IWDG_PR 值),范围为 0～7;rlr 为看门狗的重装载值(IWDG_RLR 的值)。

比如设定 prer 值为 4,rlr 值为 500,那么就可以得到 $T_{out}=64\times 500/32=1\ 000$ ms。这样,看门狗的溢出时间就是 1 s,只要在一秒钟之内有一次写入 0XAAAA 到 IWDG_KR,就不会导致看门狗复位(当然写入多次也是可以的)。注意,看门狗的时钟不是准确的 32 kHz,所以喂狗的时候最好不要太晚了,否则有可能发生看门狗复位。

② 向 IWDG_KR 写入 0XAAAA。

这句将使 STM32F767 重新加载 IWDG_RLR 的值到看门狗计数器里面,即实现独立看门狗的喂狗操作。

③ 向 IWDG_KR 写入 0XCCCC。

这句用来启动 STM32F767 的看门狗。注意,IWDG 一旦启用,就不能再被关闭。想要关闭,只能重启,并且重启之后不能打开 IWDG,否则问题依旧,所以如果不用 IWDG 就不要去打开它,免得麻烦。

通过上面 3 个步骤,就可以启动 STM32F767 的看门狗了。使能了看门狗,程序里面就必须间隔一定时间喂狗,否则将导致程序复位。利用这一点,本章将通过一个 LED 灯来指示程序是否重启,从而验证 STM32F767 的独立看门狗。

配置看门狗后,DS0 将常亮,KEY_UP 按键按下就喂狗。只要 KEY_UP 不停地按,看门狗就一直不会产生复位,保持 DS0 的常亮;一旦超过看门狗定溢出时间(T_{out})还没按,那么将会导致程序重启,这将导致 DS0 熄灭一次。

10.2 硬件设计

本实验用到的硬件资源有:指示灯 DS0、KEY_UP 按键、独立看门狗。前面两个在之前都有介绍,而独立看门狗实验的核心是在 STM32F767 内部进行,并不需要外部电路。但是考虑到指示当前状态和喂狗等操作,这里需要 2 个 I/O 口,一个用来输入喂狗信号,另外一个用来指示程序是否重启。喂狗采用板上的 KEY_UP 键来操作,而程序重启则是通过 DS0 来指示的。

10.3 软件设计

软件设计依旧是在前面的代码基础上添加,因为没用到外部中断,所以先去掉 exti.c(注意,此时 HARDWARE 组仅剩 lcd.c 和 key.c)。然后,在 HARDWARE 文件夹下面新建一个 WDG 文件夹,用来保存与看门狗相关的代码。再打开工程,新建 wdg.c 和 wdg.h 两个文件,并保存在 WDG 文件夹下,再将 WDG 文件夹加入头文件包含路径。

在 wdg.c 里面输入如下代码：

```c
#include "wdg.h"
//初始化独立看门狗
//prer:分频数:0~7(只有低 3 位有效!)
//rlr:自动重装载值,0~0XFFF
//分频因子 = 4 * 2^prer.但最大值只能是 256
//rlr:重装载寄存器值:低 11 位有效
//时间计算(大概):Tout = ((4 * 2^prer) * rlr)/32 (ms)
void IWDG_Init(u8 prer,u16 rlr)
{
    IWDG -> KR = 0X5555;            //使能对 IWDG->PR 和 IWDG->RLR 的写
    IWDG -> PR = prer;              //设置分频系数
    IWDG -> RLR = rlr;              //从加载寄存器 IWDG->RLR
    IWDG -> KR = 0XAAAA;            //reload
    IWDG -> KR = 0XCCCC;            //使能看门狗
}
//喂独立看门狗
void IWDG_Feed(void)
{
    IWDG -> KR = 0XAAAA;            //reload
}
```

该代码就 2 个函数。void IWDG_Init(u8 prer,u16 rlr)是独立看门狗初始化函数，就是按照上面介绍的步骤来初始化独立看门狗的。该函数有 2 个参数，分别用来设置预分频数与重装寄存器的值。通过这两个参数就可以大概知道看门狗复位的时间周期了。void IWDG_Feed(void)函数用来喂狗，因为 STM32F767 的喂狗只需要向键值寄存器写入 0XAAAA 即可，所以，这个函数也很简单。保存 wdg.c，然后把该文件加入到 HARDWARE 组下。

在 wdg.h 里面输入如下内容：

```c
#ifndef __WDG_H
#define __WDG_H
#include "sys.h"
void IWDG_Init(u8 prer,u16 rlr);
void IWDG_Feed(void);
#endif
```

保存这两个文件，接下来看主程序该如何写。在主程序里面先初始化系统代码，然后启动按键输入和看门狗。看门狗开启后马上点亮 LED0(DS0)，并进入死循环等待按键的输入。一旦 KEY_UP 有按键，则喂狗；否则，等待 IWDG 复位的到来。该部分代码如下：

```c
int main(void)
{
    Stm32_Clock_Init(432,25,2,9);   //设置时钟,216 MHz
    delay_init(216);                //延时初始化
    LED_Init();                     //初始化与 LED 连接的硬件接口
```

```
        KEY_Init();                        //初始化按键
        delay_ms(100);                     //延时 100 ms 再初始化看门狗,LED0 的变化"可见"
        IWDG_Init(4,500);                  //预分频数为 64,重载值为 500,溢出时间为 1 s
        LED0(0);                           //点亮 LED0
        while(1)
        {
            if(KEY_Scan(0) == WKUP_PRES)   //如果 WK_UP 按下,则喂狗
            {
                IWDG_Feed();               //喂狗
            }
            delay_ms(10);
        };
    }
```

鉴于篇幅考虑,上面的代码没有把头文件列出来(后续实例将会采用同样的方式处理),因为以后包含的头文件会越来越多,读者可以直接打开配套资料查看完整源码。至此,独立看门狗的实验代码就全部编写完了,接着要做的就是下载验证,看看代码是否真的正确。

10.4 下载验证

编译成功之后下载代码到阿波罗 STM32 开发板上,可以看到,DS0 不停地闪烁,证明程序在不停复位,否则只会 DS0 常亮。这时如果不停地按 KEY_UP 按键,就可以看到 DS0 常亮了,不会再闪烁,说明我们的实验是成功的。

第 11 章

窗口看门狗（WWDG）实验

这一章将介绍如何使用 STM32F767 的另外一个看门狗,窗口看门狗(以下简称 WWDG)。本章将使用窗口看门狗的中断功能来喂狗,通过 DS0 和 DS1 提示程序的运行状态。

11.1 STM32F767 窗口看门狗简介

窗口看门狗(WWDG)通常被用来监测由外部干扰或不可预见的逻辑条件造成的应用程序背离正常的运行序列而产生的软件故障。除非递减计数器的值在 T6 位(WWDG→CR 的第 6 位)变成 0 前被刷新,看门狗电路在达到预置的时间周期时会产生一个 MCU 复位。在递减计数器达到窗口配置寄存器(WWDG→CFR)数值之前,如果 7 位的递减计数器数值(在控制寄存器中)被刷新,那么也将产生一个 MCU 复位,这表明递减计数器需要在一个有限的时间窗口中被刷新。它们的关系可以用图 11.1.1 来说明。

图 11.1.1 中,T[6:0]就是 WWDG_CR 的低 7 位,W[6:0]即 WWDG→CFR 的低 7 位。T[6:0]是窗口看门狗的计数器,W[6:0]是窗口看门狗的上窗口,下窗口值是固定的(0X40)。当窗口看门狗的计数器在上窗口值之外被刷新,或者低于下窗口值,则都会产生复位。

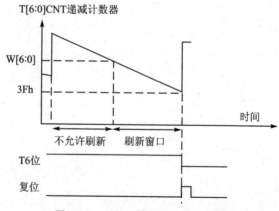

图 11.1.1 窗口看门狗工作示意图

上窗口值(W[6:0])是由用户自己设定的,根据实际要求来设计窗口值,但是一定要确保窗口值大于 0X40,否则窗口就不存在了。

窗口看门狗的超时公式如下:

$$T_{wwdg} = (4096 \times 2^{WDGTB} \times (T[5:0]+1))/F_{pclk1}$$

其中,T_{wwdg} 为 WWDG 超时时间(单位为 ms),F_{pclk1} 为 APB1 的时钟频率(单位为 kHz),WDGTB 为 WWDG 的预分频系数,T[5:0]为窗口看门狗的计数器低 6 位。

第11章 窗口看门狗(WWDG)实验

假设 $F_{pclk1}=54\,\text{MHz}$,那么可以得到最小-最大超时时间表,如表 11.1.1 所列。

表 11.1.1　54 MHz 时钟下窗口看门狗的最小-最大超时表

WDGTB	最小超时/μs T[5:0]=0X00	最大超时/ms T[5:0]=0X3F
0	75.85	4.85
1	151.70	9.71
2	303.41	19.42
3	606.81	38.84

接下来介绍窗口看门狗的 3 个寄存器。首先介绍控制寄存器(WWDG_CR),各位描述如图 11.1.2 所示。可以看出,这里的 WWDG_CR 只有低 8 位有效,T[6:0]用来存储看门狗的计数器值,随时更新,为每个窗口看门狗计数周期$(4\,096\times2^{\text{WDGTB}})$减 1。当该计数器的值从 0X40 变为 0X3F 的时候,将产生看门狗复位。

31	30	29	28	27	26	25	24	23	22	21	20	19	18	17	16
							Reserved								
15	14	13	12	11	10	9	8	7	6	5	4	3	2	1	0
			Reserved					WDGA				T[6:0]			
								rs				rw			

图 11.1.2　WWDG_CR 寄存器各位描述

WDGA 位则是看门狗的激活位,由软件置 1,以启动看门狗。注意,该位一旦设置,就只能在硬件复位后才能清零了。

窗口看门狗的第二个寄存器是配置寄存器(WWDG_CFR),各位及其描述如图 11.1.3 所示。

31	30	29	28	27	26	25	24	23	22	21	20	19	18	17	16
							Reserved								
15	14	13	12	11	10	9	8	7	6	5	4	3	2	1	0
		Reserved				EWI	WDGTB[1:0]		W[6:0]						
							rs	rw		rw						

位 31:10　保留,必须保持复位值。
位 9　WEI:提前唤醒中断
　　　置 1 后,只要计数器值达到 0x40 就会产生中断。此中断只有在复位后才由硬件清零。
位 8:7　WDGTB[1:0]:定时器时基
　　　可按如下方式修改预分器的时基:
　　　00:CK 计时器时钟(PCLK1 div 4 096)分频器 1
　　　01:CK 计时器时钟(PCLK1 div 4 096)分频器 2
　　　10:CK 计时器时钟(PCLK1 div 4 096)分频器 4
　　　11:CK 计时器时钟(PCLK1 div 4 096)分频器 8
位 6:0　W[6:0]:7 位窗口值
　　　这些位包含用于与递减计数器进行比较用的窗口值。

图 11.1.3　WWDG_CFR 寄存器各位描述

该位中的 EWI 是提前唤醒中断,也就是在快要产生复位的前一段时间(T[6:0]=0X40)来提醒我们,需要进行喂狗了,否则将复位。因此,一般用该位来设置中断,当窗口看门狗的计数器值减到 0X40 的时候,如果该位设置并开启了中断,则会产生中断,可以在中断里面向 WWDG_CR 重新写入计数器的值,从而达到喂狗的目的。注意,进入中断后,必须在不大于一个窗口看门狗计数周期的时间(在 PCLK1 频率为 54 MHz 且 WDGTB 为 0 的条件下,该时间为 75.85 μs)内重新写 WWDG_CR,否则,看门狗将产生复位。

最后介绍的是状态寄存器(WWDG_SR),该寄存器用来记录当前是否有提前唤醒的标志。该寄存器仅位 0 有效,其他都是保留位。当计数器值达到 40 h 时,此位由硬件置 1。它必须通过软件写 0 来清除,对此位写 1 无效。即使中断未被使能,在计数器的值达到 0X40 的时候,此位也会被置 1。

接下来介绍如何启用 STM32F767 的窗口看门狗。这里介绍的方法是用中断的方式来喂狗的,步骤如下:

1) 使能 WWDG 时钟

WWDG 不同于 IWDG,IWDG 有自己独立的 32 kHz 时钟,不存在使能问题。而 WWDG 使用的是 PCLK1 的时钟,需要先使能时钟。

2) 设置 WWDG_CFR 和 WWDG_CR 两个寄存器

在时钟使能完后,设置 WWDG 的 CFR 和 CR 两个寄存器对 WWDG 进行配置,包括使能窗口看门狗、开启中断、设置计数器的初始值、设置窗口值并设置分频数 WDGTB 等。

3) 开启 WWDG 中断并分组

设置完 WWDG 后,需要配置该中断的分组及使能。这通过之前编写的 MY_NVIC_Init 函数就可以实现了。

4) 编写中断服务函数

最后还是要编写窗口看门狗的中断服务函数,通过该函数来喂狗。喂狗要快,否则当窗口看门狗计数器值减到 0X3F 的时候,就会引起软复位了。在中断服务函数里面也要将状态寄存器的 EWIF 位清空。

完成了以上 4 个步骤之后,就可以使用 STM32F767 的窗口看门狗了。这一章的实验将通过 DS0 来指示 STM32F767 是否被复位了,如果被复位了就会点亮 300 ms。DS1 用来指示中断喂狗,每次中断喂狗翻转一次。

11.2 硬件设计

本实验用到的硬件资源有:指示灯 DS0 和 DS1、窗口看门狗。指示灯前面介绍过了,窗口看门狗属于 STM32F767 的内部资源,只需要软件设置好即可正常工作。通过 DS0 和 DS1 来指示 STM32F767 的复位情况和窗口看门狗的喂狗情况。

11.3 软件设计

在之前的 IWDG 看门狗实例内增加部分代码来实现这个实验,由于没有用到按键,所以去掉 HARDWARE 组里面的 key.c 文件(注意,此时 HARDWARE 组仅剩 led.c 和 wdg.c)。首先打开上次的工程,然后在 wdg.c 加入如下代码(之前代码保留):

```c
//保存 WWDG 计数器的设置值,默认为最大
u8 WWDG_CNT = 0x7f;
//初始化窗口看门狗
//tr      :T[6:0],计数器值
//wr      :W[6:0],窗口值
//fprer:分频系数(WDGTB),仅最低 2 位有效
//Fwwdg = PCLK1/(4096 * 2^fprer). 一般 PCLK1 = 54 MHz
void WWDG_Init(u8 tr,u8 wr,u8 fprer)
{
    RCC->APB1ENR|=1 << 11;              //使能 wwdg 时钟
    WWDG_CNT = tr&WWDG_CNT;             //初始化 WWDG_CNT
    WWDG->CFR|= fprer << 7;             //PCLK1/4096 再除 2^fprer
    WWDG->CFR&= 0XFF80;
    WWDG->CFR|= wr;                     //设定窗口值
    WWDG->CR = WWDG_CNT;                //设定计数器值
    WWDG->CR|= 1 << 7;                  //开启看门狗
    MY_NVIC_Init(2,3,WWDG_IRQn,2);      //抢占 2,子优先级 3,组 2
    WWDG->SR = 0X00;                    //清除提前唤醒中断标志位
    WWDG->CFR|= 1 << 9;                 //使能提前唤醒中断
}
//重设置 WWDG 计数器的值
void WWDG_Set_Counter(u8 cnt)
{
    WWDG->CR = (cnt&0x7F);              //重设置 7 位计数器
}
//窗口看门狗中断服务程序
void WWDG_IRQHandler(void)
{
    static u8 led1sta = 1;
    if(WWDG->SR&0X01)                   //先判断是否发生了 WWDG 提前唤醒中断
    {
        WWDG->SR = 0X00;                //清除提前唤醒中断标志位
        WWDG_Set_Counter(WWDG_CNT);     //重设窗口看门狗的值
        LED1(led1sta^ = 1);             //LED1 闪烁
    }
}
```

新增的这 3 个函数都比较简单。void WWDG_Init(u8 tr, u8 wr, u8 fprer)函数用来设置 WWDG 的初始化值,包括看门狗计数器的值和看门狗比较值等。该函数就是按照上面 4 个步骤的思路设计出来的代码。注意到这里有个全局变量 WWDG_CNT,用来保存最初设置 WWDG_CR 计数器的值。后续的中断服务函数里面,就又把该数

值放回到 WWDG_CR 上。

WWDG_Set_Counter 函数比较简单,用来重设窗口看门狗的计数器值。

最后,在中断服务函数里面先判断中断源,如果是提前唤醒中断,则先清除中断标志位,然后重设窗口看门狗的计数器值,最后对 LED1(DS1)取反,从而监测中断服务函数的执行状况。再把这几个函数名加入到头文件里面去,以方便其他文件调用。

完成了以上部分之后就回到主函数,输入如下代码:

```
int main(void)
{
    Stm32_Clock_Init(432,25,2,9);    //设置时钟,216 MHz
    delay_init(216);                 //延时初始化
    LED_Init();                      //初始化与 LED 连接的硬件接口
    LED0(0);                         //点亮 LED0
    delay_ms(300);                   //延时 300 ms 再初始化看门狗,LED0 的变化"可见"
    WWDG_Init(0X7F,0X5F,3);          //计数器值为 7f,窗口寄存器为 5f,分频数为 8
    while(1)
    {
        LED0(1);                     //关闭 LED0
    }
}
```

该函数通过 LED0(DS0)来指示是否正在初始化。LED1(DS1)用来指示是否发生了中断。先让 LED0 亮 300 ms 然后关闭,用以判断是否有复位发生了。初始化 WWDG 之后回到死循环,关闭 LED1,并等待看门狗中断的触发/复位。

编译完成之后就可以下载这个程序到阿波罗 STM32 开发板上,看看结果是不是和我们设计的一样。

11.4 下载验证

将代码下载到阿波罗 STM32F767 后可以看到,DS0 亮一下之后熄灭,紧接着 DS1 开始不停地闪烁。每秒钟闪烁 25 次左右(中断时间为 38.84 ms 一次),和预期的一致,说明我们的实验是成功的。

第 12 章

定时器中断实验

这一章将介绍如何使用 STM32F767 的通用定时器。STM32F767 的定时器功能十分强大,有 TIM1 和 TIM8 等高级定时器,也有 LPTIM1 低功耗定时器,还有 TIM2~TIM5、TIM9~TIM14 等通用定时器,以及 TIM6 和 TIM7 等基本定时器,总共达 15 个定时器。本章中将使用 TIM3 的定时器中断来控制 DS1 的翻转,主函数用 DS0 的翻转来提示程序正在运行。本章选择难度适中的通用定时器来介绍。

12.1 STM32F767 通用定时器简介

STM32F767 的通用定时器包含一个 16 位或 32 位自动重载计数器(CNT),该计数器由可编程预分频器(PSC)驱动。STM32F767 的通用定时器可以被用于测量输入信号的脉冲长度(输入捕获)或者产生输出波形(输出比较和 PWM)等。使用定时器预分频器和 RCC 时钟控制器预分频器,可以使脉冲长度和波形周期在几个微秒到几个毫秒间调整。STM32F767 的每个通用定时器都是完全独立的,没有互相共享的任何资源。

STM32 的通用 TIMx(TIM2~TIM5 和 TIM9~TIM14)定时器功能包括:

① 16 位/32 位(仅 TIM2 和 TIM5)向上、向下、向上/向下自动装载计数器(TIMx_CNT)。注意,TIM9~TIM14 只支持向上(递增)计数方式。

② 16 位可编程(可以实时修改)预分频器(TIMx_PSC),计数器时钟频率的分频系数为 1~65 535 之间的任意数值。

③ 4 个独立通道(TIMx_CH1~4,TIM9~TIM14 最多 2 个通道),这些通道可以用来作为:

> 输入捕获;
> 输出比较;
> PWM 生成(边缘或中间对齐模式),注意:TIM9~TIM14 不支持中间对齐模式;
> 单脉冲模式输出。

④ 可使用外部信号(TIMx_ETR)控制定时器和定时器互连(可以用一个定时器控制另外一个定时器)的同步电路。

⑤ 如下事件发生时产生中断/DMA(TIM9~TIM14 不支持 DMA):

- ➤ 更新：计数器向上溢出/向下溢出，计数器初始化（通过软件或者内部/外部触发）；
- ➤ 触发事件（计数器启动、停止、初始化或者由内部/外部触发计数）；
- ➤ 输入捕获；
- ➤ 输出比较；
- ➤ 支持针对定位的增量（正交）编码器和霍尔传感器电路（TIM9～TIM14 不支持）；
- ➤ 触发输入作为外部时钟或者按周期的电流管理（TIM9～TIM14 不支持）。

由于 STM32F767 通用定时器比较复杂，这里不再多介绍，可直接参考《STM32F7 中文参考手册》第 650 页通用定时器一章。下面介绍一下与这章实验密切相关的几个通用定时器的寄存器（以下均以 TIM2～TIM5 的寄存器为例介绍，TIM9～TIM14 的略有区别，具体可参考《STM32F7 中文参考手册》对应章节）。

首先是控制寄存器 1(TIMx_CR1)，该寄存器的各位描述如图 12.1.1 所示。

15	14	13	12	11	10	9	8	7	6	5	4	3	2	1	0
Res.	Res.	Res.	Res.	UIFRE-MAP	Res.	CKD[1:0]		ARPE	CMS		DIR	OPM	URS	UDIS	CEN
				rw		rw	rw	rw	rw	rw	rw	rw	rw	rw	rw

位 0　CEN：计数器使能
　　0：禁止计数器
　　1：使能计数器
　　注：只有事先通过软件将 CEN 位置 1，才可以使用外部时钟、门控模式和编码器模式。而触发模式可通过硬件自动将 CEN 位置 1。
　　在单脉冲模式下，当发生更新事件时会自动将 CEN 位清零

图 12.1.1　TIMx_CR1 寄存器各位描述

本实验只用到了 TIMx_CR1 的最低位，也就是计数器使能位，该位必须置 1 才能让定时器开始计数。接下来介绍第二个与这章密切相关的寄存器：DMA/中断使能寄存器(TIMx_DIER)。该寄存器是一个 16 位的寄存器，其各位描述如图 12.1.2 所示。

15	14	13	12	11	10	9	8	7	6	5	4	3	2	1	0
Res.	TDE	CC4DE	CC3DE	CC2DE	CC1DE	UDE	Res.	TIE	Res	CC4IE	CC3IE	CC2IE	CC1IE	UIE	
	rw	rw	rw	rw	rw	rw		rw		rw	rw	rw	rw	rw	

位 0　UIE：更新中断使能
　　0：禁止更新中断
　　1：使能更新中断

图 12.1.2　TIMx_DIER 寄存器各位描述

这里同样仅关心它的第 0 位，该位是更新中断允许位，本章用到的是定时器的更新中断，所以该位要设置为 1 来允许由更新事件所产生的中断。

接下来看第三个与这章有关的寄存器：预分频寄存器(TIMx_PSC)。该寄存器用来设置对时钟进行分频，然后提供给计数器，作为计数器的时钟。该寄存器的各位描述如图 12.1.3 所示。

这里，定时器的时钟来源有 4 个：

第 12 章 定时器中断实验

- 内部时钟(CK_INT);
- 外部时钟模式1:外部输入脚(TIx);
- 外部时钟模式2:外部触发输入(ETR),仅适用于 TIM2、TIM3、TIM4;
- 内部触发输入(ITRx):使用 A 定时器作为 B 定时器的预分频器(A 为 B 提供时钟)。

15	14	13	12	11	10	9	8	7	6	5	4	3	2	1	0
\multicolumn{16}{c}{PSC[15:0]}															
rw	rw	rw	rw	rw	rw	rw	rw	rw	rw	rw	rw	rw	rw	rw	rw

位 15:0　PSC[15:0]:预分频器的值

计数器时钟频率 CK_CNT 等于 $f_{CK\_PSC}/(PSC[15:0]+1)$。

PSC 包含在每次发生更新事件时要装载到实际预分频器寄存器的值

图 12.1.3　TIMx_PSC 寄存器各位描述

这些时钟具体选择哪个可以通过 TIMx_SMCR 寄存器的相关位来设置。这里的 CK_INT 时钟是从 APB1 倍频得来的,除非 APB1 的时钟分频数设置为 1(一般都不会是 1),否则通用定时器 TIMx 的时钟是 APB1 时钟的 2 倍;当 APB1 的时钟不分频的时候,通用定时器 TIMx 的时钟就等于 APB1 的时钟。注意,高级定时器以及 TIM9~TIM11 的时钟不是来自 APB1,而是来自 APB2 的。

这里顺带介绍一下 TIMx_CNT 寄存器,该寄存器是定时器的计数器,存储了当前定时器的计数值。

接着介绍自动重装载寄存器(TIMx_ARR)。该寄存器在物理上实际对应着 2 个寄存器。一个是程序员可以直接操作的,另外一个是程序员看不到的,这个看不到的寄存器在《STM32F7 中文参考手册》里面叫影子寄存器。事实上真正起作用的是影子寄存器。根据 TIMx_CR1 寄存器中 APRE 位的设置:APRE=0 时,预装载寄存器的内容可以随时传送到影子寄存器,此时二者是连通的;而 APRE=1 时,在每一次更新事件(UEV)时,才把预装载寄存器(ARR)的内容传送到影子寄存器。

自动重装载寄存器的各位描述如图 12.1.4 所示。

31	30	29	28	27	26	25	24	23	22	21	20	19	18	17	16
\multicolumn{16}{c}{ARR[31:16](取决于定时器)}															
rw	rw	rw	rw	rw	rw	rw	rw	rw	rw	rw	rw	rw	rw	rw	rw
15	14	13	12	11	10	9	8	7	6	5	4	3	2	1	0
\multicolumn{16}{c}{ARR[15:0]}															
rw	rw	rw	rw	rw	rw	rw	rw	rw	rw	rw	rw	rw	rw	rw	rw

位 31:16　ARR[31:16]:自动重载值的高 16 位(对于 TIM2 和 TIM5)

位 15:0　ARR[15:0]:自动重载值的低 16 位

ARR 为要装载到实际自动重载寄存器的值。

当自动重载值为空时,计数器不工作

图 12.1.4　TIMx_ARR 寄存器各位描述

最后要介绍的寄存器是状态寄存器(TIMx_SR)。该寄存器用来标记当前与定时器相关的各种事件/中断是否发生,各位描述如图 12.1.5 所示。

15	14	13	12	11	10	9	8	7	6	5	4	3	2	1	0
\multicolumn{3}{} Reserved			CC4OF	CC3OF	CC2OF	CC1OF	\multicolumn{2}{} Reserved		TIF	Res	CC4IF	CC3IF	CC2IF	CC1IF	UIF
			rc_w0	rc_w0	rc_w0	rc_w0			rc_w0		rc_w0	rc_w0	rc_w0	rc_w0	rc_w0

位 0 UIF:更新中断标记

该位在发生更新事件时通过硬件置 1,但需要通过软件清零。

0:未发生更新。

1:更新中断挂起。该位在以下情况下更新寄存器时由硬件置 1:

- 上溢或下溢(对于 TIM2~TIM5)以及当 TIMx_CR1 寄存器中 UDIS=0 时。
- TIMx_CR1 寄存器中的 URS=0 且 UDIS=0,并且由软件使用 TIMx_EGR 寄存器中的 UG 位重新初始化 CNT 时。

  TIMx_CR1 寄存器中的 URS=0 且 UDIS=0,并且 CNT 由触发事件重新初始化

图 12.1.5 TIMx_SR 寄存器各位描述

这些位的详细描述可参考《STM32F7 中文参考手册》第 699 页。

只要对以上几个寄存器进行简单的设置,我们就可以使用通用定时器了,并且可以产生中断。这一章将使用定时器产生中断,然后在中断服务函数里面翻转 DS1 上的电平来指示定时器中断的产生。接下来以通用定时器 TIM3 为实例来说明要经过哪些步骤,才能达到这个要求,并产生中断。

① TIM3 时钟使能。

这里通过 APB1ENR 的第一位来设置 TIM3 的时钟,因为 Stm32_Clock_Init 函数里面把 APB1 的分频设置为 4 了,所以 TIM3 时钟就是 APB1 时钟的 2 倍,等于系统时钟(108 MHz)。

② 设置 TIM3_ARR 和 TIM3_PSC 的值。

通过这两个寄存器来设置自动重装的值以及分频系数。这两个参数加上时钟频率就决定了定时器的溢出时间。

③ 设置 TIM3_DIER 允许更新中断。

因为要使用 TIM3 的更新中断,所以设置 DIER 的 UIE 位为 1,使能更新中断。

④ 允许 TIM3 工作。

只配置好定时器还不行,没有开启定时器照样不能用。在配置完后要开启定时器,通过 TIM3_CR1 的 CEN 位来设置。

⑤ TIM3 中断分组设置。

定时器配置完了之后,因为要产生中断,必不可少地要设置 NVIC 相关寄存器,以使能 TIM3 中断。

⑥ 编写中断服务函数。

最后还是要编写定时器中断服务函数,通过该函数来处理定时器产生的相关中断。中断产生后,通过状态寄存器的值来判断此次产生的中断属于什么类型。然后执行相关的操作,这里使用的是更新(溢出)中断,所以在状态寄存器 SR 的最低位。在处理完中断之后应该向 TIM3_SR 的最低位写 0,从而清除该中断标志。

通过以上几个步骤就可以达到我们的目的了,使用通用定时器的更新中断来控制 DS1 的亮灭。

12.2 硬件设计

本实验用到的硬件资源有:指示灯 DS0 和 DS1、定时器 TIM3。本章将通过 TIM3 的中断来控制 DS1 的亮灭,DS1 是直接连接到 PB0 上的,这个前面已经有介绍了。TIM3 属于 STM32F767 的内部资源,只需要软件设置即可正常工作。

12.3 软件设计

软件设计还在之前的工程上面增加,不过没用到看门狗,所以先去掉 wdg.c(注意,此时 HARDWARE 组仅剩 led.c)。首先,在 HARDWARE 文件夹下新建 TIMER 的文件夹。然后打开 USER 文件夹下的工程,新建一个 timer.c 的文件和 timer.h 的头文件,保存在 TIMER 文件夹下,并将 TIMER 文件夹加入头文件包含路径。

在 timer.c 里输入如下代码:

```c
#include "timer.h"
#include "led.h"
//定时器 3 中断服务程序
void TIM3_IRQHandler(void)
{
    static u8 led1sta = 1;
    if(TIM3->SR&0X0001)//溢出中断
    {
        LED1(led1sta^=1);
    }
    TIM3->SR&= ~(1 << 0);//清除中断标志位
}
//通用定时器 3 中断初始化
//这里时钟选择为 APB1 的 2 倍,而 APB1 为 54 MHz
//arr:自动重装值
//psc:时钟预分频数
//定时器溢出时间计算方法:Tout = ((arr + 1) * (psc + 1))/Ft,单位:us
//Ft = 定时器工作频率,单位: MHz
//这里使用的是定时器 3
void TIM3_Int_Init(u16 arr,u16 psc)
{
    RCC->APB1ENR|= 1 << 1;      //TIM3 时钟使能
    TIM3->ARR = arr;            //设定计数器自动重装值
    TIM3->PSC = psc;            //预分频器
    TIM3->DIER|= 1 << 0;        //允许更新中断
    TIM3->CR1|= 0x01;           //使能定时器 3
    MY_NVIC_Init(1,3,TIM3_IRQn,2);  //抢占 1,子优先级 3,组 2
}
```

该文件下包含一个中断服务函数和一个定时器 3 中断初始化函数。中断服务函数比较简单,每次中断后判断 TIM3 的中断类型,如果中断类型正确,则执行 LED1(DS1) 的取反。

TIM3_Int_Init 函数就是执行上面介绍的那 5 个步骤,使得 TIM3 开始工作,并开启中断。该函数的 2 个参数用来设置 TIM3 的溢出时间。因为 Stm32_Clock_Init 函数里面已经初始化 APB1 的时钟为 4 分频,所以 APB1 的时钟为 54 MHz,而从 STM32F767 的内部时钟树图(图 5.2.1)得知,当 APB1 的时钟分频数为 1 的时候,TIM2～7 以及 TIM12～14 的时钟为 APB1 的时钟;而如果 APB1 的时钟分频数不为 1,那么 TIM2～7 以及 TIM12～14 的时钟频率将为 APB1 时钟的两倍。因此,TIM3 的时钟为 108 MHz,再根据设计的 arr 和 psc 的值就可以计算中断时间了。计算公式如下:

$$T_{out} = ((arr+1)(psc+1))/T_{clk}$$

其中,T_{clk} 为 TIM3 的输入时钟频率(单位为 MHz),T_{out} 为 TIM3 溢出时间(单位为 μs)。

将 timer.c 文件保存,然后加入到 HARDWARE 组下。接下来,在 timer.h 文件里输入如下代码:

```
#ifndef __TIMER_H
#define __TIMER_H
#include "sys.h"
void TIM3_Int_Init(u16 arr,u16 psc);
#endif
```

此部分代码十分简单,这里不做介绍。

最后,在主程序里面输入如下代码:

```
int main(void)
{
    u8 led0sta = 1;
    Stm32_Clock_Init(432,25,2,9);      //设置时钟,216 MHz
    delay_init(216);                   //延时初始化
    LED_Init();                        //初始化与 LED 连接的硬件接口
    TIM3_Int_Init(5000-1,10800-1);     //10 kHz 的计数频率,计数 5K 次为 500 ms
    while(1)
    {
        LED0(led0sta^=1);
        delay_ms(200);
    };
}
```

这里的代码和之前大同小异,此段代码对 TIM3 进行初始化之后,进入死循环等待 TIM3 溢出中断。当 TIM3_CNT 的值等于 TIM3_ARR 的值的时候,就会产生 TIM3 的更新中断,然后在中断里面取反 LED1,TIM3_CNT 再从 0 开始计数。

12.4 下载验证

完成软件设计之后,将编译好的文件下载到阿波罗 STM32 开发板上,观看其运行结果是否与我们编写的一致。如果没有错误,则将看到 DS0 不停闪烁(每 400 ms 闪烁一次),而 DS1 也是不停地闪烁,但是闪烁时间较 DS0 慢(1 s 一次)。

第 13 章

PWM 输出实验

上一章介绍了 STM32F767 的通用定时器 TIM3,用其中断来控制 DS1 的闪烁,这一章将介绍如何使用 STM32F767 的 TIM3 来产生 PWM 输出,并将使用 TIM3 的通道 4 来产生 PWM 来控制 DS0 的亮度。

13.1 PWM 简介

脉冲宽度调制(PWM)是英文 Pulse Width Modulation 的缩写,简称脉宽调制,是利用微处理器的数字输出来对模拟电路进行控制的一种非常有效的技术。简单一点,就是对脉冲宽度的控制。PWM 原理如图 13.1.1 所示。

图 13.1.1 就是一个简单的 PWM 原理示意图。图中,假定定时器工作在向上计数 PWM 模式,且当 CNT＜CCRx 时,输出 0;当 CNT≥CCRx 时输出 1。那么就可以得到如图 13.1.1 的 PWM 示意图:当 CNT 值小于 CCRx 的时候,I/O 输出低电平(0);当 CNT 值大于等于 CCRx 的时候,I/O 输出高电平(1);当 CNT 达到 ARR 值的

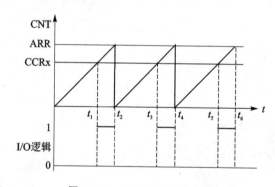

图 13.1.1 PWM 原理示意图

时候,重新归零,然后重新向上计数,依次循环。改变 CCRx 的值就可以改变 PWM 输出的占空比,改变 ARR 的值就可以改变 PWM 输出的频率,这就是 PWM 输出的原理。

STM32F767 的定时器除了 TIM6 和 7,其他的定时器都可以用来产生 PWM 输出。其中,高级定时器 TIM1 和 TIM8 可以同时产生 7 路的 PWM 输出,而通用定时器也能同时产生 4 路的 PWM 输出。这里仅使用 TIM3 的 CH4 产生一路 PWM 输出。

要使 STM32F767 的通用定时器 TIMx 产生 PWM 输出,除了上一章介绍的寄存器外还会用到 3 个寄存器来控制 PWM。这 3 个寄存器分别是捕获/比较模式寄存器(TIMx_CCMR1/2)、捕获/比较使能寄存器(TIMx_CCER)、捕获/比较寄存器(TIMx_CCR1~4)。接下来简单介绍这 3 个寄存器。

首先是捕获/比较模式寄存器(TIMx_CCMR1/2),该寄存器一般有 2 个:TIMx_

CCMR1 和 TIMx_CCMR2。TIMx_CCMR1 控制 CH1 和 2，TIMx_CCMR2 控制 CH3 和 4。这里将以 TIM3 为例进行介绍。TIM3_CCMR2 寄存器各位描述如图 13.1.2 所示。

31	30	29	28	27	26	25	24	23	22	21	20	19	18	17	16
Res.	Res.	Res.	Res.	Res.	Res.	Res.	OC4M[3]	Res.	Res.	Res.	Res.	Res.	Res.	Res.	OC3M[3]
							Res.								Res.
							rw								rw

15	14	13	12	11	10	9	8	7	6	5	4	3	2	1	0
OC4CE	OC4M[2:0]			OC4PE	OC4FE	CC4S[1:0]		OC3CE	OC3M[2:0]			OC3PE	OC3FE	CC3S[1:0]	
	IC4F[3:0]			IC4PSC[1:0]					IC3F[3:0]			IC3PSC[1:0]			
rw	rw	rw	rw	rw	rw	rw	rw	rw	rw	rw	rw	rw	rw	rw	rw

图 13.1.2　TIM3_CCMR2 寄存器各位描述

该寄存器的有些位在不同模式下功能不一样，所以图 13.1.2 把寄存器分了 2 层，上面一层对应输出，下面的对应输入。该寄存器的详细说明可参考《STM32F7 中文参考手册》第 701 页 23.4.7 小节。这里需要说明的是模式设置位 OC4M，此部分由 4 位组成，总共可以配置成 13 种模式，这里使用的是 PWM 模式，所以这 4 位必须设置为 0110/0111。这两种 PWM 模式的区别就是输出电平的极性相反。另外，CC4S 用于设置通道的方向（输入/输出），默认设置为 0，就是设置通道作为输出使用。

接下来介绍 TIM3 的捕获/比较使能寄存器（TIM3_CCER）。该寄存器控制着各个输入输出通道的开关，各位描述如图 13.1.3 所示。

15	14	13	12	11	10	9	8	7	6	5	4	3	2	1	0
CC4NP	Res.	CC4P	CC4E	CC3NP	Res.	CC3P	CC3E	CC2NP	Res.	CC2P	CC2E	CC1NP	Res.	CC1P	CC1E
rw		rw	rw	rw		rw	rw	rw		rw	rw	rw		rw	rw

图 13.1.3　TIM3_CCER 寄存器各位描述

该寄存器比较简单，这里只用到了 CC4E 位，该位是输入/捕获 4 输出使能位，要想 PWM 从 I/O 口输出，这个位必须设置为 1，所以需要设置该位为 1。该寄存器更详细的介绍了可参考《STM32F7 中文参考手册》第 706 页 23.4.9 小节。

最后介绍捕获/比较寄存器（TIMx_CCR1~4）。该寄存器总共有 4 个，对应 4 个通道 CH1~4。这里使用的是通道 4，TIM3_CCR4 寄存器的各位描述如图 13.1.4 所示。

在输出模式下，该寄存器的值与 CNT 的值比较，根据比较结果产生相应动作。利用这点，则可通过修改这个寄存器的值控制 PWM 的输出脉宽。

如果是通用定时器，则配置以上 3 个寄存器就够了；但是如果是高级定时器，则还需要配置刹车和死区寄存器（TIMx_BDTR）。该寄存器各位描述如图 13.1.5 所示。

该寄存器只需要关注第 15 位：MOE 位。要想高级定时器的 PWM 正常输出，则必须设置 MOE 位为 1，否则不会有输出。注意，通用定时器不需要配置这个。其他位这里就不详细介绍了，可参考《STM32F7 中文参考手册》第 639 页 22.4.18 小节。

31	30	29	28	27	26	25	24	23	22	21	20	19	18	17	16
							CCR4[31:16]								
rw	rw	rw	rw	rw	rw	rw	rw	rw	rw	rw	rw	rw	rw	rw	rw

15	14	13	12	11	10	9	8	7	6	5	4	3	2	1	0
							CCR4[15:0]								
rw	rw	rw	rw	rw	rw	rw	rw	rw	rw	rw	rw	rw	rw	rw	rw

位 31:16　CCR4[31:16]:捕获/比较 4 的高 16 位(对于 TIM2 和 TIM5)。

位 15:0　CCR4[15:0]:捕获/比较 4 的低 16 位

  ① 如果 CC4 通道配置为输出(CC4S)位:

    CCR4 为要装载到实际捕获/比较 4 寄存器的值(预装载值)。

    如果没有通过 TIMx_CCMR 寄存器中的 OC4PE 位来使能预装载功能,写入的数值会被直接传输至当前寄存器中。否则,只有发生更新事件时,预装载值才会复制到活动捕获/比较 4 寄存器中。

    实际捕获/比较寄存器中包含要与计数器 TIMx_CNT 进行比较并在 OC4 输出上发出信号的值。

  ② 如果 CC4 通道配置为输入(TIMx_CCMR4 寄存器中的 CC4S 位):

    CCR4 为上一个输入捕获 4 事件(IC4)发生时的计数器值

图 13.1.4　寄存器 TIM3_CCR4 各位描述

31	30	29	28	27	26	25	24	23	22	21	20	19	18	17	16
Res.	Res.	Res.	Res.	Res.	Res.	BK2P	BK2E	BK2F[3:0]				BKF[3:0]			
						rw	rw	rw	rw	rw	rw	rw	rw	rw	rw

15	14	13	12	11	10	9	8	7	6	5	4	3	2	1	0
MOE	AOE	BKP	BKE	OSSR	OSSI	LOCK[1:0]		DTG[7:0]							
rw	rw	rw	rw	rw	rw	rw	rw	rw	rw	rw	rw	rw	rw	rw	rw

位 15　MOE:主输出使能

  只要断路输入(BRK 或 BRK2)为有效状态,此位便由硬件异步清零。此位由软件置 1,也可根据 AOE 位状态自动置 1。此位仅对配置为输出的通道有效。

  0:响应断路事件(2 个)。禁止 OC 和 OCN 输出

  响应断路事件或向 MOE 写入 0 时,OC 和 OCN 输出被禁止或被强制处空闲状态,具体取决于 OSSI 位。

  1:如果 OC 和 OCN 输出的相应使能位(TIMx_CCER 寄存器中的 CCxE 和 CCxNE 位)均置 1,则使能 OC 和 OCN 输出

图 13.1.5　寄存器 TIMx_BDTR 各位描述

  本章使用的是 TIM3 的通道 4,所以需要修改 TIM3_CCR4 以实现脉宽控制 DS0 的亮度。至此,本章要用的几个相关寄存器都介绍完了,下面介绍配置步骤:

  ① 开启 TIM3 时钟,配置 PB1 选择复用功能 AF2(TIM3)输出。

  要使用 TIM3,则必须先开启 TIM3 的时钟(通过 APB1ENR 设置)。这里还要配置 PB1 为复用(AF2)输出,才可以实现 TIM3_CH4 的 PWM 经过 PB1 输出。

  ② 设置 TIM3 的 ARR 和 PSC。

第 13 章　PWM 输出实验

开启了 TIM3 的时钟之后,要设置 ARR 和 PSC 两个寄存器的值来控制输出 PWM 的周期。当 PWM 周期太慢(低于 50 Hz)的时候,我们就会明显感觉到闪烁了。因此,PWM 周期在这里不宜设置得太小。

③ 设置 TIM3_CH4 的 PWM 模式。

接下来要设置 TIM3_CH4 为 PWM 模式(默认是冻结的),因为 DS0 是低电平亮,而我们希望当 CCR4 的值小的时候 DS0 就暗,CCR4 值大的时候 DS0 就亮,所以要通过配置 TIM3_CCMR2 的相关位来控制 TIM3_CH4 的模式。

④ 使能 TIM3 的 CH4 输出,使能 TIM3。

完成以上设置了之后,需要开启 TIM3 的通道 4 输出以及 TIM3。前者通过 TIM3_CCER2 来设置,是单个通道的开关;而后者则通过 TIM3_CR1 来设置,是整个 TIM3 的总开关。只有设置了这两个寄存器,才能在 TIM3 的通道 4 上看到 PWM 波输出。

⑤ 修改 TIM3_CCR4 来控制占空比。

在经过以上设置之后,PWM 其实已经开始输出了,只是其占空比和频率都是固定的,而通过修改 TIM3_CCR4 则可以控制 CH4 的输出占空比,继而控制 DS0 的亮度。

通过以上 5 个步骤就可以控制 TIM3 的 CH4 输出 PWM 波了。注意,高级定时器虽然和通用定时器类似,但是高级定时器要想输出 PWM,必须还要设置一个 MOE 位(TIMx_BDTR 的第 15 位),以使能主输出,否则不会输出 PWM。

13.2　硬件设计

本实验用到的硬件资源有:指示灯 DS0、定时器 TIM3。这两个前面都已经介绍了,因为 TIM3_CH4 可以通过 PB1 输出 PWM,而 DS0 就是直接接在 PB1 上面的,所以电路上并没有任何变化。

13.3　软件设计

本章依旧是在前一章的基础上修改代码,先打开之前的工程,然后在上一章的基础上,在 timer.c 里面加入如下代码:

```
//TIM3 PWM 部分初始化
//PWM 输出初始化
//arr:自动重装值
//psc:时钟预分频数
void TIM3_PWM_Init(u32 arr,u32 psc)
{
    //此部分须手动修改 I/O 口设置
    RCC->APB1ENR|=1<<1;              //TIM3 时钟使能
    RCC->AHB1ENR|=1<<2;              //使能 PORTB 时钟
    GPIO_Set(GPIOB,PIN1,GPIO_MODE_AF,GPIO_OTYPE_PP,GPIO_SPEED_100M,
            GPIO_PUPD_PU);           //复用功能,上拉输出
    GPIO_AF_Set(GPIOB,1,2);          //PB1,AF2
```

```
    TIM3 -> ARR = arr;              //设定计数器自动重装值
    TIM3 -> PSC = psc;              //预分频器不分频
    TIM3 -> CCMR2 |= 6 << 12;       //CH4 PWM1 模式
    TIM3 -> CCMR2 |= 1 << 11;       //CH4 预装载使能
    TIM3 -> CCER |= 1 << 12;        //OC4 输出使能
    TIM3 -> CCER |= 1 << 13;        //OC4 低电平有效
    TIM3 -> CR1 |= 1 << 7;          //ARPE 使能
    TIM3 -> CR1 |= 1 << 0;          //使能定时器 3
}
```

此部分代码包含了上面介绍的 PWM 输出设置的前 5 个步骤。接着修改 timer.h 如下：

```
#ifndef __TIMER_H
#define __TIMER_H
#include "sys.h"
//通过改变 TIM3 ->CCR4 的值来改变占空比，从而控制 LED0 的亮度
#define LED0_PWM_VAL TIM3 ->CCR4
void TIM3_Int_Init(u16 arr,u16 psc);
void TIM3_PWM_Init(u32 arr,u32 psc);
#endif
```

这里头文件与上一章的不同是加入了 TIM3_PWM_Init 的声明以及宏定义了 TIM3 通道 1 的输入/捕获寄存器。通过这个宏定义就可以在其他文件里面修改 LED0_PWM_VAL 的值，从而达到控制 LED0 亮度的目的，也就是实现了前面介绍的最后一个步骤。

接下来，修改主程序里面的 main 函数如下：

```
int main(void)
{
    u16 led0pwmval = 0;
    u8 dir = 1;
    Stm32_Clock_Init(432,25,2,9);       //设置时钟,216 MHz
    delay_init(216);                    //延时初始化
    LED_Init();                         //初始化与 LED 连接的硬件接口
    TIM3_PWM_Init(500-1,108-1);         //1 MHz 的计数频率,2 kHz 的 PWM
    while(1)
    {
        delay_ms(10);
        if(dir)led0pwmval ++ ;
        else led0pwmval -- ;
        if(led0pwmval>300)dir = 0;
        if(led0pwmval == 0)dir = 1;
        LED0_PWM_VAL = led0pwmval;
    }
}
```

这里从死循环函数可以看出，我们控制 LED0_PWM_VAL 的值从 0 变到 300，然后又从 300 变到 0，如此循环。因此 DS0 的亮度也会跟着从暗变到亮，然后又从亮变到暗。至于这里的值为什么取 300，是因为 PWM 的输出占空比达到这个值的时候，LED

亮度变化就不大了(虽然最大值可以设置到 499),因此设计过大的值在这里是没必要的。至此,软件设计就完成了。

13.4 下载验证

完成软件设计之后,将编译好的文件下载到阿波罗 STM32 开发板上,查看其运行结果是否与编写的一致。如果没有错误,则将看到 DS0 不停地由暗变到亮,然后又从亮变到暗。每个过程持续时间大概为 3 s。

实际运行结果如图 13.4.1 所示。

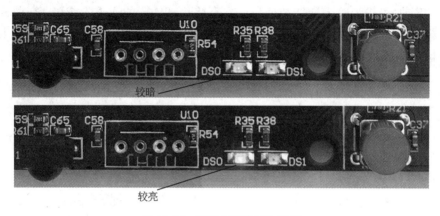

图 13.4.1　PWM 控制 DS0 亮度

第 14 章
输入捕获实验

上一章介绍了 STM32F767 的通用定时器作为 PWM 输出的使用方法,这一章将介绍通用定时器作为输入捕获的使用。本章将用 TIM5 的通道 1(PA0)来做输入捕获,捕获 PA0 上高电平的脉宽(用 KEY_UP 按键输入高电平),通过串口打印高电平脉宽时间。

14.1 输入捕获简介

输入捕获模式可以用来测量脉冲宽度或者测量频率。这里以测量脉宽为例,用一个简图来说明输入捕获的原理,如图 14.1.1 所示。

图 14.1.1 就是输入捕获测量高电平脉宽的原理,假定定时器工作在向上计数模式,图中 $t_1 \sim t_2$ 时间就是需要测量的高电平时间。测量方法如下:首先设置定时器通道 x 为上升沿捕获,这样,t_1 时刻就会捕获到当前的 CNT 值,然后立即清零 CNT,并设置通道 x 为下降沿捕获,这样到 t_2 时刻又会发生捕获事件,

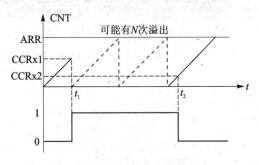

图 14.1.1 输入捕获脉宽测量原理

得到此时的 CNT 值,记为 CCRx2。这样,根据定时器的计数频率就可以算出 $t_1 \sim t_2$ 的时间,从而得到高电平脉宽。

在 $t_1 \sim t_2$ 之间可能产生 N 次定时器溢出,这就要求对定时器溢出做处理,防止高电平太长,导致数据不准确。如图 14.1.1 所示,$t_1 \sim t_2$ 之间,CNT 计数的次数等于 N·ARR+CCRx2。有了这个计数次数,再乘以 CNT 的计数周期,即可得到 $t_2 - t_1$ 的时间长度,即高电平持续时间。输入捕获的原理就介绍到这。

STM32F767 的定时器除了 TIM6 和 TIM7,其他定时器都有输入捕获功能。STM32F767 的输入捕获,简单说就是通过检测 TIMx_CHx 上的边沿信号,在边沿信号发生跳变(比如上升沿/下降沿)的时候,将当前定时器的值(TIMx_CNT)存放到对应通道的捕获/比较寄存器(TIMx_CCRx)里面,完成一次捕获。同时,还可以配置捕获时是否触发中断/DMA 等。

第 14 章 输入捕获实验

本章用 TIM5_CH1 来捕获高电平脉宽,捕获原理如图 14.1.1 所示,这里就不再多说了。

接下来,介绍本章需要用到的一些寄存器配置,需要用到的寄存器有 TIMx_ARR、TIMx_PSC、TIMx_CCMR1、TIMx_CCER、TIMx_DIER、TIMx_CR1、TIMx_CCR1。这些寄存器在前面 2 章全部都有提到(这里的 x=5),这里就不再全部罗列了,只针对性地介绍这几个寄存器的配置。

首先 TIMx_ARR 和 TIMx_PSC,这两个寄存器用来设自动重装载值和 TIMx 的时钟分频,用法同前面介绍的,这里不再介绍。

再来看看捕获/比较模式寄存器 1:TIMx_CCMR1,这个寄存器在输入捕获的时候非常有用,各位描述如图 14.1.2 所示。

31	30	29	28	27	26	25	24	23	22	21	20	19	18	17	16
Res.	Res.	Res.	Res.	Res.	Res.	Res.	OC2M[3]	Res.	Res.	Res.	Res.	Res.	Res.	Res.	OC1M[3]
							Res.								Res.
							rw								rw

15	14	13	12	11	10	9	8	7	6	5	4	3	2	1	0
OC2CE	OC2M[2:0]			OC2PE	OC2FE	CC2S[1:0]		OC1CE	OC1M[2:0]			OC1PE	OC1FE	CC1S[1:0]	
	IC2F[3:0]			IC2PSC[1:0]					IC1F[3:0]			IC1PSC[1:0]			
rw	rw	rw	rw	rw	rw	rw	rw	rw	rw	rw	rw	rw	rw	rw	rw

图 14.1.2 TIMx_CCMR1 寄存器各位描述

在输入捕获模式下使用的时候,对应图 14.1.2 的第二行描述。从图中可以看出,TIMx_CCMR1 明显是针对 2 个通道的配置,低 8 位[7:0]用于捕获/比较通道 1 的控制,而高 8 位[15:8]则用于捕获/比较通道 2 的控制。因为 TIMx 还有 CCMR2 寄存器,所以可以知道 CCMR2 用来控制通道 3 和通道 4(详见《STM32F7 中文参考手册》705 页 22.4.8 小节)。

这里用到的是 TIM5 的捕获/比较通道 1,重点介绍 TIMx_CCMR1 的[7:0]位(其高 8 位配置类似)。TIMx_CCMR1 的[7:0]位详细描述如图 14.1.3 所示。

其中,CC1S[1:0]这两个位用于 CCR1 的通道配置,这里设置 IC1S[1:0]=01,也就是配置 IC1 映射在 TI1 上(IC1 详细介绍可参见《STM32F7 中文参考手册》651 页的图 19.1),即 CC1 对应 TIMx_CH1。

输入捕获 1 预分频器 IC1PSC[1:0],这个比较好理解,我们是一次边沿就触发一次捕获,所以选择 00 就是了。

输入捕获 1 滤波器 IC1F[3:0],这个用来设置输入采样频率和数字滤波器长度。其中,f_{CK_INT} 是定时器的输入频率(TIMxCLK),一般为 54 MHz 或 108 MHz(看该定时器在那个总线上)。而 f_{DTS} 则是根据 TIMx_CR1 的 CKD[1:0]的设置来确定的,如果 CKD[1:0]设置为 00,那么 $f_{DTS}=f_{CK\_INT}$。N 值就是滤波长度。举个简单的例子:假设 IC1F[3:0]=0011,并设置 IC1 映射到通道 1 上,且为上升沿触发,那么在捕获到上升沿的时候,再以 f_{CK_INT} 的频率连续采样到 8 次通道 1 的电平,如果都是高电平,则说明是一个有效的触发,就会触发输入捕获中断(如果开启了的话)。这样可以滤除那些高电平脉宽低于 8 个采样周期的脉冲信号,从而达到滤波的效果。这里不做滤波处理,所以设置 IC1F[3:0]=0000,只要采集到上升沿就触发捕获。

位 7:4   IC1F:输入捕获 1 滤波器

此位域可定义 TI1 输入的采样频率和适用于 TI1 的数字滤波器带宽。数字滤波器由事件计数器组成,每 N 个事件才视为一个有效边沿:

0000:无滤波器,按 f_{DTS} 频率进行采样   1000: $f_{SAMPLING}=f_{DTS}/8, N=6$
0001: $f_{SAMPLING}=f_{CK\_INT}, N=2$ 1001: $f_{SAMPLING}=f_{DTS}/8, N=8$
0010: $f_{SAMPLING}=f_{CK\_INT}, N=4$ 1010: $f_{SAMPLING}=f_{DTS}/16, N=5$
0011: $f_{SAMPLING}=f_{CK\_INT}, N=8$ 1011: $f_{SAMPLING}=f_{DTS}/16, N=6$
0100: $f_{SAMPLING}=f_{DTS}/2, N=6$ 1100: $f_{SAMPLING}=f_{DTS}/16, N=8$
0101: $f_{SAMPLING}=f_{DTS}/2, N=8$ 1100: $f_{SAMPLING}=f_{DTS}/32, N=5$
0110: $f_{SAMPLING}=f_{DTS}/4, N=6$ 1110: $f_{SAMPLING}=f_{DTS}/32, N=6$
0111: $f_{SAMPLING}=f_{DTS}/4, N=8$ 1111: $f_{SAMPLING}=f_{DTS}/32, N=8$

注:在当前版本中,当 ICxF[3:0]=1,2 或 3 时,将用 CK_INT 替代公式中的 f_{DTS}。

位 3:2   IC1PSC:输入捕获 1 预分频器

此位定义 CC1 输入(IC1)的预分频比。
只要 CC1E=0(TIMx_CCER 寄存器中),预分频器便立即复位。
00:无预分频器,捕获输入上每检测到一个边沿便执行捕获
01:每发生 2 个事件便执行一次捕获
10:每发生 4 个事件便执行一捕获
11:每发生 8 个事件便执行一捕获

位 1:0   CC1S:捕获/比较 1 选择

此位域定义通道方向(输入/输出)以及所使用的输入。
00:CC1 通道配置为输出
01:CC1 通道配置为输入,IC1 映射在 TI1 上
10:CC1 通道配置为输入,IC1 映射在 TI2 上
11:CC1 通道配置为输入,IC1 映射在 TRC 上。此模式仅在通过 TS 位(TIMx_SMCR 寄存器)选择内部触发输入时有效
注:仅当通道关闭时(TIMx_CCER 中的 CC1E=0),才可向 CC1S 位写入数据

图 14.1.3   TIMx_CCMR1[7:0]位详细描述

再来看看捕获/比较使能寄存器 TIMx_CCER,该寄存器的各位描述如图 14.1.3 所示。这里要用到这个寄存器的最低 2 位,CC1E 和 CC1P 位,这两个位的描述如图 14.1.4 所示。

所以,要使能输入捕获,必须设置 CC1E=1,而 CC1P 则根据需要来配置。

接下来再看看 DMA/中断使能寄存器 TIMx_DIER,该寄存器的各位描述如图 13.1.2 所示,本章需要用到中断来处理捕获数据,所以必须开启通道 1 的捕获比较中断,即 CC1IE 设置为 1。

第 14 章 输入捕获实验

位 1　CC1P:捕获/比较 1 输出极性
　　　CC1 通道配置为输出:
　　　0:OC1 高电平有效
　　　1:OC1 低电平有效
　　　CC1 通道配置为输入:
　　　CC1NP/CC1P 位可针对触发或捕获操作选择 TI1FP1 和 TI2FP1 的极性。
　　　00:非反相/上升沿触发
　　　电路对 TIxFP1 上升沿敏感(在复位模式、外部时钟模式或触发模式下执行捕获或触发操作),TIxFP1 未反相(在门控模式或编码器模式下执行触发操作)。
　　　01:反相/下降沿触发
　　　电路对 TIxFP1 下降沿敏感(在复位模式、外部时钟模式或触发模式下执行捕获或触发操作),TIxFP1 反相(在门控模式或编码器模式下执行触发操作)。
　　　10:保留,不使用此配置。
　　　11:非反相/上升沿和下降沿均触发
　　　电路对 TIxFP1 上升沿和下降沿都敏感(在复位模式、外部时钟模式或触发模式下执行捕获或触发操作),TIxFP1 未反相(在门控模式下执行触发操作)。编码器模式下不得使用此配置。

位 0　CC1E:捕获/比较 1 输出使能
　　　CC1 通道配置为输出:
　　　0:关闭,OC1 未激活
　　　1:开启,在相应输出引脚上输出 OC1 信号
　　　CC1 通道配置为输入:
　　　此位决定了是否可以实际将计数器值捕获到输入捕获/比较寄存器 1(TIMx_CCR1)中。
　　　0:捕获禁止
　　　1:使能捕获

图 14.1.4　TIMx_CCER 最低 2 位描述

控制寄存器 TIMx_CR1,这里只用到了它的最低位,也就是用来使能定时器,前面两章都有介绍,读者可参考前面的章节。

最后再来看看捕获/比较寄存器 1:TIMx_CCR1。该寄存器用来存储捕获发生时 TIMx_CNT 的值,从 TIMx_CCR1 就可以读出通道 1 捕获发生时刻的 TIMx_CNT 值,通过两次捕获(一次上升沿捕获,一次下降沿捕获)的差值就可以计算出高电平脉冲的宽度(注意,对于脉宽太长的情况,还要计算定时器溢出的次数)。

至此,本章要用的几个相关寄存器都介绍完了,本章要实现通过输入捕获来获取 TIM5_CH1(PA0)上面的高电平脉冲宽度,并从串口打印捕获结果。下面介绍输入捕获的配置步骤:

① 开启 TIM5 时钟,配置 PA0 为复用功能(AF2),并开启下拉电阻。
要使用 TIM5,则必须先开启 TIM5 的时钟(通过 APB1ENR 设置)。要捕获 TIM5_CH1 上面的高电平脉宽,所以先配置 PA0 为带下拉的复用功能,同时,为了让 PA0 的复用功能选择连接到 TIM5,所以设置 PA0 的复用功能为 AF2,即连接到 TIM5 上面。

② 设置 TIM5 的 ARR 和 PSC。

开启 TIM5 的时钟之后，要通过 ARR 和 PSC 两个寄存器的值来设置输入捕获的自动重装载值和计数频率。

③ 设置 TIM5 的 CCMR1。

TIM5_CCMR1 寄存器控制着输入捕获 1 和 2 的模式，包括映射关系、滤波和分频等。这里需要设置通道 1 为输入模式，且 IC1 映射到 TI1（通道 1）上面，并且不使用滤波（提高响应速度）器。

④ 设置 TIM5 的 CCER，开启输入捕获，并设置为上升沿捕获。

TIM5_CCER 寄存器是定时器的开关，并且可以设置输入捕获的边沿。只有 TIM5_CCER 寄存器使能了输入捕获，外部信号才能被 TIM5 捕获到，否则一切白搭。同时，设置好捕获边沿，才能得到正确的结果。

⑤ 设置 TIM5 的 DIER，使能捕获和更新中断，并编写中断服务函数。

因为要捕获的是高电平信号的脉宽，所以，第一次捕获是上升沿，第二次捕获是下降沿，必须在捕获上升沿之后，设置捕获边沿为下降沿。如果脉宽比较长，那么定时器就会溢出，对溢出必须做处理，否则结果就不准了。不过，由于 STM32F767 的 TIM5 是 32 位定时器，假设计数周期为 1 μs，那么需要 4 294 s 才会溢出一次，这基本上是不可能的。这两件事都在中断里面做，所以必须开启捕获中断和更新中断。

设置了中断就必须编写中断函数，否则可能导致死机。我们需要在中断函数里面完成数据处理和捕获设置等关键操作，从而实现高电平脉宽统计。

⑥ 设置 TIM5 的 CR1，使能定时器。

最后，必须打开定时器的计数器开关，通过设置 TIM5_CR1 的最低位为 1，启动 TIM5 的计数器，开始输入捕获。

通过以上 6 步设置，定时器 5 的通道 1 就可以开始输入捕获了。因为还用到了串口输出结果，所以还需要配置一下串口。

14.2　硬件设计

本实验用到的硬件资源有：指示灯 DS0、KEY_UP 按键、串口、定时器 TIM3、定时器 TIM5。前面 4 个之前的章节均有介绍。本章将捕获 TIM5_CH1(PA0) 上的高电平脉宽，通过 KEY_UP 按键输入高电平，并从串口打印高电平脉宽。同时，保留上一章的 PWM 输出，读者也可以通过用杜邦线连接 PB1 和 PA0，从而测量 PWM 输出的高电平脉宽。

14.3　软件设计

本章依旧是在前一章的基础上修改代码，先打开之前的工程，然后在上一章的基础上，在 timer.c 里面加入如下代码：

```c
//定时器5通道1输入捕获配置
//arr:自动重装值(TIM2,TIM5是32位的)
//psc:时钟预分频数
void TIM5_CH1_Cap_Init(u32 arr,u16 psc)
{
    RCC->APB1ENR|=1<<3;         //TIM5 时钟使能
    RCC->AHB1ENR|=1<<0;         //使能 PORTA 时钟
    GPIO_Set(GPIOA,PIN0,GPIO_MODE_AF,GPIO_OTYPE_PP,GPIO_SPEED_100M,
            GPIO_PUPD_PD);      //复用功能,下拉
    GPIO_AF_Set(GPIOA,0,2);     //PA0,AF2
    TIM5->ARR = arr;            //设定计数器自动重装值
    TIM5->PSC = psc;            //预分频器
    TIM5->CCMR1|=1<<0;          //CC1S = 01    选择输入端 IC1 映射到 TI1 上
    TIM5->CCMR1|=0<<4;          //IC1F = 0000  配置输入滤波器不滤波
    TIM5->CCMR1|=0<<10;         //IC1PS = 00   配置输入分频,不分频
    TIM5->CCER|=0<<1;           //CC1P = 0     上升沿捕获
    TIM5->CCER|=1<<0;           //CC1E = 1     允许捕获计数器的值到捕获寄存器中
    TIM5->EGR=1<<0;             //软件控制产生更新事件,使写入 PSC 的值立即生效
                                //否则将会要等到定时器溢出才会生效
    TIM5->DIER|=1<<1;           //允许捕获1中断
    TIM5->DIER|=1<<0;           //允许更新中断
    TIM5->CR1|=0x01;            //使能定时器2
    MY_NVIC_Init(2,0,TIM5_IRQn,2);//抢占2,子优先级0,组2
}
//捕获状态
//[7]:0,没有成功的捕获;1,成功捕获到一次
//[6]:0,还没捕获到低电平;1,已经捕获到低电平了
//[5:0]:捕获低电平后溢出的次数(对于32位定时器来说,1μs计数器加1,溢出时间:4 294 s)
u8  TIM5CH1_CAPTURE_STA = 0;    //输入捕获状态
u32 TIM5CH1_CAPTURE_VAL;        //输入捕获值(TIM2/TIM5 是 32 位)
//定时器5中断服务程序
void TIM5_IRQHandler(void)
{
    u16 tsr;
    tsr = TIM5->SR;
    if((TIM5CH1_CAPTURE_STA&0X80) == 0)//还未成功捕获
    {
        if(tsr&0X01)//溢出
        {
            if(TIM5CH1_CAPTURE_STA&0X40)//已经捕获到高电平了
            {
                if((TIM5CH1_CAPTURE_STA&0X3F) == 0X3F)//高电平太长了
                {
                    TIM5CH1_CAPTURE_STA|= 0X80;   //标记成功捕获了一次
                    TIM5CH1_CAPTURE_VAL = 0XFFFFFFFF;
                }else TIM5CH1_CAPTURE_STA ++ ;
            }
        }
        if(tsr&0x02)//捕获1发生捕获事件
        {
```

```c
            if(TIM5CH1_CAPTURE_STA&0X40)           //捕获到一个下降沿
            {
                TIM5CH1_CAPTURE_STA|= 0X80;        //标记成功捕获到一次高电平脉宽
                TIM5CH1_CAPTURE_VAL = TIM5 -> CCR1; //获取当前的捕获值.
                TIM5 -> CCER&= ~(1 << 1);           //CC1P=0 设置为上升沿捕获
            }else                                   //还未开始,第一次捕获上升沿
            {
                TIM5CH1_CAPTURE_STA = 0;            //清空
                TIM5CH1_CAPTURE_VAL = 0;
                TIM5CH1_CAPTURE_STA|= 0X40;         //标记捕获到了上升沿
                TIM5 -> CR1&= ~(1 << 0);            //使能定时器2
                TIM5 -> CNT = 0;                    //计数器清空
                TIM5 -> CCER|= 1 << 1;              //CC1P=1 设置为下降沿捕获
                TIM5 -> CR1|= 0x01;                 //使能定时器2
            }
        }
    }
    TIM5 -> SR = 0;//清除中断标志位
}
```

此部分代码包含两个函数,其中,TIM5_CH1_Cap_Init 函数用于 TIM5 通道 1 的输入捕获设置,其设置和上面讲的步骤是一样的,这里就不多说。注意,TIM5 是 32 位定时器,所以 arr 是 u32 类型的。接下来重点来看看第二个函数。

TIM5_IRQHandler 是 TIM5 的中断服务函数,用到了两个全局变量,用于辅助实现高电平捕获。其中,TIM5CH1_CAPTURE_STA 用来记录捕获状态,该变量类似 usart.c 里面自行定义的 USART_RX_STA 寄存器(其实就是个变量,只是我们把它当成一个寄存器那样来使用)。TIM5CH1_CAPTURE_STA 各位描述如表 14.3.1 所列。另外一个变量 TIM5CH1_CAPTURE_VAL 用来记录捕获到下降沿的时候 TIM5_CNT 的值。

表 14.3.1　TIM5CH1_CAPTURE_STA 各位描述

位	bit7	bit6	bit5~0
说　明	捕获完成标志	捕获到高电平标志	捕获高电平后定时器溢出的次数

捕获高电平脉宽的思路:首先,设置 TIM5_CH1 捕获上升沿,这在 TIM5_Cap_Init 函数执行的时候就设置好了,然后等待上升沿中断到来。当捕获到上升沿中断时,如果 TIM5CH1_CAPTURE_STA 的第 6 位为 0,则表示还没有捕获到新的上升沿,就先把 TIM5CH1_CAPTURE_STA、TIM5CH1_CAPTURE_VAL 和 TIM5→CNT 等清零,然后再设置 TIM5CH1_CAPTURE_STA 的第 6 位为 1,标记捕获到高电平,最后设置为下降沿捕获,等待下降沿到来。如果等待下降沿到来期间,定时器发生了溢出(对 32 位定时器来说,很难溢出),就在 TIM5CH1_CAPTURE_STA 里面对溢出次数进行计数,最大溢出次数来到的时候就强制标记捕获完成(虽然此时还没有捕获到下降沿)。当下降沿到来的时候,先设置 TIM5CH1_CAPTURE_STA 的第 7 位为 1,标记成功捕

第 14 章 输入捕获实验

获一次高电平,然后读取此时的定时器值到 TIM5CH1_CAPTURE_VAL 里面,最后设置为上升沿捕获,回到初始状态。

这样就完成一次高电平捕获了,只要 TIM5CH1_CAPTURE_STA 的第 7 位一直为 1,那么就不会进行第二次捕获。main 函数处理完捕获数据后,将 TIM5CH1_CAPTURE_STA 置零,就可以开启第二次捕获。

接着修改 timer.h 如下:

```
#ifndef __TIMER_H
#define __TIMER_H
#include "sys.h"
//通过改变 TIM3 ->CCR4 的值来改变占空比,从而控制 LED0 的亮度
#define LED0_PWM_VAL TIM3 ->CCR4
void TIM3_Int_Init(u16 arr,u16 psc);
void TIM3_PWM_Init(u32 arr,u32 psc);
void TIM5_CH1_Cap_Init(u32 arr,u16 psc);
#endif
```

接下来修改主程序里面的 main 函数如下:

```
extern u8   TIM5CH1_CAPTURE_STA;           //输入捕获状态
extern u32  TIM5CH1_CAPTURE_VAL;           //输入捕获值
int main(void)
{
    long long temp = 0;
    Stm32_Clock_Init(432,25,2,9);          //设置时钟,216 MHz
    delay_init(216);                       //延时初始化
    uart_init(108,115200);                 //初始化串口波特率为 115 200
    LED_Init();                            //初始化与 LED 连接的硬件接口
    TIM3_PWM_Init(500-1,108-1);            //1 MHz 的计数频率,2 kHz 的 PWM
    TIM5_CH1_Cap_Init(0XFFFFFFFF,108-1);   //以 1 MHz 的频率计数
    while(1)
    {
        delay_ms(10);
        LED0_PWM_VAL++;
        if(LED0_PWM_VAL==300)LED0_PWM_VAL=0;
        if(TIM5CH1_CAPTURE_STA&0X80)       //成功捕获到了一次高电平
        {
            temp = TIM5CH1_CAPTURE_STA&0X3F;
            temp *= 0XFFFFFFFF;            //溢出时间总和
            temp += TIM5CH1_CAPTURE_VAL;   //得到总的高电平时间
            printf("HIGH:%lld us\r\n",temp);//打印总的高点平时间
            TIM5CH1_CAPTURE_STA = 0;       //开启下一次捕获
        }
    }
}
```

该 main 函数是在 PWM 实验的基础上修改来的,我们保留了 PWM 输出;同时,通过设置 TIM5_Cap_Init(0XFFFFFFFF,90-1)将 TIM5_CH1 的捕获计数器设计为 1 μs 计数一次,并设置重装载值为最大,所以捕获时间精度为 1 μs。

主函数通过 TIM5CH1_CAPTURE_STA 的第 7 位来判断有没有成功捕获到一次高电平,如果成功捕获,则将高电平时间通过串口输出到计算机。至此,软件设计就完成了。

14.4 下载验证

完成软件设计之后,将代码下载到阿波罗 STM32 开发板上可以看到,DS0 的状态和上一章差不多,由暗→亮地循环,说明程序已经正常在跑了。再打开串口调试助手,选择对应的串口,然后按 KEY_UP 按键,可以看到串口打印的高电平持续时间,如图 14.4.1 所示。

图 14.4.1　PWM 控制 DS0 亮度

从图 14.4.1 可以看出,其中有 2 次高电平在 100 μs 以内的,这种就是按键按下时发生的抖动。这就是为什么按键输入的时候一般都需要做防抖处理,以防止类似的情况干扰正常输入。还可以用杜邦线连接 PA0 和 PB1,看看上一章设置的 PWM 输出的高电平是如何变化的。

第 15 章

电容触摸按键实验

上一章介绍了 STM32F767 的输入捕获功能及其使用。这一章将介绍如何通过输入捕获功能来做一个电容触摸按键。本章将用 TIM2 的通道 1（PA5）来做输入捕获，并实现一个简单的电容触摸按键，通过该按键控制 DS1 的亮灭。

15.1 电容触摸按键简介

触摸按键相对于传统的机械按键，有寿命长、占用空间少、易于操作等优点。如今的手机中，触摸屏、触摸按键大行其道，而传统的机械按键正在逐步从手机上面消失。本章介绍一种简单的触摸按键——电容式触摸按键。

我们将利用阿波罗 STM32 开发板上的触摸按键（TPAD）来实现对 DS1 的亮灭控制。TPAD 其实就是阿波罗 STM32 开发板上的一小块覆铜区域，实现原理如图 15.1.1 所示。

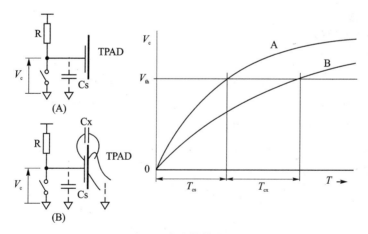

图 15.1.1　电容触摸按键原理

这里使用检测电容充放电时间的方法来判断是否有触摸，图中 R 是外接的电容充电电阻，Cs 是没有触摸按下时 TPAD 与 PCB 之间的杂散电容。Cx 是有手指按下的时候，手指与 TPAD 之间形成的电容。图中的开关是电容放电开关（实际使用由 STM32F767 的 I/O 代替）。

先用开关将 Cs（或 Cs+Cx）上的电放尽，然后断开开关，让 R 给 Cs（或 Cs+Cx）充电。当没有手指触摸的时候，Cs 的充电曲线如图 15.1.1 中的 A 曲线。而当有手指触摸的时候，手指和 TPAD 之间引入了新的电容 Cx，此时 Cs＋Cx 的充电曲线如图 15.1.1 中的 B 曲线。可以看出，A、B 两种情况下，V_c 达到 V_{th} 的时间分别为 T_{cs} 和 $T_{cs}+T_{cx}$。

其中，除了 Cs 和 Cx 需要计算，其他都是已知的，根据电容充放电公式：

$$V_c = V_0 \cdot (1 - e^{-t/RC})$$

其中，V_c 为电容电压，V_0 为充电电压，R 为充电电阻，C 为电容容值，e 为自然底数，t 为充电时间。根据这个公式就可以计算出 Cs 和 Cx。利用这个公式还可以把阿波罗开发板作为一个简单的电容计，可以直接测电容容量，有兴趣的读者可以尝试。

本章中，其实只要能够区分 T_{cs} 和 $T_{cs}+T_{cx}$，就已经可以实现触摸检测了、当充电时间在 T_{cs} 附近时，就可以认为没有触摸；而当充电时间大于 Tcs＋Tx 时，就认为有触摸按下（Tx 为检测阈值）。

本章使用 PA5(TIM2_CH1) 来检测 TPAD 是否有触摸，每次检测之前先配置 PA5 为推挽输出，将电容 Cs（或 Cs＋Cx）放电；然后配置 PA5 为浮空输入，利用外部上拉电阻给电容 Cs(Cs＋Cx) 充电；同时，开启 TIM2_CH1 的输入捕获，检测上升沿，当检测到上升沿的时候，就认为电容充电完成了，完成一次捕获检测。

在 MCU 每次复位重启的时候，执行一次捕获检测（可以认为没触摸），记录此时的值，记为 tpad_default_val，作为判断的依据。后续的捕获检测时，通过与 tpad_default_val 的对比来判断是不是有触摸发生。

输入捕获的配置在上一章已经有详细介绍了，这里就不再介绍。至此，电容触摸按键的原理介绍完毕。

15.2 硬件设计

本实验用到的硬件资源有：指示灯 DS0 和 DS1、定时器 TIM2、触摸按键 TPAD。前面两个之前均有介绍，我们需要通过 TIM2_CH1(PA5) 采集 TPAD 的信号，所以本实验需要用跳线帽短接多功能端口(P11)的 TPAD 和 ADC，从而实现 TPAD 连接到 PA5，如图 15.2.1 所示。硬件设置（用跳线帽短接多功能端口的 ADC 和 TPAD 即可）好之后，下面开始软件设计。

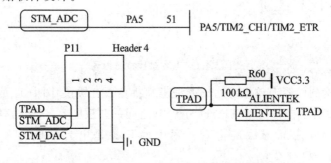

图 15.2.1　TPAD 与 STM32F767 连接原理图

15.3 软件设计

软件设计仍在之前的工程上面增加,本章用不到 timer.c,所以先删掉 timer.c。然后在 HARDWARE 文件夹下新建 TPAD 的文件夹。打开 USER 文件夹下的工程,新建一个 tpad.c 的文件和 tpad.h 的头文件,保存在 TAPD 文件夹下,并将 TPAD 文件夹加入头文件包含路径。

在 tpad.c 里输入如下代码:

```c
#define TPAD_ARR_MAX_VAL    0XFFFFFFFF    //最大的 ARR 值(TIM2 是 32 位定时器)
vu16 tpad_default_val = 0;                //空载的时候(没有手按下),计数器需要的时间
//初始化触摸按键
//获得空载的时候触摸按键的取值
//psc:分频系数,越小,灵敏度越高
//返回值:0,初始化成功;1,初始化失败
u8 TPAD_Init(u8 psc)
{
    u16 buf[10];
    u16 temp;
    u8 j,i;
    TIM2_CH1_Cap_Init(TPAD_ARR_MAX_VAL,psc-1);//设置分频系数
    for(i=0;i<10;i++)//连续读取 10 次
    {
        buf[i] = TPAD_Get_Val();
        delay_ms(10);
    }
    for(i=0;i<9;i++)//排序
    {
        for(j=i+1;j<10;j++)
        {
            if(buf[i]>buf[j])//升序排列
            {
                temp = buf[i];
                buf[i] = buf[j];
                buf[j] = temp;
            }
        }
    }
    temp = 0;
    for(i=2;i<8;i++)temp += buf[i];//取中间的 6 个数据进行平均
    tpad_default_val = temp/6;
    printf("tpad_default_val:%d\r\n",tpad_default_val);
    if(tpad_default_val>TPAD_ARR_MAX_VAL/2)return 1;
//初始化遇到超过 TPAD_ARR_MAX_VAL/2 的数值,不正常
    return 0;
}
//复位一次
//释放电容电量,并清除定时器的计数值
void TPAD_Reset(void)
```

```c
{
    GPIO_Set(GPIOA,PIN5,GPIO_MODE_OUT,GPIO_OTYPE_PP,GPIO_SPEED_100M,
            GPIO_PUPD_PD);        //PA5推挽输出
    GPIO_Pin_Set(GPIOA,PIN5,0);//PA5输出0,放电
    delay_ms(5);
    TIM2->SR = 0;         //清除标记
    TIM2->CNT = 0;        //归零
    GPIO_Set(GPIOA,PIN5,GPIO_MODE_AF,GPIO_OTYPE_PP,GPIO_SPEED_100M,
            GPIO_PUPD_NONE);//PA5,复用功能,不带上下拉
}
//得到定时器捕获值
//如果超时,则直接返回定时器的计数值
//返回值:捕获值/计数值(超时的情况下返回)
u16 TPAD_Get_Val(void)
{
    TPAD_Reset();
    while((TIM2->SR&0X02) == 0)//等待捕获上升沿
    {
        if(TIM2->CNT>TPAD_ARR_MAX_VAL-500)return TIM2->CNT;//超时,返回CNT
    };
    return TIM2->CCR1;
}
//读取n次,取最大值
//n:连续获取的次数
//返回值:n次读数里面读到的最大读数值
u16 TPAD_Get_MaxVal(u8 n)
{
    u16 temp = 0;
    u16 res = 0;
    u8 lcntnum = n*2/3;//至少2/3*n的有效个触摸,才算有效
    u8 okcnt = 0;
    while(n--)
    {
        temp = TPAD_Get_Val();//得到一次值
        if(temp>(tpad_default_val*5/4))okcnt++;//至少大于默认值的5/4才算有效
        if(temp>res)res = temp;
    }
    if(okcnt>= lcntnum)return res;//至少2/3的概率,要大于默认值的5/4才算有效
    else return 0;
}
//扫描触摸按键
//mode:0,不支持连续触发(按一次必须松开才能按下一次);1,支持连续触发(可以一直按下)
//返回值:0,没有按下;1,有按下
u8 TPAD_Scan(u8 mode)
{
    static u8 keyen = 0;     //0,可以开始检测;>0,还不能开始检测
    u8 res = 0;
    u8 sample = 3;           //默认采样次数为3次
    u16 rval;
    if(mode)
    {
```

```
                sample = 6;          //支持连按的时候,设置采样次数为 6 次
                keyen = 0;           //支持连按
            }
            rval = TPAD_Get_MaxVal(sample);
            if(rval>(tpad_default_val * 4/3)&&rval<(10 * tpad_default_val))
            //大于 tpad_default_val+(1/3) * tpad_default_val,且小于 10 倍 tpad_default_val,则有效
            {
                if(keyen == 0)res = 1;       //keyen == 0,有效
                //printf("r:%d\r\n",rval);
                keyen = 3;                   //至少要再过 3 次之后才能按键有效
            }
            if(keyen)keyen--;
            return res;
    }
    //定时器 2 通道 2 输入捕获配置
    //arr:自动重装值
    //psc:时钟预分频数
    void TIM2_CH1_Cap_Init(u32 arr,u16 psc)
    {
        RCC->APB1ENR|=1<<0;              //TIM2 时钟使能
        RCC->AHB1ENR|=1<<0;              //使能 PORTA 时钟
        GPIO_Set(GPIOA,PIN5,GPIO_MODE_AF,GPIO_OTYPE_PP,GPIO_SPEED_100M,
                 GPIO_PUPD_NONE);        //PA5,复用功能,不带上下拉
        GPIO_AF_Set(GPIOA,5,1);          //PA5,AF1
        TIM2->ARR = arr;                 //设定计数器自动重装值//刚好 1 ms
        TIM2->PSC = psc;                 //预分频器,1 MHz 的计数频率
        TIM2->CCMR1|=1<<0;               //CC1S = 01    选择输入端 IC1 映射到 TI1 上
        TIM2->CCMR1|=0<<4;               //IC1F = 0000  配置输入滤波器不滤波
        TIM2->EGR = 1<<0;                //软件控制产生更新事件,使写入 PSC 的值立即生效
                                         //否则将会要等到定时器溢出才会生效
        TIM2->CCER|=0<<1;                //CC1P = 0     上升沿捕获
        TIM2->CCER|=1<<0;                //CC1E = 1     允许捕获计数器的值到捕获寄存器中
        TIM2->CR1|=0x01;                 //使能定时器 2
    }
```

此部分代码包含 6 个函数,这里介绍其中 4 个比较重要的函数:TIM2_CH1_Cap_Init、TPAD_Get_Val、TPAD_Init 和 TPAD_Scan。

首先介绍 TIM2_CH1_Cap_Init 函数。该函数和上一章的输入捕获函数基本一样,不同的是,这里设置的是 TIM2 而上一章是 TIM5。通过该函数的设置,将可以捕获 PA5 上的上升沿,同样 TIM2 也是 32 位定时器。

再来看看 TPAD_Get_Val 函数,该函数用于得到定时器的一次捕获值。该函数先调用 TPAD_Reset 将电容放电,同时设置 TIM2_CNT 寄存器为 0,然后死循环等待发生上升沿捕获(或计数溢出),将捕获到的值(或溢出值)作为返回值返回。

接着介绍 TPAD_Init 函数,该函数用于初始化输入捕获,并获取默认的 TPAD 值。该函数有一个参数,用来传递分频系数,其实是为了配置 TIM2_CH1_Cap_Init 的计数周期。在该函数中连续 10 次读取 TPAD 值,将这些值升序排列后取中间 6 个值再做平均(这样做的目的是尽量减少误差),并赋值给 tpad_default_val,用于后续触摸

判断的标准。

最后来看看 TPAD_Scan 函数,该函数用于扫描 TPAD 是否有触摸。该函数的参数 mode 用于设置是否支持连续触发,返回值如果是 0,说明没有触摸;如果是 1,则说明有触摸。该函数同样包含了一个静态变量,用于检测控制,类似第 7 章的 KEY_Scan 函数,所以该函数同样是不可重入的。函数中通过连续读取 3 次(不支持连续按的时候)TPAD 的值,取它们的最大值,和 tpad_default_val * 4/3 比较,如果大于则说明有触摸;如果小于,则说明无触摸。其中,tpad_default_val 是在调用 TPAD_Init 函数的时候得到的值,然后取其 4/3 为门限值。该函数还做了一些其他的条件限制,让触摸按键有更好的效果,这个须读者看代码自行参悟了。

将 tpad.c 文件保存,然后加入到 HARDWARE 组下。接下来,在 tpad.h 文件里输入如下代码:

```c
#ifndef __TPAD_H
#define __TPAD_H
#include "sys.h"
#include "timer.h"
//空载的时候(没有手按下),计数器需要的时间
//这个值应该在每次开机的时候被初始化一次
extern vu16 tpad_default_val;
void TPAD_Reset(void);
u16  TPAD_Get_Val(void);
u16  TPAD_Get_MaxVal(u8 n);
u8   TPAD_Init(u8 systick);
u8   TPAD_Scan(u8 mode);
void TIM2_CH1_Cap_Init(u32 arr,u16 psc);
#endif
```

接下来,修改主程序里面的 main 函数如下:

```c
int main(void)
{
    u8 t = 0,led0sta = 1,led1sta = 1;
    Stm32_Clock_Init(432,25,2,9);      //设置时钟,216 MHz
    delay_init(216);                    //延时初始化
    uart_init(108,115200);              //初始化串口波特率为 115 200
    LED_Init();                         //初始化与 LED 连接的硬件接口
    TPAD_Init(2);                       //初始化触摸按键,以 108/2 = 54 MHz 频率计数
    while(1)
    {
        if(TPAD_Scan(0))                //成功捕获到了一次上升沿(此函数执行时间至少 15 ms)
        {
            LED1(led1sta^= 1);          //LED1 取反
        }
        t++;
        if(t == 15)
        {
            t = 0;
            LED0(led0sta^= 1);          //LED0 取反,提示程序运行
```

```
        }
        delay_ms(10);
    }
}
```

该 main 函数比较简单，TPAD_Init(2)函数执行之后就开始触摸按键的扫描，有触摸的时候对 DS1 取反，而 DS0 则有规律地间隔取反，提示程序正在运行。注意，在修改 main 函数之后，还需要在 test.c 里面添加 tpad.h 头文件，否则会报错。

注意，不要把"uart_init(108,115200);"去掉，因为 TPAD_Init 函数里面用到了 printf，如果去掉了 uart_init，就会导致 printf 无法执行，从而死机。

至此，软件设计就完成了。

15.4 下载验证

完成软件设计之后，将编译好的文件下载到阿波罗 STM32 开发板上可以看到，DS0 慢速闪烁，此时，用手指触摸 ALIENTEK 阿波罗 STM32 开发板上的 TPAD（右下角的白色头像），就可以控制 DS1 的亮灭了。不过要确保 TPAD 和 ADC 的跳线帽连接上了，如图 15.4.1 所示。同时，可以打开串口调试助手，每次复位的时候，就会收到 tpad_default_val 的值，一般为 140 左右。

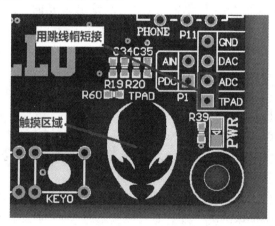

图 15.4.1　触摸区域和跳线帽短接方式示意图

第 16 章

OLED 显示实验

前面几章的实例均没涉及液晶显示,这一章将介绍 OLED 的使用。本章将使用阿波罗 STM32 开发板上的 OLED 模块接口来点亮 OLED,并实现 ASCII 字符的显示。

16.1 OLED 简介

OLED,即有机发光二极管(Organic Light-Emitting Diode),又称为有机电激光显示(Organic Electroluminesence Display,OELD)。OLED 由于同时具备自发光、不需背光源、对比度高、厚度薄、视角广、反应速度快、可用于挠曲性面板、使用温度范围广、构造及制程较简单等优异特性,被认为是下一代平面显示器新兴应用技术。

LCD 都需要背光,而 OLED 不需要,因为它是自发光的。这样,同样的显示时,OLED 效果要好一些。以目前的技术,OLED 的尺寸还难以大型化,但是分辨率却可以做到很高。本章使用的是 ALINETEK 的 OLED 显示模块,该模块有以下特点:

- 模块有单色和双色两种可选,单色为纯蓝色,双色为黄蓝双色。
- 尺寸小,显示尺寸为 0.96 寸,而模块的尺寸仅为 27 mm×26 mm 大小。
- 高分辨率,该模块的分辨率为 128×64。
- 多种接口方式,该模块提供了总共 4 种接口,即 6800、8080 两种并行接口方式、4 线 SPI 接口方式以及 I^2C 接口方式(只需要 2 根线就可以控制 OLED 了)。
- 不需要高压,直接接 3.3 V 就可以工作了。

注意,该模块不和 5.0 V 接口兼容,所以使用的时候一定要小心,别直接接到 5 V 的系统上去,否则可能烧坏模块。以上 4 种模式通过模块的 BS1 和 BS2 设置,BS1 和 BS2 的设置与模块接口模式的关系如表 16.1.1 所列。该模块的外观图如图 16.1.1 所示。

表 16.1.1 OLED 模块接口方式设置表

接口方式	4 线 SPI	I^2C	8 位 6800	8 位 8080
BS1	0	1	0	1
BS2	0	0	1	1

其中,"1"代表接 VCC,而"0"代表接 GND。

ALIENTEK OLED 模块默认设置是 BS1 和 BS2 接 VCC,即使用 8080 并口方式。

第 16 章 OLED 显示实验

图 16.1.1 ALIENTEK OLED 模块外观图

如果想要设置为其他模式,则需要在 OLED 的背面用烙铁修改 BS1 和 BS2 的设置。

模块的原理图如图 16.1.2 所示。该模块采用 8×2 的 2.54 排针与外部连接,总共有 16 个引脚,这里只用了 15 条,有一个是悬空的。15 条线中,电源和地线占了 2 条,还剩下 13 条信号线。在不同模式下,我们需要的信号线数量是不同的,8080 模式下需

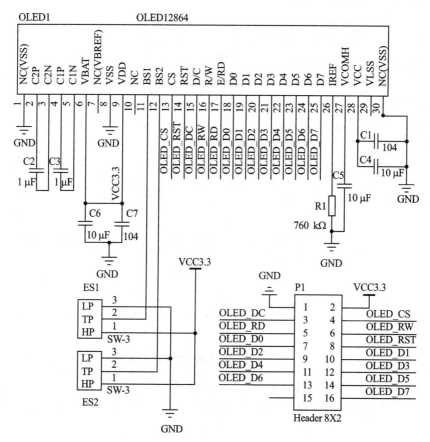

图 16.1.2 ALIENTEK OLED 模块原理图

要全部 13 条，I²C 模式下仅需要 2 条线就够了。这其中有一条是共同的，那就是复位线 RST(RES)，RST 上的低电平将导致 OLED 复位，每次初始化之前都应该复位一下 OLED 模块。

ALIENTEK OLED 模块的控制器是 SSD1306，本章介绍如何通过 STM32F767 来控制该模块显示字符和数字，本章的实例代码将可以支持两种方式与 OLED 模块连接，一种是 8080 的并口方式，另外一种是 4 线 SPI 方式。

首先介绍一下模块的 8080 并行接口。8080 并行接口的发明者是 INTEL，该总线也被广泛应用于各类液晶显示器，ALIENTEK OLED 模块也提供了这种接口，使得 MCU 可以快速地访问 OLED。ALIENTEK OLED 模块的 8080 接口方式需要如下一些信号线：

> CS：OLED 片选信号。
> WR：向 OLED 写入数据。
> RD：从 OLED 读取数据。
> D[7:0]：8 位双向数据线。
> RST(RES)：硬复位 OLED。
> DC：命令/数据标志(0，读/写命令；1，读/写数据)。

模块的 8080 并口读/写的过程为：先根据要写入/读取的数据类型，设置 DC 为高(数据)/低(命令)，然后拉低片选，选中 SSD1306。接着根据是读数据还是要写数据置 RD/WR 为低，然后在 RD 的上升沿，使数据锁存到数据线(D[7:0])上；在 WR 的上升沿，使数据写入到 SSD1306 里面。

SSD1306 的 8080 并口写时序图如图 16.1.3 所示。

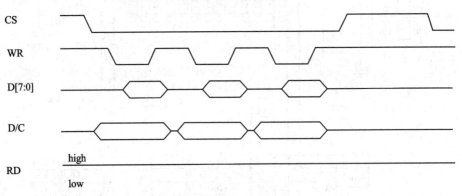

图 16.1.3　8080 并口写时序图

SSD1306 的 8080 并口读时序图如图 16.1.4 所示。

在 SSD1306 的 8080 接口方式下，控制脚的信号状态对应的功能如表 16.1.2 所列。

在 8080 方式下读数据操作的时候，有时候(例如读显存的时候)需要一个假读命令(Dummy Read)，以使得微控制器的操作频率和显存的操作频率相匹配。在读取真正

第16章 OLED 显示实验

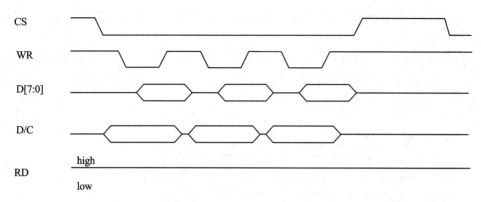

图 16.1.4 8080 并口读时序图

的数据之前,有一个假读的过程。这里的假读,其实就是第一个读到的字节丢弃不要,从第二个开始才是真正要读的数据。

表 16.1.2 控制脚信号状态功能表

功　能	RD	WR	CS	DC
写命令	H	↑	L	L
读状态	↑	H	L	L
写数据	H	↑	L	H
读数据	↑	H	L	H

一个典型的读显存的时序图如图 16.1.5 所示。可以看到,发送了列地址之后开始读数据,第一个是假读,从第二个开始才算是真正有效的数据。

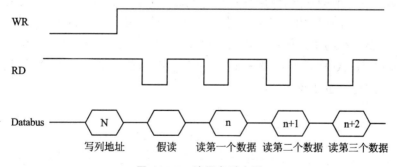

图 16.1.5 读显存时序图

接下来介绍 4 线串行(SPI)方式。4 先串口模式使用的信号线有如下几条:
➢ CS:OLED 片选信号。
➢ RST(RES):硬复位 OLED。
➢ DC:命令/数据标志(0,读/写命令;1,读/写数据)。
➢ SCLK:串行时钟线。在 4 线串行模式下,D0 信号线作为串行时钟线 SCLK。
➢ SDIN:串行数据线。在 4 线串行模式下,D1 信号线作为串行数据线 SDIN。

模块的 D2 需要悬空,其他引脚可以接到 GND。在 4 线串行模式下,只能往模块写数据而不能读数据。

在 4 线 SPI 模式下,每个数据长度均为 8 位,在 SCLK 的上升沿,数据从 SDIN 移入到 SSD1306,并且是高位在前的。DC 线还是用作命令/数据的标志线。在 4 线 SPI 模式下,写操作的时序如图 16.1.6 所示。

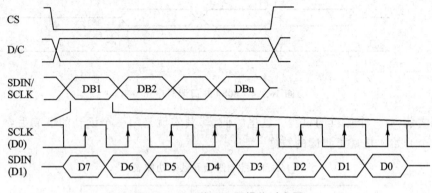

图 16.1.6 4 线 SPI 写操作时序图

4 线串行模式就介绍到这里。其他几种模式的详细介绍可参考 SSD1306 的数据手册。

接下来介绍模块的显存。SSD1306 的显存总共为 128×64 bit 大小,SSD1306 将这些显存分为了 8 页,其对应关系如图 16.1.7 所示。可以看出,SSD1306 的每页包含了 128 字节,总共 8 页,这样刚好是 128×64 的点阵大小。因为每次写入都是按字节写入的,这就存在一个问题,如果使用只写方式操作模块,那么每次要写 8 个点,这样画点的时候就必须把要设置的点所在字节的每个位都搞清楚当前的状态(0/1?);否则,写入的数据就会覆盖掉之前的状态,结果就是有些不需要显示的点显示出来了,或者该显示的没有显示了。这个问题在能读的模式下时,可以先读出来要写入的那个字节,得到当前状况,修改了要改写的位之后再写进 GRAM,这样就不会影响到之前的状况了。但是这样需要能读 GRAM,对于 4 线 SPI 模式/I^2C 模式,模块是不支持读的,而且"读→改→写"的方式速度也比较慢。

	行(COL0~127)						
列 (COM0~63)	SEG0	SEG1	SEG2	……	SEG125	SEG126	SEG127
	PAGE0						
	PAGE1						
	PAGE2						
	PAGE3						
	PAGE4						
	PAGE5						
	PAGE6						
	PAGE7						

图 16.1.7 SSD1306 显存与屏幕对应关系

第16章 OLED显示实验

所以这里采用的办法是在STM32F767内部建立一个OLED的GRAM(共128×8字节)，在每次修改的时候，只是修改STM32F767上的GRAM(实际上就是SRAM)；在修改完了之后，一次性把STM32F767上的GRAM写入到OLED的GRAM。当然，这个方法也有坏处，就是对于那些SRAM很小的单片机(比如51系列)就比较麻烦了。

SSD1306的命令比较多，这里仅介绍几个比较常用的命令，这些命令如表16.1.3所列。

表16.1.3　SSD1306常用命令表

序号	指令 HEX	各位描述 D7	D6	D5	D4	D3	D2	D1	D0	命令	说明
0	81	1	0	0	0	0	0	0	1	设置对比度	A的值越大屏幕越亮，A的范围从0X00~0XFF
	A[7:0]	A7	A6	A5	A4	A3	A2	A1	A0		
1	AE/AF	1	0	1	0	1	1	1	X0	设置显示开关	X0=0，半闭显示；X0=1，开启显示；
2	8D	1	0	0	0	1	1	0	1	电荷泵设置	A2=0，关闭电荷泵 A2=1，开启电荷泵
	A[7:0]	*	*	0	1	0	A2	0	0		
3	B0~B7	1	0	1	1	0	X2	X1	X0	设置页地址	X[2:0]=0~7对应页0~7
4	00~0F	0	0	0	0	X3	X2	X1	X0	设置列地址低四位	设置8位起始列地址的低4位
5	10~1F	0	0	0	1	X3	X2	X1	X0	设置列地址高四位	设置8位起始列地址的高4位

第一个命令为0X81，用于设置对比度。这个命令包含了两个字节，第一个0X81为命令，随后发送的一个字节为要设置的对比度的值。这个值设置得越大，屏幕就越亮。

第二个命令为0XAE/0XAF。0XAE为关闭显示命令，0XAF为开启显示命令。

第三个命令为0X8D。该指令也包含2个字节，第一个为命令字；第二个为设置值，第二个字节的BIT2表示电荷泵的开关状态，该位为1，则开启电荷泵，为0则关闭。模块初始化的时候，这个必须要开启，否则是看不到屏幕显示的。

第四个命令为0XB0~B7，用于设置页地址，其低3位的值对应着GRAM的页地址。

第五个指令为0X00~0X0F，用于设置显示时的起始列地址低4位。

第六个指令为0X10~0X1F，用于设置显示时的起始列地址高4位。

其他命令就不在这里一一介绍了，读者可以参考SSD1306 datasheet的第28页。

最后，再来介绍一下OLED模块的初始化过程。SSD1306的典型初始化框图如图16.1.8所示。

驱动IC的初始化代码时，直接使用厂家推荐的设置就可以了。只要对细节部分进行一些修改，使其满足自己的要求即可，其他不需要变动。

OLED 的介绍就到此为止,这里重点介绍了 ALIENTEK OLED 模块的相关知识,接下来将使用这个模块来显示字符和数字。通过以上介绍可以得出 OLED 显示需要的相关设置步骤如下:

① 设置 STM32F767 与 OLED 模块相连接的 I/O。

这一步先将与 OLED 模块相连的 I/O 口设置为输出,具体使用哪些 I/O 口需要根据连接电路以及 OLED 模块所设置的通信模式来确定。这些将在硬件设计部分介绍。

② 初始化 OLED 模块。

其实这里就是图 16.1.8 的内容,通过对 OLED 相关寄存器的初始化来启动 OLED 的显示,为后续显示字符和数字做准备。

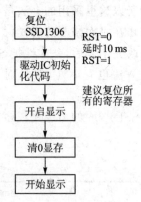

图 16.1.8 SSD1306 初始化框图

③ 通过函数将字符和数字显示到 OLED 模块上。

这里就是通过我们设计的程序,将要显示的字符送到 OLED 模块就可以了。这些函数将在软件设计部分介绍。

通过以上 3 步就可以使用 ALIENTEK OLED 模块来显示字符和数字了,后面还会介绍显示汉字的方法。

16.2 硬件设计

本实验用到的硬件资源有指示灯 DS0、OLED 模块。OLED 模块的电路前面已有详细说明了,这里介绍 OLED 模块与阿波罗 STM32F767 开发板的连接。开发板底板的 OLED/CAMERA 接口(P7 接口)可以和 ALIENTEK OLED 模块直接对插(靠左插),连接如图 16.2.1 所示。

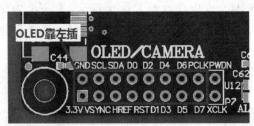

图 16.2.1 OLED 模块与开发板连接示意图

图中圈出来的部分就是连接 OLED 的接口,在硬件上,OLED 与阿波罗 STM32F767 开发板 I/O 口对应关系如下:

➢ OLED_CS 对应 DCMI_VSYNC,即 PB7;
➢ OLED_RS 对应 DCMI_SCL,即 PB4;

第 16 章 　OLED 显示实验

- OLED_WR 对应 DCMI_HREF，即 PH8；
- OLED_RD 对应 DCMI_SDA，即 PB3；
- OLED_RST 对应 DCMI_RESET，即 PA15；
- OLED_D[7:0]对应 DCMI_D[7:0]，即 PB9、PB8、PD3、PC11、PC9、PC8、PC7、PC6。

开发板的内部已经将这些线连接好了，只需要将 OLED 模块插上去就好了。注意，这里的 OLED_D[7:0]因为不是接的连续的 I/O，所以须用拼凑的方式去组合一下，后续会介绍。实物连接如图 16.2.2 所示。

图 16.2.2 　OLED 模块与开发板连接实物图

16.3 　软件设计

软件设计依旧在之前的工程上面增加，不过没用到电容触摸按键，所以先去掉 tpad.c(注意，此时 HARDWARE 组仅剩 led.c)。然后，在 HARDWARE 文件夹下新建一个 OLED 的文件夹。打开 USER 文件夹下的工程，新建一个 oled.c 的文件和 oled.h 的头文件，保存在 OLED 文件夹下，并将 OLED 文件夹加入头文件包含路径。

oled.c 的代码比较长，这里就不贴出来了，仅介绍几个比较重要的函数。首先是 OLED_Init 函数，该函数的结构比较简单，开始是对 I/O 口的初始化，这里用了宏定义 OLED_MODE 来决定要设置的 I/O 口；其他就是一些初始化序列了，按照厂家提供的资料来做就可以。最后要说明一点的是，因为 OLED 是无背光的，初始化之后把显存都清空了，所以屏幕上是看不到任何内容的，跟没通电一个样，不要以为这就是初始化失败，要写入数据模块才会显示的。OLED_Init 函数代码如下：

```
//初始化 SSD1306
void OLED_Init(void)
{
```

```c
    RCC->AHB1ENR|= 0X8F;           //使能 PORTA~F,PORTH 时钟
#if OLED_MODE == 1                 //使用 8080 并口模式
    GPIO_Set(GPIOA,PIN15,GPIO_MODE_OUT,GPIO_OTYPE_PP,GPIO_SPEED_100M,
            GPIO_PUPD_PU);                 //PA15 设置
    GPIO_Set(GPIOB,PIN3|PIN4|PIN7|PIN8|PIN9,GPIO_MODE_OUT,GPIO_OTYPE_PP,
            GPIO_SPEED_100M,GPIO_PUPD_PU);     //PB3,4,7,8,9 设置
    GPIO_Set(GPIOC,PIN6|PIN7|PIN8|PIN9|PIN11,GPIO_MODE_OUT,GPIO_OTYPE_PP,
            GPIO_SPEED_100M,GPIO_PUPD_PU);//PC6~9,PC11 设置
    GPIO_Set(GPIOD,PIN3,GPIO_MODE_OUT,GPIO_OTYPE_PP,GPIO_SPEED_100M,
            GPIO_PUPD_PU);  //PD3 设置
    GPIO_Set(GPIOH,PIN8,GPIO_MODE_OUT,GPIO_OTYPE_PP,GPIO_SPEED_100M,
            GPIO_PUPD_PU);  //PH8 设置
    OLED_WR(1);
    OLED_RD(1);
#else                              //使用 4 线 SPI 串口模式
    GPIO_Set(GPIOB,PIN4|PIN7,GPIO_MODE_OUT,GPIO_OTYPE_PP,
            GPIO_SPEED_100M,GPIO_PUPD_PU);     //PB4,PB7 设置
    GPIO_Set(GPIOC,PIN6|PIN7,GPIO_MODE_OUT,GPIO_OTYPE_PP,
            GPIO_SPEED_100M,GPIO_PUPD_PU); //PC6,7 设置
    GPIO_Set(GPIOA,PIN15,GPIO_MODE_OUT,GPIO_OTYPE_PP,
            GPIO_SPEED_100M,GPIO_PUPD_PU);     //PA15 设置
    OLED_SDIN(1);
    OLED_SCLK(1);
#endif
    OLED_CS(1);
    OLED_RS(1);
    OLED_RST(0);
    delay_ms(100);
    OLED_RST(1);
    OLED_WR_Byte(0xAE,OLED_CMD); //关闭显示
    OLED_WR_Byte(0xD5,OLED_CMD); //设置时钟分频因子,振荡频率
    OLED_WR_Byte(80,OLED_CMD);    //[3:0],分频因子;[7:4],震荡频率
    OLED_WR_Byte(0xA8,OLED_CMD); //设置驱动路数
    OLED_WR_Byte(0X3F,OLED_CMD); //默认 0X3F(1/64)
    OLED_WR_Byte(0xD3,OLED_CMD); //设置显示偏移
    OLED_WR_Byte(0X00,OLED_CMD); //默认为 0
    OLED_WR_Byte(0x40,OLED_CMD); //设置显示开始行 [5:0],行数
    OLED_WR_Byte(0x8D,OLED_CMD); //电荷泵设置
    OLED_WR_Byte(0x14,OLED_CMD); //bit2,开启/关闭
    OLED_WR_Byte(0x20,OLED_CMD); //设置内存地址模式
    OLED_WR_Byte(0x02,OLED_CMD);
    //[1:0],00,列地址模式;01,行地址模式;10,页地址模式;默认 10;
    OLED_WR_Byte(0xA1,OLED_CMD); //段重定义设置,bit0:0,0->0;1,0->127;
    OLED_WR_Byte(0xC0,OLED_CMD);
    //设置 COM 扫描方向;bit3:0,普通模式;1,重定义模式 COM[N-1]->COM0;N:驱动路数
    OLED_WR_Byte(0xDA,OLED_CMD); //设置 COM 硬件引脚配置
    OLED_WR_Byte(0x12,OLED_CMD); //[5:4]配置
    OLED_WR_Byte(0x81,OLED_CMD); //对比度设置
    OLED_WR_Byte(0xEF,OLED_CMD); //1~255;默认 0X7F (亮度设置,越大越亮)
    OLED_WR_Byte(0xD9,OLED_CMD); //设置预充电周期
    OLED_WR_Byte(0xf1,OLED_CMD); //[3:0],PHASE 1;[7:4],PHASE 2
```

第 16 章 OLED 显示实验

```
    OLED_WR_Byte(0xDB,OLED_CMD); //设置 VCOMH 电压倍率
    OLED_WR_Byte(0x30,OLED_CMD); //[6:4] 000,0.65 * vcc;001,0.77 * vcc;011,0.83 * vcc;
    OLED_WR_Byte(0xA4,OLED_CMD); //全局显示开启;bit0:1,开启;0,关闭;(白屏/黑屏)
    OLED_WR_Byte(0xA6,OLED_CMD); //设置显示方式;bit0:1,反相显示;0,正常显示
    OLED_WR_Byte(0xAF,OLED_CMD); //开启显示
    OLED_Clear();
}
```

接着,要介绍的是 OLED_Refresh_Gram 函数。在 STM32F767 内部定义了一个块 GRAM,即"u8 OLED_GRAM[128][8];",此部分 GRAM 对应 OLED 模块上的 GRAM。操作的时候,只要修改 STM32F767 内部的 GRAM 就可以了,然后通过 OLED_Refresh_Gram 函数把 GRAM 一次刷新到 OLED 的 GRAM 上。该函数代码如下:

```
//更新显存到 LCD
void OLED_Refresh_Gram(void)
{
    u8 i,n;
    for(i = 0;i<8;i ++ )
    {
        OLED_WR_Byte (0xb0 + i,OLED_CMD);     //设置页地址(0~7)
        OLED_WR_Byte (0x00,OLED_CMD);          //设置显示位置—列低地址
        OLED_WR_Byte (0x10,OLED_CMD);          //设置显示位置—列高地址
        for(n = 0;n<128;n ++ )OLED_WR_Byte(OLED_GRAM[n][i],OLED_DATA);
    }
}
```

OLED_Refresh_Gram 函数先设置页地址,再写入列地址(也就是纵坐标),然后从 0 开始写入 128 个字节。写满该页,最后循环把 8 页的内容都写入,就实现了整个从 STM32F767 显存到 OLED 显存的复制。

OLED_Refresh_Gram 函数还用到了一个外部函数,也就是接着要介绍的函数: OLED_WR_Byte,该函数直接和硬件相关,函数代码如下:

```
# if OLED_MODE == 1    //8080 并口
//通过拼凑的方法向 OLED 输出一个 8 位数据
//data:要输出的数据
void OLED_Data_Out(u8 data)
{
    u16 dat = data&0X0F;
    GPIOC ->ODR& = ~(0XF << 6);             //清空 6~9
    GPIOC ->ODR|= dat << 6;                  //D[3:0]-->PC[9:6]
    GPIO_Pin_Set(GPIOC,PIN11,data >> 4);     //D4
    GPIO_Pin_Set(GPIOD,PIN3,data >> 5);      //D5
    GPIO_Pin_Set(GPIOB,PIN8,data >> 6);      //D6
    GPIO_Pin_Set(GPIOB,PIN9,data >> 7);      //D7
}
//向 SSD1306 写入一个字节
//dat:要写入的数据/命令
//cmd:数据/命令标志 0,表示命令;1,表示数据
```

```c
void OLED_WR_Byte(u8 dat,u8 cmd)
{
    OLED_Data_Out(dat);
    OLED_RS(cmd);
    OLED_CS(0);
    OLED_WR(0);
    OLED_WR(1);
    OLED_CS(1);
    OLED_RS(1);
}
#else
//向SSD1306写入一个字节
//dat:要写入的数据/命令
//cmd:数据/命令标志 0,表示命令;1,表示数据
void OLED_WR_Byte(u8 dat,u8 cmd)
{
    u8 i;
    OLED_RS(cmd);              //写命令
    OLED_CS(0);
    for(i=0;i<8;i++)
    {
        OLED_SCLK(0);
        if(dat&0x80)OLED_SDIN(1);
        else OLED_SDIN(0);
        OLED_SCLK(1);
        dat <<= 1;
    }
    OLED_CS(1);
    OLED_RS(1);
}
#endif
```

首先看 OLED_Data_Out 函数。这就是前面说的,因为 OLED 的 D0~D7 不是接的连续 I/O,所以必须将数据拆分到各个 I/O,以实现一次完整的数据传输。该函数就是根据 OLED_D[7:0] 具体连接的 I/O 对数据进行拆分,然后输出给对应位的各个 I/O,从而实现并口数据输出。这种方式会降低并口速度,但是 OLED 模块是单色的,数据量不是很大,所以这种方式也不会造成视觉上的影响,可以放心使用;但是如果是 TFTLCD,就不推荐了。

然后看 OLED_WR_Byte 函数,这里有 2 个一样的函数,通过宏定义 OLED_MODE 来决定使用哪一个。如果 OLED_MODE=1,则定义为并口模式,选择第一个函数;而如果为 0,则为 4 线串口模式,选择第二个函数。这两个函数输入参数均为 2 个:dat 和 cmd,dat 为要写入的数据,cmd 表明该数据是命令还是数据。这两个函数的时序操作就是根据上面对 8080 接口以及 4 线 SPI 接口的时序来编写的。

OLED_GRAM[128][8] 中的 128 代表列数(x 坐标),8 代表的是页,每页又包含 8 行,总共 64 行(y 坐标),从高到低对应行数从小到大。比如,要在 x=100、y=29 这个点写入 1,则可以用这个句子实现:

```
OLED_GRAM[100][4]|=1 << 2;
```

一个通用的在点(x,y)置1表达式为:

```
OLED_GRAM[x][7-y/8]|=1 << (7-y%8);
```

其中,x 的范围为 0~127,y 的范围为 0~63。

因此,可以得出下一个将要介绍的函数:画点函数,void OLED_DrawPoint(u8 x, u8 y,u8 t)。函数代码如下:

```
void OLED_DrawPoint(u8 x,u8 y,u8 t)
{
    u8 pos,bx,temp=0;
    if(x>127||y>63)return;//超出范围了
    pos = 7-y/8;
    bx = y%8;
    temp = 1 << (7-bx);
    if(t)OLED_GRAM[x][pos]|= temp;
    else OLED_GRAM[x][pos]&= ~temp;
}
```

该函数有 3 个参数,前两个是坐标,第三个 t 为要写入 1 还是 0。该函数实现了在 OLED 模块上任意位置画点的功能。

接下来介绍一下显示字符函数,OLED_ShowChar。介绍之前,先来介绍一下字符 (ASCII 字符集)是怎么显示在 OLED 模块上去的? 要显示字符,先要有字符的点阵数据。ASCII 常用的字符集总共有 95 个,从空格符开始,分别为!" # $ % &'() * +,-0123456789:;<=>? @ ABCDEFGHIJKLMNOPQRSTUVWXYZ[\]^_`abcdefghijklmnopqrstuvwxyz{|}~。

先要得到这个字符集的点阵数据,这里介绍一款很好的字符提取软件,即 PCtoLCD2002 完美版。该软件可以提供各种字符,包括汉字(字体和大小都可以自己设置) 阵提取,且取模方式可以设置好几种,对于常用的取模方式,该软件都支持。该软件还支持图形模式,也就是用户可以自己定义图片的大小,然后画图,根据所画的图形再生成点阵数据,这功能在制作图标或图片的时候很有用。

该软件的界面如图 16.3.1 所示。

然后选择设置取模方式如图 16.3.2 所示。图中设置的取模方式在右上角的取模说明里面有,即从第一列开始向下每取 8 个点作为一个字节,最后不足 8 个点就补满 8 位。取模顺序是从高到低,即第一个点作为最高位。如 * -------取为 10000000,其实就是按如图 16.3.3 所示的这种方式。

从上到下,从左到右,高位在前,按这样的取模方式,然后把 ASCII 字符集按 12× 6、16×8 和 24×12 大小取模出来(对应汉字大小为 12×12、16×16 和 24×24,字符的只有汉字的一半大),并保存在 oledfont.h 里面。每个 12×6 的字符占用 12 个字节,每个 16×8 的字符占用 16 个字节,每个 24×12 的字符占用 36 个字节,具体见 oledfont.h 部分代码(该部分不再这里列出来了,可参考配套资料里面的代码)。

知道了取模方式之后,就可以根据取模的方式来编写显示字符的代码了。这里针

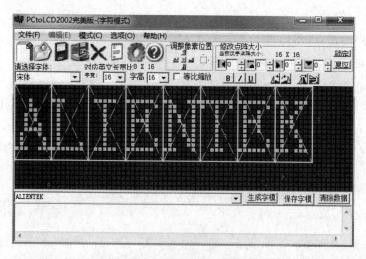

图 16.3.1　PCtoLCD2002 软件界面

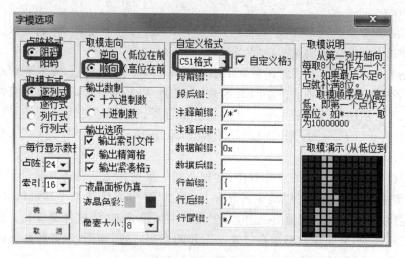

图 16.3.2　设置取模方式

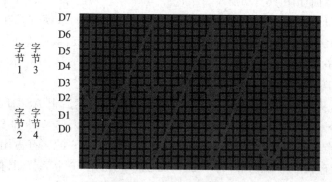

图 16.3.3　取模方式图解

对以上取模方式的显示字符代码如下:

```c
//在指定位置显示一个字符,包括部分字符
//x:0~127
//y:0~63
//mode:0,反白显示;1,正常显示
//size:选择字体 12/16/24
void OLED_ShowChar(u8 x,u8 y,u8 chr,u8 size,u8 mode)
{
    u8 temp,t,t1;
    u8 y0 = y;
    u8 csize = (size/8 + ((size%8)? 1:0)) * (size/2);//得到字体一个字符对应点阵集
                                                    //所占的字节数
    chr = chr - ' ';//得到偏移后的值
    for(t = 0;t<csize;t++)
    {
        if(size == 12)temp = asc2_1206[chr][t];      //调用 1206 字体
        else if(size == 16)temp = asc2_1608[chr][t]; //调用 1608 字体
        else if(size == 24)temp = asc2_2412[chr][t]; //调用 2412 字体
        else return;                                 //没有的字库
        for(t1 = 0;t1<8;t1++)
        {
            if(temp&0x80)OLED_DrawPoint(x,y,mode);
            else OLED_DrawPoint(x,y,!mode);
            temp <<= 1;
            y++;
            if((y - y0) == size)
            {
                y = y0;x++;
                break;
            }
        }
    }
}
```

该函数为字符以及字符串显示的核心部分,函数中"chr=chr-' ';"这句是要得到在字符点阵数据里面的实际地址,因为取模是从空格键开始的,如 oled_asc2_1206[0][0]代表的是空格符开始的点阵码。接下来的代码也是按照从上到小(先 y++)、从左到右(再 x++)的取模方式来编写的,先得到最高位,然后判断是写 1 还是 0,画点,接着读第二位。如此循环,直到一个字符的点阵全部取完为止。这其中涉及列地址和行地址的自增,根据取模方式来理解就不难了。

oled.c 的内容就介绍到这里,将 oled.c 保存,然后加入到 HARDWARE 组下。接下来在 oled.h 中输入如下代码:

```c
#ifndef __OLED_H
#define __OLED_H
#include "sys.h"
#include "stdlib.h"
//OLED 模式设置
//0: 4 线串行模式(模块的 BS1,BS2 均接 GND)
```

```c
//1:并行8080模式(模块的BS1,BS2均接VCC)
#define OLED_MODE       1
//------------------ OLED端口定义 ------------------
#define OLED_CS(x)          GPIO_Pin_Set(GPIOB,PIN7,x)
#define OLED_RST(x)         GPIO_Pin_Set(GPIOA,PIN15,x)
#define OLED_RS(x)          GPIO_Pin_Set(GPIOB,PIN4,x)
#define OLED_WR(x)          GPIO_Pin_Set(GPIOH,PIN8,x)
#define OLED_RD(x)          GPIO_Pin_Set(GPIOB,PIN3,x)
//使用4线串行接口时使用
#define OLED_SCLK(x)        GPIO_Pin_Set(GPIOC,PIN6,x)
#define OLED_SDIN(x)        GPIO_Pin_Set(GPIOC,PIN7,x)
#define OLED_CMD        0       //写命令
#define OLED_DATA       1       //写数据
//OLED控制用函数
void OLED_WR_Byte(u8 dat,u8 cmd);
……                              //忽略部分函数声明
void OLED_ShowString(u8 x,u8 y,const u8 *p);
#endif
```

该部分比较简单,OLED_MODE 的定义也在这个文件里面,必须根据自己 OLED 模块 BS1 和 BS2 的设置(目前代码仅支持 8080 和 4 线 SPI)来确定 OLED_MODE 的值。

保存好 oled.h 之后就可以在主程序里面编写应用层代码了,该部分代码如下:

```c
int main(void)
{
    u8 t = 0,led0sta = 1;
    Stm32_Clock_Init(432,25,2,9);       //设置时钟,216 MHz
    delay_init(216);                    //延时初始化
    uart_init(108,115200);              //初始化串口波特率为115 200
    LED_Init();                         //初始化与LED连接的硬件接口
    OLED_Init();                        //初始化OLED
    OLED_ShowString(0,0,"ALIENTEK",24);
    OLED_ShowString(0,24, "0.96' OLED TEST",16);
    OLED_ShowString(0,40,"ATOM 2016/7/11",12);
    OLED_ShowString(0,52,"ASCII:",12);
    OLED_ShowString(64,52,"CODE:",12);
    OLED_Refresh_Gram();                //更新显示到OLED
    t = ' ';
    while(1)
    {
        OLED_ShowChar(36,52,t,12,1);    //显示ASCII字符
        OLED_ShowNum(94,52,t,3,12);     //显示ASCII字符的码值
        OLED_Refresh_Gram();            //更新显示到OLED
        t ++;
        if(t>'~')t = ' ';
        delay_ms(500);
        LED0(led0sta^ = 1);             //LED0取反
    }
}
```

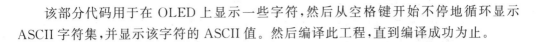

该部分代码用于在 OLED 上显示一些字符,然后从空格键开始不停地循环显示 ASCII 字符集,并显示该字符的 ASCII 值。然后编译此工程,直到编译成功为止。

16.4 下载验证

将代码下载到开发板后可以看到,DS0 不停地闪烁,提示程序已经在运行了。同时,可以看到 OLED 模块显示如图 16.4.1 所示。

图 16.4.1 OLED 显示效果

图中 OLED 显示了 3 种尺寸的字符,即 24×12(ALIENTEK)、16×8(0.96 寸 OLED TEST)和 12×6(剩下的内容),说明我们的实验是成功的,实现了 3 种不同尺寸 ASCII 字符的显示,并在最后一行不停地显示 ASCII 字符以及其码值。

通过这一章的学习,我们学会了 ALIENTEK OLED 模块的使用,调试代码时又多了一种显示信息的途径,以后的程序编写中可以好好利用。

第 17 章

内存保护(MPU)实验

STM32 的 Cortex-M4(STM32F3/F4 系列)和 Cortex-M7(STM32F7 系列)系列的产品都带有内存保护单元(memory protection unit,简称 MPU)。使用 MPU 可以设置不同存储区域的存储器访问特性(如只支持特权访问或全访问)和存储器属性(如可缓存、可共享),从而提高嵌入式系统的健壮性,使系统更加安全。接下来将以 STM32F767 为例介绍 STM32F7 内存保护单元(MPU)的使用。

17.1 MPU 简介

MPU,即内存保护单元,可以设置不同存储区域的存储器访问特性(如只支持特权访问或全访问)和存储器属性(如可缓存、可缓冲、可共享),对存储器(主要是内存和外设)提供保护,从而提高系统可靠性:

- 阻止用户应用程序破坏操作系统使用的数据。
- 阻止一个任务访问其他任务的数据区,从而隔离任务。
- 可以把关键数据区域设置为只读,从根本上解决被破坏的可能。
- 检测意外的存储访问,如堆栈溢出、数组越界等。
- 将 SRAM 或者 RAM 空间定义为不可执行(用不执行,XN),防止代码注入攻击。

注意,MPU 不仅可以保护内存区域(SRAM 区),还可以保护外设区(比如 FMC)。可以通过 MPU 设置存储器的访问权限,当存储器访问和 MPU 定义的访问权限相冲突的时候,则访问会被阻止,并且触发一次错误异常(一般是 MemManage 异常)。而在异常处理的时候,就可以确定系统是否应该复位或者执行其他操作。

STM32F7 的 MPU 提供 8 个可编程保护区域(region),每个区域都有自己的可编程起始地址、大小及设置。MPU 功能必须开启才会有效,默认条件下,MPU 是关闭的。所以,我们要想使用 MPU,必须先打开 MPU 才行。

8 个可编程保护区域一般来说足够使用,如果觉得不够,每个区域还可以被进一步划分为更小的子区域(sub region)。另外,还允许启用一个背景区域(即没有 MPU 设置的其他所有地址空间),背景区域只允许特权访问。启用 MPU 后,就不得再访问定义之外的地址区间,也不得访问未经授权的区域;否则,将以"访问违例"处理,触发 MemManage 异常。

第17章 内存保护(MPU)实验

此外,MPU 定义的区域还可以相互交迭。如果某块内存落在多个区域中,则访问属性和权限将由编号最大的区域来决定。比如,若2号区域与5号区域交迭,则交迭的部分受5号区域控制。

MPU 设置是由 CTRL、RNR、RBAR 和 RASR 等寄存器控制的,接下来分别介绍这几个寄存器。首先是 MPU 控制寄存器(CTRL),该寄存器只有最低3位有效,其描述如表 17.1.1 所列。

表 17.1.1 MPU_CTRL 寄存器各位描述

位 段	名 称	类 型	复位值	描 述
2	PRIVDEFENA	RW	0	是否为特权级打开默认存储器映射(即背影区域) 1=特权级下打开背景区域 0=不打开背景区域。任何访问违例以及对区域外地址区的访问都将引起 fault
1	HFNMIENA	RW	0	1=在 NMI 和硬 fault 服务例程中不强制除能 MPU 0=在 NMI 和硬 fault 服务例程中强制除能 MPU
0	ENABLE	RW	0	使能 MPU

PRIVDEFENA 位用于设置是否开启背景区域,通过设置该位为1,则可以在没有建立任何区域就使能 MPU 的情况下,依然允许特权级程序访问所有地址,而只有用户级程序被卡死。但是,如果设置了其他的区域(最多8个区域)并使能 MPU,则背景区域与这些区域重合的部分就要受各区域的限制。HFNMIENA 位用于控制是否在 NMI 和硬件 fault 中断服务例程中禁止 MPU,一般设置为0即可。ENABLE 位用于控制是否使能 MPU,一般在 MPU 配置完以后才对其进行使能,从而开启 MPU。

接下来介绍 MPU 区域编号寄存器(RNR)。该寄存器只有低8位有效,其描述如表 17.1.2 所列。

表 17.1.2 MPU_RNR 寄存器各位描述

位 段	名 称	类 型	复位值	描 述
7:0	PEGION	RW	—	选择下一个要配置的区域。因为只支持8个区域,所以事实上只有[2:0]有意义

在配置任何一个区域之前,必须先在 MPU 内选中这个区域,可以通过将区域编号写入 MPU_RNR 寄存器来完成这个操作。该寄存器只有低8位有效,不过由于 STM32F7 最多只支持8个区域,所以,实际上只有最低3位有效(0~7)。配置完区域编号以后,就可以对区域属性进行设置了。

接下来介绍 MPU 基地址寄存器(RBAR)。该寄存器各位描述如表 17.1.3 所列。
注意,表中 ADDR 字段设置的基址必须对齐到区域区域容量的边界。例如,定义某个区域的容量是 64 KB(通过 RASR 寄存器设置),那么它的基址(ADDR)就必须能被 64 KB 整除,比如 0X0001 0000、0X0002 0000、0X0003 0000 等(低16位全为0)。

表 17.1.3　MPU_RBAR 寄存器各位描述

位　段	名　称	类　型	复位值	描　述
31:N	ADDR	RW	—	区域基址字段。N 取决于区域容量,以使基址在数值上能被容量整除。在 MPU 区域属性及容量寄存器中有个 SZENABLE 位段,它决定 ADDR 中有多少个位被采用
4	VALID	RW	—	决定是否理会写入 RGION 字段的值 1=MPU 区域寄存器被 REGION 覆盖 0=MPU 区域寄存器的值保持不变
3:0	REGION	RW	—	MPU 区域覆写位段

VALID 用于控制 REGION 段(bit[3:0])的数据是否有效,如果 VALID=1,则区域段的区域编号将覆盖 MPU_RNR 寄存器所设置的区域编号;否则,将使用 MPU_RNR 设置的区域编号。一般设置 VALID 为 0,这样 MPU_RBAR 寄存器的低 5 位就没有用到。

注意,表 17.1.3 中的 N 值最少也是 5,所以,基址必须是 32 的倍数,所以设置区域的容量必须是 32 字节的倍数。

最后介绍 MPU 区域属性和容量寄存器(RASR)。该寄存器各位描述如表 17.1.4 所列。

表 17.1.4　MPU_RASR 寄存器各位描述

位　段	长度	名　称	功　能
31:29	3	—	保留
28	1	XN	1=此区禁止取指;0=此区允许取指
27	1	—	保留
26:24	3	AP	访问许可
23:22	2	—	保留
21:9	3	TEX	类型扩展
18	1	S	Sharable(可否共享) 1=可共享;0=不可共享
17	1	C	Cacheable(可否缓存) 1=可缓存;0=不可缓存
16	1	B	Buffable(可否缓冲) 1=可缓冲;0=不可缓冲
15:8	8	SRD	子区域除能位段。每设置 SRD 的一个位,就会除能与之对应的一个区域。容量大于 128 字节的区域都被划分成 8 个容量相同的区域。容量小于等于 128 字节的区域不能再分
7:6	2	—	保留
5:1	5	REGIONSIZE	区域容量,单位是字节。容量为 2≪(REGIONSIZE+1),但是最小容量为 32 字节
0	1	SZENABLE	1=使能此区域;0除能此区域

第17章　内存保护(MPU)实验

XN 位用于控制是否允许从此区域取指,如果 XN＝1,说明禁止从区域取指,强行取指将产生一个 MemManage 异常。如果设置 XN＝0,则允许取指。

AP 位由 3 个位(bit[26:24])组成,用于控制数据的访问权限(访问许可),控制关系如表 17.1.5 所列。

表 17.1.5　不同 AP 设置及其访问权限

值	特权级下的许可	用户级下的许可	典型用法
0b000	禁止访问	禁止访问	禁止访问
0b001	RW	禁止访问	只支持特权访问
0b010	RW	RO	禁止用户程序执行写操作
0b011	RW	RW	全访问
0b100	n/a	n/a	n/a
0b101	RO	禁止访问	仅支持特权读
0b110	RO	RO	只读
0b111	RO	RO	只读

TEX、S、C 和 B 等位对应着存储系统中比较高级的概念,可以通过对这些位段的编程来支持多样的内存管理模型,这些位组合的详细功能如表 17.1.6 所列。

表 17.1.6　TEX、S、C 和 B 对存储器类型的定义

TEX	C	B	描述	存储器类型	可否共享
000	0	0	强序(严格按照顺序执行)	强序	可以
000	0	1	共享的设备(可以写缓冲)	设备	可以
000	1	0	片外或片内的"写通"型内存,非写分配	普通	s 位决定
000	1	1	片外或片内的"写回"型内存,非写分配	普通	s 位决定
001	0	0	片外或片内的"不可缓存"型内存	普通	s 位决定
001	0	1	n/a	n/a	n/a
001	1	0	由具体实现定义		
001	1	1	片内或片内的"写回"型,带读和写的分配	普通	s 位决定
010	1	x	共享不可的设备	设备	总是不可
010	0	1	n/a	n/a	n/a
010	1	x	n/a	n/a	n/a
1BB	A	A	带缓存的内存。BB＝适用于片外内存,AA＝适用于片内内存	普通	s 位决定

有些情况下,内部和外部内存可能需要不同的缓存策略,次数需要设置 TEX 的第二位为 1,这样 TEX[1:0]的定义就会变为外部策略表(表 17.1.6 种表示为 BB),而 C

和 B 位则会变为内部策略表(表 17.1.6 种表示为 AA)。缓存策略的定义(AA 和 BB)如表 17.1.7 所列。

表 17.1.7 TEX 最高位为 1 时内外缓存策略编码

存储器属性编码(AA and BB)	高速缓存策略
00	不可共享
01	写回,读写均有分配
10	写通,无写分配
11	写回,无写分配

S 位用于控制存储器的共享特性,设置 S=1,则二级存储器不可以缓存(Cache);如果设置 S=0,则可以缓存,一般设置该位为 0 即可。

C 位用于控制存储器的缓存特性,也就是是否可以缓存。STM32F7 自带缓存,如果想要某个存储器可以被缓存,则必须设置 C=1。此位需要根据具体的需要设置。

B 位用于控制存储器的缓冲特性,设置 B=1,则二级存储器可以缓冲,即写回模式;设置 B=0,则二级存储器不可以缓冲,即写通模式。此位须根据具体的需要进行设置。

SRD[15:8]这 8 个位用于控制子区域(sub region)使能。前面提到,STM32F7 的 MPU 最多支持 8 个区域,有时候可能不够用,通过子区域的概念可以将每个区域的内部进一步划分成更小的块,这就是子区域,每个子区域可以独立地使能或除能(相当于可以部分地使能一个区域)。

子区域的使用必须满足:

① 每个区域必须 8 等分,每份是一个子区域,其属性与主区域完全相同。

② 可以被分为 8 个子区域的区域,其大小必须大于等于 256 字节。

SRD 中的 8 个位中每个位控制一个子区域是否被除能。如 SRD.4=0,则 4 号子区域被除能。如果某个子区域被除能,且其对应的地址范围又没有落在其他区域中,则对该区的访问将引发 fault。

REGIONSIZE[5:1]这 5 个位用于控制区域的容量(大小),计算关系如下:

$$rsize = 2^{REGIONSIZE+1}$$

式中,rsize 即区域的容量,必须大于等于 32 字节,即 REGIONSIZE 必须大于等于 4。区域的容量范围为 32 字节～4 GB,根据实际需要进行设置。

SZENABLE 位用于设置区域的使能。该位一般最后设置,设置为 1,则启用此区域,使能 MPU 保护。

至此,MPU 的简介就结束了,更详细的说明可参考《STM32F7 编程手册》、《STM32 MPU 说明》和《ARM Cortex‑M3 权威指南(中文)》第 14 章。

17.2 硬件设计

本章实验功能简介:本实验将利用 STM32F7 自带的 MPU 功能,对一个特定的内存空间(数组,地址为 0X20002000)进行写访问保护。开机时,串口调试助手显示 MPU closed,表示默认是没有写保护的。按 KEY0 可以往数组里面写数据,按 KEY1 可以读取数组里面的数据。按 KEY_UP 则开启 MPU 保护,此时,如果再按 KEY0 往数组写数据,就会引起 MemManage 错误,进入 MemManage_Handler 中断服务函数,此时 DS1 点亮,同时打印错误信息,最后软件复位,系统重启。DS0 用于提示程序正在运行,所有信息都是通过串口 1 输出(115 200),可用串口调试助手查看。

本实验需要用到的硬件资源有:指示灯 DS0,串口 1,按键 KEY0、KEY1 和 KEY_UP(也称之为 WK_UP)。这些硬件资源在之前的例程都已经介绍过了,可参考之前的例程。

17.3 软件设计

打开上一章的 TEST 工程,因为本章用不到 OLED,所以先把 oled.c 从 HARDWARE 组里面删除,另外,本章需要用到按键,需要添加 key.c 到 HARDWARE 组下。

在 HARDWARE 文件夹下新建一个 MPU 的文件夹。然后新建 mpu.c 和 mpu.h 两个文件,将它们保存在 MPU 文件夹下,并将这个文件夹加入头文件包含路径。

打开 mpu.c 文件,输入如下代码:

```c
//禁止 MPU 保护
void MPU_Disable(void)
{
    SCB->SHCSR& = ~(1 << 16);      //禁止 MemManage
    MPU->CTRL& = ~(1 << 0);         //禁止 MPU
}
//开启 MPU 保护
void MPU_Enable(void)
{
    MPU->CTRL = (1 << 2)|(1 << 0);  //使能 PRIVDEFENA,使能 MPU
    SCB->SHCSR|= 1 << 16;           //使能 MemManage
}
//将 nbytes 转换为 2 为底的指数
//NumberOfBytes:字节数
//返回值:以 2 为底的指数数值
u8 MPU_Convert_Bytes_To_POT(u32 nbytes)
{
    u8 count = 0;
    while(nbytes! = 1)
    {
        nbytes >> = 1;
```

```c
        count ++ ;
    }
    return count;
}
//设置某个区域的 MPU 保护
//baseaddr:MPU 保护区域的基址(首地址)
//size:MPU 保护区域的大小(必须是 32 的倍数,单位为字节)
//rnum:MPU 保护区编号,范围:0~7,最大支持 8 个保护区域
//ap:访问权限,访问关系如下
//0,无访问(特权&用户都不可访问)
//1,仅支持特权读写访问
//2,禁止用户写访问(特权可读写访问)
//3,全访问(特权&用户都可访问)
//4,无法预测(禁止设置为 4!!!)
//5,仅支持特权读访问
//6,只读(特权&用户都不可以写)
//详见:STM32F7 编程手册.pdf,4.6 节 Table 89
//sen:是否允许共用;0,不允许;1,允许
//cen:是否允许 cache;0,不允许;1,允许
//ben:是否允许缓冲;0,不允许;1,允许
//返回值:0,成功
//     其他,错误
u8 MPU_Set_Protection(u32 baseaddr,u32 size,u32 rnum,u8 ap,u8 sen,u8 cen,u8 ben)
{
    u32 tempreg = 0;
    u8 rnr = 0;
    if((size % 32)||size == 0)return 1;          //大小不是 32 的倍数,或者 size 为 0,说明
                                                 //参数错误
    rnr = MPU_Convert_Bytes_To_POT(size) - 1;    //转换为 2 为底的指数值
    MPU_Disable();                               //设置之前,先禁止 MPU 保护
    MPU -> RNR = rnum;                           //设置保护区域
    MPU -> RBAR = baseaddr;                      //设置基址
    tempreg |= 0 << 28;                          //允许指令访问(允许读取指令)
    tempreg |= ((u32)ap) << 24;                  //设置访问权限
    tempreg |= 0 << 19;                          //设置类型扩展域为 level0
    tempreg |= ((u32)sen) << 18;                 //是否允许共用
    tempreg |= ((u32)cen) << 17;                 //是否允许 cache
    tempreg |= ((u32)ben) << 16;                 //是否允许缓冲
    tempreg |= 0 << 8;                           //禁止子区域
    tempreg |= rnr << 1;                         //设置保护区域大小
    tempreg |= 1 << 0;                           //使能该保护区域
    MPU -> RASR = tempreg;                       //设置 RASR 寄存器
    MPU_Enable();                                //设置完毕,使能 MPU 保护
    return 0;
}
//设置需要保护的存储块
//必须对部分存储区域进行 MPU 保护,否则可能导致程序运行异常
//比如 MCU 屏不显示,摄像头采集数据出错等问题
void MPU_Memory_Protection(void)
{
    MPU_Set_Protection(0x60000000,64 * 1024 * 1024,0,MPU_REGION_FULL_ACCESS,0,0,0);
```

第17章 内存保护(MPU)实验

```
    //保护 MCU LCD 屏所在的 FMC 区域,共 64 MB,禁止共用,禁止 cache,禁止缓冲
    MPU_Set_Protection(0x20000000,512 * 1024,1,MPU_REGION_FULL_ACCESS,0,1,1);
    //保护内部 SRAM,包括 SRAM1/2 和 DTCM,共 512 KB,禁止共用,允许 cache,允许缓冲
    MPU_Set_Protection(0XC0000000,32 * 1024 * 1024,2,MPU_REGION_FULL_ACCESS,0,1,1);
    //保护 SDRAM 区域,共 32M 字节,禁止共用,允许 cache,允许缓冲
    MPU_Set_Protection(0X80000000,256 * 1024 * 1024,3,MPU_REGION_FULL_ACCESS,0,0,0);
    //保护整个 NAND FLASH 区域,共 256 MB,禁止共用,禁止 cache,禁止缓冲
}
//MemManage 错误处理中断
//进入此中断以后,将无法恢复程序运行!!
void MemManage_Handler(void)
{
    LED1(0);                            //点亮 DS1
    printf("Mem Access Error!!\r\n");   //输出错误信息
    delay_ms(1000);
    printf("Soft Reseting...\r\n");     //提示软件重启
    delay_ms(1000);
    Sys_Soft_Reset();                   //软复位
}
```

此部分总共 6 个函数:

MPU_Disable 和 MPU_Enable 函数,用于禁止、使能 MPU 以及 MemManage 中断。

MPU_Convert_Bytes_To_POT 函数,用于得到 nbytes 以 2 为底的指数,设置 REGIONSIZE 的时候需要用到。

MPU_Set_Protection 函数,用于设置某个区域的详细参数,详见代码说明。通过该函数,可以设置某个存储区域的具体特性,从而实现内存保护。

MPU_Memory_Protection 函数,用于设置整个代码里面需要保护的存储块,这里对 4 个存储块(使用了 4 个区域(region))进行了保护:

① 从 0x60000000 地址开始的 64 MB 地址空间,禁止共用,禁止 cache,禁止缓冲,保护 MCU LCD 屏的访问地址取件,如不设置则可能导致 MCU LCD 白屏。

② 从 0x20000000 地址开始的 512 KB 地址空间,包括 SRAM1、SRAM2 和 DTCM,禁止共用,允许 cache,允许缓冲。

③ 从 0XC0000000 地址开始的 32 MB 地址空间,即 SDRAM 的地址范围,禁止共用,允许 cache,允许缓冲。

④ 从 0X80000000 地址开始的 256 MB 地址空间,即 NAND Flash 区域,禁止共用,禁止 cache,禁止缓冲,如不设置则可能导致 NAND Flash 访问异常。

这 4 个地址空间的保护设置可以提高代码的稳定性(其实就是减少使用缓存导致的各种莫名奇妙的问题),不要随意改动。此函数在本例程没有用到,不过后续代码都会用到。

最后,MemManage_Handler 函数用于处理产生 MemManage 错误的中断服务函数。在该函数里面点亮了 DS1,并输出一些串口信息,对系统进行软复位,以便观察本例程的实验结果。

保存 mpu.c 文件,并加入到 HARDWARE 组下。然后打开 mpu.h,在该文件里面输入如下代码:

```c
#ifndef __MPU_H
#define __MPU_H
#include "sys.h"
//MPU 的详细设置关系参见《STM32F7 编程手册.pdf》
//这个文档的 4.6 节 Table 89
//MPU 保护区域许可属性定义(自 stm32f7xx_hal_cortex.h 复制)
//定义 MPU->RASR 寄存器 AP[26:24]位的设置值
#define MPU_REGION_NO_ACCESS        0x00    //无访问(特权&用户都不可访问)
#define MPU_REGION_PRIV_RW          0x01    //仅支持特权读写访问
#define MPU_REGION_PRIV_RW_URO      0x02    //禁止用户写访问(特权可读写)
#define MPU_REGION_FULL_ACCESS      0x03    //全访问(特权&用户都可访问)
#define MPU_REGION_PRIV_RO          0x05    //仅支持特权读访问
#define MPU_REGION_PRIV_RO_URO      0x06    //只读(特权&用户都不可以写)
void MPU_Disable(void);
void MPU_Enable(void);
u8 MPU_Convert_Bytes_To_POT(u32 nbytes);
u8 MPU_Set_Protection(u32 baseaddr,u32 size,u32 rnum,u8 ap,u8 sen,u8 cen,u8 ben);
void MPU_Memory_Protection(void);
#endif
```

保存此部分代码。最后,打开 test.c 文件,修改 main 函数代码如下:

```c
u8 mpudata[128] __attribute__((at(0X20002000)));    //定义一个数组
int main(void)
{
    u8 i = 0,led0sta = 1;
    u8 key;
    Stm32_Clock_Init(432,25,2,9);        //设置时钟,216 MHz
    delay_init(216);                     //延时初始化
    uart_init(108,115200);               //初始化串口波特率为 115 200
    LED_Init();                          //初始化与 LED 连接的硬件接口
    KEY_Init();                          //初始化按键
    printf("\r\n\r\nMPU closed!\r\n");   //提示 MPU 关闭
    while(1)
    {
        key = KEY_Scan(0);
        if(key == WKUP_PRES)             //使能 MPU 保护数组 mpudata
        {
            MPU_Set_Protection(0X20002000,128,0,MPU_REGION_PRIV_RO_URO,
                            0,0,1);      //只读,禁止共用,禁止 catch,允许缓冲
            printf("MPU open!\r\n");     //提示 MPU 打开
        }else if(key == KEY0_PRES)       //向数组中写入数据,如果开启了 MPU 保护的
                                         //话会进入内存访问错误
        {
            printf("Start Writing data...\r\n");
            sprintf((char *)mpudata,"MPU test array %d",i);
            printf("Data Write finshed!\r\n");
        }else if(key == KEY1_PRES)       //从数组中读取数据,不管有没有开启 MPU 保护
                                         //都不会进入内存访问错误
```

第 17 章　内存保护(MPU)实验

```
    {
        printf("Array data is:%s\r\n",mpudata);
    }else delay_ms(10);
    i++;
    if((i%50)==0) LED0(led0sta^=1);      //LED0 取反
    }
}
```

此部分代码中定义了一个 128 字节大小的数组：mpudata，其首地址为 0X20002000，默认情况下，MPU 保护关闭，可以对该数组进行读/写访问。当按下 KEY_UP 按键的时候，通过 MPU_Set_Protection 函数对其 0X20002000 为起始地址、大小为 128 字节的内存空间进行保护，仅支持特权读访问。此时如果再按 KEY0，对数组进行写入操作，则会引起 MemManage 访问异常，进入 MemManage_Handler 中断服务函数，执行相关操作。

其他的代码比较简单，这里就不多做说明了。整个代码编译通过之后，就可以开始下载验证了。

17.4　下载验证

把程序下载到阿波罗 STM32F767 开发板可以看到，板子上的 DS0 开始闪烁，说明程序已经在跑了。然后，打开串口调试助手(XCOM V2.0)，设置串口为开发板的 USB 转串口(CH340 虚拟串口须根据自己的计算机选择，笔者的计算机是 COM3，注意，波特率是 115 200)，可以看到如图 17.4.1 所示信息(如果没有提示信息，须先按复位)。

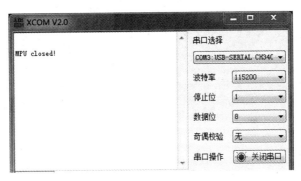

图 17.4.1　串口调试助手收到的信息

可以看出，此时串口助手提示 MPU Closed，即 MPU 保护是关闭的，可以按 KEY0 往数组里面写入数据，按 KEY1 可以读取刚刚写入的数据，按 KEY_UP 则开启 MPU 保护，提示"MPU open!"。此时，如果再按 KEY0 往数组里面写数据，则会引起 MemManage 访问异常，进入 MemManage_Handler 中断服务函数，点亮 DS0，并提示"Mem Access Error!!"，并在 1 秒钟以后重启系统(软复位)，如图 17.4.2 所示。

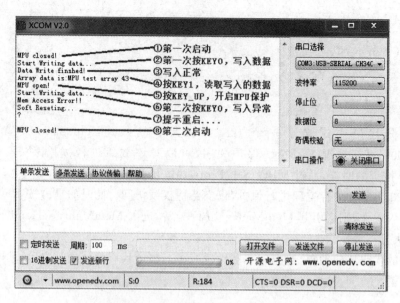

图 17.4.2　串口调试助手显示运行结果

整个过程验证了我们代码的正确性，通过 MPU 实现了对特定内存的写保护功能。通过 MPU 可以提高系统的可靠性，使代码更加安全的运行。

第 18 章

TFTLCD(MCU 屏)实验

第 16 章介绍了 OLED 模块及其显示,但是该模块只能显示单色/双色,不能显示彩色,而且尺寸也较小。本章将介绍 ALIENTEK 的 TFT LCD 模块(MCU 屏),该模块采用 TFTLCD 面板,可以显示 16 位色的真彩图片。本章将使用阿波罗 STM32F767 开发板底板上的 TFTLCD 接口(仅支持 MCU 屏,本章仅介绍 MCU 屏的使用)来点亮 TFTLCD,实现 ASCII 字符和彩色的显示等功能,并在串口打印 LCD 控制器 ID,同时在 LCD 上面显示。

18.1 TFTLCD&FMC 简介

本章将通过 STM32F767 的 FMC 接口来控制 TFTLCD 的显示,所以本节分为两个部分,分别介绍 TFTLCD 和 FMC。

18.1.1 TFTLCD 简介

TFTLCD 即薄膜晶体管液晶显示器,英文全称为 Thin Film Transistor – Liquid Crystal Display。TFTLCD 与无源 TNLCD、STNLCD 的简单矩阵不同,它在液晶显示屏的每一个像素上都设置有一个薄膜晶体管(TFT),可有效地克服非选通时的串扰,使显示液晶屏的静态特性与扫描线数无关,因此大大提高了图像质量。TFTLCD 也叫真彩液晶显示器。

上一章介绍了 OLED 模块,本章介绍 ALIENTEK TFTLCD 模块(MCU 接口),该模块有如下特点:

- 2.8'/3.5'/4.3'/7'这 4 种大小的屏幕可选。
- 320×240 的分辨率(3.5'分辨率为 320×480,4.3'和 7'分辨率为 800×480)。
- 16 位真彩显示。
- 自带触摸屏,可以用来作为控制输入。

本章以 2.8 寸(3.5 寸/4.3 寸等 LCD 方法类似,可参考 2.8 的介绍即可)的 ALIENTEK TFTLCD 模块为例介绍,该模块支持 65K 色显示,显示分辨率为 320×240,接口为 16 位的 80 并口,自带触摸屏。

该模块的外观图如图 18.1.1 所示。模块原理图如图 18.1.2 所示。TFTLCD 模块采用 2×17 的 2.54 公排针与外部连接,接口定义如图 18.1.3 所示。

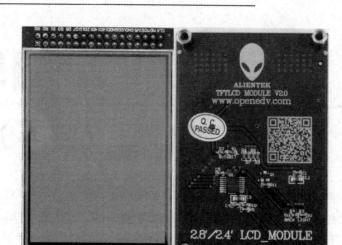

图 18.1.1 ALIENTEK 2.8 寸 TFTLCD 外观图

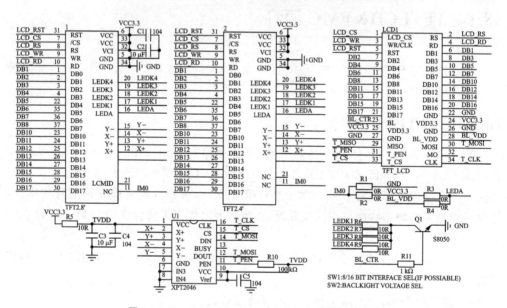

图 18.1.2 ALIENTEK 2.8 寸 TFTLCD 模块原理图

从图 18.1.3 可以看出，ALIENTEK TFTLCD 模块采用 16 位的并方式与外部连接，不采用 8 位的方式是因为彩屏的数据量比较大，尤其在显示图片的时候，如果用 8 位数据线，就会比 16 位方式慢一倍以上。图 18.1.3 还列出了触摸屏芯片的接口，关于触摸屏本章不多介绍，后面会有详细的介绍。该模块的 80 并口有如下一些信号线：

- CS:TFTLCD 片选信号。
- WR:向 TFTLCD 写入数据。
- RD:从 TFTLCD 读取数据。

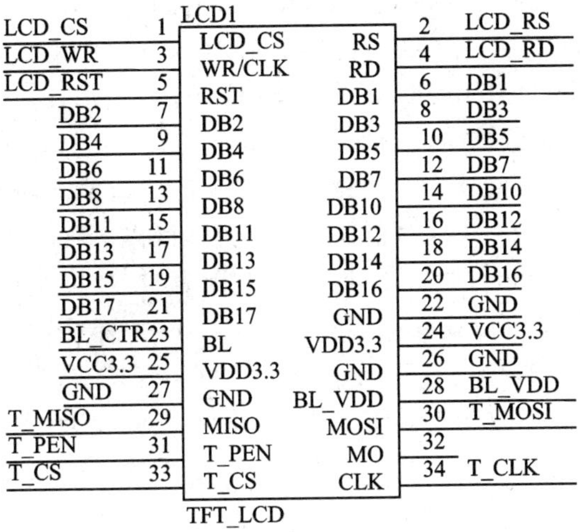

第18章 TFTLCD(MCU屏)实验

```
LCD_CS    1  ┌─LCD1────────┐  2  LCD_RS
LCD_WR    3  │ LCD_CS   RS │  4  LCD_RD
LCD_RST   5  │ WR/CLK   RD │  6
DB2       7  │ RST      DB1│  8  DB3
DB4       9  │ DB2      DB3│ 10  DB5
DB6      11  │ DB4      DB5│ 12  DB7
DB8      13  │ DB6      DB7│ 14  DB10
DB11     15  │ DB8      DB10│16  DB12
DB13     17  │ DB11     DB12│18  DB14
DB15     19  │ DB13     DB14│20  DB16
DB17     21  │ DB15     DB16│22  GND
BL_CTR   23  │ DB17     GND │24  VCC3.3
VCC3.3   25  │ BL       VDD3.3│26 GND
GND      27  │ VDD3.3   GND │28  BL_VDD
T_MISO   29  │ GND      BL_VDD│30 T_MOSI
T_PEN    31  │ MISO     MOSI│32
T_CS     33  │ T_PEN    MO  │34  T_CLK
             │ T_CS     CLK │
             └─TFT_LCD─────┘
```

图 18.1.3 ALIENTEK 2.8 寸 TFTLCD 模块接口图

- D[15:0]:16 位双向数据线。
- RST:硬复位 TFTLCD。
- RS:命令/数据标志(0,读/写命令;1,读/写数据)。

80 并口前面已经有详细的介绍了,这里就不再介绍,需要说明的是,TFTLCD 模块的 RST 信号线直接接到 STM32F767 的复位脚上,并不由软件控制,这样可以省下来一个 I/O 口。另外还需要一个背光控制线来控制 TFTLCD 的背光。所以,总共需要的 I/O 口数目为 21 个。注意,我们标注的 DB1~DB8、DB10~DB17 是相对于 LCD 控制 IC 标注的,实际上可以把它们就等同于 D0~D15,这样理解起来就比较简单。

ALIENTEK 提供 2.8、3.5、4.3、7 寸共 4 种不同尺寸和分辨率的 TFTLCD 模块,其驱动芯片为 ILI9341、NT35310、NT35510、SSD1963 等(具体的型号可以下载本章实验代码,通过串口或者 LCD 显示查看),这里仅以 ILI9341 控制器为例进行介绍,其他的控制基本都类似,就不详细阐述了。

ILI9341 液晶控制器自带显存,其显存总大小为 172 800(240×320×18/8),即 18 位模式(26 万色)下的显存量。在 16 位模式下,ILI9341 采用 RGB565 格式存储颜色数据,此时 ILI9341 的 18 位数据线与 MCU 的 16 位数据线以及 LCD GRAM 的对应关系如图 18.1.4 所示。

9341 总线	D17	D16	D15	D14	D13	D12	D11	D10	D9	D8	D7	D6	D5	D4	D3	D2	D1	D0
MCU 数据 (16 位)	D15	D14	D13	D12	D11	NC	D10	D9	D8	D7	D6	D5	D4	D3	D2	D1	D0	NC
LCD GRAM (16 位)	R[4]	R[3]	R[2]	R[1]	R[0]	NC	G[5]	G[4]	G[3]	G[2]	G[1]	G[0]	B[4]	B[3]	B[2]	B[1]	B[0]	NC

图 18.1.4 16 位数据与显存对应关系图

可以看出，ILI9341 在 16 位模式下面，数据线有用的是 D17～D13 和 D11～D1，D0 和 D12 没有用到，实际上在我们 LCD 模块里面，ILI9341 的 D0 和 D12 压根就没有引出来，这样，ILI9341 的 D17～D13 和 D11～D1 对应 MCU 的 D15～D0。

这样 MCU 的 16 位数据中，最低 5 位代表蓝色，中间 6 位为绿色，最高 5 位为红色。数值越大，表示该颜色越深。注意，ILI9341 的所有指令都是 8 位的（高 8 位无效），且参数除了读/写 GRAM 的时候是 16 位，其他操作参数都是 8 位的。

接下来介绍一下 ILI9341 的几个重要命令，因为 ILI9341 的命令很多，这里就不全部介绍了，有兴趣的读者可以找到 ILI9341 的 datasheet 看看，里面对这些命令有详细的介绍。这里介绍 0XD3，0X36，0X2A，0X2B，0X2C，0X2E 共 6 条指令。

首先来看指令 0XD3，这个是读 ID4 指令，用于读取 LCD 控制器的 ID。该指令如表 18.1.1 所列。可以看出，0XD3 指令后面跟了 4 个参数，最后 2 个参数读出来是 0X93 和 0X41，刚好是控制器 ILI9341 的数字部分。所以通过该指令即可判别所用的 LCD 驱动器是什么型号，这样，代码就可以根据控制器的型号去执行对应驱动 IC 的初始化代码，从而兼容不同驱动 IC 的屏，使得一个代码支持多款 LCD。

表 18.1.1　0XD3 指令描述

顺序	控制			各位描述								HEX
	RS	RD	WR	D15～D8	D7	D6	D5	D4	D3	D2	D1	D0	
指令	0	1	↑	XX	1	1	0	1	0	0	1	1	D3H
参数 1	1	↑	1	XX	X	X	X	X	X	X	X	X	X
参数 2	1	↑	1	XX	0	0	0	0	0	0	0	0	00H
参数 3	1	↑	1	XX	1	0	0	1	0	0	1	1	93H
参数 4	1	↑	1	XX	0	1	0	0	0	0	0	1	41H

接下来看指令 0X36。这是存储访问控制指令，可以控制 ILI9341 存储器的读/写方向。简单说就是在连续写 GRAM 的时候，可以控制 GRAM 指针的增长方向，从而控制显示方式（读 GRAM 也是一样）。该指令如表 18.1.2 所列。可以看出，0X36 指令后面紧跟一个参数，这里主要关注 MY、MX、MV 这 3 个位。通过这 3 个位的设置可以控制整个 ILI9341 的全部扫描方向，如表 18.1.3 所列。

表 18.1.2　0X36 指令描述

顺序	控制			各位描述								HEX
	RS	RD	WR	D15～D8	D7	D6	D5	D4	D3	D2	D1	D0	
指令	0	1	↑	XX	0	0	1	1	0	1	1	0	36H
参数	1	1	↑	XX	MY	MX	MV	ML	BGR	MH	0	0	0

这样，在利用 ILI9341 显示内容的时候就有很大灵活性了，比如显示 BMP 图片，BMP 解码数据就是从图片的左下角开始，慢慢显示到右上角。如果设置 LCD 扫描方

第18章 TFTLCD(MCU屏)实验

向为从左到右、从下到上,那么只需要设置一次坐标,然后就不停地往LCD填充颜色数据即可,这样可以大大提高显示速度。

表 18.1.3 MY、MX、MV 设置与 LCD 扫描方向关系表

控制位			效　果
MY	MX	MV	LCD扫描方向(GRAM自增方式)
0	0	0	从左到右,从上到下
1	0	0	从左到右,从下到上
0	1	0	从右到左,从上到下
1	1	0	从右到左,从下到上
0	0	1	从上到下,从左到右
0	1	1	从上到下,从右到左
1	0	1	从下到上,从左到右
1	1	1	从下到上,从右到左

接下来看指令 0X2A,这是列地址设置指令,在从左到右、从上到下的扫描方式(默认)下,该指令用于设置横坐标(x坐标)。该指令如表 18.1.4 所列。

表 18.1.4 0X2A 指令描述

顺序	控　制			各位描述									HEX
	RS	RD	WR	D15～D8	D7	D6	D5	D4	D3	D2	D1	D0	
指令	0	1	↑	XX	0	0	1	0	1	0	1	0	2AH
参数1	1	1	↑	XX	SC15	SC14	SC13	SC12	SC11	SC10	SC9	SC8	SC
参数2	1	1	↑	XX	SC7	SC6	SC5	SC4	SC3	SC2	SC1	SC0	
参数3	1	1	↑	XX	EC15	EC14	EC13	EC12	EC11	EC10	EC9	EC8	EC
参数4	1	1	↑	XX	EC7	EC6	EC5	EC4	EC3	EC2	EC1	EC0	

在默认扫描方式时,该指令用于设置 x 坐标。该指令带有 4 个参数,实际上是 2 个坐标值:SC 和 EC,即列地址的起始值和结束值,SC 必须小于等于 EC,且 0≤SC/EC≤239。一般在设置 x 坐标的时候,我们只需要带 2 个参数即可,也就是设置 SC 即可;因为如果 EC 没有变化,则只需要设置一次即可(在初始化 ILI9341 的时候设置),从而提高速度。

与 0X2A 指令类似,指令 0X2B 是页地址设置指令,在从左到右、从上到下的扫描方式(默认)下面,该指令用于设置纵坐标(y坐标)。该指令如表 18.1.5 所列。

在默认扫描方式时,该指令用于设置 y 坐标。该指令带有 4 个参数,实际上是 2 个坐标值:SP 和 EP,即页地址的起始值和结束值,SP 必须小于等于 EP,且 0≤SP/EP≤319。一般在设置 y 坐标的时候,只需要带 2 个参数即可,也就是设置 SP 即可;因为如

果 EP 没有变化,则只需要设置一次即可(在初始化 ILI9341 的时候设置),从而提高速度。

表 18.1.5 0X2B 指令描述

顺序	控制			各位描述									HEX
	RS	RD	WR	D15~D8	D7	D6	D5	D4	D3	D2	D1	D0	
指令	0	1	↑	XX	0	0	1	0	1	0	1	0	2BH
参数 1	1	1	↑	XX	SP15	SP14	SP13	SP12	SP11	SP10	SP9	SP8	SP
参数 2	1	1	↑	XX	SP7	SP6	SP5	SP4	SP3	SP2	SP1	SP0	
参数 3	1	1	↑	XX	EP15	EP14	EP13	EP12	EP11	EP10	EP9	EP8	EP
参数 4	1	1	↑	XX	EP7	EP6	EP5	EP4	EP3	EP2	EP1	EP0	

接下来看指令 0X2C,该指令是写 GRAM 指令。在发送该指令之后,我们便可以往 LCD 的 GRAM 里面写入颜色数据了。该指令支持连续写,指令描述如表 18.1.6 所列。

表 18.1.6 0X2C 指令描述

顺序	控制			各位描述									HEX
	RS	RD	WR	D15~D8	D7	D6	D5	D4	D3	D2	D1	D0	
指令	0	1	↑	XX	0	0	1	0	1	1	0	0	2CH
参数 1	1	1	↑	D1[15:0]									XX
……	1	1	↑	D2[15:0]									XX
参数 n	1	1	↑	Dn[15:0]									XX

从表 18.1.6 可知,在收到指令 0X2C 之后,数据有效位宽变为 16 位,可以连续写入 LCD GRAM 值,而 GRAM 的地址将根据 MY、MX、MV 设置的扫描方向进行自增。例如,假设设置的是从左到右、从上到下的扫描方式,那么设置好起始坐标(通过 SC、SP 设置)后,每写入一个颜色值,GRAM 地址将会自动自增 1(SC++)。如果碰到 EC,则回到 SC,同时 SP++,一直到坐标 EC,EP 结束。其间无须再次设置的坐标,大大提高了写入速度。

最后来看看指令 0X2E。该指令是读 GRAM 指令,用于读取 ILI9341 的显存 (GRAM)。该指令在 ILI9341 的数据手册上面的描述是有误的,真实的输出情况如表 18.1.7 所列。

该指令用于读取 GRAM,如表 18.1.7 所列,ILI9341 在收到该指令后,第一次输出的是 dummy 数据,也就是无效的数据;第二次开始读取到的才是有效的 GRAM 数据(从坐标 SC,SP 开始),输出规律为:每个颜色分量占 8 个位,一次输出 2 个颜色分量。例如,第一次输出是 R1G1,随后的规律为 B1R2→G2B2→R3G3→B3R4→G4B4→R5G5 等,依此类推。如果只需要读取一个点的颜色值,那么只需要接收到参数 3 即可;如果要连续读取(利用 GRAM 地址自增,方法同上),那么就按照上述规律去接收

第18章 TFTLCD(MCU屏)实验

颜色数据。

表 18.1.7 0X2E 指令描述

顺序	控制			各位描述											HEX
	RS	RD	WR	D15~D11	D10	D9	D8	D7	D6	D5	D4	D3	D2	D1	D0	
指令	0	1	↑	XX				0	0	1	0	1	1	1	0	2EH
参数1	1	↑	1	XX												dummy
参数2	1	↑	1	R1[4:0]				XX			G1[5:0]				XX	R1G1
参数3	1	↑	1	B1[4:0]				XX			R2[4:0]				XX	B1R2
参数4	1	↑	1	G2[5:0]				XX			B2[4:0]				XX	G2B2
参数5	1	↑	1	R3[4:0]				XX			G3[5:0]				XX	R3G3
参数N	1	↑	1	按以上规律输出												

以上就是操作 ILI9341 常用的几个指令,通过这几个指令便可以很好地控制 ILI9341 显示所要显示的内容了。

一般 TFTLCD 模块的使用流程如图 18.1.5 所示。

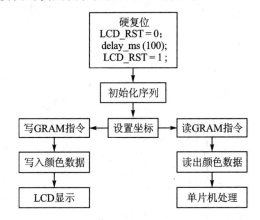

图 18.1.5 TFTLCD 使用流程

对于任何 LCD,使用流程都可以简单地用以上流程图表示。其中,硬复位和初始化序列只需要执行一次即可。而画点流程就是设置坐标→写 GRAM 指令→写入颜色数据,然后在 LCD 上面就可以看到对应的点显示写入的颜色了。读点流程为设置坐标→读 GRAM 指令→读取颜色数据,这样就可以获取到对应点的颜色数据了。

以上只是最简单的操作,也是最常用的操作,有了这些操作,一般就可以正常使用 TFTLCD 了。接下来将该模块用来显示字符和数字,TFTLCD 显示需要的相关设置步骤如下:

① 设置 STM32F767 与 TFTLCD 模块相连接的 I/O。

这一步先将与 TFTLCD 模块相连的 I/O 口进行初始化,以便驱动 LCD。这里用到的是 FMC(FMC 将在 18.1.2 小节详细介绍)。

② 初始化 TFTLCD 模块。

即图 18.1.5 的初始化序列,这里没有硬复位 LCD。因为阿波罗 STM32F767 开发板的 LCD 接口将 TFTLCD 的 RST 同 STM32F767 的 RESET 连接在一起了,只要按下开发板的 RESET 键,就会对 LCD 进行硬复位。初始化序列就是向 LCD 控制器写入一系列的设置值(比如伽马校准),而一般 LCD 供应商会提供给客户这些初始化序列,直接使用这些序列即可,不需要深入研究。初始化之后,LCD 才可以正常使用。

③ 通过函数将字符和数字显示到 TFTLCD 模块上。

这一步通过图 18.1.5 左侧的流程,即设置坐标→写 GRAM 指令→写 GRAM 来实现。但是这个步骤只是一个点的处理,要显示字符/数字,就必须要多次使用这个步骤,所以需要设计一个函数来实现数字/字符的显示,之后调用该函数,就可以实现数字/字符的显示了。

18.1.2 FMC 简介

STM32F767xx 系列芯片都带有 FMC 接口,即可变存储存储控制器,能够与同步或异步存储器、SDRAM 存储器和 NAND Flash 等连接,STM32F767 的 FMC 接口支持包括 SRAM、SDRAM、NAND Flash、NOR Flash 和 PSRAM 等存储器。FMC 的框图如图 18.1.6 所示。

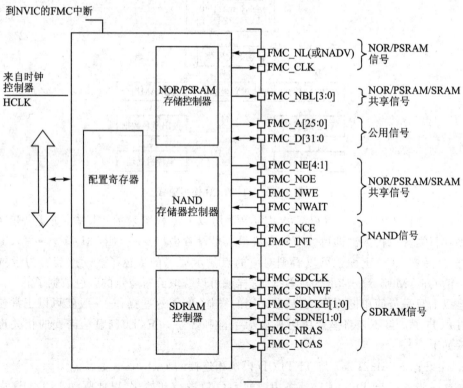

图 18.1.6 FMC 框图

第 18 章　TFTLCD(MCU 屏)实验

可以看出，STM32F767 的 FMC 将外部设备分为 3 类：NOR/PSRAM 设备、NAND 设备和 SDRAM 设备。它们共用地址数据总线等信号，具有不同的 CS，以区分不同的设备。比如本章用到的 TFTLCD 就是用的 FMC_NE1 做片选，其实就是将 TFTLCD 当成 SRAM 来控制。

这里介绍为什么可以把 TFTLCD 当成 SRAM 设备用：首先了解外部 SRAM 的连接。外部 SRAM 的控制一般有地址线(如 A0～A18)、数据线(如 D0～D15)、写信号(WE)、读信号(OE)、片选信号(CS)，如果 SRAM 支持字节控制，那么还有 UB/LB 信号。而 TFTLCD 的信号包括 RS、D0～D15、WR、RD、CS、RST 和 BL 等，其中真正在操作 LCD 的时候需要用到的就只有 RS、D0～D15、WR、RD 和 CS。其操作时序和 SRAM 的控制完全类似，唯一不同就是 TFTLCD 有 RS 信号，但是没有地址信号。

TFTLCD 通过 RS 信号来决定传送的数据是数据还是命令，本质上可以理解为一个地址信号，比如把 RS 接在 A0 上面，那么当 FMC 控制器写地址 0 的时候，会使得 A0 变为 0，对 TFTLCD 来说，就是写命令。而 FMC 写地址 1 的时候，A0 将会变为 1，对 TFTLCD 来说，就是写数据了。这样，就把数据和命令区分开了，它们其实就是对应 SRAM 操作的两个连续地址。当然，RS 也可以接在其他地址线上，阿波罗 STM32F767 开发板是把 RS 连接在 A18 上面的。

STM32F767 的 FMC 支持 8、16、32 位数据宽度，这里用到的 LCD 是 16 位宽度的，所以设置时，选择 16 位宽就可以了。再来看看 FMC 的外部设备地址映像，STM32F767 的 FMC 将外部存储器划分为 6 个固定大小为 256 MB 的存储区域，如图 18.1.7 所示。

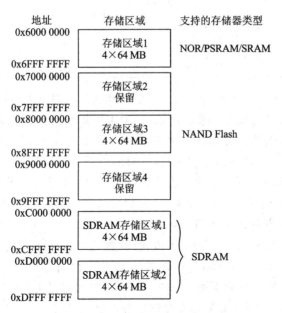

图 18.1.7　FMC 存储块地址映像

从图 18.1.7 可以看出，FMC 总共管理 1.5 GB 空间，拥有 6 个存储块(Bank)，本章用到的是块1,所以在本章仅讨论块1的相关配置,其他块的配置可参考《STM32F7中文参考手册》第13章(286页)的相关介绍。

STM32F767的FMC存储块1(Bank1)被分为4个区,每个区管理64 MB空间,每个区都有独立的寄存器对连接的存储器进行配置。Bank1的256 MB空间由28根地址线(HADDR[27:0])寻址。

这里HADDR是内部AHB地址总线,其中,HADDR[25:0]来自外部存储器地址FMC_A[25:0],而HADDR[26:27]对4个区进行寻址,如表18.1.8所列。

表 18.1.8　Bank1 存储区选择表

Bank1 所选区	片选信号	地址范围	HADDR [27:26]	HADDR [25:0]
第 1 区	FMC_NE1	0X6000 0000～63FF FFFF	00	FMC_A[25:0]
第 2 区	FMC_NE2	0X6400 0000～67FF FFFF	01	
第 3 区	FMC_NE3	0X6800 0000～6BFF FFFF	10	
第 4 区	FMC_NE4	0X6C00 0000～6FFF FFFF	11	

HADDR[25:0]位包含外部存储器的地址,由于HADDR为字节地址,而存储器按字寻址,所以,根据存储器数据宽度的不同,实际上向存储器发送的地址也有所不同,如表18.1.9所列。

表 18.1.9　NOR/PSRAM 外部存储器地址

存储器宽度	向存储器发出的数据地址	最大存储器容量
8 位	HADDR[25:0]	64 MB×8＝512 Mbit
16 位	HADDR[25:1] ≫ 1	64 MB/2×16＝512 Mbit
32 位	HADDR[25:2] ≫ 2	64 MB/4×32＝512 Mbit

因此,FMC内部HADDR与存储器寻址地址的实际对应关系就是:
➢ 当接的是32位宽度存储器的时候,HADDR[25:2]→FMC_A[23:0]。
➢ 当接的是16位宽度存储器的时候,HADDR[25:1]→FMC_A[24:0]。
➢ 当接的是8位宽度存储器的时候,HADDR[25:0]→FMC_A[25:0]。

不论外部接8位、16位、32位宽设备,FMC_A[0]永远接在外部设备地址A[0]。这里,TFTLCD使用的是16位数据宽度,所以HADDR[0]并没有用到,只有HADDR[25:1]是有效的,对应关系变为HADDR[25:1]→FMC_A[24:0],相当于右移了一位,这里须特别留意。另外,HADDR[27:26]的设置是不需要干预的,例如,当选择使用Bank1的第一个区,即使用FMC_NE1来连接外部设备的时候,即对应了HADDR[27:26]＝00,我们要做的就是配置对应第一区的寄存器组来适应外部设备即可。STM32F767的FMC各Bank配置寄存器如表18.1.10所列。

对于NOR Flash控制器,主要是通过FMC_BCRx、FMC_BTRx和FMC_BWTRx寄存器设置(其中,x＝1～4,对应4个区)。通过这3个寄存器可以设置FMC访问外部存储器的时序参数,拓宽了可选用的外部存储器的速度范围。FMC 的 NOR Flash 控制器支持同步和异步突发两种访问方式。选用同步突发访问方式时,FMC 将 HCLK(系统时钟)分频后,发送给外部存储器作为同步时钟信号 FMC_CLK。此时需要的设置的时间参数有 2 个:

① HCLK 与 FMC_CLK 的分频系数(CLKDIV),可以为 2~16 分频;
② 同步突发访问中获得第一个数据所需要的等待延迟(DATLAT)。

表 18.1.10　FMC 各 Bank 配置寄存器表

内部控制器	存储块	管理的地址范围	支持的设备类型	配置寄存器
NOR Flash 控制器	Bank1	0X6000 0000~ 0X6FFF FFFF	SRAM/ROM NOR Flash PSRAM	FMC_BCR1/2/3/4 FMC_BTR1/2/2/3 FMC_BWTR1/2/3/4
NAND Flash /PC CARD 控制器	Bank2	0X7000 0000~ 0X7FFF FFFF	NAND Flash	FMC_PCR FMC_SR FMC_PMEM FMC_PATT FMC_ECCR
	Bank3	0X8000 0000~ 0X8FFF FFFF		
	Bank4	0X9000 0000~ 0X9FFF FFFF	保留	保留
SDRAM 控制器	Bank5	0XC000 0000~ 0XCFFF FFFF	SDRAM	FMC_SDCR1/2 FMC_SDTR1/2 FMC_SDCMR FMC_SDRTR FMC_SDSR
	Bank6	0XD000 0000~ 0XDFFF FFFF	SDRAM	

对于异步突发访问方式,FMC 主要设置 3 个时间参数:地址建立时间(ADDSET)、数据建立时间(DATAST)和地址保持时间(ADDHLD)。FMC 综合了 SRAM、PSRAM 和 NOR Flash 产品的信号特点,定义了 4 种不同的异步时序模型。选用不同的时序模型时,需要设置不同的时序参数,如表 18.1.11 所列。

表 18.1.11　NOR Flash/PSRAM 控制器支持的时序模型

时序模型		简单描述	时间参数
异步	Mode1	SRAM/CRAM 时序	DATAST、ADDSET
	ModeA	SRAM/CRAM OE 选通型时序	DATAST、ADDSET
	Mode2/B	NOR Flash 时序	DATAST、ADDSET
	ModeC	NOR Flash OE 选通型时序	DATAST、ADDSET
	ModeD	延长地址保持时间的异步时序	DATAST、ADDSET、ADDHLD
同步突发		根据同步时钟 FMC_CK 读取 多个顺序单元的数据	CLKDIV、DATLAT

实际扩展时,根据选用存储器的特征确定时序模型,从而确定各时间参数与存储器读/写周期参数指标之间的计算关系;利用该计算关系和存储芯片数据手册中给定的参数指标,可计算出 FMC 所需要的各时间参数,从而对时间参数寄存器进行合理的配置。

本章使用异步模式 A 方式来控制 TFTLCD,模式 A 的读操作时序如图 18.1.8 所示。

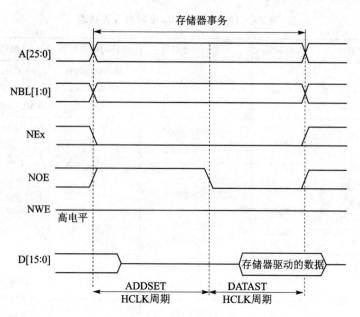

图 18.1.8　模式 A 读操作时序图

模式 A 支持独立的读/写时序控制,这个对驱动 TFTLCD 来说非常有用,因为 TFTLCD 在读的时候一般比较慢,而在写的时候可以比较快,如果读/写用一样的时序,那么只能以读的时序为基准,从而导致写的速度变慢。或者在读数据的时候,重新配置 FMC 的延时,在读操作完成的时候,再配置回写的时序,这样虽然也不会降低写的速度,但是频繁配置比较麻烦。而如果有独立的读/写时序控制,那么只要初始化的时候配置好,之后就不用再配置,既可以满足速度要求,又不需要频繁改配置。

模式 A 的写操作时序如图 18.1.9 所示。

图 18.1.8 和图 18.1.9 中的 ADDSET 与 DATAST 是通过不同的寄存器设置的,接下来介绍 Bank1 的几个控制寄存器。

首先介绍 SRAM/NOR 闪存片选控制寄存器:FMC_BCRx(x=1～4)。该寄存器各位描述如图 18.1.10 所示。

该寄存器在本章用到的设置有 EXTMOD、WREN、MWID、MTYP 和 MBKEN,这里将逐个介绍。

EXTMOD:扩展模式使能位,也就是是否允许读/写不同的时序,很明显,本章需要读/写不同的时序,故该位需要设置为 1。

第18章 TFTLCD(MCU屏)实验

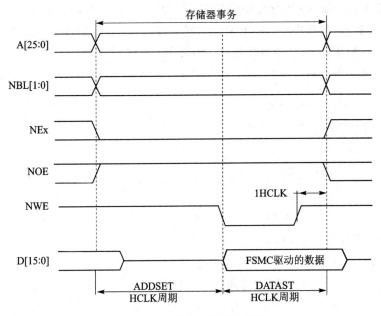

图 18.1.9 模式 A 写操作时序

31	30	29	28	27	26	25	24	23	22	21	20	19	18	17	16
Res.	Res.	Res.	Res.	Res.	Res.	Res.	Res.	Res.	Res.	WFDIS	CCLK EN	CBURS TRW	CPSIZE[2:0]		
										rw	rw	rw	rw	rw	rw

15	14	13	12	11	10	9	8	7	6	5	4	3	2	1	0
ASYNC WAIT	EXT MOD	WAIT EN	WREN	WAIT CFG	Res.	WAIT POL	BURS TEN	Res.	FACC EN	MWID		MTYP		MUX EN	MBK EN
rw	rw	rw	rw	rw		rw	rw		rw	rw	rw	rw	rw	rw	rw

图 18.1.10 FMC_BCRx 寄存器各位描述

WREN:写使能位。需要向 TFTLCD 写数据,故该位必须设置为 1。

MWID[1:0]:存储器数据总线宽度。00 表示 8 位数据模式,01 表示 16 位数据模式,10 表示 32 位数据模式,11 保留。TFTLCD 是 16 位数据线,所以这里设置 WMID[1:0]=01。

MTYP[1:0]:存储器类型。00 表示 SRAM,01 表示 PSRAM,10 表示 NOR Flash/OneNAND Flash,11 保留。前面提到,把 TFTLCD 当成 SRAM 用,所以需要设置 MTYP[1:0]=00。

MBKEN:存储块使能位。这个容易理解,我们需要用到该存储块控制 TFTLCD,当然要使能这个存储块了。

接下来看看 SRAM/NOR 闪存片选时序寄存器:FMC_BTRx(x=1~4),各位描述如图 18.1.11 所示。

这个寄存器包含了每个存储器块的控制信息,可以用于 SRAM 和 NOR 闪存存储器等。如果 FMC_BCRx 寄存器中设置了 EXTMOD 位,则有两个时序寄存器分别对应读(本寄存器)和写操作(FMC_BWTRx 寄存器)。因为要求读/写分开时序控制,所以 EXTMOD 是使能了的,也就是本寄存器是读操作时序寄存器,用来控制读操作的相关时序。本章要用到的设置有 ACCMOD、DATAST 和 ADDSET 这 3 个设置。

31	30	29	28	27	26	25	24	23	22	21	20	19	18	17	16
Res.	Res.	ACCMOD		DATLAT					CLKDIV			BUSTURN			
		rw	rw	rw	rw	rw	rw	rw	rw	rw	rw	rw	rw	rw	rw
15	14	13	12	11	10	9	8	7	6	5	4	3	2	1	0
DATAST								ADDHLD				ADDSET			
rw	rw	rw	rw	rw	rw	rw	rw	rw	rw	rw	rw	rw	rw	rw	rw

图 18.1.11　FMC_BTRx 寄存器各位描述

ACCMOD[1:0]:访问模式。00 表示访问模式 A,01 表示访问模式 B,10 表示访问模式 C,11 表示访问模式 D,本章用到模式 A,故设置为 00。

DATAST[7:0]:数据保持时间。0 为保留设置,其他设置则代表保持时间为 DATAST 个 HCLK 时钟周期,最大为 255 个 HCLK 周期。对 ILI9341 来说,其实就是 RD 低电平持续时间,一般为 355 ns。而一个 HCLK 时钟周期为 4.6 ns 左右(1/216 MHz),为了兼容其他屏,这里设置 DATAST 为 80,也就是 80 个 HCLK 周期,时间大约是 368 ns。

ADDSET[3:0]:地址建立时间。其建立时间为 ADDSET 个 HCLK 周期,最大为 15 个 HCLK 周期。对 ILI9341 来说,这里相当于 RD 高电平持续时间为 90 ns,设置 ADDSET 为最大 15,即 15×4.6=69 ns(略超)。

最后再来看看 SRAM/NOR 闪写时序寄存器 FMC_BWTRx(x=1~4),各位描述如图 18.1.12 所示。

31	30	29	28	27	26	25	24	23	22	21	20	19	18	17	16
Res.	Res.	ACCMOD		Res.	Res.	Res.	Res.	Res.	Res.	Res.	Res.	BUSTURN			
		rw	rw									rw	rw	rw	rw
15	14	13	12	11	10	9	8	7	6	5	4	3	2	1	0
DATAST								ADDHLD				ADDSET			
rw	rw	rw	rw	rw	rw	rw	rw	rw	rw	rw	rw	rw	rw	rw	rw

图 18.1.12　FMC_BWTRx 寄存器各位描述

该寄存器在本章用作写操作时序控制寄存器,需要用到的设置同样是 ACCMOD、DATAST 和 ADDSET 这 3 个设置。这 3 个设置的方法同 FMC_BTRx 一模一样,只是这里对应的是写操作的时序。ACCMOD 设置同 FMC_BTRx 一模一样,同样是选择模式 A。另外,DATAST 和 ADDSET 则对应低电平和高电平持续时间,对 ILI9341 来说说,这两个时间只需要 15 ns 就够了,比读操作快得多。所以这里设置 DATAST 为 4,即 4 个 HCLK 周期,时间约为 18.4 ns。然后 ADDSET 设置为 4,即 4 个 HCLK 周期,时间为 18.4 ns。

至此，对 STM32F767 的 FMC 介绍就差不多了，详细介绍可参考《STM32F7 中文参考手册》第 13 章。通过以上了解，我们可以开始写 LCD 的驱动代码了。说明一下，MDK 的寄存器定义里面并没有定义 FMC_BCRx、FMC_BTRx、FMC_BWTRx 等单独的寄存器，而是将它们进行了一些组合。

FMC_BCRx 和 FMC_BTRx，组合成 BTCR[8]寄存器组，对应关系如下：
➢ BTCR[0]对应 FMC_BCR1，BTCR[1]对应 FMC_BTR1
➢ BTCR[2]对应 FMC_BCR2，BTCR[3]对应 FMC_BTR2
➢ BTCR[4]对应 FMC_BCR3，BTCR[5]对应 FMC_BTR3
➢ BTCR[6]对应 FMC_BCR4，BTCR[7]对应 FMC_BTR4

FMC_BWTRx 则组合成 BWTR[7]，对应关系如下：
➢ BWTR[0]对应 FMC_BWTR1，BWTR[2]对应 FMC_BWTR2，
➢ BWTR[4]对应 FMC_BWTR3，BWTR[6]对应 FMC_BWTR4，
➢ BWTR[1]、BWTR[3]和 BWTR[5]保留，没有用到。

18.2 硬件设计

本实验用到的硬件资源有：指示灯 DS0、TFTLCD 模块。TFTLCD 模块的电路如图 18.1.2 所示。这里介绍 TFTLCD 模块与 ALIENTEK 阿波罗 STM32F767 开发板的连接，阿波罗 STM32F767 开发板底板的 LCD 接口和 ALIENTEK TFTLCD 模块直接可以对插，连接关系如图 18.2.1 所示。图中圈出来的部分就是连接 TFTLCD 模块的接口，液晶模块直接插上去即可。

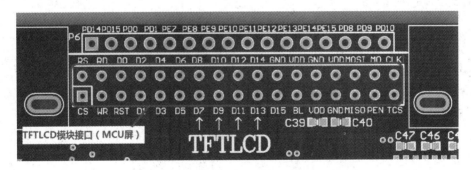

图 18.2.1 TFTLCD 与开发板连接示意图

在硬件上，TFTLCD 模块与阿波罗 STM32F767 开发板的 I/O 口对应关系如下：
➢ LCD_BL（背光控制）对应 PB5；
➢ LCD_CS 对应 PD7 即 FMC_NE1；
➢ LCD_RS 对应 PD13 即 FMC_A18；
➢ LCD_WR 对应 PD5 即 FMC_NWE；
➢ LCD_RD 对应 PD4 即 FMC_NOE；

> LCD_D[15:0]则直接连接在 FMC_D15~FMC_D0。

阿波罗 STM32F767 开发板的内部已经将这些线连接好了,只需要将 TFTLCD 模块插上去就好了。实物连接(4.3 寸 TFTLCD 模块)如图 18.2.2 所示。

图 18.2.2 TFTLCD 与开发板连接实物图

18.3 软件设计

软件设计依旧在之前的工程上面增加,不过没用到按键,所以先去掉 key.c(注意,此时 HARDWARE 组仅剩 led.c 和 mpu.c),然后在 HARDWARE 文件夹下新建一个 LCD 的文件夹。打开 USER 文件夹下的工程,新建一个 lcd.c 的文件和 lcd.h 的头文件,保存在 LCD 文件夹下,并将 LCD 文件夹加入头文件包含路径。

lcd.c 里面要输入的代码比较多,这里就不贴出来了,只针对几个重要的函数进行讲解。完整版的代码见配套资料的"4.程序源码→标准例程-寄存器版本→实验 13 TFTLCD(MCU 屏)实验"的 lcd.c 文件。

本实验用到 FMC 驱动 LCD,通过前面的介绍可知,TFTLCD 的 RS 接在 FMC 的 A18 上面,CS 接在 FMC_NE1 上,并且是 16 位数据总线。即使用的是 FMC 存储器 1 的第一区,定义如下 LCD 操作结构体(在 lcd.h 里面定义):

```
//LCD 地址结构体
typedef struct
{
    vu16 LCD_REG;
    vu16 LCD_RAM;
```

```
} LCD_TypeDef;
//使用 NOR/SRAM 的 Bank1.sector1,地址位 HADDR[27,26] = 00 A18 作为数据命令区分线
//注意设置时 STM32 内部会右移一位对齐
#define LCD_BASE        ((u32)(0x60000000 | 0x0007FFFE))
#define LCD             ((LCD_TypeDef *) LCD_BASE)
```

其中,LCD_BASE 必须根据外部电路的连接来确定,我们使用 Bank1.sector1 就是从地址 0X60000000 开始的,而 0x0007FFFE 是 A18 的偏移量。很多读者不理解这个偏移量的概念,简单说明下:以 A18 为例,0x0007FFFE 转换成二进制就是 0111 1111 1111 11111110,而 16 位数据时,地址右移一位对齐,那么实际对应到地址引脚的时候就是 A18:A0=011 1111 1111 1111 1111,此时 A18 是 0,但是如果 16 位地址再加 1(注意,对应到 8 位地址是加 2,即 0x0007FFFE+0X02),那么 A18:A0 = 1000000 0000 0000 0000,A18 就是 1 了,即实现了对 RS 的 0 和 1 的控制。

将这个地址强制转换为 LCD_TypeDef 结构体地址,那么可以得到 LCD→LCD_REG 的地址就是 0X6007FFFE,对应 A18 的状态为 0(即 RS=0);而 LCD→LCD_RAM 的地址就是 0X60080000(结构体地址自增),对应 A18 的状态为 1(即 RS=1)。

所以,有了这个定义,要往 LCD 写命令/数据的时候,可以这样写:

```
LCD ->LCD_REG = CMD;      //写命令
LCD ->LCD_RAM = DATA;     //写数据
```

而读的时候反过来操作就可以了,如下所示:

```
CMD = LCD ->LCD_REG;      //读 LCD 寄存器
DATA = LCD ->LCD_RAM;     //读 LCD 数据
```

其中,CS、WR、RD 和 I/O 口方向都是由 FMC 硬件自动控制的,不需要手动设置了。接下来先介绍一下 lcd.h 里面的另一个重要结构体:

```
//LCD 重要参数集
typedef struct
{
    u16 width;              //LCD 宽度
    u16 height;             //LCD 高度
    u16 id;                 //LCD ID
    u8 dir;                 //横屏还是竖屏控制:0,竖屏;1,横屏
    u16 wramcmd;            //开始写 gram 指令
    u16 setxcmd;            //设置 x 坐标指令
    u16 setycmd;            //设置 y 坐标指令
}_lcd_dev;
//LCD 参数
extern _lcd_dev lcddev;     //管理 LCD 重要参数
```

该结构体用于保存一些 LCD 重要参数信息,比如 LCD 的长宽、LCD ID(驱动 IC 型号)、LCD 横竖屏状态等。这个结构体虽然占用了十几个字节的内存,但是却可以让驱动函数支持不同尺寸的 LCD,同时可以实现 LCD 横竖屏切换等重要功能,所以还是利大于弊的。下面开始介绍 lcd.c 里面的一些重要函数。

先看 7 个简单、但是很重要的函数:

```c
//写寄存器函数
//regval:寄存器值
void LCD_WR_REG(vu16 regval)
{
    regval = regval;            //使用-O2优化的时候,必须插入的延时
    LCD->LCD_REG = regval;      //写入要写的寄存器序号
}
//写LCD数据
//data:要写入的值
void LCD_WR_DATA(vu16 data)
{
    data = data;                //使用-O2优化的时候,必须插入的延时
    LCD->LCD_RAM = data;
}
//读LCD数据
//返回值:读到的值
u16 LCD_RD_DATA(void)
{
    vu16 ram;                   //防止被优化
    ram = LCD->LCD_RAM;
    return ram;
}
//写寄存器
//LCD_Reg:寄存器地址
//LCD_RegValue:要写入的数据
void LCD_WriteReg(u16 LCD_Reg, u16 LCD_RegValue)
{
    LCD->LCD_REG = LCD_Reg;         //写入要写的寄存器序号
    LCD->LCD_RAM = LCD_RegValue;    //写入数据
}
//读寄存器
//LCD_Reg:寄存器地址
//返回值:读到的数据
u16 LCD_ReadReg(u16 LCD_Reg)
{
    LCD_WR_REG(LCD_Reg);        //写入要读的寄存器序号
    delay_us(5);
    return LCD_RD_DATA();       //返回读到的值
}
//开始写GRAM
void LCD_WriteRAM_Prepare(void)
{
    LCD->LCD_REG = lcddev.wramcmd;
}
//LCD写GRAM
//RGB_Code:颜色值
void LCD_WriteRAM(u16 RGB_Code)
{
    LCD->LCD_RAM = RGB_Code;    //写十六位GRAM
}
```

第18章　TFTLCD(MCU屏)实验

因为 FMC 自动控制了 WR、RD、CS 等这些信号,所以这 7 个函数实现起来都非常简单。注意,上面有几个函数添加了一些对 MDK-O2 优化的支持,去掉的话在-O2 优化的时候会出问题。这些函数实现功能见函数前面的备注,通过这几个简单函数的组合,就可以对 LCD 进行各种操作了。

第七个要介绍的函数是坐标设置函数,代码如下:

```
//设置光标位置
//Xpos:横坐标
//Ypos:纵坐标
void LCD_SetCursor(u16 Xpos, u16 Ypos)
{
    if(lcddev.id == 0X9341||lcddev.id == 0X5310)
    {
        LCD_WR_REG(lcddev.setxcmd);
        LCD_WR_DATA(Xpos >> 8);LCD_WR_DATA(Xpos&0XFF);
        LCD_WR_REG(lcddev.setycmd);
        LCD_WR_DATA(Ypos >> 8);LCD_WR_DATA(Ypos&0XFF);
    }else if(lcddev.id == 0X1963)
    {
        if(lcddev.dir == 0)//x 坐标需要变换
        {
            Xpos = lcddev.width - 1 - Xpos;
            LCD_WR_REG(lcddev.setxcmd);
            LCD_WR_DATA(0);LCD_WR_DATA(0);
            LCD_WR_DATA(Xpos >> 8);LCD_WR_DATA(Xpos&0XFF);
        }else
        {
            LCD_WR_REG(lcddev.setxcmd);
            LCD_WR_DATA(Xpos >> 8);LCD_WR_DATA(Xpos&0XFF);
            LCD_WR_DATA((lcddev.width - 1) >> 8);
            LCD_WR_DATA((lcddev.width - 1)&0XFF);
        }
        LCD_WR_REG(lcddev.setycmd);
        LCD_WR_DATA(Ypos >> 8);LCD_WR_DATA(Ypos&0XFF);
        LCD_WR_DATA((lcddev.height - 1) >> 8);LCD_WR_DATA((lcddev.height - 1)&0XFF);
    }else if(lcddev.id == 0X5510)
    {
        LCD_WR_REG(lcddev.setxcmd);LCD_WR_DATA(Xpos >> 8);
        LCD_WR_REG(lcddev.setxcmd + 1);LCD_WR_DATA(Xpos&0XFF);
        LCD_WR_REG(lcddev.setycmd);LCD_WR_DATA(Ypos >> 8);
        LCD_WR_REG(lcddev.setycmd + 1);LCD_WR_DATA(Ypos&0XFF);
    }
}
```

该函数实现将 LCD 的当前操作点设置到指定坐标(x,y)。因为 9341、5310、1963、5510 等的设置有些不太一样,所以进行了区别对待。

接下来介绍第八个函数:画点函数,实现代码如下:

```c
//画点
//x,y:坐标
//POINT_COLOR:此点的颜色
void LCD_DrawPoint(u16 x,u16 y)
{
    LCD_SetCursor(x,y);           //设置光标位置
    LCD_WriteRAM_Prepare();        //开始写入 GRAM
    LCD -> LCD_RAM = POINT_COLOR;
}
```

该函数实现比较简单，就是先设置坐标，然后往坐标写颜色。其中，POINT_COLOR 是我们定义的一个全局变量，用于存放画笔颜色。顺带介绍一下另外一个全局变量：BACK_COLOR，该变量代表 LCD 的背景色。LCD_DrawPoint 函数虽然简单，但是至关重要，其他几乎所有上层函数都是通过调用这个函数实现的。

有了画点，当然还需要有读点的函数，第九个介绍的函数就是读点函数，用于读取 LCD 的 GRAM。这里说明一下，为什么 OLED 模块没做读 GRAM 的函数，而这里做了。因为 OLED 模块是单色的，所需要的全部 GRAM 也就 1 KB，而 TFTLCD 模块为彩色的，点数也比 OLED 模块多很多。以 16 位色计算，一款 320×240 的液晶，需要 320×240×2 个字节来存储颜色值，也就是也需要 150 KB，这对任何一款单片机来说，都不是一个小数目了。而且在图形叠加的时候，可以先读回原来的值，然后写入新的值，完成叠加后又恢复原来的值，这样在做一些简单菜单的时候是很有用的。这里读取 TFTLCD 模块数据的函数为 LCD_ReadPoint，该函数直接返回读到的 GRAM 值。该函数使用之前要先设置读取的 GRAM 地址，通过 LCD_SetCursor 函数来实现。LCD_ReadPoint 的代码如下：

```c
//读取个某点的颜色值
//x,y:坐标
//返回值:此点的颜色
u16 LCD_ReadPoint(u16 x,u16 y)
{
    u16 r=0,g=0,b=0;
    if(x>=lcddev.width||y>=lcddev.height)return 0;    //超过了范围,直接返回
    LCD_SetCursor(x,y);
    if(lcddev.id==0X9341||lcddev.id==0X5310||lcddev.id==0X1963)
        LCD_WR_REG(0X2E);//9341/3510/1963 发送读 GRAM 指令
    else if(lcddev.id==0X5510)LCD_WR_REG(0X2E00);     //5510 发送读 GRAM 指令
    r=LCD_RD_DATA();                                   //dummy Read
    if(lcddev.id==0X1963)return r;                     //1963 直接读就可以
    opt_delay(2);
    r=LCD_RD_DATA();                                   //实际坐标颜色
    //9341/NT35310/NT35510 要分 2 次读出
    opt_delay(2);
    b=LCD_RD_DATA();
    g=r&0XFF; //对于 9341/5310/5510,第一次读取的是 RG 的值,R 在前,G 在后,各占 8 位
    g<<=8;
    return(((r>>11)<<11)|((g>>10)<<5)|(b>>11));        //需要公式转换一下
}
```

第 18 章　TFTLCD(MCU 屏)实验

在 LCD_ReadPoint 函数中，因为代码不止支持一种 LCD 驱动器，所以，根据不同的 LCD 驱动器((lcddev.id)型号执行不同的操作，以实现对各个驱动器兼容，提高函数的通用性。

第十个要介绍的是字符显示函数 LCD_ShowChar。该函数同前面 OLED 模块的字符显示函数差不多，但是这里的字符显示函数多了一个功能，就是可以以叠加方式显示，或者以非叠加方式显示。叠加方式显示多用于在显示的图片上再显示字符。非叠加方式一般用于普通的显示。该函数实现代码如下：

```
//在指定位置显示一个字符
//x,y:起始坐标
//num:要显示的字符:" "--->"~"
//size:字体大小 12/16/24/32
//mode:叠加方式(1)还是非叠加方式(0)
void LCD_ShowChar(u16 x,u16 y,u8 num,u8 size,u8 mode)
{
    u8 temp,t1,t;
    u16 y0 = y;
    u8 csize = (size/8 + ((size%8)? 1:0)) * (size/2);   //得到字体一个字符对应点阵集
                                                        //所占的字节数
    num = num - ' ';//ASCII 字库是从空格开始取模,所以-' '就是对应字符的字库
    for(t = 0;t<csize;t ++ )
    {
        if(size == 12)temp = asc2_1206[num][t];         //调用 1206 字体
        else if(size == 16)temp = asc2_1608[num][t];    //调用 1608 字体
        else if(size == 24)temp = asc2_2412[num][t];    //调用 2412 字体
        else if(size == 32)temp = asc2_3216[num][t];    //调用 3216 字体
        else return;                                    //没有的字库
        for(t1 = 0;t1<8;t1 ++ )
        {
            if(temp&0x80)LCD_Fast_DrawPoint(x,y,POINT_COLOR);
            else if(mode == 0)LCD_Fast_DrawPoint(x,y,BACK_COLOR);
            temp <<= 1;
            y ++ ;
            if(y>= lcddev.height)return;                //超区域了
            if((y - y0) == size)
            {
                y = y0;
                x ++ ;
                if(x>= lcddev.width)return;             //超区域了
                break;
            }
        }
    }
}
```

LCD_ShowChar 函数里面采用快速画点函数 LCD_Fast_DrawPoint 来画点显示字符，该函数同 LCD_DrawPoint 一样，只是带了颜色参数，且减少了函数调用的时间，详见本例程源码。该代码用到了 4 个字符集点阵数据数组，即 asc2_3216、asc2_2412、 asc2_1206 和 asc2_1608，这几个字符集的点阵数据的提取方式同第 16 章介绍的提取方法是一模一样的，详细可参考第 16 章。

最后再介绍 TFTLCD 模块的初始化函数 LCD_Init。该函数先初始化 STM32 与 TFTLCD 连接的 I/O 口，并配置 FMC 控制器，然后读取 LCD 控制器的型号，根据控制 IC 的型号执行不同的初始化代码。其简化代码如下：

```
//初始化 lcd
//该初始化函数可以初始化各种型号的 LCD(详见本.c 文件最前面的描述)
void LCD_Init(void)
{
    RCC -> AHB1ENR |= 1 << 1;            //使能 PORTB 时钟
    ……//省略部分 IO 初始化和端口设置代码
    GPIO_AF_Set(GPIOE,15,12);            //PE15,AF12
    //寄存器清零
    //bank1 有 NE1~4,每一个有一个 BCR + TCR,所以总共 8 个寄存器
    //这里我们使用 NE1,也就对应 BTCR[0],[1]。
    FMC_Bank1 -> BTCR[0] = 0X00000000;
    FMC_Bank1 -> BTCR[1] = 0X00000000;
    FMC_Bank1E -> BWTR[0] = 0X00000000;
    //操作 BCR 寄存器      使用异步模式
    FMC_Bank1 -> BTCR[0] |= 1 << 12;     //存储器写使能
    FMC_Bank1 -> BTCR[0] |= 1 << 14;     //读写使用不同的时序
    FMC_Bank1 -> BTCR[0] |= 1 << 4;      //存储器数据宽度为 16 bit
    //操作 BTR 寄存器
    //读时序控制寄存器
    FMC_Bank1 -> BTCR[1] |= 0 << 28;     //模式 A
    FMC_Bank1 -> BTCR[1] |= 0XF << 0;
    //地址建立时间(ADDSET)为 15 个 HCLK 1/216M = 4.6ns * 15 = 69ns
    //因为液晶驱动 IC 的读数据的时候,速度不能太快,尤其是个别奇葩芯片
    FMC_Bank1 -> BTCR[1] |= 80 << 8;
    //数据保存时间(DATAST)为 80 个 HCLK = 4.6 * 80 = 368ns
    //写时序控制寄存器
    FMC_Bank1E -> BWTR[0] |= 0 << 28;    //模式 A
    FMC_Bank1E -> BWTR[0] |= 15 << 0;    //地址建立时间(ADDSET)为 15 个 HCLK = 69 ns
    //15 个 HCLK(HCLK = 216M),某些液晶驱动 IC 的写信号脉宽,最少也得 50 ns
    FMC_Bank1E -> BWTR[0] |= 15 << 8;    //数据保存时间(DATAST)为 4.6ns * 15 个 HCLK = 69 ns
    FMC_Bank1 -> BTCR[0] |= 1 << 0;      //使能 BANK1,区域 1
    delay_ms(50);                         //delay 50 ms
    //尝试 9341 ID 的读取
    LCD_WR_REG(0XD3);
    lcddev.id = LCD_RD_DATA();           //dummy read
    lcddev.id = LCD_RD_DATA();           //读到 0X00
    lcddev.id = LCD_RD_DATA();           //读取 93
    lcddev.id <<= 8;
    lcddev.id |= LCD_RD_DATA();          //读取 41
    if(lcddev.id!= 0X9341)                //非 9341,尝试看看是不是 NT35310
    {
        LCD_WR_REG(0XD4);
```

```c
        lcddev.id = LCD_RD_DATA();              //dummy read
        lcddev.id = LCD_RD_DATA();              //读回0X01
        lcddev.id = LCD_RD_DATA();              //读回0X53
        lcddev.id <<= 8;
        lcddev.id |= LCD_RD_DATA();             //这里读回0X10
        if(lcddev.id! = 0X5310)                 //也不是NT35310,尝试看看是不是NT35510
        {
            LCD_WR_REG(0XDA00);
            lcddev.id = LCD_RD_DATA();          //读回0X00
            LCD_WR_REG(0XDB00);
            lcddev.id = LCD_RD_DATA();          //读回0X80
            lcddev.id <<= 8;
            LCD_WR_REG(0XDC00);
            lcddev.id |= LCD_RD_DATA();         //读回0X00
            if(lcddev.id == 0x8000)lcddev.id = 0x5510;
            //NT35510读回的ID是8000H,为方便区分,我们强制设置为5510
            if(lcddev.id! = 0X5510)             //也不是NT5510,尝试看看是不是SSD1963
            {
                LCD_WR_REG(0XA1);
                lcddev.id = LCD_RD_DATA();
                lcddev.id = LCD_RD_DATA();      //读回0X57
                lcddev.id <<= 8;
                lcddev.id |= LCD_RD_DATA();     //读回0X61
                if(lcddev.id == 0X5761)lcddev.id = 0X1963;
                //SSD1963读回的ID是5761H,为方便区分,我们强制设置为1963
            }
        }
    }
    printf(" LCD ID:%x\r\n",lcddev.id);         //打印LCD ID
    if(lcddev.id == 0X9341)                     //9341初始化
    {
        ……//9341初始化代码
    }else if(lcddev.id == 0xXXXX)               //其他LCD初始化代码
    {
        ……//其他LCD驱动IC.初始化代码
    }
    //初始化完成以后,提速
    if(lcddev.id == 0X9341||lcddev.id == 0X5310||lcddev.id == 0X5510||lcddev.id == 0X1963)
    {
        //重新配置写时序控制寄存器的时序
        FMC_Bank1E->BWTR[0]&= ~(0XF << 0);      //地址建立时间(ADDSET)清零
        FMC_Bank1E->BWTR[0]&= ~(0XF << 8);      //数据保存时间清零
        FMC_Bank1E->BWTR[0]|= 4 << 0;           //地址建立时间(ADDSET)为4个HCLK = 18.4ns
        FMC_Bank1E->BWTR[0]|= 4 << 8;           //数据保存时间(DATAST)为18.4ns
    }
    LCD_Display_Dir(0);                         //默认为竖屏显示
    LCD_LED(1);                                 //点亮背光
    LCD_Clear(WHITE);
}
```

该函数先对 FMC 相关 I/O 进行初始化,然后是 FMC 的初始化,最后根据读到的

LCD ID,对不同的驱动器执行不同的初始化代码。从上面的代码可以看出,这个初始化函数针对多款不同的驱动 IC 执行初始化操作,提高了整个程序的通用性。读者在以后的学习中应该多使用这样的方式,以提高程序的通用性、兼容性。

注意,本函数使用了 printf 来打印 LCD ID,所以,如果主函数里面没有初始化串口,那么将导致程序死在 printf 里面。如果不想用 printf,那么须注释掉它。

保存 lcd.c,并将该代码加入到 HARDWARE 组下。介绍完 lcd.c 的内容之后,在 lcd.h 里面输入如下内容:

```c
#ifndef __LCD_H
#define __LCD_H
#include "sys.h"
#include "stdlib.h"
//LCD 重要参数集
typedef struct
{
    u16 width;              //LCD 宽度
    u16 height;             //LCD 高度
    u16 id;                 //LCD ID
    u8  dir;                //横屏还是竖屏控制:0,竖屏;1,横屏
    u16 wramcmd;            //开始写 gram 指令
    u16 setxcmd;            //设置 x 坐标指令
    u16 setycmd;            //设置 y 坐标指令
}_lcd_dev;
extern _lcd_dev lcddev;     //管理 LCD 重要参数
//LCD 的画笔颜色和背景色
extern u16 POINT_COLOR;     //默认红色
extern u16 BACK_COLOR;      //背景颜色.默认为白色
#define LCD_LED(x)   GPIO_Pin_Set(GPIOB,PIN5,x)    //LCD 背光   PB5
//LCD 地址结构体
typedef struct
{
    vu16 LCD_REG;
    vu16 LCD_RAM;
} LCD_TypeDef;
//使用 NOR/SRAM 的 Bank1.sector1,地址位 HADDR[27,26] = 00 A18 作为数据命令区分线
//注意设置时 STM32 内部会右移一位对其
#define LCD_BASE        ((u32)(0x60000000 | 0x0007FFFE))
#define LCD             ((LCD_TypeDef *) LCD_BASE)
//////////////////////////////////////////////////////////////////////
//扫描方向定义
#define L2R_U2D  0 //从左到右,从上到下
#define L2R_D2U  1 //从左到右,从下到上
#define R2L_U2D  2 //从右到左,从上到下
#define R2L_D2U  3 //从右到左,从下到上
#define U2D_L2R  4 //从上到下,从左到右
#define U2D_R2L  5 //从上到下,从右到左
#define D2U_L2R  6 //从下到上,从左到右
#define D2U_R2L  7 //从下到上,从右到左
#define DFT_SCAN_DIR  L2R_U2D    //默认的扫描方向
```

```
//画笔颜色
#define WHITE                 0xFFFF
……//省略部分代码
#endif
```

这段代码的两个重要结构体定义前面都有介绍,其他的相对就比较简单了。限于篇幅,这里省略了部分内容。接下来,在 test.c 里面修改 main 函数如下:

```
int main(void)
{
    u8 x = 0,led0sta = 1;
    u8 lcd_id[12];
    Stm32_Clock_Init(432,25,2,9);    //设置时钟,216 MHz
    delay_init(216);                  //延时初始化
    uart_init(108,115200);            //初始化串口波特率为 115 200
    LED_Init();                       //初始化与 LED 连接的硬件接口
    MPU_Memory_Protection();          //保护相关存储区域
    LCD_Init();                       //初始化 LCD
    POINT_COLOR = RED;
    sprintf((char*)lcd_id,"LCD ID:%04X",lcddev.id);//将 LCD ID 打印到 lcd_id 数组
    while(1)
    {
        switch(x)
        {
            case 0:LCD_Clear(WHITE);break;
            case 1:LCD_Clear(BLACK);break;
            case 2:LCD_Clear(BLUE);break;
            case 3:LCD_Clear(RED);break;
            case 4:LCD_Clear(MAGENTA);break;
            case 5:LCD_Clear(GREEN);break;
            case 6:LCD_Clear(CYAN);break;
            case 7:LCD_Clear(YELLOW);break;
            case 8:LCD_Clear(BRRED);break;
            case 9:LCD_Clear(GRAY);break;
            case 10:LCD_Clear(LGRAY);break;
            case 11:LCD_Clear(BROWN);break;
        }
        POINT_COLOR = RED;
        LCD_ShowString(10,40,240,32,32,"Apollo STM32");
        LCD_ShowString(10,80,240,24,24,"TFTLCD TEST");
        LCD_ShowString(10,110,240,16,16,"ATOM@ALIENTEK");
        LCD_ShowString(10,130,240,16,16,lcd_id);        //显示 LCD ID
        LCD_ShowString(10,150,240,12,12,"2016/7/12");
        x++;
        if(x == 12)x = 0;
        LED0(led0sta^= 1);         //LED0 闪烁
        delay_ms(1000);
    }
}
```

该部分代码将显示一些固定的字符,字体大小包括 32×16、24×12、16×8 和 12×

6 共 4 种。同时,显示 LCD 驱动 IC 的型号,然后不停地切换背景颜色,每 1 s 切换一次。而 LED0 也会不停地闪烁,指示程序已经在运行了。其中用到一个 sprintf 的函数,该函数用法同 printf,只是 sprintf 把打印内容输出到指定的内存区间上。

注意:

① MPU_Memory_Protection 函数必须添加(下同),否则会导致 MCU 屏显示白屏,该函数的说明见第 17 章。

② uart_init 函数不能去掉,因为 LCD_Init 函数里面调用了 printf,所以一旦去掉这个初始化就死机了。实际上,只要代码用到了 printf,就必须初始化串口,否则都会死机,即停在 usart.c 里面的 fputc 函数出不来。

编译通过之后开始下载验证代码。

18.4 下载验证

将程序下载到阿波罗 STM32 后可以看到,DS0 不停地闪烁,提示程序已经在运行了。同时可以看到,TFTLCD 模块的显示如图 18.4.1 所示。

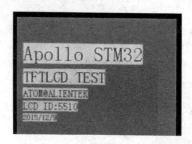

图 18.4.1　TFTLCD 显示效果图

可以看到,屏幕的背景是不停切换的,同时 DS0 不停地闪烁,证明我们的代码被正确地执行了,达到了预期的目的。

第 19 章

SDRAM 实验

STM32F767IGT6 自带了 512 KB 的 SRAM,对一般应用足够了,不过在一些对内存要求高的场合,STM32F767 自带的这些内存就不够用了。比如使用 LTDC 驱动 RGB 屏、跑算法或者跑 GUI 等,就不太够用,所以阿波罗 STM32F767 开发板板载了一颗 32 MB 容量的 SDRAM 芯片:W9825G6KH,以满足大内存使用的需求。

本章将使用 STM32F767 来驱动 W9825G6KH,从而实现对 W9825G6KH 的访问控制,并测试其容量。

19.1 SDRAM 简介

本章将通过 STM32F767 的 FMC 接口来驱动 W9825G6KH 这颗 SDRAM 芯片。

19.1.1 SDRAM 简介

SDRAM,英文名是 Synchronous Dynamic Random Access Memory,即同步动态随机存储器,相较于 SRAM(静态存储器),SDRAM 具有容量大和价格便宜的特点。STM32F767 支持 SDRAM,因此,可以外挂 SDRAM,从而大大降低外扩内存的成本。

阿波罗板载的 SDRAM 型号为 W9825G6KH,其内部结构框图如图 19.1.1 所示。接下来介绍 SDRAM 的几个重要知识点。

1. SDRAM 信号线

SDRAM 的信号线如表 19.1.1 所列。

表 19.1.1 SDRAM 信号线

信号线	说 明
CLK	时钟信号,在该时钟的上升沿采集输入信号
CKE	时钟使能,禁止时钟时,SDRAM 会进入自刷新模式
$\overline{CS}$	片选信号,低电平有效
$\overline{RAS}$	行地址选通信号,低电平时,表示行地址
$\overline{CAS}$	列地址选通信号,低电平时,表示列地址
$\overline{WE}$	写使能信号,低电平有效

续表 19.1.1

信号线	说 明
A0～A12	地址线(行/列)
BS0、BS1	BANK 地址线
DQ0～15	数据线
LDQM,UDQM	数据掩码,表示 DQ 的有效部分

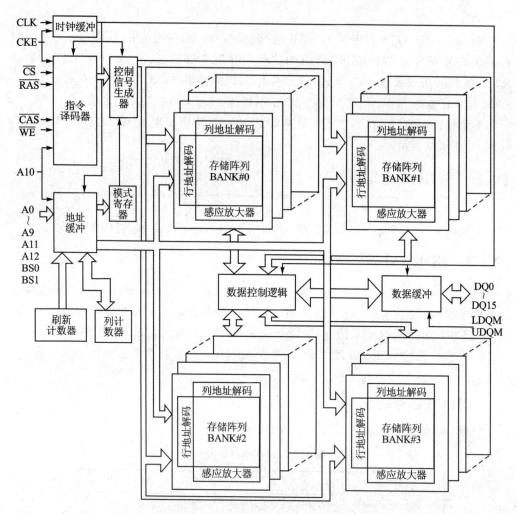

图 19.1.1　W9825G6KH 内部结构框图

2. 存储单元

SDRAM 的存储单元(称之为 BANK)是以阵列的形式排列的,如图 19.1.1 所示。每个存储单元的结构示意图,如图 19.1.2 所示。

存储阵列可以看成是一个表格,只需要给定行地址和列地址,就可以确定其唯一位

第 19 章 SDRAM 实验

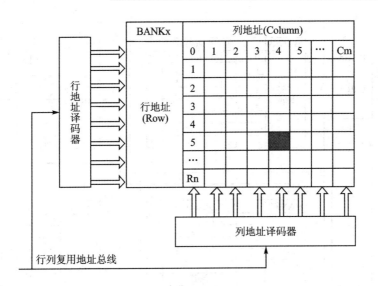

图 19.1.2 SDRAM BANK 结构示意图

置,这就是 SDRAM 寻址的基本原理。而一个 SDRAM 芯片内部一般又有 4 个这样的存储单元,所以,在 SDRAM 内部寻址的时候,先指定 BANK 号和行地址,然后再指定列地址,就可以查找到目标地址。

SDRAM 的存储结构示意图,如图 19.1.3 所示。寻址的时候,首先 RAS 信号为低电平,选通行地址,地址线 A0~A12 表示的地址会被传输并锁存到行地址译码器里面,作为行地址。同时存储单元地址线上面的 BS0、BS1 表示的 BANK 地址也会被锁存,选中对应的 BANK,然后,CAS 信号为低电平,选通列地址。地址线 A0~A12 表示的地址会被传输并锁存到列地址译码器里面,作为列地址,这样,就完成了一次寻址。

W9825G6KH 的存储结构为行地址 8 192 个,列地址 512 个,存储单元数 4 个;位宽 16 位,这样,整个芯片的容量为 8 192×512×4×16＝32 MB。

3. 数据传输

在完成寻址以后,数据线 DQ0~DQ15 上面的数据会通过图 19.1.1 所示的数据控制逻辑写入(或读出)存储阵列。

注意,因为 SDRAM 的位宽可以达到 32 位,也就是最多有 32 条数据线,实际使用的时候可能会以 8 位、16 位、24 位和 32 位等宽度来读/写数据,这样的话,并不是每条数据线都会被使用到,未被用到的数据线上面的数据必须被忽略。这个时候就需要用到数据掩码(DQM)线来控制了,每一个数据掩码线对应 8 个位的数据,低电平表示对应数据位有效,高电平表示对应数据位无效。

以 W9825G6KH 为例,假设以 8 位数据访问,我们只需要 DQ0~DQ7 的数据,而 DQ8~DQ15 的数据需要忽略,此时,只需要设置 LDQM 为低电平,UDQM 为高电平就可以了。

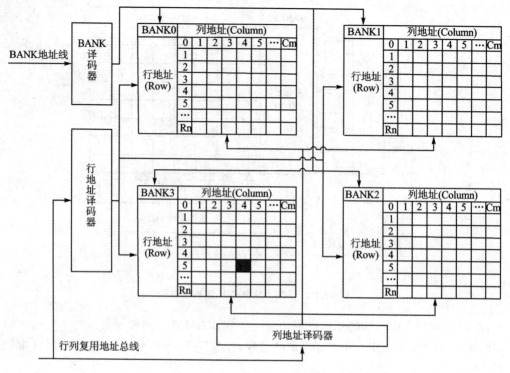

图 19.1.3 SDRAM 存储结构图

4. 控制命令

SDRAM 的驱动需要用到一些命令,这里列出几个常用的命令介绍,如表 19.1.2 所列。

表 19.1.2 SDRAM 控制命令

命 令	$\overline{CS}$	$\overline{RAS}$	$\overline{CAS}$	$\overline{WE}$	DQM	ADDR	DQ
NO-Operation	L	H	H	H	X	X	X
Active	L	L	H	H	X	Bank/Row	X
Read	L	H	L	H	L/H	Bank/Col	DATA
Write	L	H	L	L	L/H	Bank/Col	DATA
Precharge	L	L	H	L	X	A10=H/L	X
Refresh	L	L	L	H	X	X	X
Mode Register Set	L	L	L	L	X	MODE	X
Burst Stop	L	H	H	L	X	X	DATA

(1) NO-Operation

NO-Operation,即空操作命令,用于选中 SDRAM,防止 SDRAM 接收错误的命

第 19 章 SDRAM 实验

令,为接下来的命令发送做准备。

(2) Active

Active,即激活命令。该命令必须在读/写操作之前被发送,用于设置所需要的存储单元和行地址(同时设置这 2 个地址)。存储单元地址由 BS0、BS1(也写作 BA0、BA1,下同)指定,行地址由 A0~A12 指定。时序图如图 19.1.4 所示。

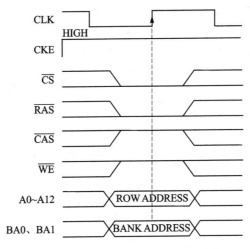

图 19.1.4　激活命令时序图

(3) Read/Write

Read/Write,即读/写命令。发送完激活命令后,再发送列地址就可以完成对 SDRAM 的寻址,并进行读/写操作了。读/写命令和列地址的发送是通过一次传输完成的,如图 19.1.5 所示。

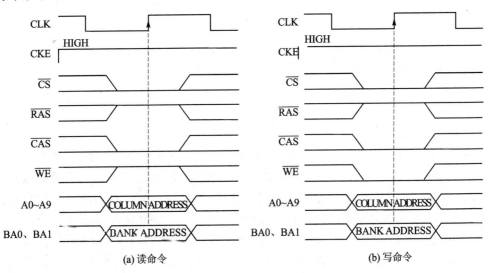

(a) 读命令　　　　　　　　　　　　(b) 写命令

图 19.1.5　读/写命令时序图

列地址由 A0~A9 指定,WE 信号控制读/写命令,高电平表示读命令,低电平表示写命令。各条信号线的状态在 CLK 的上升沿被锁存到芯片内部。

(4) Precharge

Precharge,即预充电指令,用于关闭 Bank 中打开的行地址。由于 SDRAM 的寻址具体独占性,所以在进行完读/写操作后,如果要对同一存储单元的另一行进行寻址,就要将原来有效(打开)的行关闭,重新发送行/列地址。存储单元关闭现有行,准备打开新行的操作就叫做预充电(Precharge)。

预充电命令时序如图 19.1.6 所示。

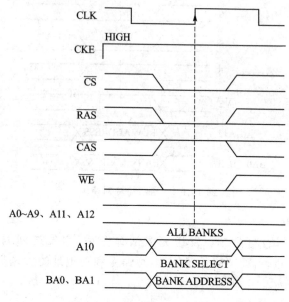

图 19.1.6 预充电命令时序图

预充电命令可以通过独立的命令发送,也可以在每次发送读/写命令的时候,使用地址线 A10 来设置自动预充电。在发送读/写命令的时候,当 A10=1 时,使能所有 Bank 的预充电,在读/写操作完成后,自动进行预充电。这样,下次读/写操作之前,就不需要再发预充电命令了,从而提高读/写速度。

(5) Refresh

Refresh,即刷新命令,用于刷新一行数据。SDRAM 里面存储的数据,需要不断地进行刷新操作才能保留住,因此,刷新命令对于 SDRAM 来说尤为重要。预充电命令和刷新命令都可以实现对 SDRAM 数据的刷新,不过预充电仅对当前打开的行有效(仅刷新当前行),而刷新命令则可以依次对所有的行进行刷新操作。

总共有两种刷新操作:自动刷新(Auto Refresh)和自我刷新(Self Refresh)。发送 Refresh 命令时,如果 CKE 有效(高电平),则使用自动刷新模式;否则,使用自我刷新模式。不论是何种刷新方式,都不需要外部提供行地址信息,因为这是一个内部的自动操作。

第 19 章 SDRAM 实验

自动刷新:SDRAM 内部有一个行地址生成器(也称刷新计数器),用来自动地依次生成要刷新的行地址。由于刷新是针对一行中的所有存储体进行,所以无需列寻址。刷新涉及所有存储单元,因此在刷新过程中,所有存储单元都停止工作,而每次刷新所占用的时间为 9 个时钟周期(PC133 标准),之后就可进入正常的工作状态。也就是说,在这 9 个时钟期间内,所有工作指令只能等待而无法执行。刷新操作必须不停地执行,完成一次所有行的刷新需要的时间,称为刷新周期,一般为 64 ms。显然,刷新操作肯定会对 SDRAM 的性能造成影响,但这是没办法的事情,也是 DRAM 相对于 SRAM(静态内存,无须刷新仍能保留数据)取得成本优势的同时所付出的代价。

自我刷新:主要用于休眠模式低功耗状态下的数据保存。发出自动刷新命令时,将 CKE 置于无效状态(低电平),就进入了自我刷新模式,此时不再依靠系统时钟工作,而是根据内部的时钟进行刷新操作。在自我刷新期间除了 CKE 之外的所有外部信号都是无效的(无须外部提供刷新指令),只有重新使 CKE 有效(高电平)才能退出自刷新模式并进入正常操作状态。

(6) Mode Register Set

Mode Register Set,即设置模式寄存器。SDRAM 芯片内部有一个逻辑控制单元,控制单元的相关参数由模式寄存器提供。通过设置模式寄存器命令来完成对模式寄存器的设置,这个命令在每次对 SDRAM 进行初始化的时候都需要用到。

发送该命令时,通过地址线来传输模式寄存器的值。W9825G6KH 的模式寄存器描述如图 19.1.7 所示。由图可知,模式寄存器的配置分为几个部分:

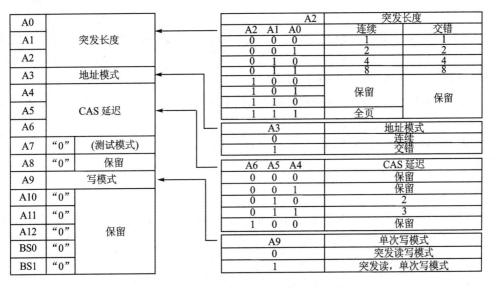

图 19.1.7 W9825G6KH 的模式寄存器

Burst Length,即突发长度(简称 BL),通过 A0~A2 设置,是指在同一行中相邻的存储单元连续进行数据传输的方式。连续传输所涉及存储单元(列)的数量就是突发长度。

前面说的读/写操作都是一次对一个存储单元进行寻址,如果要连续读/写,则还要对当前存储单元的下一个单元进行寻址,也就是要不断地发送列地址与读/写命令(行地址不变,所以不用再对行寻址)。虽然由于读/写延迟相同可以让数据的传输在 I/O 端是连续的,但它占用了大量的内存控制资源,在数据进行连续传输时无法输入新的命令,效率很低。

为此,人们开发了突发传输技术,只要指定起始列地址与突发长度,内存就会依次地自动对后面相应数量的存储单元进行读/写操作,而不再需要控制器连续地提供列地址。这样,除了第一个数据的传输需要若干个周期外,其后每个数据只需一个周期即可获得。

非突发连续读取模式:不采用突发传输而是依次单独寻址,此时可等效于 BL=1。虽然可以让数据是连续传输,但每次都要发送列地址与命令信息,控制资源占用极大。突发连续读取模式:只要指定起始列地址与突发长度,寻址与数据的读取自动进行,而只要控制好两段突发读取命令的间隔周期(与 BL 相同)即可做到连续的突发传输。至于 BL 的数值,也是不能随便设或在数据进行传输前临时决定的,而是在初始化的时候,通过模式寄存器设置命令进行设置。目前可用的选项是 1、2、4、8、全页(Full Page),常见的设定是 4 和 8。若传输长度小于突发长度,则需要发送 Burst Stop(停止突发)命令,结束突发传输。

Addressing Mode,即突发访问的地址模式,通过 A3 设置,可以设置为 Sequential(顺序)或 Interleave(交错)。顺序方式下,地址连续访问,而交错模式则地址是乱序的,一般选择连续模式。

CAS Latency,即列地址选通延迟(简称 CL)。读命令(同时发送列地址)发送完之后,需要等待几个时钟周期,DQ 数据线上的数据才会有效,这个延迟时间就叫 CL,一般设置为 2/3 个时钟周期,如图 19.1.8 所示。

注意,列地址选通延迟,仅在读命令的时候有效,在写命令的时候并不需要这个延迟。

Write Mode,即写模式,用于设置单次写的模式,可以选择突发写入或者单次写入。

5. 初始化

SDRAM 上电后必须进行初始化,才可以正常使用。SDRAM 初始化时序图如图 19.1.9 所示。

初始化过程分为 5 步:

① 上电。

此步给 SDRAM 供电,使能 CLK 时钟,并发送 NOP(No Operation 命令)。注意,上电后要等待最少 200 μs,再发送其他指令。

② 发送预充电命令。

第二步,就是发送预充电命令,给所有存储单元预充电。

第 19 章 SDRAM 实验

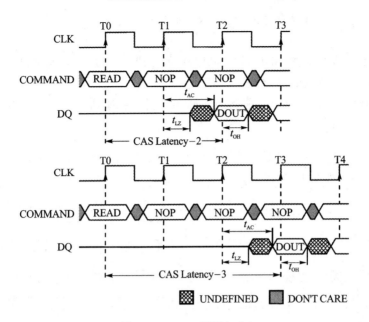

图 19.1.8 CAS 延迟 (2/3)

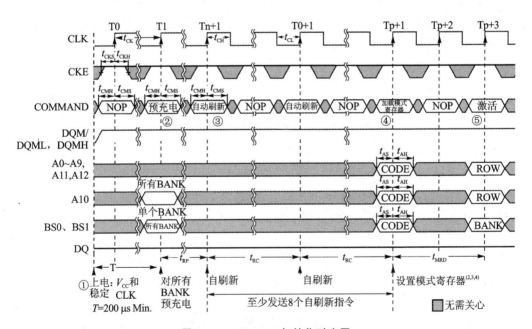

图 19.1.9 SDRAM 初始化时序图

③ 发送自动刷新命令。

这一步至少要发送发送 8 次自刷新命令,每一个自刷新命令之间的间隔时间为 t_{RC}。

④ 设置模式寄存器。

这一步发送模式寄存器的值,配置 SDRAM 的工作参数。配置完成后,需要等待

t_{MRD}(也叫 t_{RSC}),使模式寄存器的配置生效,才能发送其他命令。

⑤ 完成。

经过前面 4 步的操作,SDRAM 的初始化就完成了。接下来,就可以发送激活命令和读/写命令,进行数据的读/写了。

这里提到的 t_{RC}、t_{MRD} 和 t_{RSC} 见 SDRAM 的芯片数据手册。

6. 写操作

在完成对 SDRAM 的初始化之后,就可以对 SDRAM 进行读/写操作了。首先,来看写操作,时序图如图 19.1.10 所示。

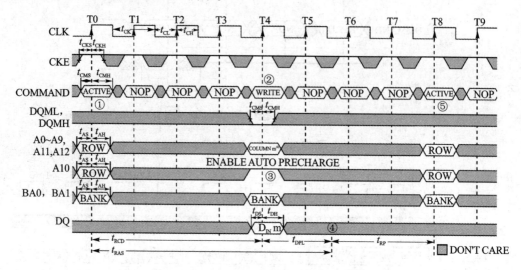

图 19.1.10 SDRAM 写时序图(自动预充电)

SDRAM 的写流程如下:

① 发送激活命令。

此命令同时设置行地址和 BANK 地址,发送该命令后,需要等待 t_{RCD} 时间,才可以发送写命令。

② 发送写命令。

在发送完激活命令并等待 t_{RCD} 后,发送写命令;该命令同时设置列地址,完成对 SDRAM 的寻址。同时,将数据通过 DQ 数据线存入 SDRAM。

③ 使能自动预充电。

在发送写命令的同时,拉高 A10 地址线,使能自动预充电,以提高读写效率。

④ 执行预充电。

预充电在发送激活命令的 t_{RAS} 时间后启动,并且需要等待 t_{MRP} 时间来完成。

⑤ 完成一次数据写入

最后,发送第二个激活命令,启动下一次数据传输。这样,就完成了一次数据的写入。

7. 读操作

读操作时序如图 19.1.11 所示。

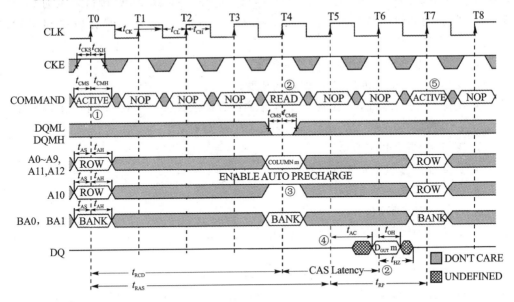

图 19.1.11　SDRAM 读时序图（自动预充电）

SDRAM 的读流程如下：

① 发送激活命令。

此命令同时设置行地址和 BANK 地址，发送该命令后需要等待 t_{RCD} 时间，才可以发送读命令。

② 发送写命令。

在发送完激活命令，并等待 t_{RCD} 后，发送读命令；该命令同时设置列地址，完成对 SDRAM 的寻址。读操作还有一个 CL 延迟(CAS Latency)，所以需要等待给定的 CL 延迟(2 个或 3 个 CLK)后，再从 DQ 数据线上读取数据。

③ 使能自动预充电。

在发送读命令的同时，拉高 A10 地址线，使能自动预充电，以提高读/写效率。

④ 执行预充电。

预充电在发送激活命令的 t_{RAS} 时间后启动，并且需要等待 t_{RP} 时间来完成。

⑤ 完成一次数据写入。

最后，发送第二个激活命令，启动下一次数据传输。这样，就完成了一次数据的读取。

SDRAM 就介绍到这里，t_{RCD}、t_{RAS} 和 t_{RP} 等时间参数见 SDRAM 的数据手册，且在后续配置 FMC 的时候需要用到。

19.1.2 FMC SDRAM 接口简介

上一章对 STM32F767 的 FMC 接口进行了简介,并利用 FMC 接口来驱动 MCU 屏,本章将介绍如何利用 FMC 接口驱动 SDRAM。STM32F767FMC 接口的 SDRAM 控制器,具有如下特点:

- 两个 SDRAM 存储区域,可独立配置;
- 支持 8 位、16 位和 32 位数据总线宽度;
- 支持 13 位行地址,11 位列地址,4 个内部存储区域:4×16M×32 bit(256 MB)、4×16M×16 bit(128 MB)、4×16M×8 bit(64 MB);
- 支持字、半字和字节访问;
- 自动进行行和存储区域边界管理;
- 多存储区域乒乓访问;
- 可编程时序参数;
- 支持自动刷新操作,可编程刷新速率;
- 自刷新模式;
- 读 FIFO 可缓存,支持 6 行×32 位深度(6×14 位地址标记)。

通过 19.1.1 的介绍,我们对 SDRAM 已经有了一个比较深入的了解,包括接线、命令、初始化流程和读写流程等,接下来介绍一些配置 FMC SDRAM 控制器需要用到的几个寄存器。

首先介绍 SDRAM 的控制寄存器:FMC_SDCRx,x=1/2。该寄存器各位描述如图 19.1.12 所示。

31	30	29	28	27	26	25	24	23	22	21	20	19	18	17	16
Res.	Res.	Res.	Res.	Res.	Res.	Res.	Res.	Res.	Res.	Res.	Res.	Res.	Res.	Res.	Res.
15	14	13	12	11	10	9	8	7	6	5	4	3	2	1	0
Res.	RPIPE		RBURST	SDCLK		WP	CAS		NB	MVID		NR		NC	
	rw	rw	rw	rw	rw	rw	rw	rw	rw	rw	rw	rw	rw	rw	rw

图 19.1.12 FMC_SDCRx 寄存器各位描述

该寄存器只有低 15 位有效,且都需要进行配置:

NC:这两个位定义列地址的位数(00~11,表示 8~11 位),W9825G6KH 有 9 位列地址,所以,这里应该设置为 01。

NR:这两个位定义行地址的位数(00~10,表示 11~13 位),W9825G6KH 有 13 位行地址,所以,这里设置为 10。

MWID:这两个位定义存储器数据总线宽度(00~10,表示 8~32 位),W9825G6KH 数据位宽为 16 位,所以,这里设置为 01。

NB:该位用于设置 SDRAM 内部存储区域数量(0=2 个,1=4 个),W9825G6KH 内部有 4 个,所以,这里设置为 1。

CAS:这两个位可设置SDRAM的CAS延迟,按存储器时钟周期计(01~11,表示1~3个)。W9825G6KH可以设置为2,也可以设置为3,这里设置为11。

WP:该位用于写保护设置(0=写使能,1=写保护),这里需要用到写操作,所以设置为1即可。

SDCLK:这两个位用于配置SDRAM的时钟(10=HCLK/2,11=HCLK/3),需要在禁止SDRAM时钟的前提下配置。W9825G6KH最快可以到200M(@CL=3),为了较快的速度,这里设置为10。

RBURST:此位用于使能突发读模式(0=禁止,1=使能)。这里设置为1,使能突发读。

RPIPE:这两个位可定义在CAS后再延后多少个HCLK时钟周期读取数据(00~10,表示0~2个)。这里设置为00即可。

接下来介绍SDRAM的时序寄存器:FMC_SDTRx,x=1/2。该寄存器各位描述如图19.1.13所示。

31	30	29	28	27	26	25	24	23	22	21	20	19	18	17	16
Res.	Res.	Res.	Res.	\multicolumn{4}{c	}{TRCD}	\multicolumn{4}{c	}{TRP}	\multicolumn{4}{c	}{TWR}
				rw	rw	rw	rw	rw	rw	rw	rw	rw	rw	rw	rw
15	14	13	12	11	10	9	8	7	6	5	4	3	2	1	0
\multicolumn{4}{c	}{TRC}	\multicolumn{4}{c	}{TRAS}	\multicolumn{4}{c	}{TXSR}	\multicolumn{4}{c	}{TMRD}
rw	rw	rw	rw	rw	rw	rw	rw	rw	rw	rw	rw	rw	rw	rw	rw

图19.1.13 FMC_SDTRx寄存器各位描述

该寄存器用于控制SDRAM的时序,非常重要,接下来分别介绍各个参数:

TMRD:这4个位定义加载模式寄存器命令和激活或刷新命令之间的延迟,这个参数就是SDRAM数据手册里面的t_{MRD}或t_{RSC}参数。W9825G6KH的t_{RSC}值为2个时钟,所以设置为1即可(2个时钟周期,这里的时钟周期是指SDRAM的时钟周期,下同)。

TXSR:这4个位定义从发出自刷新命令到发出激活命令之间的延迟。W9825G6KH的这个时间为72 ns,我们设置STM32F767的时钟频率为216 MHz,那么一个SDRAM的时钟频率为108 MHz,一个周期为9.3 ns,设置TXSR为7,即8个时钟周期即可。

TRAS:这4个位用于设置自刷新周期。W9825G6KH的自刷新周期为60 ns,这里设置TRAS为6,即7个时钟周期即可。

TRC:这4个位定义刷新命令和激活命令之间的延迟,以及两个相邻刷新命令之间的延迟。W9825G6KH的这个时间同样是60 ns,设置TRC为6,即7个时钟周期即可。

TWR:这4个位定义写命令和预充电命令之间的延迟。W9825G6KH的这个时间为2个时钟周期,所以,设置TWR=1即可。

TRP:这4个位定义预充电命令与其他命令之间的延迟。W9825G6KH的这个时间为15 ns,所以,这里设置TRP=1,即2个时钟周期(18.6 ns)。

TRCD:这 4 个位定义激活命令与读/写命令之间的延迟。W9825G6KH 的这个时间为 15 ns,所以,这里设置 TRP=1,即 2 个时钟周期(18.6 ns)。

接下来介绍 SDRAM 的命令模式寄存器:FMC_SDCMR,各位描述如图 19.1.14 所示。该寄存器用于发送控制 SDRAM 的命令以及 SDRAM 控制器的工作模式时序,非常重要,接下来分别介绍各个参数:

31	30	29	28	27	26	25	24	23	22	21	20	19	18	17	16
Res.	Res.	Res.	Res.	Res.	Res.	Res.	Res.	Res.	Res.	MRD					
										rw	rw	rw	rw	rw	rw

15	14	13	12	11	10	9	8	7	6	5	4	3	2	1	0
MRD						NRFS				CTB1	CTB2	MODE			
rw	rw	rw	rw	rw	rw	rw	rw	rw	rw	rw	rw	rw	rw	rw	rw

图 19.1.14　FMC_SDCMR 寄存器各位描述

MODE:这 3 个位定义发送到 SDRAM 存储器的命令。000:正常模式;**001:时钟配置使能;010:预充电所有存储区;011:自刷新命令;100:配置模式寄存器**;101:自刷新命令;110:掉电命令;111:保留。对加粗部分的命令,我们配置的时候需要用到。

CTB2/CTB1:这两个位用于指定命令所发送的目标存储器,因为 SDRAM 控制器可以外挂 2 个 SDRAM,发送命令的时候,需要通过 CTB1/CTB2 指定命令发送给哪个存储器。这里使用的是第一个存储器(SDNE0),所以设置 CTB1 即可。

NRFS:这 4 个位定义在 MODE=011 时,发出的连续自刷新命令的个数。0000~1110 表示 1~15 个自刷新命令。W9825G6KH 在初始化的时候,至少需要连续发送 8 个自刷新命令。

MRD:这 13 个位定义 SDRAM 模式寄存器的内容(通过地址线发送),在 MODE=100 的时候需要配置。

接下来介绍 SDRAM 的刷新定时器寄存器:FMC_SDRTR,各位描述如图 19.1.15 所示。

31	30	29	28	27	26	25	24	23	22	21	20	19	18	17	16
Res.	Res.	Res.	Res.	Res.	Res.	Res.	Res.	Res.	Res.	Res.	Res.	Res.	Res.	Res.	Res.

15	14	13	12	11	10	9	8	7	6	5	4	3	2	1	0
Res.	REIE	COUNT													CRE
	rw	rw	rw	rw	rw	rw	rw	rw	rw	rw	rw	rw	rw	rw	w

图 19.1.15　FMC_SDRTR 寄存器各位描述

该寄存器通过配置刷新定时器计数值来设置刷新循环之间的刷新速率,按 SDRAM 的时钟周期计数。计算公式为:

$$刷新速率=(COUNT+1) \cdot SDRAM 频率时钟$$

$$COUNT=(SDRAM 刷新周期/行数)-20$$

这里以 W9825G6KH 为例讲解计算过程,W9825G6KH 的刷新周期为 64 ms,行

第19章 SDRAM 实验

数为 8 192 行,所以刷新速率为:

刷新速率＝64 ms/8 192＝7.81 μs

而 SDRAM 时钟频率＝216 MHz/2＝108 MHz(9.26 ns),所以 COUNT 的值为:

COUNT＝7.81 μs/9.26 ns≈844

如果 SDRAM 在接收读请求后出现内部刷新请求,则必须将刷新速率增加 20 个 SDRAM 时钟周期,以获得充足的余量。所以,实际设计的 COUNT 值应该是 COUNT－20＝824。所以,这里设置 FMC_SDRTR 的 COUNT＝824,就可以完成对该寄存器的配置了。

至此,FMC SDRAM 部分的寄存器就介绍完了,更详细介绍可参考《STM32F7 中文参考手册》第 13.7 节。通过以上两个小节的了解就可以开始写 SDRAM 的驱动代码了。不过,MDK 并没有将寄存器定义成 FMC_SDCR1/2 的形式,而是定义成 FMC_SDCR[0]/[1],对应的就是 FMC_SDCR1/2。其他几个寄存器类似,使用的时候注意一下。

阿波罗 STM32F767 核心板板载 W9825G6KH 芯片挂在 FMC SDRAM 的控制器 1 上面(SDNE0),其原理图如图 19.1.16 所示。可以看出,W9825G6KH 同 STM32F767 的连接关系:

➢ A[0∶12]接 FMC_A[0∶12];
➢ BA[0∶1]接 FMC_BA[0∶1];
➢ D[0∶15]接 FMC_D[0∶15];
➢ CKE 接 FMC_SDCKE0;
➢ CLK 接 FMC_SDCLK;
➢ UDQM 接 FMC_NBL1;
➢ LDQM 接 FMC_NBL0;
➢ WE 接 FMC_SDNWE;
➢ CAS 接 FMC_SDNCAS;
➢ RAS 接 FMC_SDNRAS;
➢ CS 接 FMC_SDNE0。

最后来看看实现对 W9825G6KH 的驱动,需要对 FMC 进行哪些配置,步骤如下:
① 使能 FMC 时钟,并配置 FMC 相关的 I/O 及其时钟使能。

要使用 FMC,当然首先得开启其时钟。然后需要把 FMC_D0～15、FMCA0～12 等相关 I/O 口全部配置为复用输出,并使能各 I/O 组的时钟。

② 设置 FMC_SDCR1 寄存器。

该寄存器设置 SDRAM 的相关控制参数,比如地址线宽度、CAS 延迟、SDRAM 时钟等。

③ 设置 FMC_SDTR1 寄存器。

该寄存器设置 SDRAM 的相关时间参数,比如自刷新时间、恢复延迟、预充电延迟等。

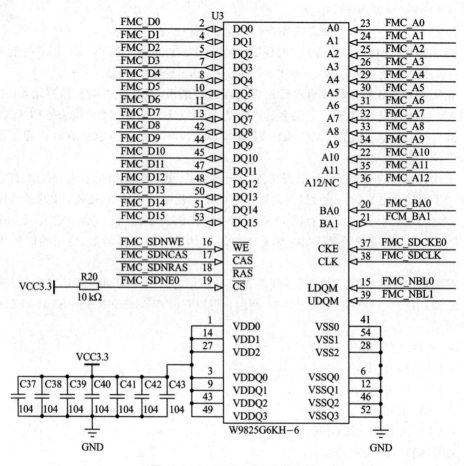

图 19.1.16　W9825G6KH 原理图

④ 发送 SDRAM 初始化序列。

这里根据前面提到的 SDRAM 初始化步骤对 SDRAM 进行初始化。首先使能时钟配置,然后等待至少 $200\,\mu s$,对所有 BANK 进行预充电,执行自刷新命令等,最后配置模式寄存器,完成对 SDRAM 的初始化。

⑤ 设置 FMC_SDRTR 寄存器。

最后,配置该寄存器,设置刷新频率。

通过以上几个步骤就完成了 FMC 的配置,可以访问 W9825G6KH 了。最后,因为这里使用的是 SDRAM 的 BANK1,所以 SDRAM 的内存首地址为 0XC0000000。

19.2　硬件设计

本章实验功能简介:开机后,显示提示信息,然后按下 KEY0 按键,即测试外部 SDRAM 容量大小并显示在 LCD 上。按下 KEY1 按键,即显示预存在外部 SDRAM 的数据。DS0 指示程序运行状态。

第 19 章　SDRAM 实验

本实验用到的硬件资源有：指示灯 DS0、KEY0 和 KEY1 按键、串口、TFTLCD 模块、W9825G6KH。这些都已经介绍过（W9825G6KH 与 STM32F767 的各 I/O 对应关系可参考配套资料原理图），接下来开始软件设计。

19.3　软件设计

打开上一章的工程，由于本章需要用到按键相关的代码，所以，先添加 key.c 到 HARDWARE 组下。然后，在 HARDWARE 文件夹下新建一个 SDRAM 的文件夹。新建 sdram.c 和 sdram.h 两个文件，将它们保存在 SDRAM 文件夹下，并将这个文件夹加入头文件包含路径。

打开 sdram.c 文件，输入如下代码：

```c
#include "sdram.h"
#include "delay.h"
//向 SDRAM 发送命令
//bankx:0,向 BANK5 上面的 SDRAM 发送指令
//      1,向 BANK6 上面的 SDRAM 发送指令
//cmd:指令(0,正常模式 1,时钟配置使能 2,预充电所有存储区 3,自动刷新 4,加载模式寄存器
//         5,自刷新 6,掉电)
//refresh:自刷新次数(cmd=3 时有效)
//regval:模式寄存器的定义
//返回值:0,正常;1,失败
u8 SDRAM_Send_Cmd(u8 bankx,u8 cmd,u8 refresh,u16 regval)
{
    u32 retry=0;
    u32 tempreg=0;
    tempreg|=cmd<<0;                    //设置指令
    tempreg|=1<<(4-bankx);              //设置发送指令到 bank5 还是 6
    tempreg|=refresh<<5;                //设置自刷新次数
    tempreg|=regval<<9;                 //设置模式寄存器的值
    FMC_Bank5_6->SDCMR=tempreg;         //配置寄存器
    while((FMC_Bank5_6->SDSR&(1<<5)))   //等待指令发送完成
    {
        retry++;
        if(retry>0X1FFFFF)return 1;
    }
    return 0;
}
//SDRAM 初始化
void SDRAM_Init(void)
{
    u32 sdctrlreg=0,sdtimereg=0;
    u16 mregval=0;
    RCC->AHB3ENR|=1<<0;                 //使能 FMC 时钟
    ……                                  //省略部分 I/O 配置代码,详见配套资料源码
    GPIO_AF_Set(GPIOG,15,12);           //PG15,AF12
    sdctrlreg|=1<<0;                    //9 位列地址
```

```c
    sdctrlreg |= 2 << 2;                    //13 位行地址
    sdctrlreg |= 1 << 4;                    //16 位数据位宽
    sdctrlreg |= 1 << 6;                    //4 个内部存区(4 BANKS)
    sdctrlreg |= 3 << 7;                    //3 个 CAS 延迟
    sdctrlreg |= 0 << 9;                    //允许写访问
    sdctrlreg |= 2 << 10;                   //SDRAM 时钟 = HCLK/2 = 216M/2 = 108M = 9.3 ns
    sdctrlreg |= 1 << 12;                   //使能突发访问
    sdctrlreg |= 0 << 13;                   //读通道延迟 0 个 HCLK
    FMC_Bank5_6 -> SDCR[0] = sdctrlreg;
    //设置 FMC BANK5 SDRAM 控制寄存器(BANK5 和 6 用于管理 SDRAM)
    sdtimereg |= 1 << 0;                    //加载模式寄存器到激活时间的延迟为 2 个时钟周期
    sdtimereg |= 7 << 4;                    //退出自刷新延迟为 8 个时钟周期
    sdtimereg |= 6 << 8;                    //自刷新时间为 7 个时钟周期
    sdtimereg |= 6 << 12;                   //行循环延迟为 7 个时钟周期
    sdtimereg |= 1 << 16;                   //恢复延迟为 2 个时钟周期
    sdtimereg |= 1 << 20;                   //行预充电延迟为 2 个时钟周期
    sdtimereg |= 1 << 24;                   //行到列延迟为 2 个时钟周期
    FMC_Bank5_6 -> SDTR[0] = sdtimereg;     //设置 FMC BANK5 SDRAM 时序寄存器
    SDRAM_Send_Cmd(0,1,0,0);                //时钟配置使能
    delay_us(500);                          //至少延迟 200 us
    SDRAM_Send_Cmd(0,2,0,0);                //对所有存储区预充电
    SDRAM_Send_Cmd(0,3,8,0);                //设置自刷新次数
    mregval |= 3 << 0;                      //设置突发长度:8(可以是 1/2/4/8)
    mregval |= 0 << 3;                      //设置突发类型:连续(可以是连续/交错)
    mregval |= 3 << 4;                      //设置 CAS 值:3(可以是 2/3)
    mregval |= 0 << 7;                      //设置操作模式:0,标准模式
    mregval |= 1 << 9;                      //设置突发写模式:1,单点访问
    SDRAM_Send_Cmd(0,4,0,mregval);          //设置 SDRAM 的模式寄存器
    //刷新频率计数器(以 SDCLK 频率计数),计算方法:
    //COUNT = SDRAM 刷新周期/行数 - 20 = SDRAM 刷新周期(us) * SDCLK 频率(MHz)/行数
    //我们使用的 SDRAM 刷新周期为 64 ms,SDCLK = 216/2 = 108 MHz,行数为 8192(2^13)
    //所以,COUNT = 64 * 1000 * 108/8192 - 20 = 824
    FMC_Bank5_6 -> SDRTR = 824 << 1;        //设置刷新频率计数器
}
//在指定地址(WriteAddr + Bank5_SDRAM_ADDR)开始,连续写入 n 个字节
//pBuffer:字节指针
//WriteAddr:要写入的地址
//n:要写入的字节数
void FMC_SDRAM_WriteBuffer(u8 * pBuffer,u32 WriteAddr,u32 n)
{
    for(;n! = 0;n -- )
    {
        * (vu8 * )(Bank5_SDRAM_ADDR + WriteAddr) = * pBuffer;
        WriteAddr ++ ;
        pBuffer ++ ;
    }
}
//在指定地址((WriteAddr + Bank5_SDRAM_ADDR))开始,连续读出 n 个字节
//pBuffer:字节指针
//ReadAddr:要读出的起始地址
//n:要写入的字节数
```

```
void FMC_SDRAM_ReadBuffer(u8 * pBuffer,u32 ReadAddr,u32 n)
{
    for(;n!=0;n--)
    {
        *pBuffer++=*(vu8*)(Bank5_SDRAM_ADDR+ReadAddr);
        ReadAddr++;
    }
}
```

此部分代码包含 4 个函数,其中,SDRAM_Send_Cmd 函数用于给 SDRAM 发送命令,在初始化的时候,需要用到;SDRAM_Init 函数用于初始化,包括 FMC 相关 I/O 口的初始化以及 FMC 配置等,完全就是根据前面所说的步骤来实现的;FMC_SDRAM_WriteBuffer 和 FMC_SDRAM_ReadBuffer 函数分别用于在外部 SDRAM 的指定地址写入和读取指定长度的数据(字节数),一般用不到。

注意,当位宽为 16 位的时候,HADDR 右移一位同地址对齐,但是 WriteAddr / ReadAddr 这里却没有加 2,而是加 1,是因为这里用的数据位宽是 8 位,通过 FMC_NBL1 和 FMC_NBL0 来控制高低字节位,所以地址在这里是可以只加 1 的。另外,因为这里使用的是 BANK5(SDRAM BANK1),所以外部 SDRAM 的基址为 0xC0000000。

保存 sdram.c 文件,并加入到 HARDWARE 组下,然后打开 sdram.h,在该文件里面输入如下代码:

```
#ifndef __SRAM_H
#define __SRAM_H
#include "sys.h"
#define Bank5_SDRAM_ADDR    ((u32)(0XC0000000))          //SDRAM 开始地址
u8 SDRAM_Send_Cmd(u8 bankx,u8 cmd,u8 refresh,u16 regval);
void SDRAM_Init(void);
void FMC_SDRAM_WriteBuffer(u8 * pBuffer,u32 WriteAddr,u32 n);
void FMC_SDRAM_ReadBuffer(u8 * pBuffer,u32 ReadAddr,u32 n);
#endif
```

保存此部分代码。最后,打开 test.c 文件,修改代码如下:

```
//SDRAM 内存测试
void fmc_sdram_test(u16 x,u16 y)
{
    u32 i=0;
    u32 temp=0;
    u32 sval=0;      //在地址 0 读到的数据
    LCD_ShowString(x,y,239,y+16,16,"Ex Memory Test:   0KB");
    //每隔 16 KB,写入一个数据,总共写入 2 048 个数据,刚好是 32 MB
    for(i=0;i<32*1024*1024;i+=16*1024)
    {
        *(vu32*)(Bank5_SDRAM_ADDR+i)=temp;
        tcmp++;
    }
    //依次读出之前写入的数据,进行校验
    for(i=0;i<32*1024*1024;i+=16*1024)
```

```c
        {
            temp = *(vu32 *)(Bank5_SDRAM_ADDR + i);
            if(i == 0)sval = temp;
            else if(temp <= sval)break;//后面读出的数据一定要比第一次读到的数据大
            LCD_ShowxNum(x + 15 * 8,y,(u16)(temp - sval + 1) * 16,5,16,0);//显示内存容量
            printf("SDRAM Capacity:%dKB\r\n",(u16)(temp - sval + 1) * 16);
                                                                    //打印 SDRAM 容量
        }
}
int main(void)
{
    u8 key;
    u8 i = 0,led0sta = 1;
    u32 ts = 0;
    Stm32_Clock_Init(432,25,2,9);      //设置时钟,216 MHz
    delay_init(216);                    //延时初始化
    uart_init(108,115200);              //初始化串口波特率为 115 200
    LED_Init();                         //初始化与 LED 连接的硬件接口
    MPU_Memory_Protection();            //保护相关存储区域
    KEY_Init();                         //初始化 LED
    SDRAM_Init();                       //初始化 SDRAM
    LCD_Init();                         //初始化 LCD
    POINT_COLOR = RED;                  //设置字体为红色
    LCD_ShowString(30,50,200,16,16,"APOLLO STM32F4/F7");
    LCD_ShowString(30,70,200,16,16,"SDRAM TEST");
    LCD_ShowString(30,90,200,16,16,"ATOM@ALIENTEK");
    LCD_ShowString(30,110,200,16,16,"2016/7/12");
    LCD_ShowString(30,130,200,16,16,"KEY0:Test Sram");
    LCD_ShowString(30,150,200,16,16,"KEY1:TEST Data");
    POINT_COLOR = BLUE;//设置字体为蓝色
    for(ts = 0;ts<250000;ts ++ )
    {
        testsram[ts] = ts;//预存测试数据
    }
    while(1)
    {
        key = KEY_Scan(0);//不支持连按
        if(key == KEY0_PRES)fmc_sdram_test(40,170);//测试 SDRAM 容量
        else if(key == KEY1_PRES)//打印预存测试数据
        {
            for(ts = 0;ts<250000;ts ++ )
            {
                LCD_ShowxNum(40,190,testsram[ts],6,16,0);//显示测试数据
                printf("testsram[%d]:%d\r\n",ts,testsram[ts]);
            }
        }else delay_ms(10);
        i ++ ;
        if(i == 20)//DS0 闪烁
        {
            i = 0;
            LED0(led0sta^ = 1);
```

```
        }
    }
}
```

此部分代码除了 main 函数,还有一个 fmc_sdram_test 函数,用于测试外部 SRAM 的容量大小,并显示其容量。

此段代码定义了一个超大数组 testsram,我们指定该数组定义在外部 SDRAM 起始地址(__attribute__((at(0XC0000000)))),该数组用来测试外部 SDRAM 数据的读/写。注意,该数组的定义方法是推荐的使用外部 SDRAM 的方法。如果想用 MDK 自动分配,那么需要用到分散加载,则还需要添加汇编的 FMC 初始化代码,相对来说比较麻烦。而且外部 SDRAM 访问速度远不如内部 SRAM,如果将一些需要快速访问的 SRAM 定义到了外部 SDRAM,则将严重拖慢程序运行速度。而如果以推荐的方式来分配外部 SDRAM,那么就可以控制 SDRAM 的分配,可以针对性地选择放外部或放内部,有利于提高程序运行速度,使用起来也比较方便。

另外,fmc_sdram_test 函数和 main 函数中都加入了 printf 输出结果。对于没有 MCU 屏模块的读者来说,可以打开串口调试助手观看实验结果,软件部分就介绍到这里。

19.4 下载验证

代码编译成功之后,下载代码到 ALIENTEK 阿波罗 STM32 开发板上,得到如图 19.4.1 所示界面。

此时,按下 KEY0 就可以在 LCD 上看到内存测试的画面,同样,按下 KEY1 就可以看到 LCD 显示存放在数组 testsram 里面的测试数据,如图 19.4.2 所示。

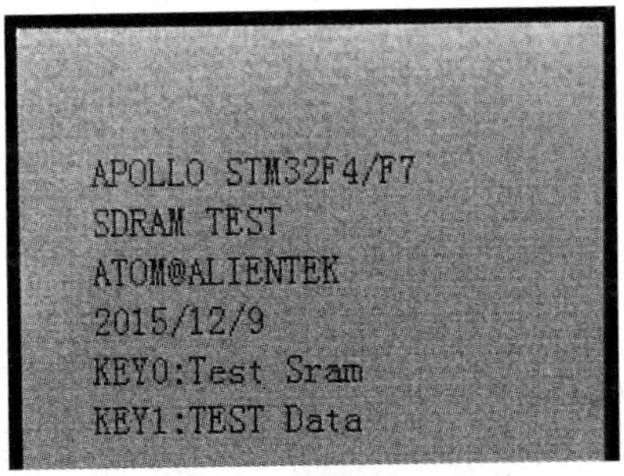

图 19.4.1　程序运行效果图 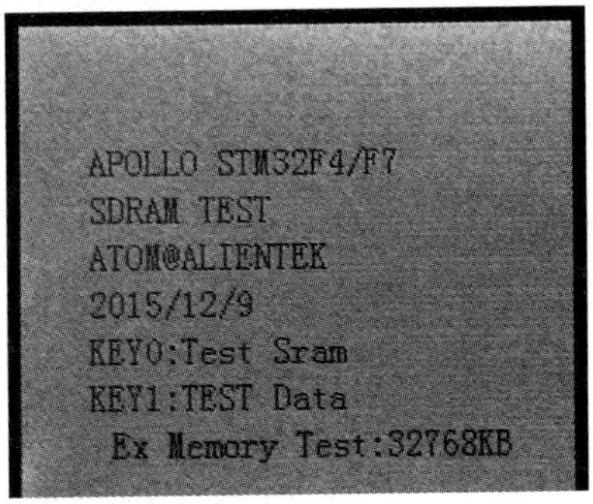　　　　图 19.4.2　外部 SRAM 测试界面

没有 MCU 屏模块的读者可以用串口来检查测试结果,如图 19.4.3 所示。

图 19.4.3 　串口观看测试结果

第 20 章

LTDC LCD(RGB 屏)实验

第 18 章介绍了 TFTLCD 模块(MCU 屏)的使用,但是高分辨率的屏(超过 800×480)一般都没有 MCU 屏接口,而是使用 RGB 接口的,这种接口的屏就需要用到 STM32F767 的 LTDC 来驱动了。本章将使用阿波罗 STM32F767 开发板核心板上的 LCD 接口(仅支持 RGB 屏,本章介绍 RGB 屏的使用)来点亮 LCD,并实现 ASCII 字符和彩色的显示等功能,并在串口打印 LCD ID,同时在 LCD 上面显示。

20.1 RGBLCD & LTDC 简介

本章将通过 STM32F767 的 LTDC 接口来驱动 RGBLCD 的显示,另外,STM32F767 的 LTDC 还有 DMA2D 图形加速,我们也顺带进行介绍。本节分为 3 个部分,分别介绍 RGBLCD、LTDC 和 DMA2D。

20.1.1 RGBLCD 简介

第 18 章已经介绍过 TFTLCD 液晶了,实际上 RGBLCD 也是 TFTLCD,只是接口不同而已。接下来简单介绍一下 RGBLCD 的驱动。

1. RGBLCD 的信号线

RGBLCD 的信号线如表 20.1.1 所列。

表 20.1.1 RGBLCD 信号线

信号线	说　明
R[0:7]	红色数据线,一般为 8 位
G[0:7]	绿色数据线,一般为 8 位
B[0:7]	蓝色数据线,一般为 8 位
DE	数据使能线
VS	垂直同步信号线
HS	水平同步信号线
DCLK	像素时钟信号线

一般的 RGB 屏都有如表 20.1.1 所列的信号线,有 24 根颜色数据线(RGB 各占

8根,即RGB888格式),这样可以表示最多1 600万色,DE、VS、HS和DCLK用于控制数据传输。

2. RGBLCD 的驱动模式

RGB屏一般有2种驱动模式:DE模式和HV模式。DE模式使用DE信号来确定有效数据(DE为高/低时,数据有效),而HV模式则需要行同步和场同步来表示扫描的行和列。

DE模式和HV模式的行扫描时序图(以800×480的LCD面板为例)如图20.1.1所示。可以看出,DE和HV模式的时序基本一样,DEN模式需要提供DE信号(DEN),而HV模式则无需DE信号。图中的HSD即HS信号,用于行同步。注意,在DE模式下面是可以不用HS信号的,即不接HS信号,液晶照样可以正常工作。

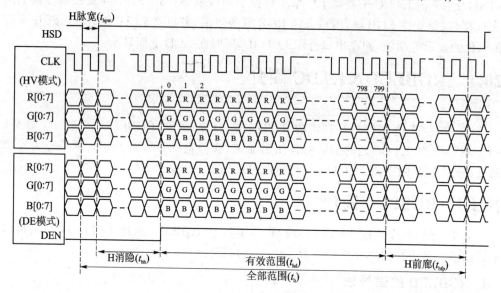

图 20.1.1　DE/HV 模式行扫描时序图

图中的 t_{hpw} 为水平同步有效信号脉宽,用于表示一行数据的开始;t_{hb} 为水平后廊,表示从水平有效信号开始,到有效数据输出之间的像素时钟个数;t_{hfp} 为水平前廊,表示一行数据结束后,到下一个水平同步信号开始之前的像素时钟个数。这几个时间非常重要,在配置 LTDC 的时候,需要根据 LCD 的数据手册,进行正确的设置。

图 20.1.1 仅是一行数据的扫描,输出 800 个像素点数据,而液晶面板总共有 480 行,这就还需要一个垂直扫描时序图,如图 20.1.2 所示。

图中的 VSD 就是垂直同步信号,HSD 就是水平同步信号,DE 为数据使能信号。由图可知,一个垂直扫描刚好就是 480 个有效的 DE 脉冲信号,每一个 DE 时钟周期,扫描一行,总共扫描 480 行,完成一帧数据的显示。这就是 800×480 的 LCD 面板扫描时序,其他分辨率的 LCD 面板时序类似。

图中的 t_{vpw} 为垂直同步有效信号脉宽,用于表示一帧数据的开始;t_{vb} 为垂直后廊,

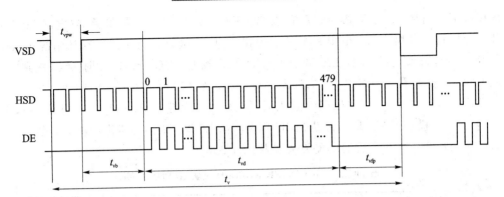

图 20.1.2　垂直扫描时序图

表示垂直同步信号以后的无效行数；t_{vfp} 为垂直前廊，表示一帧数据输出结束后，到下一个垂直同步信号开始之前的无效行数。这几个时间同样在配置 LTDC 的时候，需要进行设置。

3. ALIENTEK RGBLCD 模块

ALIENTEK 目前提供 3 款 RGBLCD 模块：ATK-4342(4.3 寸，480×272)、ATK-7084(7 寸，800×480)和 ATK-7016(7 寸，1 024×600)，这里以 ATK-7084 为例介绍。该模块的接口原理图如图 20.1.3 所示。

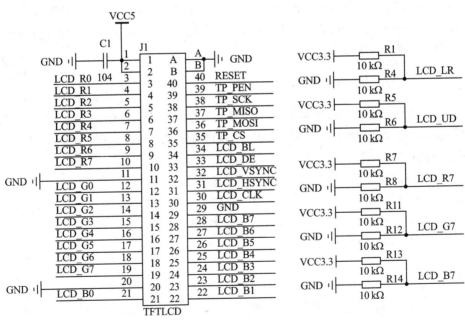

图 20.1.3　ATK-7084 模块对外接口原理图

图中 J1 就是对外接口，是一个 40PIN 的 FPC 座(0.5 mm 间距)，通过 FPC 线可以连接到阿波罗 STM32F767 开发板的核心板上面，从而实现和 STM32F767 的连接。

该接口十分完善,采用 RGB888 格式,支持 DE&HV 模式,还支持触摸屏(电阻/电容)和背光控制。右侧的几个电阻并不是都焊接的,用户可以自己选择。默认情况下,R1 和 R6 焊接,用来设置 LCD_LR 和 LCD_UD,从而控制 LCD 的扫描方向,是从左到右、从上到下(横屏看)。LCD_R7/G7/B7 则用来设置 LCD 的 ID,由于 RGBLCD 没有读/写寄存器,也就没有所谓的 ID,这里通过在模块上面控制 R7/G7/B7 的上/下拉,来自定义 LCD 模块的 ID,从而帮助 MCU 判断当前 LCD 面板的分辨率和相关参数,以提高程序兼容性。这几个位的设置关系如表 20.1.2 所列。

表 20.1.2 ALIENTEK RGBLCD 模块 ID 对应关系

M2 LCD_G7	M1 LCD_G7	M0 LCD_R7	LCD ID	说明
0	0	0	4342	ATK-4342 RGBLCD 模块,分辨率为 480×272
0	0	1	7084	ATK-7084 RGBLCD 模块,分辨率为 800×480
0	1	0	7016	ATK-7016,RGBLCD 模块,分辨率为 1 024×600
0	1	1	7018	ATK-7018,RGBLCD 模块,分辨率为 1 280×800
1	0	0	8016	ATK-8016,RGBLCD 模块,分辨率为 1 024×600
X	X	X	NC	暂时未用到

ATK-7084 模块就设置 M2∶M0=001 即可。这样,在程序里面,读取 LCD_R7/G7/B7,得到 M0∶M2 的值,从而判断 RGBLCD 模块的型号,并执行不同的配置,即可实现不同 LCD 模块的兼容。

20.1.2 LTDC 简介

STM32F767xx 系列芯片都带有 TFT LCD 控制器,即 LTDC。通过这个 LTDC,STM32F767 可以直接外接 RGBLCD 屏,实现液晶驱动。STM32F767 的 LTDC 具有如下特点:

- ➢ 24 位 RGB 并行像素输出;每像素 8 位数据(RGB888);
- ➢ 2 个带有专用 FIFO 的显示层(FIFO 深度 64×32 位);
- ➢ 支持查色表(CLUT),每层高达 256 种颜色(256×24 位);
- ➢ 可针对不同显示面板编程时序;
- ➢ 可编程背景色;
- ➢ 可编程 HSync、VSync 和数据使能(DE)信号的极性;
- ➢ 每层有 8 种颜色格式可供选择:ARGB8888、RGB888、RGB565、ARGB1555、ARGB4444、L8(8 位 Luminance 或 CLUT)、AL44(4 位 alpha+4 位 luminance) 和 AL88(8 位 alpha+8 位 luminance);
- ➢ 每通道的低位采用伪随机抖动输出(红色、绿色、蓝色的抖动宽度为 2 位);
- ➢ 使用 alpha 值(每像素或常数)在两层之间灵活混合;

第20章 LTDC LCD(RGB屏)实验

- 色键(透明颜色);
- 可编程窗口位置和大小;
- 支持薄膜晶体管(TFT)彩色显示器;
- AHB 主接口支持 16 个字的突发;
- 高达 4 个可编程中断事件。

LTDC 控制器主要包含信号线、图像处理单元、AHB 接口、配置和状态寄存器以及时钟部分,其框图如图 20.1.4 所示。

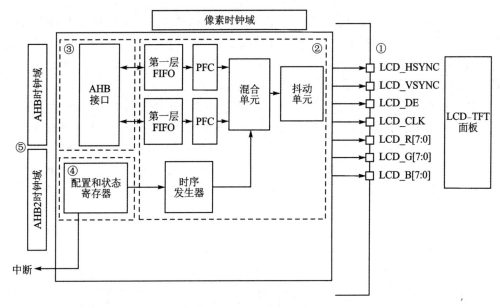

图 20.1.4 LTDC 控制器框图

1. 信号线

这里就包含了前面提到的 RGBLCD 驱动需要的所有信号线,这些信号线通过 STM32F767 核心板板载的 LCD 接口引出。其信号说明和 I/O 连接关系如表 20.1.3 所列。

表 20.1.3 LTDC 信号线及 IO 连接关系说明

LTDC 信号线	对应 I/O	说 明
LCD_CLK	PG7	像素时钟输出
LCD_HSYNC	PI10	水平同步
LCD_VSYNC	PI9	垂直同步
LCD_DE	PF10	数据使能
LCD_R[7:3]	PG6、PH12、PH11、PH10、PH9	红色数据线,LCD_R[2:0]未用到
LCD_G[7:2]	PI2、PI1、PI0、PH15、PH14、PH13	绿色数据线,LCD_G[1:0]未用到
LCD_B[7:3]	PI7、PI6、PI5、PI4、PG11	蓝色数据线,LCD_B[2:0]未用到

LTDC 总共有 24 位数据线，支持 RGB888 格式，但是为了节省 I/O，并提高图片显示速度，这里使用 RGB565 颜色格式，这样只需要 16 个 I/O 口。当使用 RGB565 格式的时候，LCD 面板的数据线必须连接到 LTDC 数据线的 MSB，即 LTDC 的 LCD_R[7：3]接 RGBLCD 的 R[7：3]、LTDC 的 LCD_G[7：2]接 RGBLCD 的 G[7：2]、LTDC 的 LCD_B[7：3]接 RGBLCD 的 B[7：3]，这样，RGB 数据线分别是 5：6：5，即 RGB565 格式。表中对应 I/O 就是 STM32F767 核心板上 LCD 接口所连接的 I/O。

2. 图像处理单元

此部分先从 AHB 接口获取显存中的图像数据，再经过层 FIFO(有 2 个，对应 2 个层)缓存(每个层 FIFO 具有 64×32 位存储深度)，然后经过像素格式转换器(PFC)把从层的所选输入像素格式转换为 ARGB8888 格式，再通过混合单元把两层数据合并，混合得到单层要显示的数据，最后经过抖动单元处理(可选)后，输出给 LCD 显示。

这里的 ARGB8888，即带 8 位透明通道，即最高 8 位为透明通道参数，表示透明度，值越大，则约不透明；值越小，越透明。比如 A＝255 时，表示完全不透明；而 A＝0 时，表示完全透明。RGB888 就表示 R、G、B 各 8 位，可表示的颜色深度为 1 600 万色。

STM32F767 的 LTDC 总共有 3 个层：背景层、第一层和第二层，其中，背景层只可以是纯色(即单色)，而第一层和第二层都可以用来显示信息，混合单元会将 3 个层混合起来进行显示。显示关系如图 20.1.5 所示。

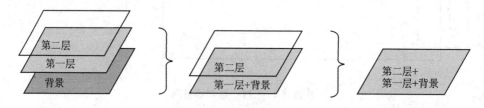

图 20.1.5　3 个层混合关系

可以看出，第二层位于最顶端，背景层位于最低端，混合单元首先将第一层与背景层进行混合，随后，第二层与第一层和第二层的混合颜色结果再次混合。完成混合后，送给 LCD 显示。

3. AHB 接口

由于 LTDC 驱动 RGBLCD 的时候需要有很多内存来做显存，比如一个 800×480 的屏幕，按一般的 16 位 RGB565 模式，一个像素需要 2 个字节的内存，总共需要 800×480×2＝768 KB 内存。STM32 内部是没有这么多内存的，所以必须借助外部 SDRAM，而 SDRAM 是挂在 AHB 总线上的，LTDC 的 AHB 接口用来将显存数据，从 SDRAM 存储器传输到 FIFO 里面。

4. 配置和状态寄存器

此部分包含了 LTDC 的各种配置寄存器以及状态寄存器，用于控制整个 LTDC 的工作参数，主要有各信号的有效电平、垂直/水平同步时间参数、像素格式、数据使能等。

第 20 章 LTDC LCD(RGB 屏)实验

LTDC 的同步时序(HV 模式)控制框图,如图 20.1.6 所示。

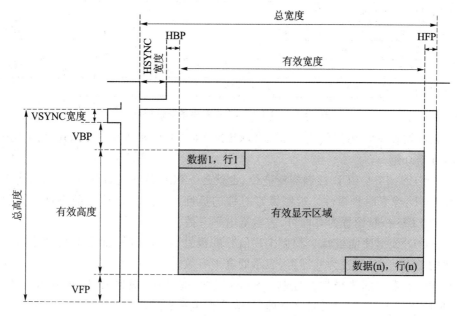

图 20.1.6 LTDC 同步时序框图

图中有效显示区域就是 RGBLCD 面板的显示范围(即分辨率),有效宽度×有效高度就是 LCD 的分辨率。另外,这里还有的参数包括 HSYNC 的宽度(HSW)、VSYNC 的宽度(VSW)、HBP、HFP、VBP 和 VFP 等,这些参数的说明如表 20.1.4 所列。

表 20.1.4 LTDC 驱动时序参数

参　数	说　明
HSW(horizontal sync width)	水平同步脉宽,单位为相素时钟(CLK)个数
VSW(vertical sync width)	垂直同步脉宽,单位为行周期个数
HBP(horizontal back porch)	水平后廊,表示水平同步信号开始到行有效数据开始之间的相素时钟(CLK)个数
HFP(horizontal front porch)	水平前廊,表示行有效数据结束到下一个水平有效信号开始之前的相素时钟(CLK)个数
VBP(vertical back porch)	垂直后廊,表示垂直同步信号后,无效行的个数
VFP(vertical front porch)	垂直前廊,表示一帧数据输出结束后,到下一个垂直同步信号开始之前的无效行数

如果 RGBLCD 使用的是 DE 模式,LTDC 也只需要设置表 20.1.4 所列的参数,然后 LTDC 会根据这些设置自动控制 DE 信号。这些参数通过相关寄存器来配置,接下来介绍 LTDC 的一些相关寄存器。

首先来看 LTDC 全局控制寄存器:LTDC_GCR,各位描述如图 20.1.7 所示。

31	30	29	28	27	26	25	24	23	22	21	20	19	18	17	16
HSPOL	VSPOL	DEPOL	CPCOL	Reserved											DEN
rw	rw	rw	rw												rw
15	14	13	12	11	10	9	8	7	6	5	4	3	2	1	0
Reserved	DRW			Reserved	DGW			Reserved	DBW			Reserved			LTDCEN
	r	r	r		r	r	r		r	r	r				rw

图 20.1.7 LTDC_GCR 寄存器各位描述

该寄存器在本章用到的设置有 LTDCEN、PCPOL、DEPOL、VSPOL 和 HSPOL，这里将逐个介绍。

LTDCEN:TFT LCD 控制器使能位，也就是 LTDC 的开关，该位需要设置为 1。

PCPOL:像素时钟极性。控制像素时钟的极性，根据 LCD 面板的特性来设置，这里所用的 LCD 一般设置为 0 即可，表示低电平有效。

DEPOL:数据使能极性。控制 DE 信号的极性，根据 LCD 面板的特性来设置，这里所用的 LCD 一般设置为 0 即可，表示低电平有效。

VSPOL:垂直同步极性。控制 VSYNC 信号的极性，根据 LCD 面板的特性来设置，这里所用的 LCD 一般设置为 0 即可，表示低电平有效。

HSPOL:水平同步极性。控制 HSYNC 信号的极性，根据 LCD 面板的特性来设置，这里所用的 LCD 一般设置为 0 即可，表示低电平有效。

接下来看看 LTDC 同步大小配置寄存器：LTDC_SSCR，各位描述如图 20.1.8 所示。

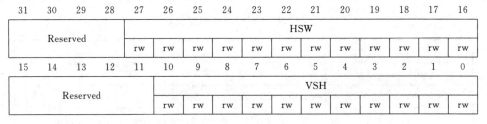

31	30	29	28	27	26	25	24	23	22	21	20	19	18	17	16
Reserved				HSW											
				rw	rw	rw	rw	rw	rw	rw	rw	rw	rw	rw	rw
15	14	13	12	11	10	9	8	7	6	5	4	3	2	1	0
Reserved				VSH											
				rw	rw	rw	rw	rw	rw	rw	rw	rw	rw	rw	rw

图 20.1.8 LTDC_SSCR 寄存器各位描述

该寄存器用于设置垂直同步高度(VSH)和水平同步宽度(HSW)，其中：

➢ VSH:表示垂直同步高度(以水平扫描行为单位)，表示垂直同步脉宽减 1，即 VSW−1。

➢ HSW:表示水平同步宽度(以像素时钟为单位)，表示水平同步脉宽减 1，即 HSW−1。

接下来看看 LTDC 后沿配置寄存器：LTDC_BPCR，各位描述如图 20.1.9 所示。

该寄存器需要配置 AVBP 和 AHBP：

➢ AVBP:累加垂直后沿(以水平扫描行为单位)，表示 VSW+VBP−1(见表 20.1.2)。

➢ AHBP:累加水平后沿(以像素时钟为单位)，表示 HSW+HBP−1(见表 20.1.2，下同)。

第20章 LTDC LCD(RGB屏)实验

接下来看看LTDC有效宽度配置寄存器：LTDC_AWCR，各位描述如图20.1.10所示。

31	30	29	28	27	26	25	24	23	22	21	20	19	18	17	16
\multicolumn{4}{}{Reserved}	AHBP												
				rw	rw	rw	rw	rw	rw	rw	rw	rw	rw	rw	rw
15	14	13	12	11	10	9	8	7	6	5	4	3	2	1	0
Reserved				AVBP											
				rw	rw	rw	rw	rw	rw	rw	rw	rw	rw	rw	rw

图20.1.9　LTDC_BPCR寄存器各位描述

31	30	29	28	27	26	25	24	23	22	21	20	19	18	17	16
Reserved				AAW											
				rw	rw	rw	rw	rw	rw	rw	rw	rw	rw	rw	rw
15	14	13	12	11	10	9	8	7	6	5	4	3	2	1	0
Reserved				AAH											
				rw	rw	rw	rw	rw	rw	rw	rw	rw	rw	rw	rw

图20.1.10　LTDC_AWCR寄存器各位描述

该寄存器需要配置AAH和AAW：
➢ AAH：累加有效高度(以水平扫描行为单位)，表示VSW＋VBP＋有效高度－1。
➢ AAW：累加有效宽度(以像素时钟为单位)，表示HSW＋HBP＋有效宽度－1。
这里所说的有效高度和有效宽度是指LCD面板的宽度和高度(构成分辨率，下同)。

接下来看看LTDC总宽度配置寄存器：LTDC_TWCR，各位描述如图20.1.11所示。

31	30	29	28	27	26	25	24	23	22	21	20	19	18	17	16
Reserved				TOTALW											
				rw	rw	rw	rw	rw	rw	rw	rw	rw	rw	rw	rw
15	14	13	12	11	10	9	8	7	6	5	4	3	2	1	0
Reserved				TOTALH											
				rw	rw	rw	rw	rw	rw	rw	rw	rw	rw	rw	rw

图20.1.11　LTDC_TWCR寄存器各位描述

该寄存器需要配置TOTALH和TOTALW：
➢ TOTALH：总高度(以水平扫描行为单位)，表示VSW＋VBP＋有效高度＋VFP－1。
➢ TOTALW：总宽度(以像素时钟为单位)，表示HSW＋HBP＋有效宽度＋HFP－1。

接下来看看LTDC背景色配置寄存器：LTDC_BCCR，各位描述如图20.1.12所示。

31	30	29	28	27	26	25	24	23	22	21	20	19	18	17	16
\multicolumn{8}{c|}{Reserved}	\multicolumn{8}{c|}{BCRED}
								rw	rw	rw	rw	rw	rw	rw	rw
15	14	13	12	11	10	9	8	7	6	5	4	3	2	1	0
\multicolumn{8}{c|}{Reserved}	\multicolumn{8}{c|}{BCBLUE}
\multicolumn{8}{c|}{rw}	rw	rw	rw	rw	rw	rw	rw	rw

图 20.1.12 LTDC_BCCR 寄存器各位描述

该寄存器定义背景层的颜色(RGB888)通过低 24 位配置,一般设置为全 0 即可。

接下来看看 LTDC 的层颜色帧缓冲区地址寄存器:LTDC_LxCFBAR(x=1/2),各位描述如图 20.1.13 所示。

31	30	29	28	27	26	25	24	23	22	21	20	19	18	17	16
\multicolumn{16}{c|}{CFBADD}
rw	rw	rw	rw	rw	rw	rw	rw	rw	rw	rw	rw	rw	rw	rw	rw
15	14	13	12	11	10	9	8	7	6	5	4	3	2	1	0
\multicolumn{16}{c|}{CFBADD}
rw	rw	rw	rw	rw	rw	rw	rw	rw	rw	rw	rw	rw	rw	rw	rw

图 20.1.13 LTDC_LxCFBAR 寄存器各位描述

该寄存器用来定义一层显存的起始地址。STM32F767 的 LTDC 支持 2 个层,所以总共有两个寄存器,分别设置层 1 和层 2 的显存起始地址。

接下来看看 LTDC 的层像素格式配置寄存器:LTDC_LxPFCR(x=1/2)。该寄存器只有最低 3 位有效,用于设置层颜色的像素格式:000:ARGB8888;001:RGB888;010:RGB565;011:ARGB1555;100:ARGB4444;101:L8(8 位 Luminance);110:AL44(4 位 Alpha,4 位 Luminance);111:AL88(8 位 Alpha,8 位 Luminance)。一般使用 RGB565 格式,即该寄存器设置为 010 即可。

接下来看看 LTDC 的层恒定 Alpha 配置寄存器:LTDC_LxCACR(x=1/2),各位描述如图 20.1.14 所示。

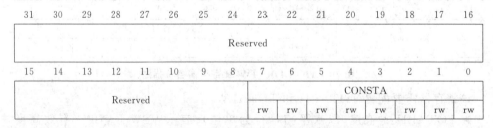

图 20.1.14 LTDC_LxCACR 寄存器各位描述

该寄存器低 8 位(CONSTA)有效,这些位配置混合时使用的恒定 Alpha。恒定 Alpha 由硬件实现 255 分频。这个恒定 Alpha 的使用在介绍 LTDC_LxBFCR 寄存器的时候进行讲解。

接下来看看 LTDC 的层默认颜色配置寄存器:LTDC_LxDCCR(x=1/2),各位描

第 20 章　LTDC LCD(RGB 屏)实验

述如图 20.1.15 所示。

31	30	29	28	27	26	25	24	23	22	21	20	19	18	17	16
\multicolumn{8}{c	}{DCALPHA}	\multicolumn{8}{c	}{DCRED}
rw	rw	rw	rw	rw	rw	rw	rw	rw	rw	rw	rw	rw	rw	rw	rw
15	14	13	12	11	10	9	8	7	6	5	4	3	2	1	0
DCGREEN								DCBLUE							
rw	rw	rw	rw	rw	rw	rw	rw	rw	rw	rw	rw	rw	rw	rw	rw

图 20.1.15　LTDC_LxDCCR 寄存器各位描述

该寄存器定义采用 ARGB8888 格式的层的默认颜色。默认颜色在定义的层窗口外使用或在层禁止时使用。一般情况下用不到,所以该寄存器一般设置为 0 即可。

接下来看看 LTDC 的层混合系数配置寄存器:LTDC_LxBFCR(x=1/2),各位描述如图 20.1.16 所示。

31	30	29	28	27	26	25	24	23	22	21	20	19	18	17	16
\multicolumn{16}{c	}{Reserved}
15	14	13	12	11	10	9	8	7	6	5	4	3	2	1	0
Reserved					BF1			Reserved					BF2		
					rw	rw	rw						rw	rw	rw

图 20.1.16　LTDC_LxBFCR 寄存器各位描述

该寄存器用于定义混合系数:BF1 和 BF2。BF1=100 的时候,使用恒定的 Alpha 混合系数(由 LTDC_LxCACR 寄存器设置恒定 Alpha 值);BF1=110 的时候,使用像素 Alpha×恒定 Alpha。像素 Alpha 即 ARGB 格式像素的 A 值(Alpha 值),仅限 ARGB 颜色格式时使用。在 RGB565 格式下设置 BF1=100 即可。BF2 同 BF1 类似,BF2=101 的时候,使用恒定的 Alpha 混合系数;BF2=111 的时候,使用像素 Alpha×恒定 Alpha。在 RGB565 格式下,我们设置 BF2=101 即可。

通用的混合公式为:

$$BC = BF1 \cdot C + BF2 \cdot Cs$$

其中,BC=混合后的颜色;BF1=混合系数 1;C=当前层颜色,即写入层显存的颜色值;BF2=混合系数 2;Cs=底层混合后的颜色,对于层 1 来说,Cs=背景层的颜色,对于层 2 来说,Cs=背景层和层 1 混合后的颜色。

以使用恒定的 Alpha 值,并仅使能第一层为例,讲解一下混色的计算方式。恒定 Alpha 的值由 LTDC_LxCACR 寄存器设置,恒定 Alpha=LTDC_LxCACR 设置值/255。假设 LTDC_LxCACR=240,C=128,Cs(背景色)=48,那么恒定 Alpha=240/255=0.94,则:

$$BC = 0.94 \times 128 + (1-0.94) \times 48 = 123$$

则混合后颜色值变成了 123。注意,BF1 和 BF2 的恒定 Alpha 值互补,它们之和为 1,且 BF1 使用的是恒定 Alpha 值,BF2 使用的是互补值。一般情况下设置 LTDC_Lx-

CACR 的值为 255,这样,在使用恒定 Alpha 值的时候,可以得到 BC=C,即混合后的颜色就是显存里面的颜色(不进行混色)。

LTDC 的层支持窗口设置功能,通过 LTDC_LxWHPCR 和 LTDC_LxWVPCR 这两个寄存器设置可以调整显示区域的大小,如图 20.1.17 所示。图的层中的第一个和最后一个可见像素通过 LTDC_LxWHPCR 寄存器中的 WHSTPOS[11:0]和 WHSPPOS[11:0]进行设置。层中的第一个和最后一个可见行通过配置 LTDC_LxWVPCR 寄存器中的 WHSTPOS[11:0]和 WHSPPOS[11:0]进行设置,配置完成后即可确定窗口的大小。

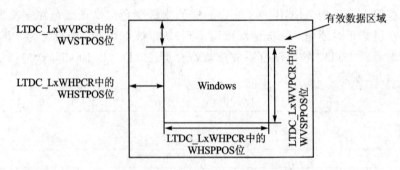

图 20.1.17　LTDC 层窗口设置关系图

接下来介绍这两个寄存器,首先是 LTDC 的层窗口水平位置配置寄存器:LTDC_LxWHPCR(x=1/2)。该寄存器各位描述如图 20.1.18 所示。

31	30	29	28	27	26	25	24	23	22	21	20	19	18	17	16
Reserved				WHSPPOS											
				rw	rw	rw	rw	rw	rw	rw	rw	rw	rw	rw	rw
15	14	13	12	11	10	9	8	7	6	5	4	3	2	1	0
Reserved				WHSTPOS											
				rw	rw	rw	rw	rw	rw	rw	rw	rw	rw	rw	rw

图 20.1.18　LTDC_LxWHPCR 寄存器各位描述

该寄存器定义第一层或第二层窗口的水平位置(第一个和最后一个像素),其中:
- WHSTPOS:窗口水平起始位置,定义层窗口的一行的第一个可见像素,见图 20.1.17。
- WHSPPOS:窗口水平停止位置,定义层窗口的一行的最后一个可见像素,见图 20.1.17。

然后介绍 LTDC 的层窗口垂直位置配置寄存器:LTDC_LxWVPCR(x=1/2),各位描述如图 20.1.19 所示。

该寄存器定义第一层或第二层窗口的垂直位置(第一行或最后一行),其中:
- WVSTPOS:窗口垂直起始位置,定义层窗口的第一个可见行,见图 20.1.17。
- WVSPPOS:窗口垂直停止位置,定义层窗口的最后一个可见行,见图 20.1.17。

接下来看看 LTDC 的层颜色帧缓冲区长度寄存器:LTDC_LxCFBLR(x=1/2),各

第20章 LTDC LCD(RGB屏)实验

位描述如图20.1.20所示。

31	30	29	28	27	26	25	24	23	22	21	20	19	18	17	16
\multicolumn{5}{Reserved}					WVSPPOS							
					rw	rw	rw	rw	rw	rw	rw	rw	rw	rw	rw
15	14	13	12	11	10	9	8	7	6	5	4	3	2	1	0
Reserved								WVSTPOS							
					rw	rw	rw	rw	rw	rw	rw	rw	rw	rw	rw

图 20.1.19   LTDC_LxWVPCR 寄存器各位描述

31	30	29	28	27	26	25	24	23	22	21	20	19	18	17	16
Reserved								CFBP							
					rw	rw	rw	rw	rw	rw	rw	rw	rw	rw	rw
15	14	13	12	11	10	9	8	7	6	5	4	3	2	1	0
Reserved							CFBLL								
				rw	rw	rw	rw	rw	rw	rw	rw	rw	rw	rw	rw

图 20.1.20   LTDC_LxCFBLR 寄存器各位描述

该寄存器定义颜色帧缓冲区的行长和行间距。其中：

CFBLL:这些位定义一行像素的长度(以字节为单位)+3。行长的计算方法为：有效宽度×每像素的字节数+3。比如，LCD 面板的分辨率为 800×480，有效宽度为 800，采用 RGB565 格式，那么 CFBLL 需要设置为 800×2+3=1 603。

CFBP:这些位定义从像素某行的起始处到下一行的起始处的增量(以字节为单位)。这个设置其实同样是一行像素的长度，对于 800×480 的 LCD 面板，RGB565 格式设置 CFBP 为 800×2=1 600 即可。

最后看看 LTDC 的层颜色帧缓冲区行数寄存器:LTDC_LxCFBLNR(x=1/2)，该寄存器各位描述如图 20.1.21 所示。

31	30	29	28	27	26	25	24	23	22	21	20	19	18	17	16
Reserved								CFBP							
					rw	rw	rw	rw	rw	rw	rw	rw	rw	rw	rw
15	14	13	12	11	10	9	8	7	6	5	4	3	2	1	0
Reserved								CFBLL							
				rw	rw	rw	rw	rw	rw	rw	rw	rw	rw	rw	rw

图 20.1.21   LTDC_LxCFBLNR 寄存器各位描述

该寄存器定义颜色帧缓冲区中的行数。CFBLNBR 用于定义帧缓冲区行数，比如，LCD 面板的分辨率为 800×480，那么帧缓冲区的行数为 480 行，则设置 CFBLNBR=480 即可。

至此，LTDC 相关的寄存器基本就介绍完了，通过这些寄存器的配置就可以完成对 LTDC 的初始化，从而控制 LCD 显示了。LTDC 的详细介绍和寄存器描述可参考《STM32F7 中文参考手册.pdf》第 18 章。

5. 时钟域

LTDC 有 3 个时钟域：AHB 时钟域（HCLK）、APB2 时钟域（PCLK2）和像素时钟域（LCD_CLK）。AHB 时钟域用于驱动 AHB 接口，读取存储器的数据到 FIFO 里面，APB2 时钟域用于配置寄存器，像素时钟域则用于生成 LCD 接口信号，LCD_CLK 的输出应按照 LCD 面板要求进行配置。

接下来重点介绍下 LCD_CLK 的配置过程。LCD_CLK 的时钟来源如图 20.1.22 所示。由图可知，LCD_CLK 的来源为外部晶振（假定外部晶振作为系统时钟源），经过分频器分频（/M），再经过 PLLSAI 倍频器倍频（xN）后，经 R 分频因子输出分频后的时钟得到 PLLLCDCLK，然后在经过 DIV 分频和时钟使能后得到 LCD_CLK。接下来简单介绍配置 LCD_CLK 需要用到的一些寄存器。

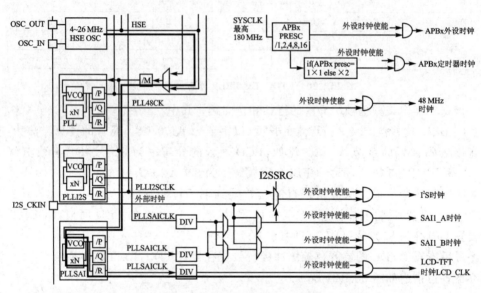

图 20.1.22　LCD_CLK 时钟图

首先是 RCC PLL SAI 配置寄存器 RCC_PLLSAICFGR，各位描述如图 20.1.23 所示。

31	30	29	28	27	26	25	24	23	22	21	20	19	18	17	16
Reserved	PLLSAIR			PLLSAIQ				Reserved							
	rw	rw	rw	rw	rw	rw	rw								

15	14	13	12	11	10	9	8	7	6	5	4	3	2	1	0
Reserved	PLLSAIN									Reserved					
	rw	rw	rw	rw	rw	rw	rw	rw	rw						

图 20.1.23　RCC_PLLSAICFGR 寄存器各位描述

这个寄存器主要对 PLLSAI 倍频器的 N、Q 和 R 等参数进行配置，它们的设置关系（假定使用外部 HSE 作为时钟源）为：

第20章 LTDC LCD(RGB屏)实验

$$f(VCO\ clock) = f(hse) \times (PLLSAIN/PLLM)$$
$$f(PLLSACLK) = f(VCO\ clock)/PLLSAIQ$$
$$f(PLLLCDCLK) = f(VCO\ clock)/PLLSAIR$$

f(hse)为外部晶振的频率,PLLM就是M分频因子,PLLSAIN为PLLSAI的倍频数,取值范围为49～432;PLLSAIQ为PLLSAI的Q分频系数,取值范围为2～15;PLLSAIR为PLLSAI的R分频系数,取值范围为2～7;阿波罗STM32F767核心板所用的HSE晶振频率为25 MHz,一般设置PLLM为25,那么输入PLLSAI的时钟频率就是1 MHz,然后可得:

$$f(PLLLCDCLK) = 1MHz \cdot PLLSAIN/PLLSAIR$$

f(PLLLCDCLK)之后还有一个分频器(DIV),分频后得到最终的LCD_CLK频率。该分频由RCC专用时钟配置寄存器:RCC_DCKCFGR1配置,该寄存器各位描述如图20.1.24所示。

31	30	29	28	27	26	25	24	23 22	21 20	19	18	17 16
Res.	Res.	Res.	Res.	Res.	Res.	Res.	TIMPRE	SAI2SEL[1:0]	SAI1SEL[1:0]	Res.	Res.	PLLSAIDIVR[1:0]
							rw	rw rw	rw rw			rw rw

15	14	13	12 11 10 9 8	7	6	5	4 3 2 1 0
Res.	Res.	Res.	PLLSAIDIVQ[4:0]	Res.	Res.	Res.	PLLI2SDIVQ[4:0]
			rw rw rw rw rw				rw rw rw rw rw

图20.1.24 RCC_DCKCFGR1寄存器各位描述

本章中该寄存器只关心PLLSAIDIVR的配置,这两个位用于配置f(PLLLCDCLK)之后的分频,设置范围为0～2,表示 $2^{PLLSAIDIVR+1}$ 分频。因此,最终得到LCD_CLK的频率计算公式为(前提:HSE=25 MHz,PLLM=25):

$$f(LCD\_CLK) = 1\ MHz \cdot PLLSAIN/PLLSAIR/2^{PLLSAIDIVR+1}$$

以群创AT070TN92面板为例,查其数据手册可知,DCLK的频率典型值为33.3 MHz,需要设置:PLLSAIN=396,PLLSAIR=3,PLLSAIDIVR=1,得到:

$$f(LCD\_CLK) = 1\ MHz \cdot 396/3/2^{1+1} = 33\ MHz$$

最后来看看实现LTDC驱动RGBLCD,需要对LTDC进行哪些配置,步骤如下:

① 使能LTDC时钟,并配置LTDC相关的I/O及其时钟使能。

要使用LTDC,当然首先得开启其时钟。然后需要把LCD_R/G/B数据线、LCD_HSYNC和LCD_VSYNC等相关I/O口,全部配置为复用输出,并使能各I/O组的时钟。

② 设置LCD_CLK时钟。

此步需要配置LCD的像素时钟,根据LCD的面板参数进行设置,LCD_CLK由PLLSAI进行配置,方法前面已经介绍,可参考前面内容。

③ 设置RGBLCD的相关参数,并使能LTDC。

这一步需要完成对LCD面板参数的配置,包括LTDC使能、时钟极性、HSW、

VSW、HBP、HFP、VBP 和 VFP 等(见表 20.1.3),通过 LTDC_GCR、LTDC_SSCR、LTDC_BPCR、LTDC_AWCR 和 LTDC_TWCR 等寄存器配置。

④ 设置 LTDC 层参数。

此步需要设置 LTDC 某一层的相关参数,包括帧缓存首地址、颜色格式、混合系数和层默认颜色等。通过 LTDC_LxCFBAR、LTDC_LxPFCR、LTDC_LxCACR、LTDC_LxDCCR 和 LTDC_LxBFCR 等寄存器配置。

⑤ 设置 LTDC 层窗口,并使能层。

这一步完成对 LTDC 某个层的显示窗口设置(一般设置为整层显示,不开窗),通过 LTDC_LxWHPCR、LTDC_LxWVPCR、LTDC_LxCFBLR 和 LTDC_LxCFBLNR 等寄存器配置。层使能通过配置 LTDC_LxCR 寄存器的最低位实现,使能层以后,RGBLCD 就可以正常工作了。

通过以上几个步骤就完成了 LTDC 的配置,可以控制 RGBLCD 显示了。LTDC 就介绍到这里,接下来介绍 DMA2D。

20.1.3 DMA2D 简介

为了提高 STM32F767 的图像处理能力,ST 公司设计了一个专用于图像处理的专业 DMA:Chrom - Art Accelerator,即 DMA2D。通过 DMA2D 对图像进行填充和搬运,可以完全不用 CPU 干预,从而提高效率,减轻 CPU 负担。它可以执行下列操作:

- ➢ 用特定颜色填充目标图像的一部分或全部(可用于快速单色填充);
- ➢ 将源图像的一部分(或全部)复制到目标图像的一部分(或全部)中(可用于快速图像填充);
- ➢ 通过像素格式转换将源图像的一部分(或全部)复制到目标图像的一部分(或全部)中;
- ➢ 将像素格式不同的两个源图像部分和/或全部混合,再将结果复制到颜色格式不同的部分或整个目标图像中。

DMA2D 有 4 种工作模式,通过 DMA2D_CR 寄存器的 MODE[1:0]位选择工作模式:

- ➢ 寄存器到存储器;
- ➢ 存储器到存储器;
- ➢ 存储器到存储器并执行 PFC;
- ➢ 存储器到存储器并执行 PFC 和混合。

本章仅介绍前两种工作模式,后两种工作模式可参考《STM32F7 中文参考手册.pdf》第 9 章。

1) 寄存器到存储器

寄存器到存储器模式用于以预定义颜色填充用户自定义区域,也就是可以实现快速的单色填充显示,比如清屏操作。

在该模式下,颜色格式在 DMA2D_OPFCCR 中设置,DMA2D 不从任何源获取数据,它只是将 DMA2D_OCOLR 寄存器中定义的颜色写入通过 DMA2D_OMA 寻址以及 DMA2D_NLR、DMA2D_OOR 定义的区域。

2)存储器到存储器

该模式下,DMA2D 不执行任何图形数据转换。前景层输入 FIFO 充当缓冲区,数据从 DMA2D_FGMAR 中定义的源存储单元传输到 DMA2D_OMAR 寻址的目标存储单元,可用于快速图像填充。DMA2D_FGPFCCR 寄存器 CM[3:0]位中编程的颜色模式决定输入和输出的每像素位数。对于要传输的区域大小,源区域大小由 DMA2D_NLR 和 DMA2D_FGOR 寄存器定义,目标区域大小则由 DMA2D_NLR 和 DMA2D_OOR 寄存器定义。

以上两个工作模式中,LTDC 在层帧缓存里面的开窗关系都一样,如图 20.1.25 所示。

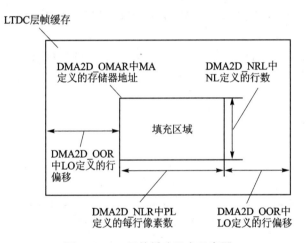

图 20.1.25　层帧缓冲开窗示意图

窗口显示区域的显存首地址由 DMA2D_OMAR 寄存器指定,窗口宽度和高度由 DMA2D_NRL 寄存器的 PL 和 NL 指定,行偏移(确定下一行的起始地址)由 DMA2D_OOR 寄存器指定。经过这 3 个寄存器的配置,就可以确定窗口的显示位置和大小。

在寄存器到存储器模式下,开窗完成后,DMA2D 可以将 DMA2D_OCOLR 指定的颜色自动填充到开窗区域,完成单色填充。

在存储器到存储器模式下,需要完成两个开窗:前景层和显示层。完成配置后,图像数据从前景层复制到显示层(仅限窗口范围内),从而显示到 LCD 上面。显示层的开窗如图 20.1.25 所示,而前景层的开窗则和图 20.1.25 相似,只是 DMA2D_OMAR 寄存器变成了 DMA2D_FGMAR,DMA2D_OOR 寄存器变成了 DMA2D_FGOR,DMA2D_NRL 则两个层共用,然后就可以完成对前景层的开窗。确定好两个窗口后,DMA2D 就将前景层窗口内的数据复制到显示层窗口,完成快速图像填充。

接下来介绍一下 DMA2D 的一些相关寄存器。首先来看 DMA2D 控制寄存器

DMA2D_CR,各位描述如图20.1.26所示。该寄存器主要关心 MODE 和 START 这两个设置。

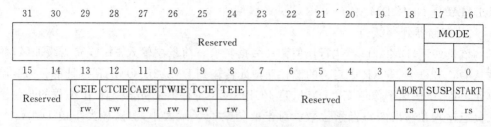

图 20.1.26　DMA2D_CR 寄存器各位描述

MODE：表示 DMA2D 的工作模式,00：存储器到存储器模式；01：存储器到存储器模式并执行 PFC；10：存储器到存储器并执行混合；11,寄存器到存储器模式。本章需要用到的设置为 00 或者 11。

START：该位控制 DMA2D 的启动,在配置完成后设置该位为 1,启动 DMA2D 传输。

接下来介绍 DMA2D 输出 PFC 控制寄存器 DMA2D_OPFCCR,各位描述如图 20.1.27所示。

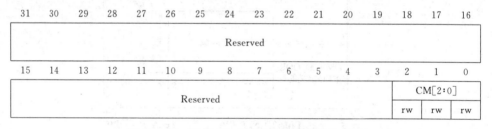

图 20.1.27　DMA2D_OPFCCR 寄存器各位描述

该寄存器用于设置寄存器到存储器模式下的颜色格式,只有最低 3 位有效(CM[2:0]),表示的颜色格式有：000：ARGB8888；001：RGB888；010：RGB565；011：ARGB1555；100：ARGB1444。一般使用的是 RGB565 格式,所以设置 CM[2:0]=010 即可。

同样的,还有前景层 PFC 控制寄存器：DMA2D_FGPFCCR,各位描述如图 20.1.28 所示。

31	30	29	28	27	26	25	24	23	22	21	20	19	18	17	16
ALPHA[7:0]								Reserved						AM[1:0]	
rw	rw	rw	rw	rw	rw	rw	rw							rw	rw
15	14	13	12	11	10	9	8	7	6	5	4	3	2	1	0
CS[7:0]								Reserved		START	CCM	CM[3:0]			
rw	rw	rw	rw	rw	rw	rw	rw			rc_w1	rw	rw	rw	rw	rw

图 20.1.28　DMA2D_FGPFCCR 寄存器各位描述

该寄存器只关心最低 4 位：CM[3:0]用于设置存储器到存储器模式下的颜色格

式,这4个位表示的颜色格式为:0000:ARGB8888;0001:RGB888;0010:RGB565;0011:ARGB1555;0100:ARGB4444;0101:L8;0110:AL44;0111:AL88;1000:L4;1001:A8;1010:A4。一般使用RGB565格式,所以设置CM[3:0]=0010即可。

接下来介绍DMA2D输出偏移寄存器DMA2D_OOR,各位描述如图20.1.29所示。

31	30	29	28	27	26	25	24	23	22	21	20	19	18	17	16
Reserved															
15	14	13	12	11	10	9	8	7	6	5	4	3	2	1	0
Reserved		LO[13:0]													
		rw	rw	rw	rw	rw	rw	rw	rw	rw	rw	rw	rw	rw	rw

图 20.1.29　DMA2D_OOR 寄存器各位描述

该寄存器仅最低14位有效(LO[13:0]),用于设置输出行偏移,作用于显示层,以像素为单位表示。此值用于生成地址。行偏移将添加到各行末尾,用于确定下一行的起始地址,参见图 20.1.25。

同样的,还有前景层偏移寄存器:DMA2D_FGOR。该寄存器同 DMA2D_OOR 一样,也是低14位有效,用于控制前景层的行偏移,也是用于生成地址,添加到各行末尾,从而确定下一行的起始地址。

接下来介绍 DMA2D 输出存储器地址寄存器:DMA2D_OMAR,各位描述如图 20.1.30 所示。

31	30	29	28	27	26	25	24	23	22	21	20	19	18	17	16
MA[31:16]															
rw	rw	rw	rw	rw	rw	rw	rw	rw	rw	rw	rw	rw	rw	rw	rw
15	14	13	12	11	10	9	8	7	6	5	4	3	2	1	0
MA[15:0]															
rw	rw	rw	rw	rw	rw	rw	rw	rw	rw	rw	rw	rw	rw	rw	rw

图 20.1.30　DMA2D_OMAR 寄存器各位描述

该寄存器设置由 MA[31:0]设置输出存储器地址,也就是输出 FIFO 存储的数据地址,该地址需要根据开窗的起始坐标来进行设置。以 800×480 的 LCD 屏为例,行长度为 800 像素,假定帧缓存数组为 ltdc_framebuf,设置窗口的起始地址为"sx(<800),sy(<480)",颜色格式为 RGB565,每个像素 2 个字节,那么 MA 的设置值应该为:

$$MA[31:0] = framebuf + 2(800 \cdot sy + sx)$$

同样的,还有前景层偏移寄存器:DMA2D_FGMAR。该寄存器同 DMA2D_OMAR 一样,不过是用于控制前景层的存储器地址,计算方法同 DMA2D_OMAR。

接下来介绍 DMA2D 行数寄存器 DMA2D_NLR,各位描述如图 20.1.31 所示。

该寄存器用于控制每行的像素和行数,其设置对前景层和显示层均有效。通过该寄存器的配置,就可以设置开窗的大小。其中:

NL[15：0]：设置待传输区域的行数，用于确定窗口的高度。
PL[13：0]：设置待传输区域的每行像素数，用于确定窗口的宽度。

31	30	29	28	27	26	25	24	23	22	21	20	19	18	17	16
Reserved		PL[13:0]													
		rw	rw	rw	rw	rw	rw	rw	rw	rw	rw	rw	rw	rw	rw
15	14	13	12	11	10	9	8	7	6	5	4	3	2	1	0
ML[15:0]															
rw	rw	rw	rw	rw	rw	rw	rw	rw	rw	rw	rw	rw	rw	rw	rw

图 20.1.31 DMA2D_NLR 寄存器各位描述

接下来介绍 DMA2D 输出颜色寄存器 DMA2D_OCOLR，各位描述如图 20.1.32 所示。

31	30	29	28	27	26	25	24	23	22	21	20	19	18	17	16
ALPHA[7:0]								RED[7:0]							
rw	rw	rw	rw	rw	rw	rw	rw	rw	rw	rw	rw	rw	rw	rw	rw
15	14	13	12	11	10	9	8	7	6	5	4	3	2	1	0
GREEN[7:0]								BLUE[7:0]							
RED[4:0]					GREEN[5:0]						BLUE[4:0]				
A	RED[4:0]					GREEN[4:0]					BLUE[4:0]				
ALPHA[3:0]				RED[3:0]				GREEN[3:0]				BLUE[3:0]			
rw	rw	rw	rw	rw	rw	rw	rw	rw	rw	rw	rw	rw	rw	rw	rw

图 20.1.32 DMA2D_OCOLR 寄存器各位描述

该寄存器用于配置在寄存器到存储器模式下，填充时所用的颜色值。该寄存器是一个 32 位寄存器，可以支持 ARGB8888 格式，也可以支持 RGB565 格式。一般使用 RGB565 格式，比如要填充红色，那么直接设置 DMA2D_OCOLR=0XF800 就可以了。

接下来介绍 DMA2D 中断状态寄存器 DMA2D_ISR，各位描述如图 20.1.33 所示。

31	30	29	28	27	26	25	24	23	22	21	20	19	18	17	16
Reserved															
15	14	13	12	11	10	9	8	7	6	5	4	3	2	1	0
Reserved								CEIF	CTCIF	CAEIF	TWIF	TCIF	TEIF		
								r	r	r	r	r	r		

图 20.1.33 DMA2D_ISR 寄存器各位描述

该寄存器表示了 DMA2D 的各种状态标识，这里只关心 TCIF 位，表示 DMA2D 的传输完成中断标志。当 DMA2D 传输操作完成（仅限数据传输）时此位置 1，表示可以开始下一次 DMA2D 传输了。

另外，还有一个 DMA2D 中断标志清零寄存器 DMA2D_IFCR，用于清除 DMA2D_ISR 寄存器对应位的标志。通过向该寄存器的第一位（CTCIF）写 1，可以用于清除

DMA2D_ISR 寄存器的 TCIF 位标志。

最后来看看利用 DMA2D 完成颜色填充需要哪些步骤,如下:

① 使能 DMA2D 时钟,并先停止 DMA2D。

要使用 DMA2D,须先得开启其时钟。DMA2D 在配置其相关参数的时候,需要先停止 DMA2D 传输。

② 设置 DMA2D 工作模式。

通过 DMA2D_CR 寄存器配置 DMA2D 的工作模式。这里用了寄存器到存储器模式和存储器到存储器这两个模式。

③ 设置 DMA2D 的相关参数。

这一步需要设置颜色格式、输出窗口、输出存储器地址、前景层地址(仅存储器到存储器模式需要设置)、颜色寄存器(仅寄存器到存储器模式需要设置)等,由 DMA2D_OPFCCR、DMA2D_FGPFCCR、DMA2D_OOR、DMA2D_FGOR 、DMA2D_OMAR、DMA2D_FGMAR 和 DMA2D_NLR 等寄存器进行配置。

④ 启动 DMA2D 传输。

此步,通过 DMA2D_CR 寄存器配置,开启 DMA2D 传输,从而实现图像数据的拷贝填充。

⑤ 等待 DMA2D 传输完成,清除相关标识。

最后,在传输过程中,不要再次设置 DMA2D,否则会打乱显示。所以一般在启动 DMA2D 后,需要等待 DMA2D 传输完成(判断 DMA2D_ISR)。在传输完成后,清除传输完成标识(设置 DMA2D_IFCR),以便启动下一次 DMA2D 传输。

通过以上几个步骤就完成了 DMA2D 填充。DMA2D 的简介就介绍完了,详细的介绍可参考《STM32F7 中文参考手册.pdf》第 9 章。

20.2 硬件设计

本实验用到的硬件资源有:指示灯 DS0、SDRAM、LTDC、RGBLCD 接口。

前 3 项前面都已经介绍完毕,这里仅介绍 RGBLCD 接口。RGBLCD 接口在 STM32F767 核心板上,原理图如图 20.2.1 所示。

图中 RGB LCD 接口的接线关系见表 20.1.3。阿波罗 STM32F767 核心板内部已经将这些线连接好了,这里只需要将 RGBLCD 模块通过 40PIN 的 FPC 线连接

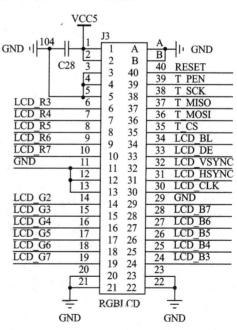

图 20.2.1 RGBLCD 接口原理图

这个 RGBLCD 接口即可。实物连接（7 寸 RGBLCD 模块）如图 20.2.2 所示。

图 20.2.2　RGBLCD 与开发板连接实物图

20.3　软件设计

软件设计依旧在之前的工程上面增加，由于本章实验用不到按键相关代码，所以先去掉 key.c。然后，新建一个 ltdc.c 的文件和 ltdc.h 的头文件，保存在 LCD 文件夹下。

在 ltdc.c 里面要输入的代码比较多，这里就不贴出来了，只针对几个重要的函数进行讲解。完整版的代码见配套资料的"4，程序源码→标准例程-寄存器版本→实验 15 LTDC LCD(RGB 屏)实验"的 ltdc.c 文件。

本实验用到 LTDC 驱动 RGBLCD，通过前面的介绍可知，不同 RGB 屏的驱动参数有一些差异，为了方便兼容不同的 RGBLCD，这里定义如下 LTDC 参数结构体（在 ltdc.h 里面定义）：

```
//LCD LTDC 重要参数集
typedef struct
{
    u32 pwidth;         //LCD 面板的宽度,固定参数,不随显示方向改变
                        //如果为 0,说明没有任何 RGB 屏接入
    u32 pheight;        //LCD 面板的高度,固定参数,不随显示方向改变
    u16 hsw;            //水平同步宽度
    u16 vsw;            //垂直同步宽度
    u16 hbp;            //水平后廊
    u16 vbp;            //垂直后廊
    u16 hfp;            //水平前廊
    u16 vfp;            //垂直前廊
    u8 activelayer;     //当前层编号:0/1
    u8 dir;             //0,竖屏;1,横屏
    u16 width;          //LCD 宽度
```

第20章 LTDC LCD(RGB屏)实验

```
    u16 height;           //LCD 高度
    u32 pixsize;          //每个像素所占字节数
}_ltdc_dev;
extern _ltdc_dev lcdltdc;
```

该结构体用于保存一些RGBLCD重要参数信息,比如LCD面板的长宽、水平后廊和垂直后廊等参数。这个结构体虽然占用了几十个字节的内存,但却可以让我们的驱动函数支持不同尺寸的LCD,同时可以实现LCD横竖屏切换等重要功能,所以还是利大于弊的。

接下来看两个很重要的数组:

```
//根据不同的颜色格式,定义帧缓存数组
#if LCD_PIXFORMAT == LCD_PIXFORMAT_ARGB8888||\
    LCD_PIXFORMAT == LCD_PIXFORMAT_RGB888
    u32 ltdc_lcd_framebuf[1280][800] __attribute__((at(LCD_FRAME_BUF_ADDR)));
    //定义最大屏分辨率时,LCD 所需的帧缓存数组大小
#else
    u16 ltdc_lcd_framebuf[1280][800] __attribute__((at(LCD_FRAME_BUF_ADDR)));
    //定义最大屏分辨率时,LCD 所需的帧缓存数组大小
#endif
u32 *ltdc_framebuf[2];    //LTDC LCD 帧缓存数组指针,必须指向对应大小的内存区域
```

其中,ltdc_lcd_framebuf 的大小是 LTDC 一帧图像的显存大小,STM32F767 的 LTDC 最大可以支持 1 280 × 800 的 RGB 屏,该数组根据选择的颜色格式 (ARGB8888/RGB565)来自动确定数组类型。另外,采用__attribute__关键字将数组的地址定向到 LCD_FRAME_BUF_ADDR,它在 ltdc.h 里面定义,其值为 0XC0000000,也就是 SDRAM 的首地址。这样,我们就把 ltdc_lcd_framebuf 数组定义到了 SDRAM 的首地址,大小为 800×1 280×2 字节(RGB565 格式时)。

而 ltdc_framebuf 则是 LTDC 的帧缓存数组指针,LTDC 支持 2 个层,所以数组大小为 2。该指针为 32 位类型,必须指向对应的数组,才可以正常使用。在实际使用的时候,编写代码:

```
ltdc_framebuf[0] = (u32 *)&ltdc_lcd_framebuf;
```

就将 LTDC 第一层的帧缓存指向了 ltdc_lcd_framebuf 数组。往 ltdc_lcd_framebuf 里面写入不同的数据,就可以修改 RGBLCD 上面显示的内容。

首先来看画点函数 LTDC_Draw_Point,该函数代码如下:

```
//画点函数
//x,y:写入坐标
//color:颜色值
void LTDC_Draw_Point(u16 x,u16 y,u32 color)
{
#if LCD_PIXFORMAT == LCD_PIXFORMAT_ARGB8888||\
    LCD_PIXFORMAT == LCD_PIXFORMAT_RGB888
    if(lcdltdc.dir)        //横屏
    {
```

```
            *(u32*)((u32)ltdc_framebuf[lcdltdc.activelayer] + lcdltdc.pixsize *
            (lcdltdc.pwidth * y + x)) = color;
        }else            //竖屏
        {
            *(u32*)((u32)ltdc_framebuf[lcdltdc.activelayer] + lcdltdc.pixsize *
            (lcdltdc.pwidth * (lcdltdc.pheight - x - 1) + y)) = color;
        }
#else
        if(lcdltdc.dir)    //横屏
        {
            *(u16*)((u32)ltdc_framebuf[lcdltdc.activelayer] + lcdltdc.pixsize *
            (lcdltdc.pwidth * y + x)) = color;
        }else            //竖屏
        {
            *(u16*)((u32)ltdc_framebuf[lcdltdc.activelayer] + lcdltdc.pixsize *
            (lcdltdc.pwidth * (lcdltdc.pheight - x - 1) + y)) = color;
        }
#endif
}
```

该函数实现往 RGBLCD 上面画点的功能,根据 LCD_PIXFORMAT 定义的颜色格式以及横竖屏状态,来执行不同的操作。RGBLCD 的画点实际上就是往指定坐标的显存里面写数据,以 7 寸 800×480 的屏幕,RGB565 格式,竖屏模式为例,画某个点对应到屏幕上面的关系如图 20.3.1 所示。

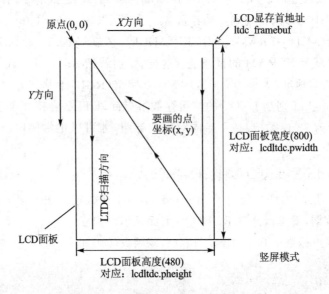

图 20.3.1 画点与 LCD 显存对应关系

注意,图中的 LTDC 扫描方向(LTDC 在显存 ltdc_framebuf 里面读取 GRAM 数据的顺序也是这个方向)是从上到下,从右到左;而竖屏的时候,原点在左上角,所以有一个变换过程。经过变换后的画点函数为:

第20章 LTDC LCD(RGB屏)实验

```
    *(u16*)((u32)ltdc_framebuf[lcdltdc.activelayer] + lcdltdc.pixsize * (lcdltdc.pwidth *
(lcdltdc.pheight - x - 1) + y)) = color;
```

其中，ltdc_framebuf 就是层帧缓冲的首地址；lcdltdc.activelayer 表示层编号：0/1 代表第 1/2 层；lcdltdc.pixsize 表示每个像素的字节数，对于 RGB565，它的值为 2；lcdltdc.pwidth 和 lcdltdc.pheight 为 LCD 面板的宽度和高度，lcdltdc.pwidth=800，lcdltdc.pheight=480；x，y 就是要写入显存的坐标(也就是显示在 LCD 上面的坐标)；color 为要写入的颜色值。

有画点函数，就有读点函数，LTDC 的读点函数代码如下：

```
//读点函数
//x,y:读取点的坐标
//返回值:颜色值
u32 LTDC_Read_Point(u16 x,u16 y)
{
#if LCD_PIXFORMAT == LCD_PIXFORMAT_ARGB8888||
    LCD_PIXFORMAT == LCD_PIXFORMAT_RGB888
    if(lcdltdc.dir)      //横屏
    {
        return *(u32*)((u32)ltdc_framebuf[lcdltdc.activelayer] + lcdltdc.pixsize *
            (lcdltdc.pwidth * y + x));
    }else                //竖屏
    {
        return *(u32*)((u32)ltdc_framebuf[lcdltdc.activelayer] + lcdltdc.pixsize *
            (lcdltdc.pwidth * (lcdltdc.pheight - x - 1) + y));
    }
#else
    if(lcdltdc.dir)      //横屏
    {
        return *(u16*)((u32)ltdc_framebuf[lcdltdc.activelayer] + lcdltdc.pixsize *
            (lcdltdc.pwidth * y + x));
    }else                //竖屏
    {
        return *(u16*)((u32)ltdc_framebuf[lcdltdc.activelayer] + lcdltdc.pixsize *
            (lcdltdc.pwidth * (lcdltdc.pheight - x - 1) + y));
    }
#endif
}
```

画点函数和读点函数十分类似，只是过程反过来了而已，坐标的计算也是在 ltdc_framebuf 数组内，根据坐标计算偏移量，完全和读点函数一模一样。

第三个介绍的函数是 LTDC 单色填充函数：LTDC_Fill。该函数使用了 DMA2D 操作，使得填充速度大大加快，该函数代码如下：

```
//LTDC 填充矩形,DMA2D 填充
//(sx,sy),(ex,ey):填充矩形对角坐标,区域大小为:(ex-sx+1)*(ey-sy+1)
//注意:sx,ex,不能大于 lcddev.width-1;sy,ey,不能大于 lcddev.height-1
//color:要填充的颜色
void LTDC_Fill(u16 sx,u16 sy,u16 ex,u16 ey,u32 color)
```

```c
{
    u32 psx,psy,pex,pey;        //以 LCD 面板为基准的坐标系,不随横竖屏变化而变化
    u32 timeout = 0;
    u16 offline;
    u32 addr;
    //坐标系转换
    if(lcdltdc.dir)             //横屏
    {
        psx = sx;psy = sy;
        pex = ex;pey = ey;
    }else                       //竖屏
    {
        psx = sy;psy = lcdltdc.pheight - ex - 1;
        pex = ey;pey = lcdltdc.pheight - sx - 1;
    }
    offline = lcdltdc.pwidth - (pex - psx + 1);
    addr = ((u32)ltdc_framebuf[lcdltdc.activelayer] + lcdltdc.pixsize * (lcdltdc.pwidth
        * psy + psx));
    RCC->AHB1ENR|= 1 << 23;                             //使能 DM2D 时钟
    DMA2D->CR& = ~(1 << 0);                             //先停止 DMA2D
    DMA2D->CR = 3 << 16;                                //寄存器到存储器模式
    DMA2D->OPFCCR = LCD_PIXFORMAT;                      //设置颜色格式
    DMA2D->OOR = offline;                               //设置行偏移
    DMA2D->OMAR = addr;                                 //输出存储器地址
    DMA2D->NLR = (pey - psy + 1)|((pex - psx + 1) << 16); //设定行数寄存器
    DMA2D->OCOLR = color;                               //设定输出颜色寄存器
    DMA2D->CR|= 1 << 0;                                 //启动 DMA2D
    while((DMA2D->ISR&(1 << 1)) == 0)                   //等待传输完成
    {
        timeout++;
        if(timeout>0X1FFFFF)break;                      //超时退出
    }
    DMA2D->IFCR|= 1 << 1;                               //清除传输完成标志
}
```

该函数使用 DMA2D 完成矩形色块的填充,其操作步骤就是按 20.1.3 小节最后介绍的进行的。另外,还有一个 LTDC 彩色填充函数,也是采用的 DMA2D 填充,函数名为 LTDC_Color_Fill,该函数代码同 LTDC_Fill 非常接近,这里就不介绍了,读者可参考本例程源码。

第四个介绍的函数是清屏函数:LTDC_Clear,该函数代码如下:

```c
//LCD 清屏
//color:颜色值
void LTDC_Clear(u32 color)
{
    LTDC_Fill(0,0,lcdltdc.width - 1,lcdltdc.height - 1,color);
}
```

该函数代码非常简单,清屏操作调用了前面介绍的 LTDC_Fill 函数,采用 DMA2D

第 20 章　LTDC LCD(RGB 屏)实验

完成对 LCD 的清屏,提高了清屏速度。

第五个介绍的函数是 LCD_CLK 频率设置函数:LTDC_Clk_Set,该函数代码如下:

```
//LTDC 时钟(Fdclk)设置函数
//Fvco = Fin * pllsain
//Fdclk = Fvco/pllsair/2 * 2^pllsaidivr = Fin * pllsain/pllsair/2 * 2^pllsaidivr
//Fvco:VCO 频率
//Fin:输入时钟频率一般为 1 MHz(来自系统时钟 PLLM 分频后的时钟,见时钟树图)
//pllsain:SAI 时钟倍频系数 N,取值范围:49~432
//pllsair:SAI 时钟的分频系数 R,取值范围:2~7
//pllsaidivr:LCD 时钟分频系数,取值范围:0~3,对应分频 2^(pllsaidivr + 1)
//假设:外部晶振为 25 MHz,pllm = 25 的时候,Fin = 1 MHz
//例如:要得到 20 MHz 的 LTDC 时钟,则可以设置:pllsain = 400,pllsair = 5,pllsaidivr = 1
//Fdclk = 1 * 396/3/2 * 2^1 = 396/12 = 33 MHz
//返回值:0,成功;1,失败
u8 LTDC_Clk_Set(u32 pllsain,u32 pllsair,u32 pllsaidivr)
{
    u16 retry = 0;
    u8 status = 0;
    u32 tempreg = 0;
    RCC->CR& = ~(1 << 28);                          //关闭 SAI 时钟
    while(((RCC->CR&(1 << 29)))&&(retry<0X1FFF))retry ++ ;//等待 SAI 时钟失锁
    if(retry == 0X1FFF)status = 1;                  //LTDC 时钟关闭失败
    else
    {
        tempreg|= pllsain << 6;
        tempreg|= pllsair << 28;
        RCC->PLLSAICFGR = tempreg;                  //设置 LTDC 的倍频和分频
        RCC->DCKCFGR1& = ~(3 << 16);                //清除原来的设置
        RCC->DCKCFGR1|= pllsaidivr << 16;           //设置 fdclk 分频
        RCC->CR|=1 << 28;                           //开启 SAI 时钟
        while(((RCC->CR&(1 << 29)) == 0)&&(retry<0X1FFF))retry ++ ;//等待 SAI 时钟锁定
        if(retry == 0X1FFF)status = 2;
    }   return status;
}
```

该函数完成对 PLLSAI 的配置,最终控制输出 LCD_CLK 的频率,LCD_CLK 的频率设置方法已在 20.1.2 小节进行了介绍,读者可参考前面的介绍进行学习。

第六个介绍的函数是 LTDC 层参数设置函数:LTDC_Layer_Parameter_Config,该函数代码如下:

```
//LTDC,基本参数设置
//注意:此函数,必须在 LTDC_Layer_Window_Config 之前设置
//layerx:层值,0/1
//bufaddr:层颜色帧缓存起始地址
//pixformat:颜色格式.0,ARGB8888;1,RGB888;2,RGB565;3,ARGB1555
//           4,ARGB4444;5,L8;6;AL44;7;AL88
//alpha:层颜色 Alpha 值,0,全透明;255,不透明
```

```c
//alpha0:默认颜色 Alpha 值,0,全透明;255,不透明
//bfac1:混合系数 1,4(100),恒定的 Alpha;6(101),像素 Alpha * 恒定 Alpha
//bfac2:混合系数 2,5(101),恒定的 Alpha;7(111),像素 Alpha * 恒定 Alpha
//bkcolor:层默认颜色,32 位,低 24 位有效,RGB888 格式
//返回值:无
void LTDC_Layer_Parameter_Config(u8 layerx,u32 bufaddr,u8 pixformat,u8 alpha,u8 alpha0,
                                 u8 bfac1,u8 bfac2,u32 bkcolor)
{
    if(layerx == 0)
    {
        LTDC_Layer1 -> CFBAR = bufaddr;                    //设置层颜色帧缓存起始地址
        LTDC_Layer1 -> PFCR = pixformat;                   //设置层颜色格式
        LTDC_Layer1 -> CACR = alpha;//设置层颜色 Alpha 值,255 分频;设置 255,则不透明
        LTDC_Layer1 -> DCCR = ((u32)alpha0 << 24)|bkcolor;//默认颜色 Alpha 值 & 默认颜色
        LTDC_Layer1 -> BFCR = ((u32)bfac1 << 8)|bfac2;     //设置层混合系数
    }else
    {
        LTDC_Layer2 -> CFBAR = bufaddr;                    //设置层颜色帧缓存起始地址
        LTDC_Layer2 -> PFCR = pixformat;                   //设置层颜色格式
        LTDC_Layer2 -> CACR = alpha;//设置层颜色 Alpha 值,255 分频;设置 255,则不透明
        LTDC_Layer2 -> DCCR = ((u32)alpha0 << 24)|bkcolor;//默认颜色 Alpha 值 & 默认颜色
        LTDC_Layer2 -> BFCR = ((u32)bfac1 << 8)|bfac2;     //设置层混合系数
    }
}
```

该函数设置层的基本参数,包括层帧缓冲区首地址、颜色格式、Alpha 值、混合系数和层默认颜色等,这些参数都需要根据实际需要来进行设置。

第七个介绍的函数是 LTDC 层窗口设置函数:LTDC_Layer_Window_Config,该函数代码如下:

```c
//LTDC,层窗口设置,窗口以 LCD 面板坐标系为基准
//layerx:层值,0/1
//sx,sy:起始坐标
//width,height:宽度和高度
void LTDC_Layer_Window_Config(u8 layerx,u16 sx,u16 sy,u16 width,u16 height)
{
    u32 temp;
    u8 pixformat = 0;
    if(layerx == 0)
    {
        temp = (sx + width + ((LTDC -> BPCR&0X0FFF0000) >> 16)) << 16;
        LTDC_Layer1 -> WHPCR = (sx + ((LTDC -> BPCR&0X0FFF0000) >> 16) + 1)|temp;
        //设置行起始和结束位置
        temp = (sy + height + (LTDC -> BPCR&0X7FF)) << 16;
        LTDC_Layer1 -> WVPCR = (sy + (LTDC -> BPCR&0X7FF) + 1)|temp;//列起始/结束位置
        pixformat = LTDC_Layer1 -> PFCR&0X07;                       //得到颜色格式
        if(pixformat == 0)temp = 4;                 //ARGB8888,一个点 4 个字节
        else if(pixformat == 1)temp = 3;            //RGB888,一个点 3 个字节
        else if(pixformat == 5||pixformat == 6)temp = 1;  //L8/AL44,一个点 1 个字节
```

第 20 章　LTDC LCD(RGB 屏)实验

```
        else temp = 2;                              //其他格式,一个点 2 个字节
        LTDC_Layer1 ->CFBLR = (width * temp << 16)|(width * temp + 3);
                                                    //帧缓冲区长度设置
        LTDC_Layer1 ->CFBLNR = height;              //帧缓冲区行数设置
    }else
    {
        temp = (sx + width + ((LTDC ->BPCR&0X0FFF0000) >> 16)) << 16;
        LTDC_Layer2 ->WHPCR = (sx + ((LTDC ->BPCR&0X0FFF0000) >> 16) + 1)|temp;
        temp = (sy + height + (LTDC ->BPCR&0X7FF)) << 16;
        LTDC_Layer2 ->WVPCR = (sy + (LTDC ->BPCR&0X7FF) + 1)|temp;
        pixformat = LTDC_Layer2 ->PFCR&0X07;        //得到颜色格式
        if(pixformat == 0)temp = 4;                 //ARGB8888,一个点 4 个字节
        else if(pixformat == 1)temp = 3;            //RGB888,一个点 3 个字节
        else if(pixformat == 5||pixformat == 6)temp = 1;//L8/AL44,一个点 1 个字节
        else temp = 2;                              //其他格式,一个点 2 个字节
        LTDC_Layer2 ->CFBLR = (width * temp << 16)|(width * temp + 3);//帧缓冲区长度设置
        LTDC_Layer2 ->CFBLNR = height;              //帧缓冲区行数设置
    }
    LTDC_Layer_Switch(layerx,1);                    //层使能
}
```

该函数用于控制 LTDC 在某一层(1/2)上面的开窗操作,这个在 20.1.2 小节也介绍过了。这里一般设置层窗口为整个 LCD 的分辨率,也就是不进行开窗操作。注意,此函数必须在 LTDC_Layer_Parameter_Config 之后再设置。另外,当设置的窗口值不等于面板的尺寸时,对层 GRAM 的操作(读/写点函数)也要根据层窗口的宽高来进行修改,否则显示不正常(本例程就未做修改)。

第八个介绍的函数是 LTDC LCD ID 获取函数:LTDC_PanelID_Read,该函数代码如下:

```
//读取面板参数
//PG6 = R7(M0);PI2 = G7(M1);PI7 = B7(M2);
//M2:M1:M0
//0 :0 :0    //4.3 寸 480 * 272 RGB 屏,ID = 0X4342
//0 :0 :1    //7 寸 800 * 480 RGB 屏,ID = 0X7084
//0 :1 :0    //7 寸 1024 * 600 RGB 屏,ID = 0X7016
//0 :1 :1    //7 寸 1280 * 800 RGB 屏,ID = 0X7018
//1 :0 :0    //8 寸 1024 * 600 RGB 屏,ID = 0X8016
//返回值:LCD ID:0,非法;其他值,ID;
u16 LTDC_PanelID_Read(void)
{
    u8 idx = 0;
    RCC ->AHB1ENR|=1 << 6|1 << 8;                   //使能 PG/PI 时钟
    GPIO_Set(GPIOG,PIN6,GPIO_MODE_IN,0,0,GPIO_PUPD_PU);         //PG6 上拉输入
    GPIO_Set(GPIOI,PIN2|PIN7,GPIO_MODE_IN,0,0,GPIO_PUPD_PU);    //PI2/PI7 上拉输入
    idx = GPIO_Pin_Get(GPIOG,PIN6);                 //读取 M1
    idx|= GPIO_Pin_Get(GPIOI,PIN2) << 1;            //读取 M0
    idx|= GPIO_Pin_Get(GPIOI,PIN7) << 2;            //读取 M2
    if(idx == 0)return 0X4342;                      //4.3 寸屏,480 * 272 分辨率
```

```
        else if(idx==1)return 0X7084;          //7寸屏,800*480分辨率
        else if(idx==2)return 0X7016;          //7寸屏,1024*600分辨率
        else if(idx==3)return 0X7018;          //7寸屏,1280*800分辨率
        else if(idx==4)return 0X8016;          //8寸屏,1024*600分辨率
        else return 0;
}
```

因为RGBLCD屏并没有读的功能,所以,一般情况,外接RGB屏的时候,MCU是无法获取屏幕任何信息的。但是ALIENTEK在RGBLCD模块上面,利用数据线(R7/G7/B7)做了一个巧妙的设计,可以让MCU读取到RGBLCD模块的ID,从而执行不同的初始化,实现对不同分辨率的RGBLCD模块的兼容。详细原理见20.1.1小节"ALIENTEK RGBLCD模块的说明"。

LTDC_PanelID_Read函数就是用这样的方法来读取M[2:0]的值,并将结果(转换成屏型号了)返回给上一层。

最后要介绍的函数是LTDC初始化函数:LTDC_Init,该函数的简化代码如下:

```
//LTDC 初始化函数
void LTDC_Init(void)
{
    u32 tempreg=0;
    u16 lcdid=0;
    lcdid = LTDC_PanelID_Read();          //读取 LCD 面板 ID
    RCC->APB2ENR|=1 << 26;                //开启 LTDC 时钟
    ……//省略部分代码
    GPIO_AF_Set(GPIOI,10,14);             //PI10,AF14
    if(lcdid == 0X7084)
    {
        lcdltdc.pwidth = 800;             //面板宽度,单位:像素
        lcdltdc.pheight = 480;            //面板高度,单位:像素
        lcdltdc.hsw = 1;                  //水平同步宽度
        lcdltdc.vsw = 1;                  //垂直同步宽度
        lcdltdc.hbp = 46;                 //水平后廊
        lcdltdc.vbp = 23;                 //垂直后廊
        lcdltdc.hfp = 210;                //水平前廊
        lcdltdc.vfp = 22;                 //垂直前廊
        LTDC_Clk_Set(396,3,1);            //设置像素时钟 33 MHz(如果开双显需要
                                          //降低 DCLK 到:18.75 MHz   300/4/4,才会比较好)
    }else if(lcdid == 0Xxxxx)             //其他面板
    {
        ……//省略部分代码
    }
    tempreg = 0 << 28;                    //像素时钟极性:不反向
    tempreg|= 0 << 29;                    //数据使能极性:低电平有效
    tempreg|= 0 << 30;                    //垂直同步极性:低电平有效
    tempreg|= 0 << 31;                    //水平同步极性:低电平有效
    LTDC->GCR = tempreg;                  //设置全局控制寄存器
    tempreg = (lcdltdc.vsw - 1) << 0;     //垂直脉宽 - 1
    tempreg|= (lcdltdc.hsw - 1) << 16;    //水平脉宽 - 1
    LTDC->SSCR = tempreg;                 //设置同步大小配置寄存器
```

```
    tempreg = (lcdltdc.vsw + lcdltdc.vbp - 1) << 0;    //累加垂直后沿 = 垂直脉宽 + 垂直后沿 - 1
    tempreg |= (lcdltdc.hsw + lcdltdc.hbp - 1) << 16;  //累加水平后沿 = 水平脉宽 + 水平后沿 - 1
    LTDC -> BPCR = tempreg;                            //设置后沿配置寄存器
    tempreg = (lcdltdc.vsw + lcdltdc.vbp + lcdltdc.pheight - 1) << 0;
    //累加有效高度 = 垂直脉宽 + 垂直后沿 + 垂直分辨率 - 1
    tempreg |= (lcdltdc.hsw + lcdltdc.hbp + lcdltdc.pwidth - 1) << 16;
    //累加有效宽度 = 水平脉宽 + 水平后沿 + 水平分辨率 - 1
    LTDC -> AWCR = tempreg;                            //设置有效宽度配置寄存器
    tempreg = (lcdltdc.vsw + lcdltdc.vbp + lcdltdc.pheight + lcdltdc.vfp - 1) << 0;
    //总高度 = 垂直脉宽 + 垂直后沿 + 垂直分辨率 + 垂直前廊 - 1
    tempreg |= (lcdltdc.hsw + lcdltdc.hbp + lcdltdc.pwidth + lcdltdc.hfp - 1) << 16;
    //总宽度 = 水平脉宽 + 水平后沿 + 水平分辨率 + 水平前廊 - 1
    LTDC -> TWCR = tempreg;                            //设置总宽度配置寄存器
    LTDC -> BCCR = LTDC_BACKLAYERCOLOR;                //设置背景层颜色寄存器(RGB888 格式)
    LTDC_Switch(1);                                    //开启 LTDC
#if LCD_PIXFORMAT == LCD_PIXFORMAT_ARGB8888 || \
    LCD_PIXFORMAT == LCD_PIXFORMAT_RGB888
    ltdc_framebuf[0] = (u32 *)&ltdc_lcd_framebuf;
    lcdltdc.pixsize = 4;                               //每个像素占 4 个字节
#else
    ltdc_framebuf[0] = (u32 *)&ltdc_lcd_framebuf;
    lcdltdc.pixsize = 2;                               //每个像素占 2 个字节
#endif
    //层配置
    LTDC_Layer_Parameter_Config(0,(u32)ltdc_framebuf[0],LCD_PIXFORMAT,255,0,6,7,
                                0X000000);//层参数配置
    LTDC_Layer_Window_Config(0,0,0,lcdltdc.pwidth,lcdltdc.pheight);  //层窗口配置
    lcddev.width = lcdltdc.pwidth;                     //设置 lcddev 的宽度参数
    lcddev.height = lcdltdc.pheight;                   //设置 lcddev 的宽度参数
    LTDC_Select_Layer(0);                              //选择第 1 层
    LCD_LED(1);                                        //点亮背光
    LTDC_Clear(0XFFFFFFFF);                            //清屏
}
```

LTDC_Init 的初始化步骤是按照 20.1.2 小节最后介绍的步骤来进行的。该函数先读取 RGBLCD 的 ID，再初始化 STM32 与 LTDC 连接的 I/O 口，然后根据不同的 RGBLCD 型号执行不同的面板参数初始化，最后配置层参数和层窗口完成对 LTDC 的初始化。注意，代码里面 lcdltdc.hsw、lcdltdc.vsw、lcdltdc.hbp 等参数的值，均是来自对应 RGBLCD 屏的数据手册，其中，lcdid=0X7084 的配置参数来自 AT070TN92.pdf。

保存 ltdc.c，并将该代码加入到 HARDWARE 组下。介绍完 ltdc.c 的内容之后，再在 ltdc.h 里面输入如下内容：

```
#ifndef __LTDC_H
#define __LTDC_H
#include "sys.h"
//LCD LTDC 重要参数集
typedef struct
{
```

```c
    u32 pwidth;           //LCD 面板的宽度,固定参数,如果为 0,说明没有任何 RGB 屏接入
    u32 pheight;          //LCD 面板的高度,固定参数,不随显示方向改变
    u16 hsw;              //水平同步宽度
    u16 vsw;              //垂直同步宽度
    u16 hbp;              //水平后廊
    u16 vbp;              //垂直后廊
    u16 hfp;              //水平前廊
    u16 vfp;              //垂直前廊
    u8 activelayer;       //当前层编号:0/1
    u8 dir;               //0,竖屏;1,横屏
    u16 width;            //LCD 宽度
    u16 height;           //LCD 高度
    u32 pixsize;          //每个像素所占字节数
}_ltdc_dev;
extern _ltdc_dev lcdltdc;//管理 LCD LTDC 参数
#define LCD_PIXFORMAT_ARGB8888      0X00        //ARGB8888 格式
#define LCD_PIXFORMAT_RGB888        0X01        //ARGB8888 格式
#define LCD_PIXFORMAT_RGB565        0X02        //ARGB8888 格式
#define LCD_PIXFORMAT_ARGB1555      0X03        //ARGB8888 格式
#define LCD_PIXFORMAT_ARGB4444      0X04        //ARGB8888 格式
#define LCD_PIXFORMAT_L8            0X05        //ARGB8888 格式
#define LCD_PIXFORMAT_AL44          0X06        //ARGB8888 格式
#define LCD_PIXFORMAT_AL88          0X07        //ARGB8888 格式
////////////////////////////////////////////////////////////////////////////
//用户修改配置部分:
//定义颜色像素格式,一般用 RGB565
#define LCD_PIXFORMAT               LCD_PIXFORMAT_RGB565
//定义默认背景层颜色
#define LTDC_BACKLAYERCOLOR         0X00000000
//LCD 帧缓冲区首地址,这里定义在 SDRAM 里面.
#define LCD_FRAME_BUF_ADDR          0XC0000000
void LTDC_Switch(u8 sw);                        //LTDC 开关
void LTDC_Layer_Switch(u8 layerx,u8 sw);        //层开关
void LTDC_Select_Layer(u8 layerx);              //层选择
void LTDC_Display_Dir(u8 dir);                  //显示方向控制
void LTDC_Draw_Point(u16 x,u16 y,u32 color);    //画点函数
u32 LTDC_Read_Point(u16 x,u16 y);               //读点函数
void LTDC_Fill(u16 sx,u16 sy,u16 ex,u16 ey,u32 color);     //矩形单色填充函数
void LTDC_Color_Fill(u16 sx,u16 sy,u16 ex,u16 ey,u16 *color);  //矩形彩色填充函数
void LTDC_Clear(u32 color);                     //清屏函数
u8 LTDC_Clk_Set(u32 pllsain,u32 pllsair,u32 pllsaidivr);   //LTDC 时钟配置
void LTDC_Layer_Window_Config(u8 layerx,u16 sx,u16 sy,u16 width,u16 height);//窗口设置
void LTDC_Layer_Parameter_Config(u8 layerx,u32 bufaddr,u8 pixformat,u8 alpha,u8 alpha0,
                                 u8 bfac1,u8 bfac2,u32 bkcolor);//LTDC 基本参数设置
u16 LTDC_PanelID_Read(void);                    //LCD ID 读取函数
void LTDC_Init(void);                           //LTDC 初始化函数
#endif
```

这段代码主要定义了 _ltdc_dev 结构体,用于保存 LCD 相关参数。另外,LCD_PIXFORMAT 定义了颜色格式,一般使用 RGB565 格式;LCD_FRAME_BUF_ADDR 定义了帧缓存的首地址,定义在 SDRAM 的首地址,其他的就不多说了。

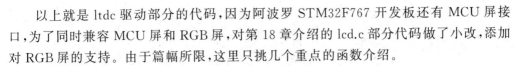

以上就是 ltdc 驱动部分的代码,因为阿波罗 STM32F767 开发板还有 MCU 屏接口,为了同时兼容 MCU 屏和 RGB 屏,对第 18 章介绍的 lcd.c 部分代码做了小改,添加对 RGB 屏的支持。由于篇幅所限,这里只挑几个重点的函数介绍。

首先读点函数,改为了:

```
//读取个某点的颜色值
//x,y:坐标
//返回值:此点的颜色
u32 LCD_ReadPoint(u16 x,u16 y)
{
    u16 r = 0,g = 0,b = 0;
    if(x> = lcddev.width||y> = lcddev.height)return 0;    //超过了范围,直接返回
    if(lcdltdc.pwidth! = 0)                               //如果是 RGB 屏
    {
        return LTDC_Read_Point(x,y);
    }
    ……//省略部分代码
}
```

当"lcdltdc.pwidth!＝0"的时候,说明接入的是 RGB 屏,所以调用 LTDC_Read_Point 函数,实现读点操作。其他情况说明是 MCU 屏,执行 MCU 屏的读点操作(代码省略)。

然后是画点函数,改为了:

```
//画点
//x,y:坐标
//POINT_COLOR:此点的颜色
void LCD_DrawPoint(u16 x,u16 y)
{
    if(lcdltdc.pwidth! = 0)//如果是 RGB 屏
    {
        LTDC_Draw_Point(x,y,POINT_COLOR);
    }else
    ……//省略部分代码
}
```

当 lcdltdc.pwidth!＝0 的时候,说明接入的是 RGB 屏,所以调用 LTDC_Draw_Point 函数,实现画点操作。其他情况说明是 MCU 屏,执行 MCU 屏的画点操作(代码省略)。同样的,lcd.c 里面的快速画点函数:LCD_Fast_DrawPoint,在使用 RGB 屏的时候,也是使用 LCD_Fast_DrawPoint 来实现画点操作的。

最后,是 LCD 初始化函数,改为:

```
//初始化 lcd
//该初始化函数可以初始化各种型号的 LCD(详见本.c 文件最前面的描述)
void LCD_Init(void)
{
    lcddev.id = LTDC_PanelID_Read();    //检查是否有 RGB 屏接入
    if(lcddev.id! = 0)
    {
```

```
            LTDC_Init();                       //ID非零,说明有RGB屏接入
        }else
        ……//省略部分代码
}
```

首先通过 LTDC_PanelID_Read 函数读取 RGBLCD 模块的 ID 值,如果合法,则说明接入了 RGB 屏,调用 LTDC_Init 函数,完成对 LTDC 的初始化。否则,执行 MCU 屏的初始化。

lcd.c 里面还有一些函数进行了兼容 RGB 屏的修改,这里就不一一列举了,可参考本例程源码。在完成修改后,我们的例程就可以同时兼容 MCU 屏和 RGB 屏了,且 RGB 屏的优先级较高。

接下来,在 test.c 里面修改 main 函数如下:

```
int main(void)
{
u8 x = 0,led0sta = 1;
    u8 lcd_id[12];
    Stm32_Clock_Init(432,25,2,9);      //设置时钟,216 MHz
    delay_init(216);                   //延时初始化
    uart_init(108,115200);             //初始化串口波特率为 115 200
    LED_Init();                        //初始化与 LED 连接的硬件接口
    MPU_Memory_Protection();           //保护相关存储区域
    KEY_Init();                        //初始化 LED
    SDRAM_Init();                      //初始化 SDRAM
    LCD_Init();                        //初始化 LCD
    POINT_COLOR = RED;
    sprintf((char *)lcd_id,"LCD ID:%04X",lcddev.id);//将 LCD ID 打印到 lcd_id 数组
    while(1)
    {
        switch(x)
        {
            case 0:LCD_Clear(WHITE);break;
            case 1:LCD_Clear(BLACK);break;
            case 2:LCD_Clear(BLUE);break;
            case 3:LCD_Clear(RED);break;
            case 4:LCD_Clear(MAGENTA);break;
            case 5:LCD_Clear(GREEN);break;
            case 6:LCD_Clear(CYAN);break;
            case 7:LCD_Clear(YELLOW);break;
            case 8:LCD_Clear(BRRED);break;
            case 9:LCD_Clear(GRAY);break;
            case 10:LCD_Clear(LGRAY);break;
            case 11:LCD_Clear(BROWN);break;
        }
        POINT_COLOR = RED;
        LCD_ShowString(10,40,240,32,32,"Apollo STM32");
        LCD_ShowString(10,80,240,24,24,"LTDC LCD TEST");
        LCD_ShowString(10,110,240,16,16,"ATOM@ALIENTEK");
        LCD_ShowString(10,130,240,16,16,lcd_id);           //显示 LCD ID
```

```
        LCD_ShowString(10,150,240,12,12,"2016/07/12");
        x++;
        if(x==12)x=0;
        LED0(led0sta^=1);      //LED0 闪烁
        delay_ms(1000);
    }
}
```

该部分代码与第 18 章几乎一模一样,显示一些固定的字符,字体大小包括 32×16、24×12、16×8 和 12×6 共 4 种。同时,显示 LCD 的型号,然后不停地切换背景颜色,每 1 s 切换一次。而 LED0 也会不停闪烁,指示程序已经在运行了。其中用到一个 sprintf 的函数,该函数用法同 printf,只是 sprintf 把打印内容输出到指定的内存区间上。

注意,uart_init 函数不能去掉,因为在 LCD_Init 函数里面调用了 printf,所以一旦去掉这个初始化,就会死机了。实际上,只要代码用到 printf,就必须初始化串口,否则都会死机,即停在 usart.c 里面的 fputc 函数中出不来。

编译通过之后就开始下载验证代码。

20.4 下载验证

将程序下载到阿波罗 STM32 可以看到,DS0 不停地闪烁,提示程序已经在运行了。同时,可以看到 RGBLCD 模块的显示如图 20.4.1 所示。可以看到,屏幕的背景是不停切换的,同时 DS0 不停地闪烁,证明代码被正确执行了,达到了预期的目的。注意,本例程兼容 MCU 屏,所以,当插入 MCU 屏的时候(不插 RGB 屏),也可以显示同样的结果。

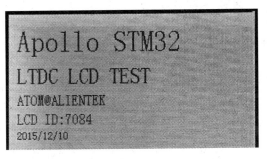

图 20.4.1　RGBLCD 显示效果图

第 21 章

USMART 调试组件实验

本章将介绍一个十分重要的辅助调试工具：USMART 调试组件。该组件由 ALIENTEK 开发提供，功能类似 Linux 的 shell（RTT 的 finsh 也属于此类）。USMART 最主要的功能就是通过串口调用单片机里面的函数并执行，对调试代码是很有帮助的。

21.1 USMART 调试组件简介

USMART 是由 ALIENTEK 开发的一个灵巧的串口调试互交组件，通过它可以实现通过串口助手调用程序里面的任何函数并执行。因此，读者可以随意更改函数的输入参数（支持数字（10/16 进制，支持负数）、字符串、函数入口地址等作为参数），单个函数最多支持 10 个输入参数，并支持函数返回值显示，目前最新版本为 V3.2。

USMART 的特点如下：
- 可以调用绝大部分用户直接编写的函数。
- 资源占用极少（最少情况：Flash：4 KB；SRAM：72 字节）。
- 支持参数类型多（数字（包含 10/16 进制，支持负数）、字符串、函数指针等）。
- 支持函数返回值显示。
- 支持参数及返回值格式设置。
- 支持函数执行时间计算（V3.1 及以后的版本新特性）。
- 使用方便。

有了 USMART，就可以轻易修改函数参数、查看函数运行结果，从而快速解决问题。比如调试一个摄像头模块，需要修改其中的几个参数来得到最佳的效果，普通的做法：写函数→修改参数→下载→看结果→不满意→修改参数→下载→看结果→不满意等不停地循环，直到满意为止。这样做很麻烦，而且易损耗单片机寿命。利用 USMART 则只需要在串口调试助手里面输入函数及参数，然后直接串口发送给单片机，就执行了一次参数调整；不满意则在串口调试助手修改参数再发送就可以了，直到你满意为止。这样，修改参数十分方便，不需要编译、不需要下载、不会让单片机"折寿"。

USMART 支持的参数类型基本满足任何调试了，支持的类型有 10 或者 16 进制数字、字符串指针（如果该参数是用作参数返回，则可能会有问题）、函数指针等。因此，绝大部分函数可以直接被 USMART 调用；对于不能直接调用的，只需要重写一个函

第 21 章　USMART 调试组件实验

数,把影响调用的参数去掉即可,这个重写后的函数即可以被 USMART 调用了。

USMART 的实现流程简单概括就是:第一步,添加需要调用的函数(在 usmart_config.c 里面的 usmart_nametab 数组里面添加);第二步,初始化串口;第三步,初始化 USMART(通过 usmart_init 函数实现);第四步,轮询 usmart_scan 函数,处理串口数据。

经过以上简单介绍就对 USMART 有了个大概了解,接下来简单介绍 USMART 组件的移植。

USMART 组件总共包含 6 个文件,如图 21.1.1 所示。

图 21.1.1　USMART 组件代码

其中,redeme.txt 是一个说明文件,不参与编译。对于其他 5 个文件,usmart.c 负责与外部互交等。usmat_str.c 主要负责命令和参数解析。usmart_config.c 主要由用户添加需要由 USMART 管理的函数。

usmart.h 和 usmart_str.h 是两个头文件,其中,usmart.h 里面含有几个用户配置宏定义,可以用来配置 usmart 的功能及总参数长度(直接和 SRAM 占用挂钩)、是否使能定时器扫描、是否使用读/写函数等。

USMART 的移植只需要实现 5 个函数。其中,4 个函数都在 usmart.c 里面,另外一个是串口接收函数,必须由用户自己实现,用于接收串口发送过来的数据。

第一个函数是串口接收函数。该函数是通过 SYSTEM 文件夹默认的串口接收来实现的,5.3.1 小节介绍过。SYSTEM 文件夹里面的串口接收函数,最大可以一次接收 200 字节,用于从串口接收函数名和参数等。如果在其他平台移植,可参考 SYSTEM 文件夹串口接收的实现方式进行移植。

第二个是 void usmart_init(void)函数,该函数的实现代码如下:

```
//初始化串口控制器
//sysclk:系统时钟(MHz)
void usmart_init(u8 sysclk)
```

```
{
#if USMART_ENTIMX_SCAN == 1
    Timer4_Init(1000,(u32)sysclk*100-1);  //分频,时钟为 10 kHz ,100 ms 中断一次,注
                                          //意,计数频率必须为 10 kHz,以和 runtime 单
                                          //位(0.1 ms)同步
#endif
    usmart_dev.sptype = 1;                //十六进制显示参数
}
```

该函数有一个参数 sysclk,用于定时器初始化。另外,USMART_ENTIMX_SCAN 是在 usmart.h 里面定义的一个是否使能定时器中断扫描的宏定义。如果为 1,就初始化定时器中断,并在中断里面调用 usmart_scan 函数。如果为 0,那么需要用户自行间隔一定时间(100 ms 左右为宜)调用一次 usmart_scan 函数,以实现串口数据处理。注意,如果要使用函数执行时间统计功能(runtime 1),则必须设置 USMART_ENTIMX_SCAN 为 1。另外,为了让统计时间精确到 0.1 ms,定时器的计数时钟频率必须设置为 10 kHz,否则时间就不是 0.1 ms 了。

第三和第四个函数仅用于服务 USMART 的函数执行时间统计功能(串口指令:runtime 1),分别是 usmart_reset_runtime 和 usmart_get_runtime,这两个函数代码如下:

```
//复位 runtime
//需要根据所移植到的 MCU 的定时器参数进行修改
void usmart_reset_runtime(void)
{
    TIM4->SR& = ~(1<<0);        //清除中断标志位
    TIM4->ARR = 0XFFFF;         //将重装载值设置到最大
    TIM4->CNT = 0;              //清空定时器的 CNT
    usmart_dev.runtime = 0;
}
//获得 runtime 时间
//返回值:执行时间,单位:0.1 ms,最大延时时间为定时器 CNT 值的 2 倍 * 0.1 ms
//需要根据所移植到的 MCU 的定时器参数进行修改
u32 usmart_get_runtime(void)
{
    if(TIM4->SR&0X0001)         //在运行期间,产生了定时器溢出
    {
        usmart_dev.runtime + = 0XFFFF;
    }
    usmart_dev.runtime + = TIM4->CNT;
    return usmart_dev.runtime;  //返回计数值
}
```

这里利用定时器 4 来做执行时间计算,usmart_reset_runtime 函数在每次 USMART 调用函数之前执行清除计数器,然后在函数执行完之后,调用 usmart_get_runtime 获取整个函数的运行时间。由于 USMART 调用的函数都是在中断里面执行的,所以不太方便再用定时器的中断功能来实现定时器溢出统计。因此,USMART 的函数执行时间统计功能最多可以统计定时器溢出一次的时间,对于 STM32F767 的定

第 21 章 USMART 调试组件实验

时器 4,该定时器是 16 位的,最大计数是 65 535,而由于定时器设置的是 0.1 ms 一个计时周期(10 kHz),所以最长计时时间是 65 535×2×0.1 ms=13.1 s。也就是说,如果函数执行时间超过 13.1 s,那么计时将不准确。

最后一个是 usmart_scan 函数,用于执行 USMART 扫描。该函数需要得到两个参数,第一个是从串口接收到的数组(USART_RX_BUF),第二个是串口接收状态(USART_RX_STA)。接收状态包括接收到的数组大小以及接收是否完成。该函数代码如下:

```
//usmart 扫描函数
//通过调用该函数,实现 usmart 的各个控制.该函数需要每隔一定时间被调用一次
//以及时执行从串口发过来的各个函数
//本函数可以在中断里面调用,从而实现自动管理
//非 ALIENTEK 开发板用户,则 USART_RX_STA 和 USART_RX_BUF[]需要用户自己实现
void usmart_scan(void)
{
        u8 sta,len;
    if(USART_RX_STA&0x8000)          //串口接收完成了吗
    {
        len = USART_RX_STA&0x3fff;   //得到此次接收到的数据长度
        USART_RX_BUF[len] = '\0';    //在末尾加入结束符
        sta = usmart_dev.cmd_rec(USART_RX_BUF);//得到函数各个信息
        if(sta == 0)usmart_dev.exe();//执行函数
        else
        {
            len = usmart_sys_cmd_exe(USART_RX_BUF);
            if(len! = USMART_FUNCERR)sta = len;
            if(sta)
            {
                switch(sta)
                {
                    case USMART_FUNCERR:
                        printf("函数错误!\r\n");
                        break;
                    case USMART_PARMERR:
                        printf("参数错误!\r\n");
                        break;
                    case USMART_PARMOVER:
                        printf("参数太多!\r\n");
                        break;
                    case USMART_NOFUNCFIND:
                        printf("未找到匹配的函数!\r\n");
                        break;
                }
            }
        }
        USART_RX_STA = 0;//状态寄存器清空
    }
}
```

该函数的执行过程：先判断串口接收是否完成（USART_RX_STA 的最高位是否为 1），如果完成，则取得串口接收到的数据长度（USART_RX_STA 的低 14 位），并在末尾增加结束符，再执行解析，解析完之后清空接收标记（USART_RX_STA 置零）。如果没执行完成，则直接跳过，不进行任何处理。

完成这几个函数的移植就可以使用 USMART 了。注意，USMART 同外部的互交一般是通过 usmart_dev 结构体实现，所以 usmart_init 和 usmart_scan 的调用分别是通过 usmart_dev.init 和 usmart_dev.scan 实现的。

下面将在第 20 章实验的基础上移植 USMART，并通过 USMART 调用一些 LCD 的内部函数，让读者初步了解 USMART 的使用。

21.2 硬件设计

本实验用到的硬件资源有：指示灯 DS0 和 DS1、串口、LCD 模块（MCU 屏/RGB 屏都可以，并包括 SDRAM 驱动代码，下同）。

这 3 个硬件前面章节均已介绍，本章不再介绍。

21.3 软件设计

打开上一章的工程，复制 USMART 文件夹（该文件夹可以在配套资料的"标准例程-寄存器版本→实验 16 USMART 调试组件实验"里面找到）到本工程文件夹下面，如图 21.3.1 所示。

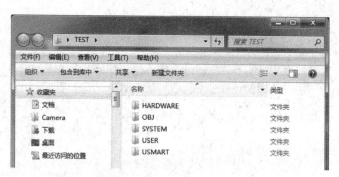

图 21.3.1 复制 USMART 文件夹到工程文件夹下

接着，打开工程，并新建 USMART 组，添加 USMART 组件代码，同时把 USMART 文件夹添加到头文件包含路径，在主函数里面加入 include"usmart.h"，如图 21.3.2 所示。

由于 USMART 默认提供了 STM32F767 的 TIM4 中断初始化设置代码，这里只需要在 usmart.h 里面设置 USMART_ENTIMX_SCAN 为 1，即可完成 TIM4 的设置。通过 TIM4 的中断服务函数，调用 usmart_dev.scan()（就是 usmart_scan 函数），实现

第 21 章　USMART 调试组件实验

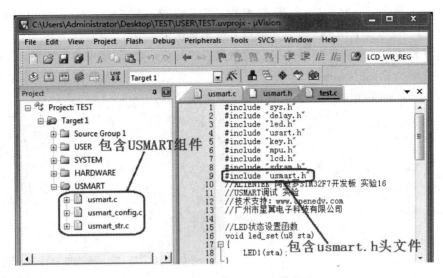

图 21.3.2　添加 USMART 组件代码

USMART 的扫描。此部分代码就不列出来了，可参考 usmart.c。

此时就可以使用 USMART 了，不过在主程序里面还得执行 USMART 的初始化，另外还需要针对自己想要被 USMART 调用的函数在 usmart_config.c 里面进行添加。下面先介绍如何添加自己想要被 USMART 调用的函数。打开 usmart_config.c，如图 21.3.3 所示。

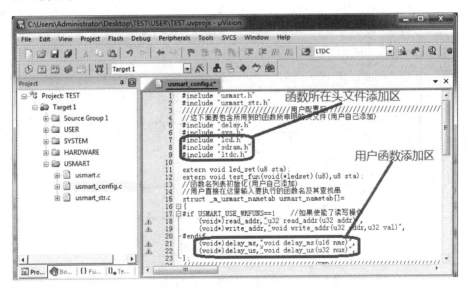

图 21.3.3　添加需要被 USMART 调用的函数

这里的添加函数很简单，只要把函数所在头文件添加进来，并把函数名按图 21.3.3 所示的方式增加即可，默认添加了两个函数：delay_ms 和 delay_us。另外，read_addr 和

write_addr 属于 USMART 自带的函数,用于读/写指定地址的数据,通过配置 USMART_USE_WRFUNS 可以使能或者禁止这两个函数。

这里根据自己的需要按图 21.3.3 的格式添加其他函数,添加完之后如图 21.3.4 所示。图中添加了 lcd.h、sdram.h、ltdc.h,并添加了很多 LCD 函数,最后还添加了 led_set 和 test_fun 两个函数,这两个函数在 test.c 里面实现,代码如下:

```
//LED 状态设置函数
void led_set(u8 sta)
{
    LED1(sta);
}
//函数参数调用测试函数
void test_fun(void( * ledset)(u8),u8 sta)
{
    ledset(sta);
}
```

```
usmart_config.c
#include "usmart.h"
#include "usmart_str.h"
////////////////////////////用户配置区///////////////////////////////////////////////
//这下面要包含所用到的函数所申明的头文件(用户自己添加)
#include "delay.h"
#include "sys.h"
#include "lcd.h"
#include "sdram.h"
#include "ltdc.h"

extern void led_set(u8 sta);
extern void test_fun(void(*ledset)(u8),u8 sta);
//函数名列表初始化(用户自己添加)
//用户直接在这里输入要执行的函数名及其查找串
struct _m_usmart_nametab usmart_nametab[]=
{
#if USMART_USE_WRFUNS==1    //如果使能了读写操作
    (void*)read_addr,"u32 read_addr(u32 addr)",
    (void*)write_addr,"void write_addr(u32 addr,u32 val)",
#endif
    (void*)delay_ms,"void delay_ms(u16 nms)",
    (void*)delay_us,"void delay_us(u32 nus)",
    (void*)LCD_Clear,"void LCD_Clear(u16 Color)",
    (void*)LCD_Fill,"void LCD_Fill(u16 xsta,u16 ysta,u16 xend,u16 yend,u16 color)",
    (void*)LCD_DrawLine,"void LCD_DrawLine(u16 x1, u16 y1, u16 x2, u16 y2)",
    (void*)LCD_DrawRectangle,"void LCD_DrawRectangle(u16 x1, u16 y1, u16 x2, u16 y2)",
    (void*)LCD_Draw_Circle,"void Draw_Circle(u16 x0,u16 y0,u8 r)",
    (void*)LCD_ShowNum,"void LCD_ShowNum(u16 x,u16 y,u32 num,u8 len,u8 size)",
    (void*)LCD_ShowString,"void LCD_ShowString(u16 x,u16 y,u16 width,u16 height,u8 size,u8 *p)",
    (void*)LCD_Fast_DrawPoint,"void LCD_Fast_DrawPoint(u16 x,u16 y,u16 color)",
    (void*)LCD_ReadPoint,"u16 LCD_ReadPoint(u16 x,u16 y)",
    (void*)LCD_Display_Dir,"void LCD_Display_Dir(u8 dir)",
    (void*)LCD_ShowxNum,"void LCD_ShowxNum(u16 x,u16 y,u32 num,u8 len,u8 size,u8 mode)",

    (void*)LTDC_Switch,"void LTDC_Switch(u8 sw)",
    (void*)LTDC_Layer_Switch,"void LTDC_Layer_Switch(u8 layerx,u8 sw)",
    (void*)LTDC_Select_Layer,"void LTDC_Select_Layer(u8 layerx)",
    (void*)LTDC_Display_Dir,"void LTDC_Display_Dir(u8 dir)",
    (void*)LTDC_Draw_Point,"void LTDC_Draw_Point(u16 x,u16 y,u32 color)",
    (void*)LTDC_Read_Point,"u32 LTDC_Read_Point(u16 x,u16 y)",
    (void*)LTDC_Fill,"void LTDC_Fill(u16 sx,u16 sy,u16 ex,u16 ey,u32 color)",
    (void*)LTDC_Layer_Window_Config,"void LTDC_Layer_Window_Config(u8 layerx,u16 sx,u16 sy,u16 width,u16 height)",
    (void*)LTDC_Clear,"void LTDC_Clear(u32 color)",

    (void*)led_set,"void led_set(u8 sta)",
    (void*)test_fun,"void test_fun(void(*ledset)(u8),u8 sta)",
};
```

图 21.3.4 添加函数后

led_set 函数用于设置 LED1 的状态,而第二个函数 test_fun 用于测试 USMART 对函数参数的支持的,test_fun 的第一个参数是函数,在 USMART 里面也是可以被调用的。

添加完函数之后,修改 main 函数,如下:

第 21 章　USMART 调试组件实验

```c
int main(void)
{
    u8 led0sta = 1;
    Stm32_Clock_Init(432,25,2,9);       //设置时钟,216 MHz
    delay_init(216);                    //延时初始化
    uart_init(108,115200);              //初始化串口波特率为 115 200
    usmart_dev.init(108);               //初始化 USMART
    LED_Init();                         //初始化与 LED 连接的硬件接口
    MPU_Memory_Protection();            //保护相关存储区域
    KEY_Init();                         //初始化 LED
    SDRAM_Init();                       //初始化 SDRAM
    LCD_Init();                         //初始化 LCD
    POINT_COLOR = RED;                  //红色画笔
    LCD_ShowString(30,50,200,16,16,"Apollo STM32F4/F7");
    LCD_ShowString(30,70,200,16,16,"USMART TEST");
    LCD_ShowString(30,90,200,16,16,"ATOM@ALIENTEK");
    LCD_ShowString(30,110,200,16,16,"2016/7/13");
    while(1)
    {
        LED0(led0sta^=1);               //LED0 闪烁
        delay_ms(500);
    }
}
```

此代码显示简单的信息后,就是在死循环等待串口数据。至此,整个 USMART 的移植就完成了。编译成功后,就可以下载程序到开发板,开始 USMART 的体验。

21.4　下载验证

将程序下载到阿波罗 STM32 后可以看到,DS0 不停地闪烁,提示程序已经在运行了。同时,屏幕上显示了一些字符(就是主函数里面要显示的字符)。

如图 21.4.1 所示打开串口调试助手 XCOM,选择正确的串口号选择"多条发送",并选中"发送新行"(即发送回车键)选项,然后发送 list 指令即可打印所有 USMART 可调用函数。

图 21.4.1 中 list、id、?、help、hex、dec 和 runtime 都属于 USMART 自带的系统命令,单击后方的数字按钮即可发送对应的指令。下面简单介绍下这几个命令:

list:该指令用于打印所有 USMART 可调用函数。发送该命令后,串口将收到所有能被 USMART 调用得到函数,如图 21.4.1 所示。

id:该指令用于获取各个函数的入口地址。比如前面写的 test_fun 函数就有一个函数参数,我们需要先通过 id 指令获取 led_set 函数的 id(即入口地址),然后将这个 id 作为函数参数,传递给 test_fun。

help(或者'?'也可以):发送该指令后,串口将打印 USMART 使用的帮助信息。

hex 和 dec:这两个指令可以带参数,也可以不带参数。当不带参数的时候,hex 和 dec 分别用于设置串口显示数据格式为 16 进制/10 进制。当带参数的时候,hex 和 dec

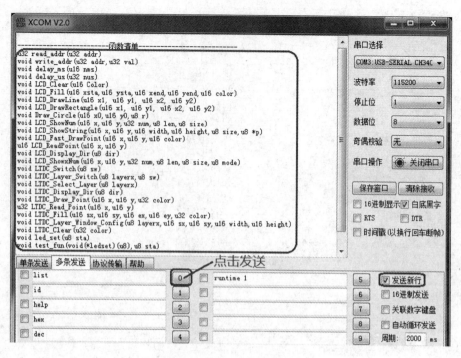

图 21.4.1 驱动串口调试助手

就执行进制转换,比如输入 hex 1234,串口将打印 HEX:0X4D2,也就是将 1234 转换为 16 进制打印出来。又比如输入 dec 0X1234,串口将打印 DEC:4660,就是将 0X1234 转换为 10 进制打印出来。

runtime 指令:用于函数执行时间统计功能的开启和关闭,发送 runtime 1,可以开启函数执行时间统计功能;发送 runtime 0,可以关闭函数执行时间统计功能。函数执行时间统计功能,默认是关闭的。

读者可以亲自体验下这几个系统指令,注意,所有的指令都是大小写敏感的,不要写错。

接下来将介绍如何调用 list 打印的这些函数。先来看一个简单的 delay_ms 的调用,分别输入 delay_ms(1000) 和 delay_ms(0x3E8),如图 21.4.2 所示。

可以看出,delay_ms(1000) 和 delay_ms(0x3E8) 的调用结果是一样的,都是延时 1 000 ms,因为 USMART 默认设置的是 hex 显示,所以可以看到串口打印的参数都是 16 进制格式的,可以通过发送 dec 指令切换为十进制显示。另外,由于 USMART 对调用函数的参数大小写不敏感,所以参数写成 0X3E8 或者 0x3e8 都是正确的。另外,发送 runtime 1,开启运行时间统计功能,从测试结果看,USMART 的函数运行时间统计功能是相当准确的。

再看另外一个函数,LCD_ShowString 函数,用于显示字符串。通过串口输入: LCD_ShowString(20,200,200,100,16,"This is a test for usmart!!"),如图 21.4.3 所示。该函数用于在指定区域显示指定字符串,发送给开发板后可以看到,LCD 在指定

第 21 章　USMART 调试组件实验

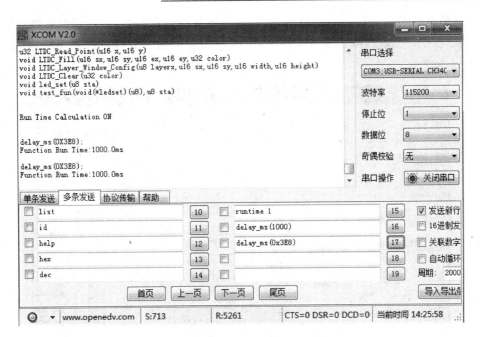

图 21.4.2　串口调用 delay_ms 函数

的地方显示了"This is a test for usmart!!"字符串。

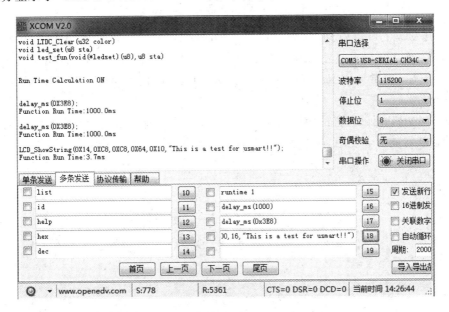

图 21.4.3　串口调用 LCD_ShowString 函数

其他函数的调用也都是一样的方法，这里就不多介绍了，最后说一下带有函数参数的函数调用。将 led_set 函数作为 test_fun 的参数，通过在 test_fun 里面调用 led_set 函数来实现对 DS1(LED1)的控制。前面说过，要调用带有函数参数的函数，就必须先得到函数参数的入口地址(id)，通过输入 id 指令可以得到 led_set 的函数入口地址是 0X0800505D，所以，在串口输入 test_fun(0X0800505D,0)，就可以控制 DS1 亮了，如图 21.4.4 所示。

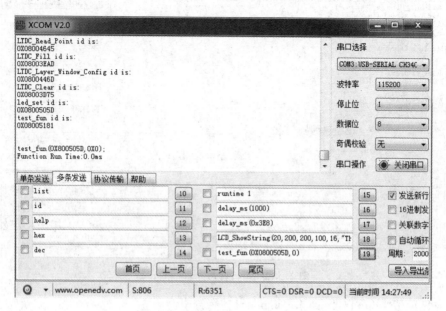

图 21.4.4　串口调用 test_fun 函数

在开发板上可以看到，收到串口发送的 test_fun(0X0800505D,0)后，开发板的 DS1 亮了，然后可以通过发送 test_fun(0X0800505D,1)来关闭 DS1。说明我们成功地通过 test_fun 函数调用 led_set，实现了对 DS1 的控制，也就验证了 USMART 对函数参数的支持。

USMART 调试组件的使用就介绍到这里。USMART 是一个非常不错的调试组件，希望读者能学会使用，可以达到事半功倍的效果。

第 22 章
RTC 实时时钟实验

前面介绍了两款液晶模块,这一章将介绍 STM32F767 的内部实时时钟(RTC)。本章将使用 LCD 模块(MCU 屏或 RGB 屏都可以,下同)来显示日期和时间,实现一个简单的实时时钟,并可以设置闹铃。另外,本章将介绍 BKP 的使用。

22.1 STM32F767 RTC 时钟简介

STM32F767 的实时时钟(RTC)相对于 STM32F1 来说改进了不少,带了日历功能了,是一个独立的 BCD 定时/计数器。RTC 提供一个日历时钟(包含年月日时分秒信息)、两个可编程闹钟(ALARM A 和 ALARM B)中断,以及一个具有中断功能的周期性可编程唤醒标志。RTC 还包含用于管理低功耗模式的自动唤醒单元。

两个 32 位寄存器(TR 和 DR)包含二进码十进数格式(BCD)的秒、分钟、小时(12 或 24 小时制)、星期、日期、月份和年份。此外,还可提供二进制格式的亚秒值。

STM32F767 的 RTC 可以自动将月份的天数补偿为 28、29(闰年)、30 和 31 天,并且还可以进行夏令时补偿。

RTC 模块和时钟配置是在后备区域,即在系统复位或从待机模式唤醒后 RTC 的设置和时间维持不变,只要后备区域供电正常,那么 RTC 将可以一直运行。但是在系统复位后,会自动禁止访问后备寄存器和 RTC,以防止对后备区域(BKP)的意外写操作。所以在要设置时间之前,先要取消备份区域(BKP)写保护。

RTC 的简化框图如图 22.1.1 所示。

本章用到 RTC 时钟、日历及闹钟功能。接下来简单介绍下 STM32F767 RTC 时钟的使用。

1. 时钟和分频

首先看 STM32F767 的 RTC 时钟分频。STM32F767 的 RTC 时钟源(RTCCLK)通过时钟控制器,可以从 LSE 时钟、LSI 时钟以及 HSE 时钟三者中选择(通过 RCC_BDCR 寄存器选择)。一般选择 LSE,即外部 32.768 kHz 晶振作为时钟源(RTCCLK),而 RTC 时钟核心要求提供 1 Hz 的时钟,所以要设置 RTC 的可编程预分配器。STM32F767 的可编程预分配器(RTC_PRER)分为 2 个部分:

① 一个通过 RTC_PRER 寄存器的 PREDIV_A 位配置的 7 位异步预分频器。

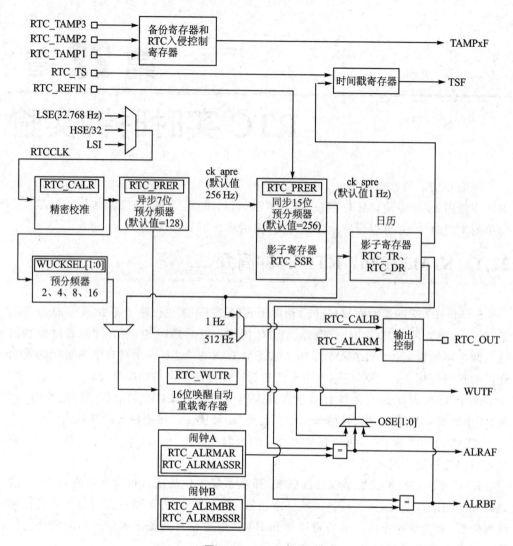

图 22.1.1 RTC 框图

② 一个通过 RTC_PRER 寄存器的 PREDIV_S 位配置的 15 位同步预分频器。图 22.1.1 中,ck_spre 的时钟可由如下计算公式计算:

$$Fck\_spre = Frtcclk / [(PREDIV\_S + 1) * (PREDIV\_A + 1)]$$

其中,Fck_spre 可用于更新日历时间等信息。PREDIV_A 和 PREDIV_S 为 RTC 的异步和同步分频器。推荐设置 7 位异步预分频器(PREDIV_A)的值较大,以最大程度降低功耗。要设置为 32 768 分频,则只需要设置 PREDIV_A=0X7F,即 128 分频;PREDIV_S=0XFF,即 256 分频,即可得到 1Hz 的 Fck_spre。

另外,图 22.1.1 中,ck_apre 可作为 RTC 亚秒递减计数器(RTC_SSR)的时钟。Fck_apre 的计算公式如下:

$$Fck\_apre = Frtcclk / (PREDIV\_A + 1)$$

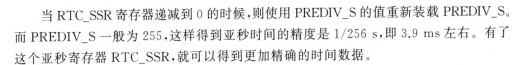

当RTC_SSR寄存器递减到0的时候,则使用PREDIV_S的值重新装载PREDIV_S。而PREDIV_S一般为255,这样得到亚秒时间的精度是1/256 s,即3.9 ms左右。有了这个亚秒寄存器RTC_SSR,就可以得到更加精确的时间数据。

2. 日历时间(RTC_TR)和日期(RTC_DR)寄存器

STM32F767的RTC日历时间(RTC_TR)和日期(RTC_DR)寄存器用于存储时间和日期(也可以用于设置时间和日期),可以通过与PCLK1(APB1时钟)同步的影子寄存器来访问,这些时间和日期寄存器也可以直接访问,从而避免等待同步的持续时间。

每隔2个RTCCLK周期,当前日历值便会复制到影子寄存器,并置位RTC_ISR寄存器的RSF位。可以读取RTC_TR和RTC_DR来得到当前时间和日期信息,注意,时间和日期都是以BCD码的格式存储的,读出来要转换一下才可以得到十进制的数据。

3. 可编程闹钟

STM32F767提供两个可编程闹钟:闹钟A(ALARM_A)和闹钟B(ALARM_B)。通过RTC_CR寄存器的ALRAE和ALRBE位置1来使能闹钟。当日历的亚秒、秒、分、小时、日期分别与闹钟寄存器RTC_ALRMASSR/RTC_ALRMAR和RTC_ALRMBSSR/RTC_ALRMBR中的值匹配时,才可以产生闹钟(需要适当配置)。本章将利用闹钟A产生闹铃,即设置RTC_ALRMASSR和RTC_ALRMAR即可。

4. 周期性自动唤醒

STM32F767的RTC不带秒钟中断了,但是多了一个周期性自动唤醒功能。周期性唤醒功能由一个16位可编程自动重载递减计数器(RTC_WUTR)生成,可用于周期性中断/唤醒。

可以通过RTC_CR寄存器中的WUTE位设置使能此唤醒功能。

唤醒定时器的时钟输入可以是2、4、8或16分频的RTC时钟(RTCCLK),也可以是ck_spre时钟(一般为1 Hz)。

当选择RTCCLK(假定LSE是32.768 kHz)作为输入时钟时,可配置的唤醒中断周期介于122 μs(因为RTCCLK/2时,RTC_WUTR不能设置为0)和32 s之间,分辨率最低为61 μs。

当选择ck_spre(1 Hz)作为输入时钟时,可得到的唤醒时间为1 s~36 h,分辨率为1 s。并且这个1 s~36 h的可编程时间范围分为两部分:

> 当WUCKSEL[2:1]=10时为1 s~18 h。
> 当WUCKSEL[2:1]=11时为18 s~36 h。

在后一种情况下,会将2^{16}添加到16位计数器当前值(即扩展到17位,相当于最高位用WUCKSEL[1]代替)。

初始化完成后,定时器开始递减计数。在低功耗模式下使能唤醒功能时,递减计数保持有效。此外,当计数器计数到 0 时,RTC_ISR 寄存器的 WUTF 标志会置 1,并且唤醒寄存器会使用其重载值(RTC_WUTR 寄存器值)来重载,之后必须用软件清零 WUTF 标志。

通过将 RTC_CR 寄存器中的 WUTIE 位置 1 来使能周期性唤醒中断时,可以使 STM32F767 退出低功耗模式。系统复位以及低功耗模式(睡眠、停机和待机)对唤醒定时器没有任何影响,它仍然可以正常工作,故唤醒定时器可以用于周期性唤醒 STM32F767。

接下来看看本章要用到的 RTC 部分寄存器,首先是 RTC 时间寄存器 RTC_TR,各位描述如图 22.1.2 所示。

31	30	29	28	27	26	25	24	23	22	21	20	19	18	17	16
\multicolumn{9}{c	}{Reserved}		PM	HT[1:0]		HU[3:0]			
									rw	rw	rw	rw	rw	rw	rw
15	14	13	12	11	10	9	8	7	6	5	4	3	2	1	0
Reserved	MNT[2:0]			MNU[3:0]				Reserved	ST[2:0]			SU[3:0]			
	rw	rw	rw	rw	rw	rw	rw		rw	rw	rw	rw	rw	rw	rw

位 31:24　保留

位 23　　保留,必须保持复位值。

位 22　　PM:AM/PM 符号

　　　　　0:AM 或 24 小时制;1:PM

位 21:20　HT[1:0]:小时的十位(BCD 格式)

位 16:16　HU[3:0]:小时的个位(BCD 格式)

位 15　　保留,必须保持复位值。

位 14:12　MNT[2:0]:分钟的十位(BCD 格式)

位 11:8 　MNU[3:0]:分钟的个位(BCD 格式)

位 7　　　保留,必须保持复位值。

位 6:4　　ST[2:0]:秒的十位(BCD 格式)

位 3:0　　SU[3:0]:秒的个位(BCD 格式)

图 22.1.2　RTC_TR 寄存器各位描述

这个寄存器比较简单,注意数据保存是 BCD 格式的,读取之后需要稍加转换才是十进制的时分秒等数据,在初始化模式下,对该寄存器进行写操作可以设置时间。

然后看 RTC 日期寄存器 RTC_DR,各位描述如图 22.1.3 所示。

同样,该寄存器的的数据采用 BCD 码格式,其他的就比较简单了。同样,在初始化模式下,对该寄存器进行写操作,可以设置日期。

接下来看 RTC 亚秒寄存器 RTC_SSR,各位描述如图 22.1.4 所示。该寄存器可用于获取更加精确的 RTC 时间。不过,本章没有用到,如果需要精确时间的地方,则读者可以使用该寄存器。

接下来看 RTC 控制寄存器 RTC_CR,各位描述如图 22.1.5 所示。

第 22 章 RTC 实时时钟实验

31	30	29	28	27	26	25	24	23	22	21	20	19	18	17	16
Reserved								YT[3:0]				YU[3:0]			
								rw	rw	rw	rw	rw	rw	rw	rw
15	14	13	12	11	10	9	8	7	6	5	4	3	2	1	0
WDU[2:0]			MT	MU[3:0]				Reserved		DT[1:0]		DU[3:0]			
rw	rw	rw	rw	rw	rw	rw	rw			rw	rw	rw	rw	rw	rw

位 31:24 保留
位 23:20 YT[3:0]:年份的十位(BCD 格式)
位 19:16 YU[3:0]:年份的个位(BCD 格式)
位 15:13 WDU[2:0]:星期几的个位
    000:禁止
    001:星期一
    ...
    111:星期日
位 12   MT:月份的十位(BCD 格式)
位 11:8   MU:月份的个位(BCD 格式)
位 7:6   保留,必须保持复位值。
位 5:4   DT[1:0]:日期的十位(BCD 格式)
位 3:0   DU[3:0]:日期的个位(BCD 格式)

图 22.1.3 RTC_DR 寄存器各位描述

31	30	29	28	27	26	25	24	23	22	21	20	19	18	17	16
Reserved															
r	r	r	r	r	r	r	r	r	r	r	r	r	r	r	r
15	14	13	12	11	10	9	8	7	6	5	4	3	2	1	0
SS[15:0]															
r	r	r	r	r	r	r	r	r	r	r	r	r	r	r	r

位 15:0 SS:亚秒值

SS[15:0]是同步预分频器计数器的值。比亚秒值可根据以下公式得出:

亚秒值=(PREDIV_S-SS)/(PREDIV_S+1)

注意:仅当执行平移操作之后,SS 才能大于 PREDIV_S。在这种情况下,正确的时间/日期比 RTC_TR/RTC_DR 指示的时间/日期慢一秒钟

图 22.1.4 RTC_SSR 寄存器各位描述

31	30	29	28	27	26	25	24	23	22	21	20	19	18	17	16
Res.	Res.	Res.	Res.	Res.	Res.	ITSE	COE	OSEL[1:0]		POL	COSEL	BKP	SUB1H	ADD1H	
						rw	rw	rw	rw	rw	rw	rw	rw	rw	
15	14	13	12	11	10	9	8	7	6	5	4	3	2	1	0
TSIE	WUTIE	ALRBE	ALRAE	WUTE	ALRBE	ALRAE	Res.	FMT	BYPSHAD	REFCKON	TSEDGE	WUCKSEL[2:0]			
rw	rw	rw	rw	rw	rw	rw		rw	rw	rw	rw	rw	rw	rw	rw

图 22.1.5 RTC_CR 寄存器各位描述

该寄存器不详细介绍每个位了,重点介绍几个要用到的。WUTIE、ALRAIE 是唤醒定时器中断和闹钟 A 中断使能位,本章要用到,设置为 1 即可。WUTE 和 ALRAE 是唤醒定时器和闹钟 A 定时器使能位,同样设置为 1,开启。FMT 为小时格式选择位,设置为 0,选择 24 小时制。最后,WUCKSEL[2:0]用于唤醒时钟选择,这个前面已经有介绍。RTC_CR 寄存器的详细介绍可参考《STM32F7 中文参考手册》第 23.6.3 小节。

接下来看 RTC 初始化和状态寄存器 RTC_ISR,各位描述如图 22.1.6 所示。

31	30	29	28	27	26	25	24	23	22	21	20	19	18	17	16
					Reserved										RECALPF
															r
15	14	13	12	11	10	9	8	7	6	5	4	3	2	1	0
Res.	TAMP2F	TAMP1F	TSOVF	TSF	WUTF	ALRBF	ALRAF	INIT	INITF	RSF	INITS	SHPF	WUTWF	ALRBWF	ALRAWF
	rc_w0	rc_w0	rc_w0	rc_w0	rc_w0	rc_w0	rc_w0	rw	r	rc_w0	r	rc_w0	r	r	r

图 22.1.6 RTC_ISR 寄存器各位描述

该寄存器中,WUTF、ALRBF 和 ALRAF 分别是唤醒定时器闹钟 B 和闹钟 A 的中断标志位,当对应事件产生时,这些标志位被置 1,如果设置了中断,则会进入中断服务函数,这些位通过软件写 0 清除;INIT 为初始化模式控制位,初始化 RTC 时必须先设置 INIT=1;INITF 为初始化标志位,当设置 INIT 为 1 以后,要等待 INITF 为 1,才可以更新时间、日期和预分频寄存器等;RSF 位为寄存器同步标志,仅在该位为 1 时,表示日历影子寄存器已同步,可以正确读取 RTC_TR/RTC_TR 寄存器的值了;WUTWF、ALRBWF 和 ALRAWF 分别是唤醒定时器、闹钟 B 和闹钟 A 的写标志,只有在这些位为 1 的时候,才可以更新对应的内容,比如要设置闹钟 A 的 ALRMAR 和 ALRMASSR,则必须先等待 ALRAWF 为 1 才可以设置。

接下来看 RTC 预分频寄存器 RTC_PRER,各位描述如图 22.1.7 所示。

31	30	29	28	27	26	25	24	23	22	21	20	19	18	17	16
				Reserved					PREDIV_A[6:0]						
									rw	rw	rw	rw	rw	rw	rw
15	14	13	12	11	10	9	8	7	6	5	4	3	2	1	0
Res.	PREDIV_S[14:0]														
	rw	rw	rw	rw	rw	rw	rw	rw	rw	rw	rw	rw	rw	rw	rw

位 31:24　保留
位 23　　 保留,必须保持复位值。
位 22:16　PREDIV_A[6:0]:异步预分频系数
　　　　　下面是异步分频系数的公式:
　　　　　ck_apre 频率=RTCCLK 频率/(PREDIV_A+1)
　　　　　注意:PREDIV_A[6:0]=000000 为禁用值。
位 15　　 保留,必须保持复位值。
位 14:0　 PREDIV_S[14:0]:同步预分频系数
　　　　　下面是同步分频系数的公式:
　　　　　ck_spre 频率=ck_apre 频率/(PREDIV_S+1)

图 22.1.7 RTC_PRER 寄存器各位描述

第22章 RTC实时时钟实验

该寄存器用于RTC的分频,其配置必须在初始化模式(INITF=1)下才可以进行。

接下来看RTC唤醒定时器寄存器RTC_WUTR,各位描述如图22.1.8所示。该寄存器用于设置自动唤醒重装载值,可用于设置唤醒周期。该寄存器的配置必须等待RTC_ISR的WUTWF为1才可以进行。

31	30	29	28	27	26	25	24	23	22	21	20	19	18	17	16
							Reserved								

15	14	13	12	11	10	9	8	7	6	5	4	3	2	1	0
							WUT[15:0]								
rw	rw	rw	rw	rw	rw	rw	rw	rw	rw	rw	rw	rw	rw	rw	rw

位 31:16 保留

位 15:0 WUT[15:0]:唤醒自动重载值位

当使能唤醒定时器时(WUTE置1),每(WUT[15:0]+1)个ck_wut周期将WUTF标志置1一次。ck_wut周期通过RTC_CR寄存器的WUCKSEL[2:0]位进行选择。

当WUCKSEL[2]=1时,唤醒定时器变为17位,WUCKSEL[1]等效为WUT[16],即要重载到定时器的最高有效位。

注意:WUTF第一次置1发生在WUTE置1之后(WUT+1)个ck_wut周期。禁止在WUCKSEL[2:0]=011(RTCCLK/2)时将WUT[15:0]设置为0x0000。

图 22.1.8 RTC_WUTR寄存器各位描述

接下来看RTC闹钟A器寄存器RTC_ALRMAR,各位描述如图22.1.9所示。该寄存器用于设置闹铃A,当WDSEL选择1时,使用星期制闹铃,本章选择星期制闹铃。该寄存器的配置必须等待RTC_ISR的ALRAWF为1才可以进行。另外,还有RTC_ALRMASSR寄存器的介绍可参考《STM32F7中文参考手册》第29.6.17小节。

接下来看RTC写保护寄存器RTC_WPR,该寄存器比较简单,低8位有效。上电后,所有RTC寄存器都受到写保护(RTC_ISR[13:8]、RTC_TAFCR和RTC_BKPxR除外),必须依次写入"0XCA、0X53"两关键字到RTC_WPR寄存器,才可以解锁。写一个错误的关键字将再次激活RTC的寄存器写保护。

接下来介绍下RTC备份寄存器RTC_BKPxR,该寄存器组总共有32个,每个寄存器是32位的,可以存储128个字节的用户数据;这些寄存器在备份域中实现,可在VDD电源关闭时通过VBAT保持上电状态。备份寄存器不会在系统复位或电源复位时复位,也不会在MCU从待机模式唤醒时复位。

复位后,对RTC和RTC备份寄存器的写访问被禁止,执行以下操作可以使能对RTC及RTC备份寄存器的写访问:

➢ 通过设置寄存器RCC_APB1ENR的PWREN位来打开电源接口时钟;
➢ 电源控制寄存器(PWR_CR)的DBP位来使能对RTC及RTC备份寄存器的访问。

可以用BKP来存储一些重要的数据,相当于一个EEPROM,不过这个EEPROM并不是真正的EEPROM,而是需要电池来维持它的数据。

31	30	29	28	27	26	25	24	23	22	21	20	19	18	17	16
MSK4	WDSEL	DT[1:0]		DU[3:0]				MSK3	PM	HT[1:0]		HU[3:0]			
rw	rw	rw	rw	rw	rw	rw	rw	rw	rw	rw	rw	rw	rw	rw	rw
15	14	13	12	11	10	9	8	7	6	5	4	3	2	1	0
MSK2	MNT[2:0]			MNU[3:0]				MSK1	ST[2:0]			SU[3:0]			
rw	rw	rw	rw	rw	rw	rw	rw	rw	rw	rw	rw	rw	rw	rw	rw

位 31　　MSK4：闹钟 A 日期掩码
　　　　0：如果日期/日匹配,则闹钟 A 置 1；1：在闹钟 A 比较中,日期/日无关

位 30　　WDSEL：星期几选择
　　　　0：DU[3:0]代表日期的个位；1：DU[3:0]代表星期几。DT[1:0]为无关位

位 29：28　DT[1:0]：日期的十位(BCD 格式)

位 27：24　DU[3:0]：日期的个位或日(BCD 格式)

位 23　　MSK3：闹钟 A 小时掩码(Alarm A hours mask)
　　　　0：如果小时匹配,则闹钟 A 置 1；1：在闹钟 A 比较中,小时无关

位 22　　PM：AM/PM 符号
　　　　0：AM 或 24 小时制；1：PM

位 21：20　HT[1:0]：小时的十位(BCD 格式)

位 19：16　HU[3:0]：小时的个位(BCD 格式)

位 15　　MSK2：闹钟 A 分钟掩码
　　　　0：如果分钟匹配,则闹钟 A 置 1；1：在闹钟 A 比较中,分钟无关

位 14：12　MNT[2:0]：分钟的十位(BCD 格式)

位 11：8　MNU[3:0]：分钟的个位(BCD 格式)

7 位　　MSK1：闹钟 A 秒掩码
　　　　0：如果秒匹配,则闹钟 A 置 1；1：在闹钟 A 比较中,秒无关

位 6：4　　ST[2:0]：秒的十位(BCD 格式)

位 3：0　　SU[3:0]：秒的个位(BCD 格式)

图 22.1.9　RTC_ALRMAR 寄存器各位描述

最后还要介绍一下备份区域控制寄存器 RCC_BDCR,各位描述如图 22.1.10 所示。

RTC 的时钟源选择及使能设置都是通过这个寄存器来实现的,所以在 RTC 操作之前先要通过这个寄存器选择 RTC 的时钟源,然后才能开始其他的操作。

RTC 寄存器介绍就介绍到这里了,下面来看看要经过哪几个步骤的配置才能使 RTC 正常工作。RTC 正常工作的一般配置步骤如下：

① 使能电源时钟,并使能 RTC 及 RTC 后备寄存器写访问。

前面已经介绍了,要访问 RTC 和 RTC 备份区域,就必须先使能电源时钟,然后使能 RTC 即后备区域访问。电源时钟使能通过 RCC_APB1ENR 寄存器来设置,RTC 及 RTC 备份寄存器的写访问通过 PWR_CR 寄存器的 DBP 位设置。

② 开启外部低速振荡器,选择 RTC 时钟,并使能。

这个步骤只需要在 RTC 初始化的时候执行一次即可,不需要每次上电都执行,这些操作都是通过 RCC_BDCR 寄存器来实现的。

第 22 章　RTC 实时时钟实验

31	30	29	28	27	26	25	24	23	22	21	20	19	18	17	16
Res.	Res.	Res.	Res.	Res.	Res.	Res.	Res.	Res.	Res.	Res.	Res.	Res.	Res.	Res.	BDRST
															rw
15	14	13	12	11	10	9	8	7	6	5	4	3	2	1	0
RTCEN	Res.	Res.	Res.	Res.	Res.	RTCSEL[1:0]		Res.	Res.	Res.	LSEDRV[1:0]		LSEBYP	LSERDY	LSEON
rw						rw	rw				rw	rw	rw	r	rw

位 16　BDRST:备份域软件复位

此位由软件置 1 和清零。

0:复位未激活;1:复位整个备份域

注:BKPSRAM 不受此复位影响,只能在 Flash 保护级别从级别 1 更改为级别 0 时复位 BKPSRAM。

位 15　RTCEN:RTC 时钟使能

此位由软件置 1 和清零。

0:禁止 RTC 时钟;1:使能 RTC 时钟

位 9:8　RTCSEL[1:0]:RTC 时钟源选择

这些位由软件置 1,用于选择 RTC 的时钟源。选择 RTC 时钟源后,除非备份域复位,否则不可再将其更改。可使用 BDRST 位对其进行复位。

00:无时钟

01:LSE 振荡器时钟用作 RTC 时钟

10:LSI 振荡器时钟用作 RTC 时钟

11:由可编程预分频器分频的 HSE 振荡器时钟(通过 RCC 时钟配置寄存器(RCC_CFGR)中的 RTCPRE[4:0]位选择)用作 RTC 时钟

位 4:3　LSEDRV[1:0]:LSE 振荡器驱动能力

由软件置 1,用于调整 LSE 振荡器的驱动能力。

00:低驱动能力;01:中高驱动能力;10:中低驱动能力;11:高驱动能力

位 2　LSEBYP:外部低速振荡器旁路

由软件置 1 和清零,用于旁路振荡器。只有在禁止 LSE 时钟后才能写入该位。

0:不旁路 LSE 振荡器;1:旁路 LSE 振荡器

位 1　LSERDY:外部低速振荡器就绪

此位由硬件置 1 和清零,用于指示外部 32 kHz 振荡器已稳定。在 LSEON 位被清零后,LSERDY 将在 6 个外部低速振荡器时钟周期后转为低电平。

0:LSE 时钟未就绪;1:LSE 时钟就绪

位 0　LSEON:外部低速振荡器使能

此位由软件置 1 和清零。

0:LSE 时钟关闭;1:LSE 时钟开启

图 22.1.10　RCC_BDCR 寄存器各位描述

③ 取消 RTC 写保护。

在设置时间、日期以及闹铃的时候,都要先取消 RTC 写保护。这个操作通过向寄存器 RTC_WPR 写入 0XCA 和 0X53 两个数据实现。

④ 进入 RTC 初始化模式。

对 RTC_PRER、RTC_TR 和 RTC_DR 等寄存器的写操作,必须先进入 RTC 初始化模式才可以进行。通过设置 RTC_ISR 的 INIT 位进入 RTC 初始化模式,且必须等待 INITF 位为 1 才算进入成功,才可以开始后续操作。

⑤ 设置 RTC 的分频,以及配置 RTC 参数。

进入 RTC 初始化模式后要做的就是设置 RTC 时钟的分频数,通过 RTC_PRER 寄存器设置 RTC 的其他参数,比如 24 小时制还是 12 小时制等。设置完后,退出 RTC 初始化模式。

通过以上 5 个步骤就完成了对 RTC 的配置,RTC 即可正常工作,而且这些操作不是每次上电都必须执行的,可以视情况而定。当然,还需要设置时间、日期、唤醒中断、闹钟等,这些将在后面介绍。

22.2 硬件设计

本实验用到的硬件资源有:指示灯 DS0、串口、LCD 模块(MCU 屏/RGB 屏都可以,下同)、RTC。前面 3 个都介绍过了,而 RTC 属于 STM32F767 内部资源,其配置也是通过软件设置好就可以了。不过 RTC 不能断电,否则数据就丢失了;如果想让时间在断电后还可以继续走,那么必须确保开发板的电池有电(ALIENTEK 阿波罗 STM32F767 开发板标配是有电池的)。

22.3 软件设计

打开上一章的工程,首先在 HARDWARE 文件夹下新建一个 RTC 的文件夹。然后打开 USER 文件夹下的工程,新建一个 rtc.c 的文件和 rtc.h 的头文件,保存在 RTC 文件夹下,并将 RTC 文件夹加入头文件包含路径。

由于篇幅所限,rtc.c 中的代码不全部贴出了,这里针对几个重要的函数,进行简要说明。首先是 RTC_Init,其代码如下:

```
//RTC 初始化
//默认尝试使用 LSE,当 LSE 启动失败后,切换为 LSI
//通过 BKP 寄存器 0 的值,可以判断 RTC 使用的是 LSE/LSI
//当 BKP0 == 0X5050 时,使用的是 LSE
//当 BKP0 == 0X5051 时,使用的是 LSI
//返回值:0,初始化成功
//       1,进入初始化模式失败
//注意:切换 LSI/LSE 将导致时间/日期丢失,切换后需重新设置
u8 RTC_Init(void)
{
    u16 ssr;
    u16 bkpflag = 0;
    u16 retry = 200;
    u32 tempreg = 0;
```

```c
RCC->APB1ENR|=1<<28;                    //使能电源接口时钟
PWR->CR1|=1<<8;                         //后备区域访问使能(RTC+SRAM)
bkpflag=RTC_Read_BKR(0);                //读取BKP0的值
if(bkpflag!=0X5050)                     //之前使用的不是LSE
{
    RCC->CSR|=1<<0;                     //LSI总是使能
    while(!(RCC->CSR&0x02));            //等待LSI就绪
    RCC->BDCR|=1<<0;                    //尝试开启LSE
    while(retry&&((RCC->BDCR&0X02)==0)){retry--;delay_ms(5);}
                                        //等待LSE准备好
    tempreg=RCC->BDCR;                  //读取BDCR的值
    tempreg&=~(3<<8);                   //清零8/9位
    if(retry==0)tempreg|=1<<9;          //LSE开启失败,启动LSI
    else tempreg|=1<<8;                 //选择LSE,作为RTC时钟
    tempreg|=1<<15;                     //使能RTC时钟
    RCC->BDCR=tempreg;                  //重新设置BDCR寄存器
    //关闭RTC寄存器写保护
    RTC->WPR=0xCA;
    RTC->WPR=0x53;
    RTC->CR=0;
    if(RTC_Init_Mode())
    {
        RCC->BDCR=1<<16;                //复位BDCR
        delay_ms(10);
        RCC->BDCR=0;                    //结束复位
        return 2;                       //进入RTC初始化模式
    }
    RTC->PRER=0XFF;                     //RTC同步分频系数(0~7FFF),先设置同步分频,再设置
                                        //异步分频,Frtc=Fclks/((Sprec+1)*(Asprec+1))
    RTC->PRER|=0X7F<<16;                //RTC异步分频系数(1~0X7F)
    RTC->CR&=~(1<<6);                   //RTC设置为,24小时格式
    RTC->ISR&=~(1<<7);                  //退出RTC初始化模式
    RTC->WPR=0xFF;                      //使能RTC寄存器写保护
    if(bkpflag!=0X5051)                 //BKP0的内容既不是0X5050,也不是0X5051
                                        //说明是第一次配置,需要设置时间日期
    {
        RTC_Set_Time(23,59,56,0);       //设置时间
        RTC_Set_Date(15,12,27,7);       //设置日期
        //RTC_Set_AlarmA(7,0,0,10);     //设置闹钟时间
    }
    if(retry==0)RTC_Write_BKR(0,0X5051);    //标记已经初始化过了,使用LSI
    else RTC_Write_BKR(0,0X5050);           //标记已经初始化过了,使用LSE
}else
{
    retry=10;                           //连续10次SSR的值都没变化,则LSE死了
    ssr=RTC->SSR;                       //读取初始值
    while(retry)                        //检测SSR寄存器的动态,来判断LSE是否正常
    {
        delay_ms(10);
```

```
                if(ssr == RTC->SSR)retry--;      //对比
                else break;
            }
            if(retry == 0)                        //LSE 挂了,清除配置等待下次进入重新设置
            {
                RTC_Write_BKR(0,0XFFFF);          //标记错误的值
                RCC->BDCR = 1 << 16;              //复位 BDCR
                delay_ms(10);
                RCC->BDCR = 0;                    //结束复位
            }
        }
        //RTC_Set_WakeUp(4,0);                    //配置 WAKE UP 中断,1 秒钟中断一次
        return 0;
}
```

该函数用来初始化 RTC 时钟,因为 STM32 的 RTC 对外部晶振(LSE)要求非常高,经常会出现不起振的情况,从而导致 RTC 卡死,针对这个问题,在 RTC_Init 函数里面进行了处理;当 LSE 失效的情况下,会自动启用 LSI 作为 RTC 时钟,从而保证 RTC 可以正常工作;而当 LSE 恢复正常以后,又会自动切换为 LSE 作为 RTC 时钟,以得到更高的时钟精度。另外,如果是第一次配置,则会对时间和日期进行初始化,分别通过 RTC_Set_Time 和 RTC_Set_Date 两个函数实现。这里默认将时间设置为 15 年 12 月 27 日星期天,23 点 59 分 56 秒。

这里,对于 RTC 的整个运行状况,利用了一个 BKR 寄存器(地址 0)来标志:
➢ 当 BKP0==0X5050 的时候,使用 LSE 作为时钟。
➢ 当 BKP0==0X5051 的时候,使用 LSI 作为时钟。
➢ 当 BKP0==其他值的时候,RTC 失效,必须重新调用 RTC_Init 函数。

整个 RTC_Init 函数的运行流程,如图 22.3.1 所示。

介绍完 RTC_Init,我们来介绍一下 RTC_Set_Time 和 RTC_Set_Date 函数,代码如下:

```
//设置时钟
//RTC 时间设置
//hour,min,sec:小时,分钟,秒钟
//ampm:AM/PM,0=AM/24H,1=PM
//返回值:0,成功
//      1,进入初始化模式失败
u8 RTC_Set_Time(u8 hour,u8 min,u8 sec,u8 ampm)
{
    u32 temp = 0;
    //关闭 RTC 寄存器写保护
    RTC->WPR = 0xCA;
    RTC->WPR = 0x53;
    if(RTC_Init_Mode())return 1;//进入 RTC 初始化模式失败
    temp = (((u32)ampm&0X01) << 22)|((u32)RTC_DEC2BCD(hour) << 16)|((u32)
        RTC_DEC2BCD(min) << 8)|(RTC_DEC2BCD(sec));
    RTC->TR = temp;
```

```
    RTC -> ISR& = ~(1 << 7);          //退出 RTC 初始化模式
    return 0;
}
//RTC 日期设置
//year,month,date:年(0~99),月(1~12),日(0~31)
//week:星期(1~7,0,非法!)
//返回值:0,成功
//       1,进入初始化模式失败
u8 RTC_Set_Date(u8 year,u8 month,u8 date,u8 week)
{
    u32 temp = 0;
    //关闭 RTC 寄存器写保护
    RTC -> WPR = 0xCA;
    RTC -> WPR = 0x53;
    if(RTC_Init_Mode())return 1;//进入 RTC 初始化模式失败
    temp = (((u32)week&0X07) << 13)|((u32)RTC_DEC2BCD(year) << 16)|((u32)
            RTC_DEC2BCD(month) << 8)|(RTC_DEC2BCD(date));
    RTC -> DR = temp;
    RTC -> ISR& = ~(1 << 7);          //退出 RTC 初始化模式
    return 0;
}
```

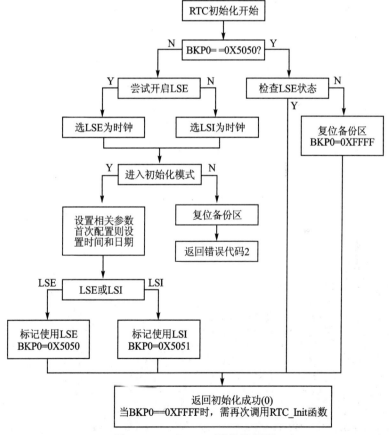

图 22.3.1　RTC_Init 函数流程图

这两个函数中，RTC_Set_Time 用于设置时间，RTC_Set_Date 用于设置日期，两个函数都用到了 RTC_DEC2BCD 函数，用于十进制转 BCD 码，详细可参考本例程源码。时间和日期的设置都是要先取消写保护，然后进入初始化模式，才可以配置的。另外，日期的年份范围是 0～99，如果是 2014 年之类的设置，则可以直接取 14，读出来后加上 2 000 就是正确的年份。

接着介绍一下 RTC_Get_Time 和 RTC_Get_Date 函数，代码如下：

```c
//获取 RTC 时间
// * hour, * min, * sec:小时,分钟,秒钟
// * ampm:AM/PM,0 = AM/24H,1 = PM。
void RTC_Get_Time(u8 * hour,u8 * min,u8 * sec,u8 * ampm)
{
    u32 temp = 0;
    while(RTC_Wait_Synchro());        //等待同步
    temp = RTC -> TR;
    * hour = RTC_BCD2DEC((temp >> 16)&0X3F);
    * min = RTC_BCD2DEC((temp >> 8)&0X7F);
    * sec = RTC_BCD2DEC(temp&0X7F);
    * ampm = temp >> 22;
}
//获取 RTC 日期
// * year, * mon, * date:年,月,日
// * week:星期
void RTC_Get_Date(u8 * year,u8 * month,u8 * date,u8 * week)
{
    u32 temp = 0;
    while(RTC_Wait_Synchro());        //等待同步
    temp = RTC -> DR;
    * year = RTC_BCD2DEC((temp >> 16)&0XFF);
    * month = RTC_BCD2DEC((temp >> 8)&0X1F);
    * date = RTC_BCD2DEC(temp&0X3F);
    * week = (temp >> 13)&0X07;
}
```

这两个函数都是先等待同步，后读取 RTC_TR 或 RTC_DR 的值，并调用 RTC_BCD2DEC 函数，将 BCD 码转换成十进制，以得到当前时间或日期。

接着介绍一下 RTC_Set_AlarmA 函数，该函数代码如下：

```c
//设置闹钟时间(按星期闹铃,24 小时制)
//week:星期几(1～7)
//hour,min,sec:小时,分钟,秒钟
void RTC_Set_AlarmA(u8 week,u8 hour,u8 min,u8 sec)
{
    //关闭 RTC 寄存器写保护
    RTC -> WPR = 0xCA;
    RTC -> WPR = 0x53;
    RTC -> CR& = ~(1 << 8);                //关闭闹钟 A
    while((RTC -> ISR&0X01) == 0);         //等待闹钟 A 修改允许
    RTC -> ALRMAR = 0;                     //清空原来设置
```

第22章 RTC 实时时钟实验

```c
    RTC->ALRMAR|= 1 << 30;                          //按星期闹铃
    RTC->ALRMAR|= 0 << 22;                          //24 小时制
    RTC->ALRMAR|= (u32)RTC_DEC2BCD(week) << 24;     //星期设置
    RTC->ALRMAR|= (u32)RTC_DEC2BCD(hour) << 16;     //小时设置
    RTC->ALRMAR|= (u32)RTC_DEC2BCD(min) << 8;       //分钟设置
    RTC->ALRMAR|= (u32)RTC_DEC2BCD(sec);            //秒钟设置
    RTC->ALRMASSR = 0;                              //不使用 SUB SEC
    RTC->CR|= 1 << 12;                              //开启闹钟 A 中断
    RTC->CR|= 1 << 8;                               //开启闹钟 A
    RTC->WPR = 0XFF;                                //禁止修改 RTC 寄存器
    RTC->ISR&= ~(1 << 8);                           //清除 RTC 闹钟 A 的标志
    EXTI->PR = 1 << 17;                             //清除 LINE17 上的中断标志位
    EXTI->IMR|= 1 << 17;                            //开启 line17 上的中断
    EXTI->RTSR|= 1 << 17;                           //line17 上事件上升降沿触发
    MY_NVIC_Init(2,2,RTC_Alarm_IRQn,2);             //抢占 2,子优先级 2,组 2
}
```

该函数用于设置闹钟 A,先取消写保护,然后等待闹钟 A 可配置之后,设置 ALR-MAR 和 ALRMASSR 寄存器的值设置闹钟时间,最后,开启闹钟 A 中断(连接在外部中断线 17),并设置中断分组。当 RTC 的时间和闹钟 A 设置的时间完全匹配时,则产生闹钟中断。

接着介绍 RTC_Set_WakeUp 函数,该函数代码如下:

```c
//周期性唤醒定时器设置
//wksel:000,RTC/16;001,RTC/8;010,RTC/4;011,RTC/2
//      10x,ck_spre,1Hz;11x,1Hz,且 cnt 值增加 2^16(即 cnt + 2^16)
//注意:RTC 就是 RTC 的时钟频率,即 RTCCLK
//cnt:自动重装载值.减到 0,产生中断
void RTC_Set_WakeUp(u8 wksel,u16 cnt)
{
    //关闭 RTC 寄存器写保护
    RTC->WPR = 0xCA;
    RTC->WPR = 0x53;
    RTC->CR&= ~(1 << 10);                   //关闭 WAKE UP
    while((RTC->ISR&0X04) == 0);            //等待 WAKE UP 修改允许
    RTC->CR&= ~(7 << 0);                    //清除原来的设置
    RTC->CR|= wksel&0X07;                   //设置新的值
    RTC->WUTR = cnt;                        //设置 WAKE UP 自动重装载寄存器值
    RTC->ISR&= ~(1 << 10);                  //清除 RTC WAKE UP 的标志
    RTC->CR|= 1 << 14;                      //开启 WAKE UP 定时器中断
    RTC->CR|= 1 << 10;                      //开启 WAKE UP 定时器
    RTC->WPR = 0XFF;                        //禁止修改 RTC 寄存器
    EXTI->PR = 1 << 22;                     //清除 LINE22 上的中断标志位
    EXTI->IMR|= 1 << 22;                    //开启 line22 上的中断
    EXTI->RTSR|= 1 << 22;                   //line22 上事件上升降沿触发
    MY_NVIC_Init(2,2,RTC_WKUP_IRQn,2);      //抢占 2,子优先级 2,组 2
}
```

该函数用于设置RTC周期性唤醒定时器,步骤同RTC_Set_AlarmA级别一样,只是周期性唤醒中断,连接在外部中断线22。

有了中断设置函数,就必定有中断服务函数,接下来看这两个中断的中断服务函数,代码如下:

```c
//RTC 闹钟中断服务函数
void RTC_Alarm_IRQHandler(void)
{
    if(RTC->ISR&(1 << 8))                //ALARM A 中断了吗
    {
        RTC->ISR&= ~(1 << 8);            //清除中断标志
        printf("ALARM A!\r\n");
    }
    EXTI->PR|= 1 << 17;                  //清除中断线 17 的中断标志
}
//RTC WAKE UP 中断服务函数
void RTC_WKUP_IRQHandler(void)
{
    static u8 led1sta;
    if(RTC->ISR&(1 << 10))               //WK_UP 中断吗
    {
        RTC->ISR&= ~(1 << 10);           //清除中断标志
        LED1(led1sta^= 1);
    }
    EXTI->PR|= 1 << 22;                  //清除中断线 22 的中断标志
}
```

其中,RTC_Alarm_IRQHandler函数用于闹钟中断,先判断中断类型,然后执行对应操作,每当闹钟 A 闹铃时,会从串口打印一个"ALARM A!"的字符串。RTC_WKUP_IRQHandler函数用于 RTC 自动唤醒定时器中断,先判断中断类型,然后对LED1取反操作,可以通过观察LED1的状态来查看RTC自动唤醒中断的情况。

rtc.c的其他程序可参见的源码。保存rtc.c,然后将rtc.c加入HARDWARE组下,在rtc.h里面输入如下代码:

```c
#ifndef __RTC_H
#define __RTC_H
#include "sys.h"
u8 RTC_Init(void);                                              //RTC 初始化
u8 RTC_Wait_Synchro(void);                                      //等待同步
u8 RTC_Init_Mode(void);                                         //进入初始化模式
void RTC_Write_BKR(u32 BKRx,u32 data);                          //写后备区域 SRAM
u32 RTC_Read_BKR(u32 BKRx);                                     //读后备区域 SRAM
u8 RTC_DEC2BCD(u8 val);                                         //十进制转换为 BCD 码
u8 RTC_BCD2DEC(u8 val);                                         //BCD 码转换为十进制数据
u8 RTC_Set_Time(u8 hour,u8 min,u8 sec,u8 ampm);                 //RTC 时间设置
u8 RTC_Set_Date(u8 year,u8 month,u8 date,u8 week);              //RTC 日期设置
void RTC_Get_Time(u8 * hour,u8 * min,u8 * sec,u8 * ampm);       //获取 RTC 时间
void RTC_Get_Date(u8 * year,u8 * month,u8 * date,u8 * week);    //获取 RTC 日期
```

```
void RTC_Set_AlarmA(u8 week,u8 hour,u8 min,u8 sec);//设置闹钟(按星期闹铃,24 小时制)
void RTC_Set_WakeUp(u8 wksel,u16 cnt);           //周期性唤醒定时器设置
u8 RTC_Get_Week(u16 year,u8 month,u8 day);       //根据输入的年月日,计算当日所属星
                                                  //期几
#endif
```

这里主要是一些函数声明,有些函数在这里没有介绍,可参考本例程源码。

然后,在 test.c 里面修改代码如下:

```
int main(void)
{
    u8 led0sta = 1;
    u8 hour,min,sec,ampm;
    u8 year,month,date,week;
    u8 tbuf[40];
    u8 t = 0;
    Stm32_Clock_Init(432,25,2,9);      //设置时钟,216 MHz
    delay_init(216);                    //延时初始化
    uart_init(108,115200);              //初始化串口波特率为 115 200
    usmart_dev.init(108);               //初始化 USMART
    LED_Init();                         //初始化与 LED 连接的硬件接口
    MPU_Memory_Protection();            //保护相关存储区域
    SDRAM_Init();                       //初始化 SDRAM
    LCD_Init();                         //初始化 LCD
    RTC_Init();                         //初始化 RTC
    RTC_Set_WakeUp(4,0);                //配置 WAKE UP 中断,1 秒钟中断一次
    POINT_COLOR = RED;
    LCD_ShowString(30,50,200,16,16,"Apollo STM32F4/F7");
    LCD_ShowString(30,70,200,16,16,"RTC TEST");
    LCD_ShowString(30,90,200,16,16,"ATOM@ALIENTEK");
    LCD_ShowString(30,110,200,16,16,"2016/7/13");
    while(1)
    {
        t++;
        if((t%10) == 0)     //每 100 ms 更新一次显示数据
        {
            RTC_Get_Time(&hour,&min,&sec,&ampm);
            sprintf((char *)tbuf,"Time:%02d:%02d:%02d",hour,min,sec);
            LCD_ShowString(30,140,210,16,16,tbuf);
            RTC_Get_Date(&year,&month,&date,&week);
            sprintf((char *)tbuf,"Date:20%02d-%02d-%02d",year,month,date);
            LCD_ShowString(30,160,210,16,16,tbuf);
            sprintf((char *)tbuf,"Week:%d",week);
            LCD_ShowString(30,180,210,16,16,tbuf);
        }
        if((t%20) == 0)LED0(led0sta^=1);//每 200 ms,翻转一次 LED0
        delay_ms(10);
    }
}
```

注意,通过"RTC_Set_WakeUp(4,0);"设置 RTC 周期性自动唤醒周期为 1 s,类似于 STM32F1 的秒钟中断。然后,在 main 函数不断地读取 RTC 的时间和日期(每 100 ms 一次),并显示在 LCD 上面。

为了方便设置时间,在 usmart_config.c 里面修改 usmart_nametab 如下:

```
struct _m_usmart_nametab usmart_nametab[] =
{
#if USMART_USE_WRFUNS == 1        //如果使能了读写操作
    (void *)read_addr,"u32 read_addr(u32 addr)",
    (void *)write_addr,"void write_addr(u32 addr,u32 val)",
#endif
    (void *)RTC_Set_Time,"u8 RTC_Set_Time(u8 hour,u8 min,u8 sec,u8 ampm)",
    (void *)RTC_Set_Date,"u8 RTC_Set_Date(u8 year,u8 month,u8 date,u8 week)",
    (void *)RTC_Set_AlarmA,"void RTC_Set_AlarmA(u8 week,u8 hour,u8 min,u8 sec)",
    (void *)RTC_Set_WakeUp,"void RTC_Set_WakeUp(u8 wksel,u16 cnt)",
    (void *)RTC_Read_BKR,"u32 RTC_Read_BKR(u32 BKRx)",
    (void *)RTC_Write_BKR,"void RTC_Write_BKR(u32 BKRx,u32 data)",
};
```

将 RTC 的一些相关函数加入 USMART,这样通过串口就可以直接设置 RTC 时间、日期、闹钟 A、周期性唤醒和备份寄存器读/写等操作。

至此,RTC 实时时钟的软件设计就完成了,接下来检验一下程序是否正确了。

22.4 下载验证

将程序下载到阿波罗 STM32F767 后可以看到,DS0 不停地闪烁,提示程序已经在运行了,同时 DS1 每隔一秒钟亮一次,说明周期性唤醒中断工作正常。然后可以看到,LCD 模块开始显示时间,实际显示效果如图 22.4.1 所示。

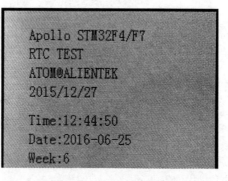

图 22.4.1 RTC 实验测试图

如果时间和日期不正确,则可以利用上一章介绍的 USMART 工具,通过串口来设置,并且可以设置闹钟时间等,如图 22.4.2 所示。可以看到,设置闹钟 A 后,串口返回了"ALARM A!"字符串,说明闹钟 A 代码正常运行了!

第 22 章 RTC 实时时钟实验

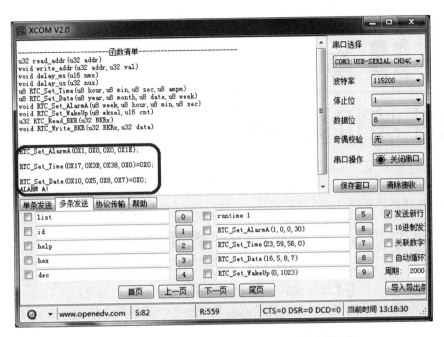

图 22.4.2 通过 USMART 设置时间和日期并测试闹钟 A

第 23 章

硬件随机数实验

本章将介绍 STM32F767 的硬件随机数发生器。本章使用 KEY0 按键来获取硬件随机数,并且将获取到的随机数值显示在 LCD 上面,同时,使用 DS0 指示程序运行状态。

23.1 STM32F767 随机数发生器简介

STM32F767 自带了硬件随机数发生器(RNG),RNG 处理器是一个以连续模拟噪声为基础的随机数发生器,在主机读数时提供一个 32 位的随机数。STM32F767 的随机数发生器框图如图 23.1.1 所示。

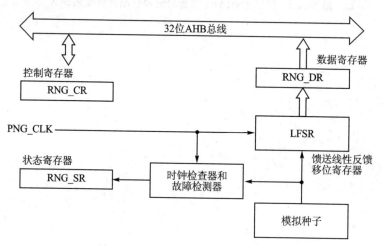

图 23.1.1 随机数发生器(RNG)框图

STM32F767 的随机数发生器采用模拟电路实现。此电路产生馈入线性反馈移位寄存器(RNG_LFSR)的种子,用于生成 32 位随机数。

该模拟电路由几个环形振荡器组成,振荡器的输出进行"异或"运算以产生种子。RNG_LFSR 由专用时钟(PLL48CLK,即 RNG_CLK)按恒定频率提供时钟信息,因此,随机数质量与 HCLK 频率无关。当将大量种子引入 RNG_LFSR 后,RNG_LFSR 的内容会传入数据寄存器(RNG_DR)。

同时,系统会监视模拟种子和专用时钟 PLL48CLK。当种子上出现异常序列,或 PLL48CLK 时钟频率过低时,可以由 RNG_SR 寄存器的对应位读取到;如果设置了中断,则在检测到错误时,还可以产生中断。

接下来介绍 STM32F767 随机数发生器的几个寄存器。

首先是 RNG 控制寄存器 RNG_CR,各位描述如图 23.1.2 所示。该寄存器只有 bit2 和 bit3 有效,用于使能随机数发生器和中断。一般不用中断,所以只需要设置 bit2 为 1,使能随机数发生器即可。

31	30	29	28	27	26	25	24	23	22	21	20	19	18	17	16
							Reserved								
15	14	13	12	11	10	9	8	7	6	5	4	3	2	1	0
												IE	RNGEN		
				Reserved								rw	rw	Reserved	

位 31:4 保留,必须保持复位值

位 3 IE:中断使能

0:禁止 RNG 中断。

1:使能 RNG 中断。只要 RNG_SR 寄存器中 DRDY=1 或 SEIS=1 或 CEIS=1,就会挂起中断。

位 2 RNGEN:随机数发生器使能

0:禁止随机数发生器。

1:使能随机数发生器。

位 1:0 保留,必须保持复位值

图 23.1.2 RNG_CR 寄存器各位描述

然后看看 RNG 状态寄存器 RNG_SR,各位描述如图 23.1.3 所示。该寄存器仅关心最低位(DRDY 位),用于表示 RNG_DR 寄存器包含的随机数数据是否有效;如果该位为 1,则说明 RNG_DR 的数据是有效的,可以读取出来了。读 RNG_DR 后,该位自动清零。

31	30	29	28	27	26	25	24	23	22	21	20	19	18	17	16
							Reserved								
15	14	13	12	11	10	9	8	7	6	5	4	3	2	1	0
									SEIS	CEIS			SECS	CECS	DRDY
			Reserved						rc_w0	rc_rw	Reserved		r	r	r

图 23.1.3 RNG_SR 寄存器各位描述

最后看 RNG 数据寄存器 RNG_DR,各位描述如图 23.1.4 所示。

RNG_SR 的 DRDY 位置位后就可以读取该寄存器获得 32 位随机数值。此寄存器在最多 40 个 PLL48CLK 时钟周期后,又可以提供新的随机数值。

至此,随机数发生器的寄存器就介绍完了。接下来看要使用随机数发生器,应该如何设置,步骤如下:

① 使能随机数发生器时钟。

要使用随机数发生器,则必须先使能其时钟。随机数发生器时钟来自 PLL48CLK,通过 AHB2ENR 寄存器使能。

31	30	29	28	27	26	25	24	23	22	21	20	19	18	17	16
							RNDATA								
r	r	r	r	r	r	r	r	r	r	r	r	r	r	r	r
15	14	13	12	11	10	9	8	7	6	5	4	3	2	1	0
							RNDATA								
r	r	r	r	r	r	r	r	r	r	r	r	r	r	r	r

位 31:0　RNDATA:随机数据(Random data)

32 位随机数据

图 23.1.4　RNG_SR 寄存器各位描述

② 使能随机数发生器。

这个就是通过 RNG_CR 的最低位设置为 1,使能随机数发生器。当然,如果需要用到中断,则还可以使能 RNG 中断。本章不用中断。

③ 判断 DRDY 位,读取随机数值。

经过前面两个步骤就可以读取随机数值了,不过每次读取之前,必须先判断 RNG_SR 的 DRDY 位。如果该位为 1,则可以读取 RNG_DR 得到随机数值;如果不为 1,则需要等待。

通过以上几个步骤的设置就可以使用 STM32F767 的随机数发生器了。本章将实现如下功能:通过 KEY0 获取随机数,并将获取到的随机数显示在 LCD 上面,通过 DS0 指示程序运行状态。

23.2　硬件设计

本实验用到的硬件资源有:指示灯 DS0、串口、KEY0 按键、随机数发生器、LCD 模块。这些都已经介绍了,硬件连接上面也不需要任何变动,插上 LCD 模块即可。

23.3　软件设计

找到上一章的工程,还是在之前例程的基础上修改,不过没用到 RTC,所以先去掉 rtc.c。本章要用到按键,所以要先将 key.c 添加到 HARDWARE 组下,然后在 HARDWARE 文件夹下新建一个 RNG 的文件夹。然后打开 USER 文件夹下的工程,新建一个 rng.c 的文件和 rng.h 的头文件,保存在 RNG 文件夹下,并将 RNG 文件夹加入头文件包含路径。

打开 rng.c,输入如下代码:

```
//初始化 RNG
//返回值:0,成功;1,失败
u8 RNG_Init(void)
{
    u16 retry = 0;
```

```c
        RCC->AHB2ENR = 1 << 6;                    //开启 RNG 时钟,来自 PLL48CLK
        RNG->CR|= 1 << 2;                         //使能 RNG
        while((RNG->SR&0X01) == 0&&retry<10000){retry++;delay_us(100);}
                                                  //等待随机数 OK
        if(retry>= 10000)return 1;                //随机数产生器工作不正常
        return 0;
}
//得到随机数
//返回值:获取到的随机数
u32 RNG_Get_RandomNum(void)
{
        while((RNG->SR&0X01) == 0);               //等待随机数就绪
        return RNG->DR;
}
//得到某个范围内的随机数
//min,max,最小,最大值.
//返回值:得到的随机数(rval),满足:min<= rval<= max
int RNG_Get_RandomRange(int min,int max)
{
        return RNG_Get_RandomNum()%(max-min+1)+min;
}
```

该部分总共 3 个函数,其中,RNG_Init 用于初始化随机数发生器,RNG_Get_RandomNum 用于读取随机数值,RNG_Get_RandomRange 用于读取一个特定范围内的随机数。

将 rng.c 加入 HARDWARE 组下,然后打开 rng.h 输入如下代码:

```c
#ifndef __RNG_H
#define __RNG_H
#include "sys.h"
u8 RNG_Init(void);                                //RNG 初始化
u32 RNG_Get_RandomNum(void);                      //得到随机数
int RNG_Get_RandomRange(int min,int max);         //得到属于某个范围内的随机数
#endif
```

最后看 test.c,修改 main 函数代码如下:

```c
int main(void)
{
    u8 led0sta = 1;
    u32 random;u8 t = 0,key;
    Stm32_Clock_Init(432,25,2,9);                 //设置时钟,216 MHz
    delay_init(216);                              //延时初始化
    uart_init(108,115200);                        //初始化串口波特率为 115 200
    usmart_dev.init(108);                         //初始化 USMART
    LED_Init();                                   //初始化与 LED 连接的硬件接口
    MPU_Memory_Protection();                      //保护相关存储区域
    KEY_Init();                                   //按键初始化
    SDRAM_Init();                                 //初始化 SDRAM
    LCD_Init();                                   //初始化 LCD
    POINT_COLOR = RED;
```

```
    LCD_ShowString(30,50,200,16,16,"Apollo STM32F4/F7");
    LCD_ShowString(30,70,200,16,16,"RNG TEST");
    LCD_ShowString(30,90,200,16,16,"ATOM@ALIENTEK");
    LCD_ShowString(30,110,200,16,16,"2016/7/13");
    while(RNG_Init())                    //初始化随机数发生器
    {
        LCD_ShowString(30,130,200,16,16,"  RNG Error! ");delay_ms(200);
        LCD_ShowString(30,130,200,16,16,"RNG Trying...");
    }
    LCD_ShowString(30,130,200,16,16,"RNG Ready!    ");
    LCD_ShowString(30,150,200,16,16,"KEY0:Get Random Num");
    LCD_ShowString(30,180,200,16,16,"Random Num:");
    LCD_ShowString(30,210,200,16,16,"Random Num[0 - 9]:");
    POINT_COLOR = BLUE;
    while(1)
    {
        key = KEY_Scan(0);
        if(key == KEY0_PRES)
        {
            random = RNG_Get_RandomNum();
            LCD_ShowNum(30 + 8 * 11,180,random,10,16);
        }
        if((t % 20) == 0)
        {
            LED0(led0sta^ = 1);                        //每 200 ms 翻转一次 LED0
            random = RNG_Get_RandomRange(0,9);         //获取[0,9]区间的随机数
            LCD_ShowNum(30 + 8 * 16,210,random,1,16);  //显示随机数
        }
        delay_ms(10);
        t++;
    }
}
```

该部分代码也比较简单,在所有外设初始化成功后进入死循环,等待按键按下。如果 KEY0 按下,则调用 RNG_Get_RandomNum 函数读取随机数值,并将读到的随机数显示在 LCD 上面,同时 DS0 周期性闪烁,400 ms 闪烁一次。这就实现了前面所说的功能。

最后,为了方便测试,将 RNG_Get_RandomNum 和 RNG_Get_RandomRange 加入 USMART,修改 usmart_nametab 如下:

```
struct _m_usmart_nametab usmart_nametab[] =
{
#if USMART_USE_WRFUNS == 1      //如果使能了读写操作
    (void *)read_addr,"u32 read_addr(u32 addr)",
    (void *)write_addr,"void write_addr(u32 addr,u32 val)",
#endif
    (void *)RNG_Get_RandomNum,"u32 RNG_Get_RandomNum(void)",
    (void *)RNG_Get_RandomRange,"int RNG_Get_RandomRange(int min,int max)",
};
```

这样，我们便可以在串口输入想要调用的函数(RNG_Get_RandomRange 或 RNG_Get_RandomNum)进行测试。

至此，本实验的软件设计就完成了，接下来检验一下程序是否正确。

23.4 下载验证

将程序下载到阿波罗 STM32F767 后可以看到，DS0 不停闪烁，提示程序已经在运行了。然后按下 KEY0，就可以在屏幕上看到获取到的随机数。同时，就算不按 KEY0，程序也会自动获取 0～9 区间的随机数显示在 LCD 上面。实验结果如图 23.4.1 所示。

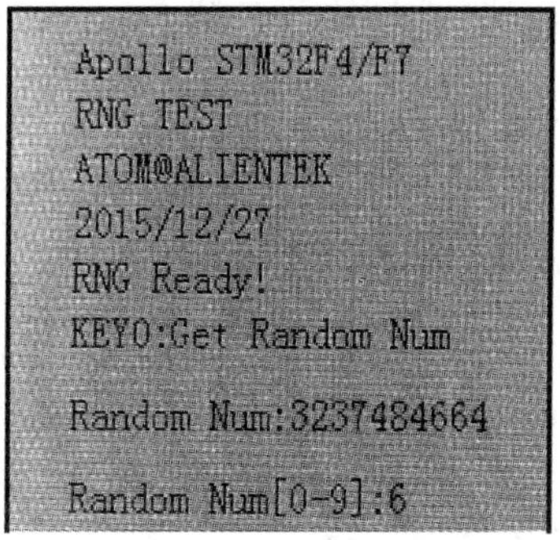

图 23.4.1 获取随机数成功

然后，在串口调试助手里面，调用 RNG_Get_RandomNum 和 RNG_Get_RandomRange 函数，测试这两个函数的功能。这里就不再介绍了，读者可以自行测试。

第 24 章

待机唤醒实验

本章将介绍 STM32F767 的待机唤醒功能。本章将使用 KEY_UP 按键来实现唤醒和进入待机模式的功能,然后使用 DS0 指示状态。

24.1 STM32F767 待机模式简介

很多单片机都有低功耗模式,STM32F767 也不例外。在系统或电源复位以后,微控制器处于运行状态。运行状态下的 HCLK 为 CPU 提供时钟,内核执行程序代码。当 CPU 不需要继续运行时,可以利用多个低功耗模式来节省功耗,如等待某个外部事件时。用户需要根据最低电源消耗、最快速启动时间和可用的唤醒源等条件,选定一个最佳的低功耗模式。STM32F767 的 3 种低功耗模式在 5.2.4 小节有粗略介绍,这里再回顾一下。

STM32F767 提供了 3 种低功耗模式,以达到不同层次的降低功耗的目的,这 3 种模式如下:

- 睡眠模式(Cortex-M7 内核停止工作,外设仍在运行);
- 停止模式(所有的时钟都停止);
- 待机模式。

在运行模式下,也可以通过降低系统时钟关闭 APB 和 AHB 总线上未被使用外设的时钟来降低功耗。3 种低功耗模式一览表如表 24.1.1 所列。

在这 3 种低功耗模式中,最低功耗的是待机模式,在此模式下,最低只需要 2.4 μA 左右的电流。停机模式是次低功耗的,其典型的电流消耗在 130 μA 左右。最后就是睡眠模式了。用户可以根据自己的需求来决定使用哪种低功耗模式。

本章仅介绍 STM32F767 的最低功耗模式-待机模式。待机模式可实现 STM32F767 的最低功耗,该模式是在 Cortex-M7 深睡眠模式时关闭电压调节器。整个 1.2 V 供电区域被断电。PLL、HSI 和 HSE 振荡器也被断电。SRAM 和寄存器内容丢失。除备份域(RTC 寄存器、RTC 备份寄存器和备份 SRAM)和待机电路中的寄存器外,SRAM 和寄存器内容都将丢失。

那么如何进入待机模式呢? 其实很简单,只要按图 24.1.1 所示的步骤执行就可以了。

图 24.1.1 还列出了退出待机模式的操作,可以看出,有多种方式可以退出待机模

第 24 章　待机唤醒实验

式,包括 WKUP 引脚的上升沿/下降沿、RTC 闹钟、RTC 唤醒事件、RTC 入侵事件、RTC 时间戳事件、外部复位(NRST 引脚)、IWDG 复位等,微控制器从待机模式退出。

表 24.1.1　STM32F767 低功耗一览表

模型名称	进　入	唤　醒	对 1.2 V 域时钟的影响	对 V_{DD} 域时钟的影响	调压器
睡眠 (立即休眠或退出时休眠)	WFI	任意中断	CPU CLK 关闭对其他时钟或模拟时钟源无影响	无	开启
	WFE	唤醒事件			
停止	SLEEPDEEP 位 +WFI 或 WFE	任意 EXTI 线(在 EXTI 寄存器中配置,内部线和外部线)	所有 1.2 V 域时钟都关闭	HSI 和 HSE 振荡器关闭	主调压器或低功耗调压器(取决于 PWR 电源控制寄存器(PWR_CR1))
待机	PDDS 位+ SLEEPDEEP 位 +WFI 或 WFE	WKUP 引脚上升沿或下降沿、RTC 闹钟(闹钟 A 或闹钟 B)、RTC 唤醒事件、RTC 入侵事件、RTC 时间戳事件、NRST 引脚外部复位、IWDG 复位			

待机模式	说　明
进入模式	WFI(等待中断)或 WFE(等待事件),且: - Cortex-M7 系统控制寄存器中的 SLEEPDEEP 置 1; - 电源控制寄存器(PWR_CR)中的 PDDS 位置 1; - 没有中断(针对 WFI)和事件(针对 WFE)挂起; - 电源控制寄存器(PWR_CR)中的 WUF 位清零; - 将与所选唤醒源(RTC 闹钟 A、RTC 闹钟 B、RTC 唤醒、RTC 入侵或 RTC 时间戳标志)对应的 RTC 标志清零
	从 ISR 恢复,条件为: - Cortex-M7 系统控制寄存器中的 SLEEPDEEP 位置 1; - SLEEPONEXIT=1; - 电源控制寄存器(PWR_CR)中的 PDDS 位置 1; - 没有中断挂起; - 电源控制/状态寄存器(PWR_SR)中的 WUF 位清零; - 将与所选唤醒源(RTC 闹钟 A、RTC 闹钟 B、RTC 唤醒、RTC 入侵或 RTC 时间戳标志)对庆的 RTC 标志清零
退出模式	WKUP 引脚上升沿或下降沿、RTC 闹钟(闹钟 A 和闹钟 B)、RTC 唤醒事件、入侵事件、时间戳事件、NRST 引脚外部复位和 IWDG 复位
唤醒延迟	复位阶段

图 24.1.1　STM32F767 进入及退出待机模式的条件

从待机模式唤醒后的代码执行等同于复位后的执行(采样启动模式引脚、读取复位向量等)。电源控制/状态寄存器(PWR_CSR)将会指示内核由待机状态退出。

进入待机模式后,除了复位引脚、RTC_AF1引脚(PC13)(如果针对入侵、时间戳、RTC闹钟输出或RTC时钟校准输出进行了配置)和WK_UP(PA0,PA2,PC1,PC13,PI8,PI11)(如果使能了)等引脚外,其他所有I/O引脚都将处于高阻态。

图24.1.1已经清楚地说明了进入待机模式的通用步骤,其中涉及多个寄存器:电源控制寄存器1/2(PWR_CR1/PWR_CR2)和电源控制/状态寄存器2(PWR_CSR2)。下面分别介绍这几个寄存器:

电源控制寄存器1(PWR_CR1)的各位描述如图24.1.2所示。

31	30	29	28	27	26	25	24	23	22	21	20	19	18	17	16
Res.	Res.	Res.	Res.	Res.	Res.	Res.	Res.	Res.	Res.	Res.	Res.	UDEN[1:0]		ODSWEN	ODEN
												rw	rw	rw	rw

15	14	13	12	11	10	9	8	7	6	5	4	3	2	1	0
VOS[1:0]		ADCDC1	Res.	MRUDS	LPUDS	FPDS	BDP	PLS[2:0]			PVDE	CSBF	Res.	PDDS	LPDS
rw	rw	rw		rw	rw	rw	rw	rw	rw	rw	rw	rc_w1		rw	rw

图24.1.2 PWR_CR1寄存器各位描述

该寄存器只关心LPDS和PDDS这两个位,通过设置PWR_CR1的PDDS位使CPU进入深度睡眠时进入待机模式,同时设置LPDS位使调压器进入低功耗模式。

接下来看电源控制寄存器2(PWR_CR2),各位描述如图24.1.3所示。该寄存器只关心CPUPF1和WUPP1两个位,设置CWUPF1为1,清除PA0的唤醒标志位,设置WUPP1为0,设置PA0的唤醒极性为上升沿唤醒。

31	30	29	28	27	26	25	24	23	22	21	20	19	18	17	16
Res.	Res.	Res.	Res.	Res.	Res.	Res.	Res.	Res.	Res.	Res.	Res.	Res.	Res.	Res.	Res.

15	14	13	12	11	10	9	8	7	6	5	4	3	2	1	0
Res.	Res.	WUPP6	WUPP5	WUPP4	WUPP3	WUPP2	WUPP1	Res.	Res.	CWUPF6	CWUPF5	CWUPF4	CWUPF3	CWUPF2	CWUPF1
		rw	rw	rw	rw	rw	rw			r	r	r	r	r	r

图24.1.3 PWR_CR2寄存器各位描述

最后看电源控制/状态寄存器2(PWR_CSR2),各位描述如图24.1.4所示。该寄存器只关心EWUP1这个位,设置EWUP1为1,选择PA0(即WKUP引脚)作为唤醒引脚。关于这3个寄存器的详细描述可参见《STM32F7中文参考手册》第4.4节。

对于使能了RTC闹钟中断或RTC周期性唤醒等中断的时候,进入待机模式前,必须按如下操作处理:

① 禁止RTC中断(ALRAIE、ALRBIE、WUTIE、TAMPIE和TSIE等)。

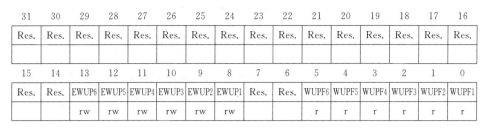

图 24.1.4　PWR_CSR2 寄存器各位描述

② 清零对应中断标志位。

③ 清除 PWR 唤醒（WUF）标志（通过设置 PWR_CR 的 CWUF 位实现）。

④ 重新使能 RTC 对应中断。

⑤ 进入低功耗模式。

用到 RTC 相关中断的时候，必须按以上步骤执行之后，才可以进入待机模式。这个一定要注意，否则可能无法唤醒，详情可参考《STM32F7 中文参考手册》第 4.3.7 小节。

通过以上介绍就了解了进入待机模式的方法，以及设置 KEY_UP 引脚用于把 STM32F767 从待机模式唤醒的方法。具体步骤如下：

① 对 RTC 中断进行处理。

这部分主要针对开启了 RTC 中断的情况，如果没用到 RTC 中断，则可以忽略，但是为了代码兼容性，建议读者默认都做一下处理。此部分就是前面说的开启了 RTC 中断后进入待机模式之前的 5 个处理步骤，防止进入待机无法唤醒的情况。

② 设置 SLEEPDEEP 位。

该位在系统控制寄存器（SCB_SCR）的第二位（详见《STM32F7 编程手册》第 198 页 4.3.6 小节），设置该位作为进入待机模式的前提。

③ 使能电源时钟，设置 KEY_UP 引脚作为唤醒源。

因为要配置电源控制寄存器，所以必须先使能电源时钟。然后再设置 PWR_CSR2 的 EWUP1 位，选择 KEY_UP(PA0)用于将 CPU 从待机模式唤醒。通过设置 PWR_CR2 的 WUPP1 位为 0 来选择 PA0 上升沿唤醒。

④ 设置 PDDS 和 LPDS 位，执行 WFI 指令，进入待机模式。

接着通过 PWR_CR1 设置 PDDS，使 CPU 进入深度睡眠时进入待机模式，同时设置 LPDS 位，使调压器进入低功耗模式。最后，执行 WFI 指令开始进入待机模式，并等待 KEY_UP 中断的到来。

⑤ 最后编写 KEY_UP 中断服务函数。

通过 KEY_UP 中断（PA0 中断）来进入待机模式，所以有必要设置一下该中断服务函数，以便控制进入待机模式。

通过以上几个步骤的设置就可以使用 STM32F767 的待机模式了，并且可以通过 KEY_UP 来唤醒 CPU。最终要实现这样一个功能：通过长按（3 s）KEY_UP 按键开机，并且通过 DS0 的闪烁指示程序已经开始运行，再次长按该键则进入待机模式，DS0 关闭，程序停止运行。类似于手机的开关机。

24.2 硬件设计

本实验用到的硬件资源有：指示灯 DS0、KEY_UP 按键、LCD 模块。本章使用 KEY_UP 按键用于唤醒和进入待机模式。然后通过 DS0 和 LCD 模块来指示程序是否在运行。这几个硬件的连接前面均有介绍。

24.3 软件设计

找到上一章的工程，把没用到.c 文件删掉，包括 USMART 相关代码以及 rtc.c（注意，此时 HARDWARE 组仅剩 led.c、mpu.c、sdram.c、lcd.c 和 ltdc.c）。

在 HARDWARE 文件夹下新建一个 WKUP 的文件夹。然后打开 USER 文件夹下的工程，新建一个 wkup.c 的文件和 wkup.h 的头文件，保存在 WKUP 文件夹下，并将 WKUP 文件夹加入头文件包含路径。

打开 wkup.c，输入如下代码：

```c
//系统进入待机模式
void Sys_Enter_Standby(void)
{
    u32 tempreg;                        //零时存储寄存器值用
    //关闭所有外设（根据实际情况写）
    RCC->AHB1RSTR|= 0X01FE;             //复位除 GPIOA 以外的所有 I/O 口
    while(WKUP_KD);                     //等待 WK_UP 按键松开
    RCC->AHB1RSTR|=1<<0;                //复位 GPIOA
    //当开启了 RTC 相关中断后，必须先关闭 RTC 中断，再清中断标志位，然后重新设置
    //RTC 中断，再进入待机模式才可以正常唤醒，否则会有问题
    RCC->APB1ENR|=1<<28;                //使能电源时钟
    PWR->CR1|=1<<8;                     //后备区域访问使能(RTC+SRAM)
    //关闭 RTC 寄存器写保护
    RTC->WPR = 0xCA;
    RTC->WPR = 0x53;
    tempreg = RTC->CR&(0X0F<<12);       //记录原来的 RTC 中断设置
    RTC->CR& = ~(0XF<<12);              //关闭 RTC 所有中断
    RTC->ISR& = ~(0X3F<<8);             //清除所有 RTC 中断标志
    PWR->CR2|=1<<0;                     //清除 Wake-up 标志
    RTC->CR|= tempreg;                  //重新设置 RTC 中断
    RTC->WPR = 0xFF;                    //使能 RTC 寄存器写保护
    Sys_Standby();                      //进入待机模式
}
//检测 WKUP 脚的信号
//返回值 1:连续按下 3 s 以上
//      0:错误的触发
u8 Check_WKUP(void)
{
    u8 t = 0;
```

第 24 章 待机唤醒实验

```
        u8 tx = 0;                                  //记录松开的次数
        LED0(0);                                    //亮灯 DS0
        while(1)
        {
            if(WKUP_KD)//已经按下了
            {
                t++;
                tx = 0;
            }else
            {
                tx++;
                if(tx>3)                            //超过 90 ms 内没有 WKUP 信号
                {
                    LED0(1);
                    return 0;                       //错误的按键,按下次数不够
                }
            }
            delay_ms(30);
            if(t>=100)                              //按下超过 3 s
            {
                LED0(0);;                           //点亮 DS0
                return 1;                           //按下 3 s 以上了
            }
        }
}
//中断,检测到 PA0 脚的一个上升沿
//中断线 0 线上的中断检测
void EXTI0_IRQHandler(void)
{
    EXTI->PR = 1 << 0;                              //清除 LINE0 上的中断标志位
    if(Check_WKUP())Sys_Enter_Standby();            //关机吗
}
//PA0 WKUP 唤醒初始化
void WKUP_Init(void)
{
    RCC->AHB1ENR|= 1 << 0;                          //使能 PORTA 时钟
    GPIO_Set(GPIOA,PIN0,GPIO_MODE_IN,0,0,GPIO_PUPD_PD);  //PA0 设置
    //(检查是否是正常开)机
    if(Check_WKUP() == 0)Sys_Enter_Standby();       //不是开机,进入待机模式
    Ex_NVIC_Config(GPIO_A,0,RTIR);                  //PA0 上升沿触发
    MY_NVIC_Init(2,2,EXTI0_IRQn,2);                 //抢占 2,子优先级 2,组 2
}
```

该部分代码比较简单,这里说明两点:

① 在 void Sys_Enter_Standby(void)函数里面,要在进入待机模式前把所有开启的外设全部关闭,这里仅仅复位了所有的 I/O 口,使得 I/O 口全部为浮空输入。其他外设(比如 ADC 等)须根据自己开启的情况进行一一关闭就可,这样才能达到最低功耗。另外,该函数实现了前面提到的,将 RTC 中断先禁止,再清除 CPUPF1 位(PWR_CR2),然后重设置 RTC 中断,最后通过调用 Sys_Standby 函数(该函数介绍见 5.2.4 小

节)进入待机模式。

② 在 void WKUP_Init(void)函数里面,要先判断 WK_UP 是否按下了 3 s 来决定要不要开机,如果没有按下 3 s,程序直接就进入了待机模式。所以在下载完代码的时候是看不到任何反应的,必须先按 WK_UP 按键 3 s 开机,才能看到 DS0 闪烁。

保存 wkup.c,并加入到 HARDWARE 组下,然后在 wkup.h 里面加入如下代码:

```c
#ifndef __WKUP_H
#define __WKUP_H
#include "sys.h"
#define WKUP_KD PAin(0)        //PA0 检测是否外部 WK_UP 按键按下
u8 Check_WKUP(void);           //检测 WKUP 脚的信号
void WKUP_Init(void);          //PA0 WKUP 唤醒初始化
void Sys_Enter_Standby(void);  //系统进入待机模式
#endif
```

最后,在 test.c 里面修改 main 函数如下:

```c
int main(void)
{
    u8 led0sta = 1;
    Stm32_Clock_Init(432,25,2,9);       //设置时钟,216 MHz
    delay_init(216);                    //延时初始化
    uart_init(108,115200);              //初始化串口波特率为 115 200
    LED_Init();                         //初始化与 LED 连接的硬件接口
    MPU_Memory_Protection();            //保护相关存储区域
    WKUP_Init();                        //待机唤醒初始化
    SDRAM_Init();                       //初始化 SDRAM
    LCD_Init();                         //初始化 LCD
    POINT_COLOR = RED;
    LCD_ShowString(30,50,200,16,16,"Apollo STM32F4/F7");
    LCD_ShowString(30,70,200,16,16,"WKUP TEST");
    LCD_ShowString(30,90,200,16,16,"ATOM@ALIENTEK");
    LCD_ShowString(30,110,200,16,16,"2016/7/13");
    LCD_ShowString(30,130,200,16,16,"WK_UP:Stanby/WK_UP");
    while(1)
    {
        LED0(led0sta^ = 1);
        delay_ms(250);
    }
}
```

这里先初始化 LED 和 WK_UP 按键(通过 WKUP_Init()函数初始化),如果检测到有长按 WK_UP 按键 3 s 以上,则开机,并执行 LCD 初始化,在 LCD 上面显示一些内容。如果没有长按,则在 WKUP_Init 里面调用 Sys_Enter_Standby 函数,直接进入待机模式了。

开机后,在死循环里面等待 WK_UP 中断的到来,得到中断后,在中断函数里面判断 WK_UP 按下的时间长短来决定是否进入待机模式。如果按下时间超过 3 s,则进入待机;否则,退出中断,继续执行 main 函数的死循环等待,同时不停地取反 LED0,让红灯闪烁。

代码部分就介绍到这里。注意,下载代码后一定要长按 WK_UP 按键来开机,否则将直接进入待机模式,无任何现象。

24.4 下载与测试

代码编译成功之后,下载代码到阿波罗 STM32 开发板上可以看到,开发板 DS0 亮了一下(Check_WKUP 函数执行了 LED0=0 的操作)就没有反应了。其实这是正常的,程序下载完之后,开发板检测不到 WK_UP 的持续按下(3 s 以上),所以直接进入待机模式,看起来和没有下载代码一样。此时,长按 WK_UP 按键 3 s 左右可以看到,DS0 开始闪烁,液晶也会显示一些内容。然后再长按 WK_UP,DS0 会灭掉,液晶灭掉,程序再次进入待机模式。

注意,如果之前开启了 RTC 周期性唤醒中断(比如下载了 RTC 实验),那么会看到 DS0 周期性地闪烁(周期性唤醒 MCU 了)。如果想去掉这种情况,须关闭 RTC 的周期性唤醒中断。简单的办法:将 CR1220 电池去掉,然后给板子断电,等待 10 s 左右,让 RTC 配置全部丢失,然后再装上 CR1220 电池,之后再给开发板供电,就不会看到 DS0 周期性闪烁了。

第 25 章

ADC 实验

本章将介绍 STM32F767 的 ADC 功能。本章使用 STM32F767 的 ADC1 通道 5 来采样外部电压值，并在 LCD 模块上显示出来。

25.1 STM32F767 ADC 简介

STM32F767xx 系列有 3 个 ADC，这些 ADC 可以独立使用，也可以使用双重/三重模式(提高采样率)。STM32F767 的 ADC 是 12 位逐次逼近型的模拟数字转换器，它有 19 个通道，可测量 16 个外部源、2 个内部源和 Vbat 通道的信号。这些通道的 A/D 转换可以单次、连续、扫描或间断模式执行。ADC 的结果可以左对齐或右对齐方式存储在 16 位数据寄存器中。模拟看门狗特性允许应用程序检测输入电压是否超出用户定义的高/低阈值。

STM32F767IGT6 包含有 3 个 ADC。STM32F767 的 ADC 最大的转换速率为 2.4 MHz，也就是转换时间为 0.41 μs(在 ADCCLK=36 MHz，采样周期为 3 个 ADC 时钟下得到)，不要让 ADC 的时钟超过 36 MHz，否则将导致结果准确度下降。

STM32F767 将 ADC 的转换分为 2 个通道组：规则通道组和注入通道组。规则通道相当于正常运行的程序，而注入通道就相当于中断。在你程序正常执行的时候，中断是可以打断程序的执行的。同这个类似，注入通道的转换可以打断规则通道的转换，在注入通道被转换完成之后，规则通道才得以继续转换。

通过一个形象的例子可以说明：假如你在家里的院子内放了 5 个温度探头，室内放了 3 个温度探头，于是时刻监视室外温度即可；若偶尔想看看室内的温度，则可以使用规则通道组循环扫描室外的 5 个探头并显示 A/D 转换结果。当想看室内温度时，通过一个按钮启动注入转换组(3 个室内探头)并暂时显示室内温度；当你放开这个按钮后，系统又回到规则通道组继续检测室外温度。从系统设计上，测量并显示室内温度的过程中断了测量并显示室外温度的过程，但程序设计上可以在初始化阶段分别设置好不同的转换组，系统运行中不必再变更循环转换的配置，从而达到两个任务互不干扰和快速切换的结果。可以设想一下，如果没有规则组和注入组的划分，当按下按钮后，需要重新配置 A/D 循环扫描的通道，释放按钮后须再次配置 A/D 循环扫描的通道。

上面的例子因为速度较慢，不能完全体现这样区分(规则通道组和注入通道组)的好处，但在工业应用领域中有很多检测和监视探头需要较快地处理，这样对 A/D 转换的分组将简化事件处理的程序并提高事件处理的速度。

STM32F767 的 ADC 的规则通道组最多包含 16 个转换,而注入通道组最多包含 4 个通道。关于这两个通道组的详细介绍可参考《STM32F7 中文参考手册》第 394 页第 15.3.4 小节。

STM32F767 的 ADC 可以进行很多种不同的转换模式,详细可参见《STM32F7 中文参考手册》的第 15 章。本章仅介绍如何使用规则通道的单次转换模式。

STM32F767 的 ADC 在单次转换模式下只执行一次转换,该模式可以通过 ADC_CR2 寄存器的 ADON 位(只适用于规则通道)启动,也可以通过外部触发启动(适用于规则通道和注入通道),这时 CONT 位为 0。

以规则通道为例,一旦所选择的通道转换完成,转换结果将被存在 ADC_DR 寄存器中,EOC(转换结束)标志将被置位;如果设置了 EOCIE,则会产生中断。然后 ADC 将停止,直到下次启动。

接下来介绍执行规则通道的单次转换需要用到的 ADC 寄存器。第一个要介绍的是 ADC 控制寄存器(ADC_CR1 和 ADC_CR2)。ADC_CR1 的各位描述如图 25.1.1 所示。

31	30	29	28	27	26	25	24	23	22	21	20	19	18	17	16
\multicolumn{6}{|c|}{Reserved}	OVRIE	RES		AWDEN	JAWDEN	\multicolumn{6}{|c|}{Reserved}
						rw	rw	rw	rw	rw					

15	14	13	12	11	10	9	8	7	6	5	4	3	2	1	0
DISCNUM[2:0]			JDISCEN	DISCEN	JAUTO	AWDSGL	SCAN	JEOCIE	AWDIE	EOCIE	\multicolumn{5}{|c|}{AWDCH[4:0]}
rw	rw	rw	rw	rw	rw	rw	rw	rw	rw	rw	rw	rw	rw	rw	rw

图 25.1.1 ADC_CR1 寄存器各位描述

这里不再详细介绍每个位,而是抽出几个本章要用到的位进行针对性介绍,详细的说明及介绍可参考《STM32F7 中文参考手册》第 15.13.2 小节。

ADC_CR1 的 SCAN 位用于设置扫描模式,由软件设置和清除。如果设置为 1,则使用扫描模式;如果为 0,则关闭扫描模式。在扫描模式下,由 ADC_SQRx 或 ADC_JSQRx 寄存器选中的通道被转换。如果设置了 EOCIE 或 JEOCIE,则只在最后一个通道转换完毕后才会产生 EOC 或 JEOC 中断。

ADC_CR1[25:24]用于设置 ADC 的分辨率,详细的对应关系如图 25.1.2 所示。

位 25:24　RES[1:0]:分辨率
　　　　　通过软件写入这些位可选择转换的分辨率。
　　　　　00:12 位(15 ADCCLK 周期);01:10 位(13 ADCCLK 周期)
　　　　　10:8 位(11 ADCCLK 周期);11:6 位(9 ADCCLK 周期)

图 25.1.2 ADC 分辨率选择

本章使用 12 位分辨率,所以设置这两个位为 0 就可以了。接着介绍 ADC_CR2,

各位描述如图 25.1.3 所示。

31	30	29	28	27	26	25	24	23	22	21	20	19	18	17	16
Reserved	SWSTART	EXTEN		EXTSEL[3:0]				Reserved	JSWSTART	JEXTEN		JEXTSEL[3:0]			
	rw	rw	rw	rw	rw	rw	rw		rw	rw	rw	rw	rw	rw	rw

15	14	13	12	11	10	9	8	7	6	5	4	3	2	1	0
Reserved				ALIGN	EOCS	DDS	DMA	Reserved						CONT	ADON
				rw	rw	rw	rw							rw	rw

图 25.1.3 ADC_CR2 寄存器各位描述

该寄存器也只针对性地介绍一些位。ADON 位用于开关 A/D 转换器。而 CONT 位用于设置是否进行连续转换,这里使用单次转换,所以 CONT 位必须为 0。ALIGN 用于设置数据对齐,这里使用右对齐,该位设置为 0。

EXTEN[1:0]用于规则通道的外部触发使能设置,详细的设置关系如图 25.1.4 所示。

> 位 29:28 EXTEN:规则通道的外部触发使能
> 通过软件将这些位置 1 和清零来选择外部触发极性和使能规则组的触发。
> 00:禁止触发检测;01:上升沿上的触发检测
> 10:下降沿上的触发检测;11:上升沿和下降沿上的触发检测

图 25.1.4 ADC 规则通道外部触发使能设置

这里使用的是软件触发,即不使用外部触发,所以设置这 2 个位为 0 即可。ADC_CR2 的 SWSTART 位用于开始规则通道的转换,每次转换(单次转换模式下)都需要向该位写 1。

第二个要介绍的是 ADC 通用控制寄存器(ADC_CCR),各位描述如图 25.1.5 所示。

31	30	29	28	27	26	25	24	23	22	21	20	19	18	17	16
Reserved								TSVREFE	VBATE	Reserved				ADCPRE	
								rw	rw					rw	rw

15	14	13	12	11	10	9	8	7	6	5	4	3	2	1	0
DMA[1:0]		DDS	Res.	DELAY[3:0]				Reserved				MULTI[4:0]			
rw	rw	rw		rw	rw	rw	rw					rw	rw	rw	rw

图 25.1.5 ADC_CCR 寄存器各位描述

该寄存器也只针对性地介绍一些位:TSVREFE 位是内部温度传感器和 Vrefint 通道使能位,内部温度传感器将在下一章介绍,这里直接设置为 0。ADCPRE[1:0]用于设置 ADC 输入时钟分频,00~11 分别对应 2/4/6/8 分频,STM32F767 的 ADC 最大工作频率是 36 MHz,而 ADC 时钟(ADCCLK)来自 APB2,APB2 频率一般是 108 MHz,这里设置 ADCPRE=01,即 4 分频,这样得到 ADCCLK 频率为 27 MHz。MULTI[4:0]用于多重 ADC 模式选择,详细的设置关系如图 25.1.6 所示。

第 25 章 ADC 实验

位 4:0 MULTI[4:0]:多重 ADC 模式选择
通过软件写入这些位可选操作模式。
所有 ADC 均独立：
00000:独立模式
00001~01001:双重模式,ADC1 和 ADC2 一起工作,ADC3 独立
00001:规则同时+注入同时组合模式
00010:规则同时+交替触发组合模式
00011:Reserved
00101:仅注入同时模式
00110:仅规则同时模式
仅交错模式
01001:仅交替触发模式
10001~11001:三重模式;ADC1、ADC2 和 ADC3 一起工作
10001:规则同时+注入同时组合模式
10010:规则同时+交替触发组合模式
10011:Reserved
10101:仅注入同时模式
10111:仅规则同时模式
仅交错模式
11001:仅交替触发模式
其他所有组合均需保留且不允许编程

图 25.1.6 多重 ADC 模式选择设置

本章仅用了 ADC1(独立模式),并没用到多重 ADC 模式,所以设置这 5 个位为 0 即可。

第三个要介绍的是 ADC 采样时间寄存器(ADC_SMPR1 和 ADC_SMPR2),这两个寄存器用于设置通道 0~18 的采样时间,每个通道占用 3 个位。ADC_SMPR1 的各位描述如图 25.1.7 所示。

31	30	29	28	27	26	25	24	23	22	21	20	19	18	17	16
Reserved					SMP18[2:0]			SMP17[2:0]			SMP16[2:0]			SMP15[2:1]	
					rw	rw	rw	rw	rw	rw	rw	rw	rw	rw	rw

15	14	13	12	11	10	9	8	7	6	5	4	3	2	1	0
SMP 15_0	SMP14[2:0]			SMP13[2:0]			SMP12[2:0]			SMP11[2:0]			SMP10[2:0]		
rw	rw	rw	rw	rw	rw	rw	rw	rw	rw	rw	rw	rw	rw	rw	rw

位 31:27 保留,必须保持复位值。
位 26:0 SMPx[2:0]:通道 X 采样时间选择
通过软件写入这些位可分别为各个通道选择采样时间。在采样周期期间,通道选择位必须保持不变。
注意:000:3 个周期　　001:15 个周期　　010:28 个周期　　011:56 个周期
　　　100:84 个周期　　101:112 个周期　　110:144 个周期　　111:480 个周期

图 25.1.7 ADC_SMPR1 寄存器各位描述

ADC_SMPR2 的各位描述如图 25.1.8 所示。

31	30	29	28	27	26	25	24	23	22	21	20	19	18	17	16
Reserved		SMP9[2:0]			SMP8[2:0]			SMP7[2:0]			SMP6[2:0]			SMP5[2:1]	
		rw	rw	rw	rw	rw	rw	rw	rw	rw	rw	rw	rw	rw	rw

15	14	13	12	11	10	9	8	7	6	5	4	3	2	1	0
SMP5_0	SMP4[2:0]			SMP3[2:0]			SMP2[2:0]			SMP1[2:0]			SMP0[2:0]		
rw	rw	rw	rw	rw	rw	rw	rw	rw	rw	rw	rw	rw	rw	rw	rw

位 31:30　保留，必须保持复位值。
位 29:0　　SMPx[2:0]：通道 X 采样时间选择
　　　　　通过软件写入这些位可分别为各个通道选择采样时间。在采样周期期间，通道选择位必须保持不变。
　　　　　注意：000：3 个周期　　001：15 个周期　　010：28 个周期　　011：56 个周期
　　　　　　　　100：84 个周期　　101：112 个周期　110：144 个周期　111：480 个周期

图 25.1.8　ADC_SMPR2 寄存器各位描述

对于每个要转换的通道，采样时间建议尽量长一点，以获得较高的准确度，但是这样会降低 ADC 的转换速率。ADC 的转换时间可以由以下公式计算：

$$T_{covn}＝采样时间＋12 个周期$$

其中，T_{covn} 为总转换时间，采样时间是根据每个通道 SMP 位的设置来决定的。例如，当 ADCCLK＝27 MHz 的时候，同时设置 3 个周期的采样时间，则得到 $T_{covn}＝3+12=15$ 个周期 $=0.55~\mu s$。

第四个要介绍的是 ADC 规则序列寄存器（ADC_SQR1～3）。该寄存器总共有 3 个，这几个寄存器的功能差不多，这里仅介绍 ADC_SQR1，各位描述如图 25.1.9 所示。

31	30	29	28	27	26	25	24	23	22	21	20	19	18	17	16
Reserved								L[3:0]				SQ16[4:1]			
								rw	rw	rw	rw	rw	rw	rw	rw

15	14	13	12	11	10	9	8	7	6	5	4	3	2	1	0
SQ16_0	SQ15[4:0]					SQ14[4:0]					SQ13[4:0]				
rw	rw	rw	rw	rw	rw	rw	rw	rw	rw	rw	rw	rw	rw	rw	rw

位 31:24　保留，必须保持复位值。
位 23:20　L[3:0]：规则通道序列长度
　　　　　通过软件写入这些位可定义规则通道转换序列中的转换总数。
　　　　　0000：1 次转换
　　　　　0001：2 次转换
　　　　　…
　　　　　1111：16 次转换
位 19:15　SQ16[4:0]：规则序列中的第十六次转换
　　　　　通过软件写入这些位，并将通道编号（0～18）分配为转换序列中的第十六次转换。
位 14:10　SQ15[4:0]：规则序列中的第十五次转换
位 9:5　　SQ14[4:0]：规则序列中的第十四次转换
位 4:0　　SQ13[4:0]：规则序列中的第十三次转换

图 25.1.9　ADC_SQR1 寄存器各位描述

第 25 章 ADC 实验

L[3:0]用于存储规则序列的长度,这里只用了一个,所以设置这几个位的值为 0。其他的 SQ13~16 则存储了规则序列中第 13~16 个通道的编号(0~18)。另外两个规则序列寄存器同 ADC_SQR1 大同小异,这里就不再介绍了,要说明一点的是:我们选择的是单次转换,所以只有一个通道在规则序列里面,这个序列就是 SQ1,至于 SQ1 里面哪个通道则完全由用户自己设置,通过 ADC_SQR3 的最低 5 位(也就是 SQ1)设置。

第五个要介绍的是 ADC 规则数据寄存器(ADC_DR)。规则序列中的 A/D 转化结果都将被存在这个寄存器里面,而注入通道的转换结果被保存在 ADC_JDRx 里面。ADC_DR 的各位描述如图 25.1.10 所示。

31	30	29	28	27	26	25	24	23	22	21	20	19	18	17	16
Reserved															
15	14	13	12	11	10	9	8	7	6	5	4	3	2	1	0
DATA[15:0]															
r	r	r	r	r	r	r	r	r	r	r	r	r	r	r	r

位 31:16　保留,必须保持复位值。

位 15:0　DATA[15:0]:规则数据

这些位为只读,它们包括来自规则通道的转换结果。数据有左对齐和右对齐两种方式

图 25.1.10　ADC_JDRx 寄存器各位描述

这里要提醒一点的是,该寄存器的数据可以通过 ADC_CR2 的 ALIGN 位设置左对齐还是右对齐。在读取数据的时候要注意。

最后一个要介绍的 ADC 寄存器为 ADC 状态寄存器(ADC_SR),其保存了 ADC 转换时的各种状态。该寄存器的各位描述如图 25.1.11 所示。

31	30	29	28	27	26	25	24	23	22	21	20	19	18	17	16
Reserved															
15	14	13	12	11	10	9	8	7	6	5	4	3	2	1	0
Reserved										OVR	STRT	JSTRT	JEOC	EOC	AWD
										rc_w0	rc_w0	rc_w0	rc_w0	rc_w0	rc_w0

图 25.1.11　ADC_SR 寄存器各位描述

这里仅介绍将要用到的是 EOC 位,我们通过判断该位来决定是否此次规则通道的 A/D 转换已经完成。如果该位为 1,则表示转换完成了,就可以从 ADC_DR 中读取转换结果;否则,等待转换完成。

至此,本章要用到的 ADC 相关寄存器全部介绍完毕了,未介绍的部分可参考《STM32F7 中文参考手册》第 15 章相关章节。通过以上介绍就了解了 STM32F767 单次转换模式下的相关设置,本章使用 ADC1 的通道 5 来进行 A/D 转换,其详细设置步骤如下:

① 开启 PA 口时钟,设置 PA5 为模拟输入。

STM32F767IGT6 的 ADC1 通道 5 在 PA5 上,所以,先要使能 PORTA 的时钟,然后设置 PA5 为模拟输入。

② 使能 ADC1 时钟,并设置分频因子。

要使用 ADC1,第一步就是要使能 ADC 的时钟,之后进行一次 ADC 的复位(不是必须的)。接着就可以通过 ADC1 的 CCR 寄存器设置 ADC1 的分频因子。分频因子要确保 ADC1 的时钟(ADCCLK)不要超过 36 MHz。

③ 设置 ADC1 的工作模式。

在设置完分频因子之后就可以开始 ADC1 的模式配置了,设置单次转换模式、触发方式选择、数据对齐方式等都在这一步实现。

④ 设置 ADC1 规则序列的相关信息。

接下来要设置规则序列的相关信息,这里只有一个通道,并且是单次转换的,所以设置规则序列中通道数为1,然后设置 ADC1 通道5的采样周期。

⑤ 开启 A/D 转换器。

设置完了以上信息后,就开启 A/D 转换器了(通过 ADC_CR2 寄存器控制)。

⑥ 读取 ADC 值。

在上面的步骤完成后,ADC 就算准备好了。接下来要做的就是设置规则序列1里面的通道,然后启动 ADC 转换。在转换结束后,读取 ADC1_DR 里面的值就可以了。

这里还需要说明一下 ADC 的参考电压,阿波罗 STM32F767 开发板使用的是 STM32F767IGT6,该芯片只有 Vref+参考电压引脚,Vref+的输入范围为 1.8~VDDA。阿波罗 STM32F767 开发板通过 P5 端口来设置 Vref+的参考电压,默认是通过跳线帽将 Vref+接到 3.3 V,参考电压就是 3.3 V。如果想自己设置其他参考电压,则将参考电压接在 Vref+上就可以了(注意要共地)。本章的参考电压设置的是 3.3 V。

通过以上几个步骤的设置就能正常使用 STM32F767 的 ADC1 来执行 A/D 转换操作了。

25.2 硬件设计

本实验用到的硬件资源有:指示灯 DS0、LCD 模块、ADC、杜邦线。前面2个均已介绍过,而 ADC 属于 STM32F767 内部资源,实际上只需要软件设置就可以正常工作,不过需要在外部将其端口连接到被测电压上面。本章通过 ADC1 的通道5(PA5)来读取外部电压值,阿波罗 STM32F767 开发板上面没有设计参考电压源,但是板上有几个可以提供测试的地方:① 3.3 V 电源。② GND。③ 后备电池。注意,这里不能接到板上 5 V 电源上去测试,这可能会烧坏 ADC。

因为要连接到其他地方测试电压,所以我们需要一根杜邦线,或者自备的连接线也可以,一头插在多功能端口 P11 的 ADC 插针上(与 PA5 连接),另外一头就接你要测试的电压点(确保该电压不大于 3.3 V 即可)。

25.3 软件设计

找到上一章的工程,把没用到.c 文件 wkup.c 删掉(注意,此时 HARDWARE 组仅剩 led.c、mpu.c、sdram.c、lcd.c 和 ltdc.c)。

然后,在 HARDWARE 文件夹下新建一个 ADC 的文件夹。打开 USER 文件夹下的工程,新建一个 adc.c 的文件和 adc.h 的头文件,保存在 ADC 文件夹下,并将 ADC 文件夹加入头文件包含路径。

打开 adc.c,输入如下代码:

```
//初始化 ADC
//这里仅以规则通道为例
//默认仅开启 ADC1_CH5
void  Adc_Init(void)
{
    //先初始化 I/O 口
    RCC->APB2ENR|=1<<8;             //使能 ADC1 时钟
    RCC->AHB1ENR|=1<<0;             //使能 PORTA 时钟
    GPIO_Set(GPIOA,PIN5,GPIO_MODE_AIN,0,0,GPIO_PUPD_PU);   //PA5,模拟输入,下拉
    RCC->APB2RSTR|=1<<8;            //ADCs 复位
    RCC->APB2RSTR&=~(1<<8);         //复位结束
    ADC->CCR=1<<16;                 //ADCCLK=PCLK2/4=90/4=22.5 MHz,不超过 36 MHz
    ADC1->CR1=0;                    //CR1 设置清零
    ADC1->CR2=0;                    //CR2 设置清零
    ADC1->CR1|=0<<24;               //12 位模式
    ADC1->CR1|=0<<8;                //非扫描模式
    ADC1->CR2&=~(1<<1);             //单次转换模式
    ADC1->CR2&=~(1<<11);            //右对齐
    ADC1->CR2|=0<<28;               //软件触发
    ADC1->SQR1&=~(0XF<<20);
    ADC1->SQR1|=0<<20;              //1 个转换在规则序列中也就是只转换规则序列 1
    //设置通道 5 的采样时间
    ADC1->SMPR2&=~(7<<(3*5));       //通道 5 采样时间清空
    ADC1->SMPR2|=7<<(3*5);          //通道 5  480 个周期,提高采样时间可以提高精确度
    ADC1->CR2|=1<<0;                //开启 A/D 转换器
}
//获得 ADC 值
//ch:通道值 0~16
//返回值:转换结果
u16 Get_Adc(u8 ch)
{
    //设置转换序列
    ADC1->SQR3&=0XFFFFFFE0;         //规则序列 1 通道 ch
    ADC1->SQR3|=ch;
    ADC1->CR2|=1<<30;               //启动规则转换通道
    while(!(ADC1->SR&1<<1));        //等待转换结束
```

```c
        return ADC1->DR;                    //返回adc值
}
//获取通道ch的转换值,取 times 次,然后平均
//ch:通道编号
//times:获取次数
//返回值:通道ch的 times 次转换结果平均值
u16 Get_Adc_Average(u8 ch,u8 times)
{
    u32 temp_val = 0;
    u8 t;
    for(t = 0;t<times;t ++ )
    {
        temp_val += Get_Adc(ch);
        delay_ms(5);
    }
    return temp_val/times;
}
```

此部分代码就 3 个函数,其中,Adc_Init 函数用于初始化 ADC1。这里基本上是按上面的步骤来初始化的,仅开通了一个通道,即通道 5。第二个函数 Get_Adc,用于读取某个通道的 ADC 值,例如,读取通道 5 上的 ADC 值,就可以通过 Get_Adc(5)得到。最后一个函数 Get_Adc_Average,用于多次获取 ADC 值取平均,用来提高准确度。

保存 adc.c 代码,并将该代码加入 HARDWARE 组下。接下来在 adc.h 文件里面输入如下代码:

```c
# ifndef __ADC_H
# define __ADC_H
# include "sys.h"
# define ADC_CH5            5                //通道5
void Adc_Init(void);                         //ADC 初始化
u16  Get_Adc(u8 ch);                         //获得某个通道值
u16 Get_Adc_Average(u8 ch,u8 times);         //得到某个通道给定次数采样的平均值
# endif
```

该部分代码很简单,这里就不多说了,这里定义 ADC_CH5 为 5,即通道 5 的编号宏定义,在 main 函数将会用到这个宏定义。接下来在 test.c 里面,修改 main 函数如下:

```c
int main(void)
{
    u8 led0sta = 1;
    u16 adcx;
    float temp;
    Stm32_Clock_Init(432,25,2,9);       //设置时钟,216 MHz
    delay_init(216);                    //延时初始化
    uart_init(108,115200);              //初始化串口波特率为 115 200
    LED_Init();                         //初始化与 LED 连接的硬件接口
    MPU_Memory_Protection();            //保护相关存储区域
    SDRAM_Init();                       //初始化 SDRAM
    LCD_Init();                         //初始化 LCD
    Adc_Init();                         //初始化 ADC
```

第25章 ADC实验

```
POINT_COLOR = RED;
LCD_ShowString(30,50,200,16,16,"Apollo STM32F4/F7");
LCD_ShowString(30,70,200,16,16,"ADC TEST");
LCD_ShowString(30,90,200,16,16,"ATOM@ALIENTEK");
LCD_ShowString(30,110,200,16,16,"2016/7/13");
POINT_COLOR = BLUE;//设置字体为蓝色
LCD_ShowString(30,130,200,16,16,"ADC1_CH5_VAL:");
LCD_ShowString(30,150,200,16,16,"ADC1_CH5_VOL:0.000V");
while(1)
{
    adcx = Get_Adc_Average(ADC_CH5,20);
    LCD_ShowxNum(134,130,adcx,4,16,0);//显示ADC的值
    temp = (float)adcx * (3.3/4096);
    adcx = temp;
    LCD_ShowxNum(134,150,adcx,1,16,0);//显示电压值
    temp -= adcx;
    temp * = 1000;
    LCD_ShowxNum(150,150,temp,3,16,0X80);
    LED0(led0sta^ = 1);
    delay_ms(250);
}
}
```

此部分代码运行后,在LCD模块上显示一些提示信息后,将每隔250 ms读取一次ADC通道5的值,并显示读到的ADC值(数字量)以及其转换成模拟量后的电压值。同时控制LED0闪烁,以提示程序正在运行。

25.4 下载验证

代码编译成功后,通过下载代码到ALIENTEK阿波罗STM32开发板上可以看到,LCD显示如图25.4.1所示。图中是将ADC和TPAD连接在一起(通过P11排针),可以看到,TPAD信号电平为3.3 V左右,这是因为存在上拉电阻R60。

同时伴随DS0的不停闪烁,提示程序在运行。读者可以试试把杜邦线接到其他地方,看看电压值是否准确;但是一定别接到5 V上面去,否则可能烧坏ADC。

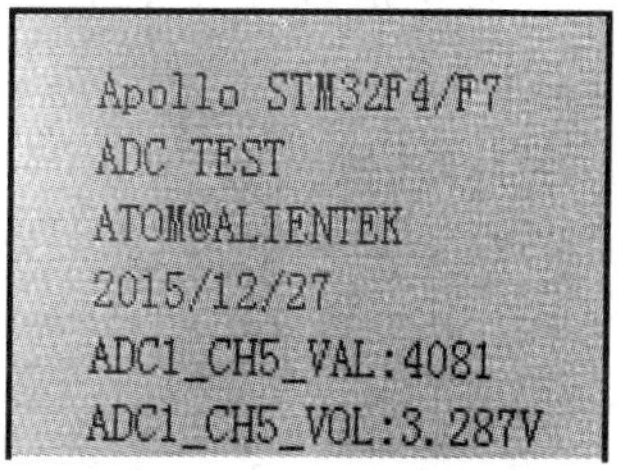

通过这一章的学习,我们了解了STM32F767 ADC的使用,但这仅仅是STM32F767强大的ADC功能的一小点应用。STM32F767的ADC在很多地方都可以用到,其ADC的DMA功能是很不错的,建议有兴趣的读者深入研究STM32F767的ADC,相信会给以后的开发带来方便。

图25.4.1 ADC实验测试图

第 26 章

内部温度传感器实验

本章将介绍 STM32F767 的内部温度传感器,使用 STM32F767 的内部温度传感器来读取温度值,并在 LCD 模块上显示出来。

26.1 STM32F767 内部温度传感器简介

STM32F767 有一个内部的温度传感器,可以用来测量 CPU 及周围的温度(TA)。对于 STM32F7 系列来说,该温度传感器在内部和 ADC1_IN18 输入通道相连,此通道把传感器输出的电压转换成数字值。STM32F767 的内部温度传感器支持的温度范围为 −40~125 ℃,精度为 ±1.5 ℃左右。

STM32F767 内部温度传感器的使用很简单,只要设置内部 ADC,并激活其内部温度传感器通道就差不多了。ADC 的设置在上一章已经进行了详细的介绍,这里就不再多说。接下来介绍和温度传感器设置相关的 2 个地方:

第一个地方,要使用 STM32F767 的内部温度传感器,就必须先激活 ADC 的内部通道,这里通过 ADC_CCR 的 TSVREFE 位(bit23)设置。设置该位为 1 则启用内部温度传感器。

第二个地方,STM32F767IGT6 的内部温度传感器固定地连接在 ADC1 的通道 18 上,所以,设置好 ADC1 之后只要读取通道 18 的值,就是温度传感器返回来的电压值了。根据这个值就可以计算出当前温度,计算公式如下:

$$T=\{(Vsense - V25)/Avg\_Slope\}+25$$

上式中:

V25=Vsense 在 25 度时的数值(典型值为 0.76)。

Avg_Slope=温度与 Vsense 曲线的平均斜率(单位为 mv/℃或 uv/℃)(典型值为 2.5 mV/℃)。

利用以上公式就可以方便地计算出当前温度传感器的温度了。

现在就可以总结一下 STM32F767 内部温度传感器使用的步骤了,如下:

① 设置 ADC1,并开启 ADC_CCR 的 TSVREFE 位。

关于如何设置 ADC1,上一章已经介绍了,这里采用与上一章一样的设置,只要增加使能 TSVREFE 位这一句就可以了。

② 读取通道 18 的 A/D 值,并计算结果。

第 26 章　内部温度传感器实验

设置完之后,就可以读取温度传感器的电压值了,得到该值后就可以用上面的公式计算温度值了。

26.2　硬件设计

本实验用到的硬件资源有:指示灯 DS0、LCD 模块、ADC、内部温度传感器。前 3 个之前均有介绍,而内部温度传感器也是在 STM32F767 内部,不需要外部设置,只需要软件设置就可以了。

26.3　软件设计

打开上一章的工程,打开 adc.c,修改 Adc_Init 函数代码如下:

```
void Adc_Init(void)
{
    //先初始化 I/O 口
    RCC->APB2ENR|=1<<8;              //使能 ADC1 时钟
    RCC->AHB1ENR|=1<<0;              //使能 PORTA 时钟
    GPIO_Set(GPIOA,PIN5,GPIO_MODE_AIN,0,0,GPIO_PUPD_PU);  //PA5,模拟输入,下拉
    RCC->APB2RSTR|=1<<8;             //ADC 复位
    RCC->APB2RSTR&=~(1<<8);          //复位结束
    ADC->CCR=1<<16;                  //ADCCLK=PCLK2/4=90/4=22.5 MHz,不超过 36 MHz
    ADC->CCR|=1<<23;                 //使能内部温度传感器
    ADC1->CR1=0;                     //CR1 设置清零
    ADC1->CR2=0;                     //CR2 设置清零
    ADC1->CR1|=0<<24;                //12 位模式
    ADC1->CR1|=0<<8;                 //非扫描模式
    ADC1->CR2&=~(1<<1);              //单次转换模式
    ADC1->CR2&=~(1<<11);             //右对齐
    ADC1->CR2|=0<<28;                //软件触发
    ADC1->SQR1&=~(0XF<<20);
    ADC1->SQR1|=0<<20;               //1 个转换在规则序列中也就是只转换规则序列 1
    //设置通道 5 的采样时间
    ADC1->SMPR2&=~(7<<(3*5));        //通道 5 采样时间清空
    ADC1->SMPR2|=7<<(3*5);           //通道 5　480 个周期,提高采样时间以提高精确度
    ADC1->SMPR1&=~(7<<(3*(18-10)));  //清除通道 18 原来的设置
    ADC1->SMPR1|=7<<(3*(18-10));     //通道 18 480 周期,提高采样时间可以提高精确度
    ADC1->CR2|=1<<0;                 //开启 A/D 转换器
}
```

这部分代码与上一章的 Adc_Init 代码几乎一模一样,仅仅在里面增加了如下 3 句代码:

```
ADC->CCR|=1<<23;                 //使能内部温度传感器
ADC1->SMPR1&=~(7<<(3*(18-10)));  //清除通道 18 原来的设置
ADC1->SMPR1|=7<<(3*(18-10));     //通道 18 480 周期,提高采样时间可以提高精确度
```

其中,第一句是使能内部温度传感器,剩下的两句就是设置通道 18,也就是温度传感器通道的采样时间。然后在 adc.c 里面添加获取温度函数 Get_Temprate,该函数代码如下:

```c
//得到温度值
//返回值:温度值(扩大了 100 倍,单位:℃)
short Get_Temprate(void)
{
    u32 adcx;
    short result;
    double temperate;
    adcx = Get_Adc_Average(ADC_CH_TEMP,20);   //读取通道 18,20 次取平均
    temperate = (float)adcx * (3.3/4096);      //电压值
    temperate = (temperate - 0.76)/0.0025 + 25; //转换为温度值
    result = temperate * 100;                   //扩大 100 倍
    return result;
}
```

该函数读取 ADC_CH_TEMP 通道(即通道 18)采集到的电压值,并根据前面的计算公式计算出当前温度,然后,返回扩大了 100 倍的温度值。

然后,保存该文件,接着打开 adc.h,修改文件如下:

```c
#ifndef __ADC_H
#define __ADC_H
#define ADC_CH5           5            //通道 5
#define ADC_CH_TEMP       18           //通道 18,内部温度传感器专用通道
void Adc_Init(void);                   //ADC 初始化
u16  Get_Adc(u8 ch);                   //获得某个通道值
u16 Get_Adc_Average(u8 ch,u8 times);   //得到某个通道给定次数采样的平均值
short Get_Temprate(void);              //读取内部温度传感器值
#endif
```

接下来,在 test.c 文件里面修改 main 函数如下:

```c
int main(void)
{
    u8 led0sta = 1;
    short temp;
    Stm32_Clock_Init(432,25,2,9);      //设置时钟,216 MHz
    delay_init(216);                    //延时初始化
    uart_init(108,115200);              //初始化串口波特率为 115 200
    LED_Init();                         //初始化与 LED 连接的硬件接口
    MPU_Memory_Protection();            //保护相关存储区域
    SDRAM_Init();                       //初始化 SDRAM
    LCD_Init();                         //初始化 LCD
    Adc_Init();                         //初始化 ADC
    POINT_COLOR = RED;
    LCD_ShowString(30,50,200,16,16,"Apollo STM32F4/F7");
    LCD_ShowString(30,70,200,16,16,"Temperature TEST");
    LCD_ShowString(30,90,200,16,16,"ATOM@ALIENTEK");
    LCD_ShowString(30,110,200,16,16,"2016/7/13");
    POINT_COLOR = BLUE;//设置字体为蓝色
```

第 26 章　内部温度传感器实验

```
    LCD_ShowString(30,140,200,16,16,"TEMPERATE: 00.00C");
    while(1)
    {
        temp = Get_Temprate();        //得到温度值
        if(temp<0)
        {
            temp = - temp;
            LCD_ShowString(30 + 10 * 8,140,16,16," - ");      //显示负号
        }else LCD_ShowString(30 + 10 * 8,140,16,16," ");      //无符号

        LCD_ShowxNum(30 + 11 * 8,140,temp/100,2,16,0);         //显示整数部分
        LCD_ShowxNum(30 + 14 * 8,140,temp%100,2,16,0X80);      //显示小数部分
        LED0(led0sta^ = 1);
        delay_ms(250);
    }
}
```

这里同上一章的主函数也大同小异,通过 Get_Temprate 函数读取温度值,并通过 LCD 模块显示出来。

代码设计部分就讲解到这里,下面开始下载验证。

26.4　下载验证

代码编译成功后,通过下载代码到 ALIENTEK 阿波罗 STM32 开发板上可以看到,LCD 显示如图 26.4.1 所示。伴随 DS0 的不停闪烁,提示程序在运行。读者可以看看自己的温度值与实际是否相符合(因为芯片会发热,所以一般会比实际温度偏高)。

图 26.4.1　内部温度传感器实验测试图

第 27 章

DAC 实验

前面介绍了 STM32F767 的 ADC 使用,本章将介绍 STM32F767 的 DAC 功能。本章将利用按键(或 USMART)控制 STM32F767 内部 DAC1 来输出电压,通过 ADC1 的通道 5 采集 DAC 的输出电压,在 LCD 模块上面显示 ADC 获取到的电压值以及 DAC 的设定输出电压值等信息。

27.1 STM32F767DAC 简介

STM32F767 的 DAC 模块(数字/模拟转换模块)是 12 位数字输入、电压输出型的 DAC,可以配置为 8 位或 12 位模式,也可以与 DMA 控制器配合使用。DAC 工作在 12 位模式时,数据可以设置成左对齐或右对齐。DAC 模块有 2 个输出通道,每个通道都有单独的转换器。在双 DAC 模式下,2 个通道可以独立进行转换,也可以同时进行转换并同步更新 2 个通道的输出。DAC 可以通过引脚输入参考电压 Vref+(同 ADC 共用)以获得更精确的转换结果。

STM32F767 的 DAC 模块主要特点有:
➢ 2 个 DAC 转换器:每个转换器对应一个输出通道;
➢ 8 位或者 12 位单调输出;
➢ 12 位模式下数据左对齐或者右对齐;
➢ 同步更新功能;
➢ 噪声波形生成;
➢ 三角波形生成;
➢ 双 DAC 通道同时或者分别转换;
➢ 每个通道都有 DMA 功能。

单个 DAC 通道的框图如图 27.1.1 所示。图中,VDDA 和 VSSA 为 DAC 模块模拟部分的供电,而 Vref+则是 DAC 模块的参考电压。DAC_OUTx 就是 DAC 的输出通道(对应 PA4 或者 PA5 引脚)。

从图 27.1.1 可以看出,DAC 输出是受 DORx 寄存器直接控制的,但是不能直接往 DORx 寄存器写入数据,而是通过 DHRx 间接地传给 DORx 寄存器,从而实现对 DAC 输出的控制。前面提到,STM32F767 的 DAC 支持 8/12 位模式,8 位模式的时候是固定右对齐的,而 12 位模式又可以设置左对齐/右对齐。单 DAC 通道 x 总共有 3 种情况:

第 27 章 DAC 实验

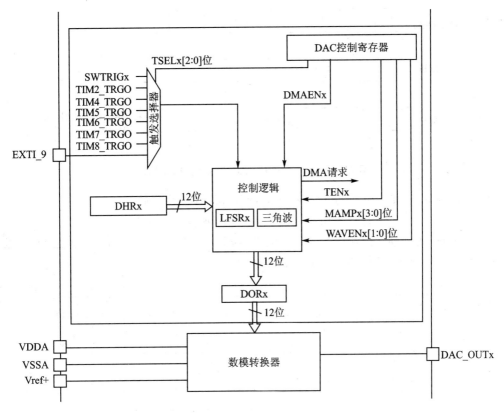

图 27.1.1 DAC 通道模块框图

① 8 位数据右对齐:用户将数据写入 DAC_DHR8Rx[7:0]位(实际存入 DHRx[11:4]位)。

② 12 位数据左对齐:用户将数据写入 DAC_DHR12Lx[15:4]位(实际存入 DHRx[11:0]位)。

③ 12 位数据右对齐:用户将数据写入 DAC_DHR12Rx[11:0]位(实际存入 DHRx[11:0]位)。

本章使用的就是单 DAC 通道 1,采用 12 位右对齐格式,所以采用第③种情况。

如果没有选中硬件触发(寄存器 DAC_CR1 的 TENx 位置 0),存入寄存器 DAC_DHRx 的数据会在一个 APB1 时钟周期后自动传至寄存器 DAC_DORx。如果选中硬件触发(寄存器 DAC_CR1 的 TENx 位置 1),数据传输在触发发生以后 3 个 APB1 时钟周期后完成。一旦数据从 DAC_DHRx 寄存器装入 DAC_DORx 寄存器,在经过时间 $t_{SETTLING}$ 之后,输出即有效。这段时间的长短依电源电压和模拟输出负载的不同会有所变化。可以从 STM32F767IGT6 的数据手册查到 $t_{SETTLING}$ 的典型值为 3 μs,最大是 6 μs,所以 DAC 的转换速度最快是 333 kHz 左右。

本章将不使用硬件触发(TEN=0),其转换的时间框图如图 27.1.2 所示。

当 DAC 的参考电压为 Vref+ 的时候,DAC 的输出电压是线性的从 0～Vref+,12

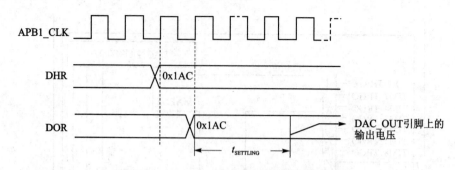

图 27.1.2 TEN=0 时 DAC 模块转换时间框图

位模式下 DAC 的输出电压与 Vref+以及 DORx 的计算公式如下：

$$DACx\ 输出电压 = Vref \cdot (DORx/4\ 096)$$

接下来介绍要实现 DAC 的通道 1 输出，需要用到的一些寄存器。首先是 DAC 控制寄存器 DAC_CR，各位描述如图 27.1.3 所示。

31	30	29	28	27	26	25	24	23	22	21	20	19	18	17	16
Reserved		DMAUDRIE2	DMAEN2	MAMP2[3:0]				WAVE2[1:0]		TSEL2[2:0]			TEN2	BOFF2	EN2
		rw	rw	rw	rw	rw	rw	rw	rw	rw	rw	rw	rw	rw	rw
15	14	13	12	11	10	9	8	7	6	5	4	3	2	1	0
Reserved		DMAUDRIE1	DMAEN1	MAMP1[3:0]				WAVE1[1:0]		TSEL1[2:0]			TEN1	BOFF1	EN1
		rw	rw	rw	rw	rw	rw	rw	rw	rw	rw	rw	rw	rw	rw

图 27.1.3 寄存器 DAC_CR 各位描述

DAC_CR 的低 16 位用于控制通道 1，而高 16 位用于控制通道 2，这里仅列出比较重要的最低 8 位的详细描述，如图 27.1.4 所示。

首先来看 DAC 通道 1 使能位(EN1)，该位用来控制 DAC 通道 1 使能，本章就是用的 DAC 通道 1，所以该位设置为 1。

再看关闭 DAC 通道 1 输出缓存控制位(BOFF1)，这里 STM32F767 的 DAC 输出缓存做的有些不好，如果使能的话，虽然输出能力强一点，但是输出没法到 0，这是个很严重的问题。所以本章不使用输出缓存。即设置该位为 1。

DAC 通道 1 触发使能位(TEN1)，该位用来控制是否使用触发，这里不使用触发，所以设置该位为 0。

DAC 通道 1 触发选择位(TSEL1[2:0])，这里没用到外部触发，所以设置这几个位为 0 就行了。

DAC 通道 1 噪声/三角波生成使能位(WAVE1[1:0])，这里同样没用到波形发生器，故也设置为 0 即可。

DAC 通道 1 屏蔽/复制选择器(MAMP[3:0])，这些位仅在使用了波形发生器的时候有用，本章没有用到波形发生器，故设置为 0 就可以了。

第 27 章 DAC 实验

位 7:6　WAVE1[1:0]:DAC 1 通道噪声/三角波生成使能
　　　　这些位将由软件置 1 和清零。
　　　　00:禁止生成波;01:使能生成噪声波;1x:使能生成三角波
　　　　注意:只在位 TEN1＝1(使能 DAC 1 通道触发)时使用。

位 5:3　TSEL1[2:0]:DAC 1 通道触发器选择
　　　　这些位用于选择 DAC 1 通道的外部触发事件。
　　　　000:定时器 6 TRGO 事件　　　100:定时器 2 TRGO 事件
　　　　001:定时器 8 TRGO 事件　　　101:定时器 4 TRGO 事件
　　　　010:定时器 7 TRGO 事件　　　110:外部中断线 9
　　　　011:定时器 5 TRGO 事件　　　111:软件触发
　　　　注意:只在位 TEN1＝1(使能 DAC 1 通道触发)时使用。

位 2　　TEN1:DAC 1 通道触发使能
　　　　此位由软件置 1 和清零,以使能/禁止 DAC 1 通道触发。
　　　　0:禁止 DAC 1 通道触发,写入 DAC_DHRx 寄存器的数据在一个 APB1 时钟周期之后转移到 DAC_DOR1 寄存器
　　　　1:使能 DAC 1 通道触发,DAC_DHRx 寄存器的数据在 3 个 APB1 时钟周期之后转移到 DAC_DOR1 寄存器
　　　　注意:如果选择软件触发,DAC_DHRx 寄存器的内容只需一个 APB1 时钟周期即可转移到 DAC_DOR1 寄存器。

位 1　　BOFF1:DAC 1 通道输出缓冲器禁止
　　　　此位由软件置 1 和清零,以使能/禁止 DAC 1 通道输出缓冲器。
　　　　0:使能 DAC 1 通道输出缓冲器;1:禁止 DAC 1 通道输出缓冲器

位 0　　EN1:DAC 1 通道使能
　　　　此位由软件置 1 和清零,以使能/禁止 DAC 1 通道。
　　　　0:禁止 DAC 1 通道;1:使能 DAC 1 通道

图 27.1.4　寄存器 DAC_CR 低 8 位详细描述

最后是 DAC 通道 1 DMA 使能位(DMAEN1),本章没有用到 DMA 功能,故还是设置为 0。

通道 2 的情况和通道 1 一模一样,这里就不细说了。在 DAC_CR 设置好之后,DAC 就可以正常工作了,这里仅需要再设置 DAC 的数据保持寄存器的值,就可以在 DAC 输出通道得到想要的电压了(对应 I/O 口设置为模拟输入)。本章用的是 DAC 通道 1 的 12 位右对齐数据保持寄存器 DAC_DHR12R1,各位描述如图 27.1.5 所示。

31	30	29	28	27	26	25	24	23	22	21	20	19	18	17	16
Reserved															
15	14	13	12	11	10	9	8	7	6	5	4	3	2	1	0
Reserved				DACC1DHR[11:0]											
				rw	rw	rw	rw	rw	rw	rw	rw	rw	rw	rw	rw

位 31:12　保留,必须保持复位值。

位 11:0　　DACC1DHR[11:0]:DAC 1 通道 12 位右对齐数据
　　　　　这些位由软件写入,用于为 DAC 1 通道指定 12 位数据

图 27.1.5　寄存器 DAC_DHR12R1 各位描述

该寄存器用来设置 DAC 输出,通过写入 12 位数据到该寄存器,就可以在 DAC 输出通道 1(PA4)得到我们所要的结果。

通过以上介绍了解了 STM32F767 实现 DAC 输出的相关设置,本章将使用 DAC 模块的通道 1 来输出模拟电压,其详细设置步骤如下:

① 开启 PA 口时钟,设置 PA4 为模拟输入。

STM32F767IGT6 的 DAC 通道 1 是接在 PA4 上的,所以,先要使能 PORTA 的时钟,然后设置 PA4 为模拟输入(虽然是输入,但是 STM32F767 内部会连接在 DAC 模拟输出上)。

② 使能 DAC1 时钟。

同其他外设一样,要想使用,必须先开启相应的时钟。STM32F767 的 DAC 模块时钟是由 APB1 提供的,所以先要在 APB1ENR 寄存器里面设置 DAC 模块的时钟使能。

③ 设置 DAC 的工作模式。

该部分全部通过 DAC_CR 设置实现,包括 DAC 通道 1 使能、DAC 通道 1 输出缓存关闭、不使用触发、不使用波形发生器等设置。

④ 设置 DAC 的输出值。

通过前面 3 个步骤的设置,DAC 就可以开始工作了,这里使用 12 位右对齐数据格式,所以通过设置 DHR12R1,就可以在 DAC 输出引脚(PA4)得到不同的电压值了。

最后,再提醒一下读者,本例程使用的是 3.3 V 的参考电压,即 Vref+ 连接 VDDA。

通过以上几个步骤的设置,就能正常使用 STM32F767 的 DAC 通道 1 来输出不同的模拟电压了。

27.2 硬件设计

本章用到的硬件资源有指示灯 DS0、KEY_UP 和 KEY1 按键、串口、LCD 模块、ADC、DAC。

本章使用 DAC 通道 1 输出模拟电压,然后通过 ADC1 的通道 5 对该输出电压进行读取,并显示在 LCD 模块上面,DAC 的输出电压通过按键(或 USMART)进行设置。

需要用到 ADC 采集 DAC 的输出电压,所以需要在硬件上把它们短接起来。ADC 和 DAC 的连接原理图如图 27.2.1 所示。

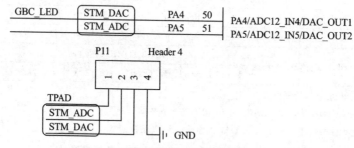

图 27.2.1 ADC、DAC 与 STM32F767 连接原理图

第 27 章　DAC 实验

P11 是多功能端口,这里只需要通过跳线帽短接 P11 的 ADC 和 DAC,就可以开始做本章实验了。如图 27.2.2 所示。

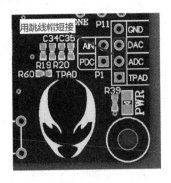

图 27.2.2　硬件连接示意图

27.3　软件设计

找到上一章的工程,由于本章要用到按键以及 USMART 组件,所以,添加 key.c 到 HARDWARE 组,并把 USMART 组件添加进来(方法见第 21.3 节)。

在 HARDWARE 文件夹下新建一个 DAC 的文件夹。然后打开 USER 文件夹下的工程,新建一个 dac.c 的文件和 dac.h 的头文件,保存在 DAC 文件夹下,并将 DAC 文件夹加入头文件包含路径。

打开 dac.c,输入如下代码:

```c
//DAC 通道 1 输出初始化
void Dac1_Init(void)
{
    RCC->APB1ENR|= 1 << 29;         //使能 DAC 时钟
    RCC->AHB1ENR|= 1 << 0;          //使能 PORTA 时钟
    GPIO_Set(GPIOA,PIN4,GPIO_MODE_AIN,0,0,GPIO_PUPD_PU);//PA4,模拟输入,下拉
    DAC->CR|= 1 << 0;               //使能 DAC1
    DAC->CR|= 1 << 1;               //DAC1 输出缓存不使能 BOFF1 = 1
    DAC->CR|= 0 << 2;               //不使用触发功能 TEN1 = 0
    DAC->CR|= 0 << 3;               //DAC TIM6 TRGO,不过要 TEN1 = 1 才行
    DAC->CR|= 0 << 6;               //不使用波形发生
    DAC->CR|= 0 << 8;               //屏蔽、幅值设置
    DAC->CR|= 0 << 12;              //DAC1 DMA 不使能
    DAC->DHR12R1 = 0;               //默认输出 0
}
//设置通道 1 输出电压
//vol:0~3300,代表 0~3.3 V
void Dac1_Set_Vol(u16 vol)
{
    double temp = vol;
    temp/ = 1000;
```

```
    temp = temp * 4096/3.3;
    DAC->DHR12R1 = temp;
}
```

此部分代码就 2 个函数,Dac1_Init 函数用于初始化 DAC 通道 1。这里基本上是按上面的步骤来初始化的,经过这个初始化之后就可以正常使用 DAC 通道 1 了。第二个函数 Dac1_Set_Vol,用于设置 DAC 通道 1 的输出电压,通过 USMART 调用该函数,就可以随意设置 DAC 通道 1 的输出电压了。

保存 dac.c 代码,并将该代码加入 HARDWARE 组下。接下来在 dac.h 文件里面输入如下代码:

```
#ifndef __DAC_H
#define __DAC_H
#include "sys.h"
void Dac1_Init(void);                  //DAC 通道 1 初始化
void Dac1_Set_Vol(u16 vol);            //设置通道 1 输出电压
#endif
```

接下来在 test.c 里面,修改 main 函数如下:

```
int main(void)
{
    u8 led0sta = 1;
    u16 adcx;
    float temp;
    u8 t = 0;
    u16 dacval = 0;
    u8 key;
    Stm32_Clock_Init(432,25,2,9);             //设置时钟,216 MHz
    delay_init(216);                          //延时初始化
    uart_init(108,115200);                    //初始化串口波特率为 115 200
    usmart_dev.init(108);                     //初始化 USMART
    LED_Init();                               //初始化与 LED 连接的硬件接口
    MPU_Memory_Protection();                  //保护相关存储区域
    SDRAM_Init();                             //初始化 SDRAM
    LCD_Init();                               //初始化 LCD
    Adc_Init();                               //初始化 ADC
    KEY_Init();                               //按键初始化
    Dac1_Init();                              //DAC 通道 1 初始化
    POINT_COLOR = RED;
    LCD_ShowString(30,50,200,16,16,"Apollo STM32F4/F7");
    LCD_ShowString(30,70,200,16,16,"DAC TEST");
    LCD_ShowString(30,90,200,16,16,"ATOM@ALIENTEK");
    LCD_ShowString(30,110,200,16,16,"2016/7/13");
    LCD_ShowString(30,130,200,16,16,"WK_UP:+    KEY1:-");
    POINT_COLOR = BLUE;//设置字体为蓝色
    LCD_ShowString(30,150,200,16,16,"DAC VAL:");
    LCD_ShowString(30,170,200,16,16,"DAC VOL:0.000V");
    LCD_ShowString(30,190,200,16,16,"ADC VOL:0.000V");
    DAC->DHR12R1 = dacval;                    //初始值为 0
```

```
    while(1)
    {
        t++;
        key = KEY_Scan(0);
        if(key == WKUP_PRES)
        {
            if(dacval<4000)dacval += 200;
            DAC->DHR12R1 = dacval;            //输出
        }else if(key == KEY1_PRES)
        {
            if(dacval>200)dacval -= 200;
            else dacval = 0;
            DAC->DHR12R1 = dacval;            //输出
        }
        if(t == 10||key == KEY1_PRES||key == WKUP_PRES)   //WKUP/KEY1 按下了/时间到
        {
            adcx = DAC->DHR12R1;
            LCD_ShowxNum(94,150,adcx,4,16,0);       //显示 DAC 寄存器值
            temp = (float)adcx * (3.3/4096);         //得到 DAC 电压值
            adcx = temp;
            LCD_ShowxNum(94,170,temp,1,16,0);        //显示电压值整数部分
            temp -= adcx;
            temp *= 1000;
            LCD_ShowxNum(110,170,temp,3,16,0X80);    //显示电压值的小数部分
            adcx = Get_Adc_Average(ADC_CH5,20);       //得到 ADC 转换值
            temp = (float)adcx * (3.3/4096);          //得到 ADC 电压值
            adcx = temp;
            LCD_ShowxNum(94,190,temp,1,16,0);         //显示电压值整数部分
            temp -= adcx;
            temp *= 1000;
            LCD_ShowxNum(110,190,temp,3,16,0X80);     //显示电压值的小数部分
            LED0(led0sta^=1);
            t = 0;
        }
        delay_ms(10);
    }
}
```

此部分代码中先对需要用到的模块进行初始化,然后显示一些提示信息。本章通过 KEY_UP(WKUP 按键)和 KEY1(也就是上下键)来实现对 DAC 输出的幅值控制。按下 KEY_UP 增加,按 KEY1 减小。同时,在 LCD 上面显示 DHR12R1 寄存器的值、DAC 设计输出电压以及 ADC 采集到的 DAC 输出电压。

本章还可以利用 USMART 来设置 DAC 的输出电压值,故需要将 Dac1_Set_Vol 函数加入 USMART 控制,方法前面已经有详细的介绍了,读者这里自行添加,或者直接查看配套资料的源码。

从 main 函数代码可以看出,按键设置输出电压的时候,每次都是以 0.161 V 递增或递减的,而通过 USMART 调用 Dac1_Set_Vol 函数,则可以实现任意电平输出控制(当然得在 DAC 可控范围内)。

27.4 下载验证

代码编译成功之后,下载代码到 ALIENTEK 阿波罗 STM32 开发板上可以看到,LCD 显示如图 27.4.1 所示。

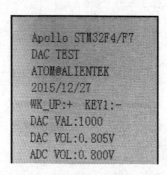

图 27.4.1　DAC 实验测试图

同时伴随 DS0 的不停闪烁,提示程序在运行。此时,通过按 KEY_UP 按键可以看到输出电压增大,按 KEY1 则变小。

可以试试在 USMART 调用 Dac1_Set_Vol 函数来设置 DAC 通道 1 的输出电压,如图 27.4.2 所示。

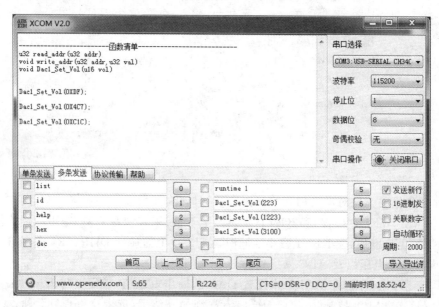

图 27.4.2　通过 USMART 设置 DAC 通道 1 的电压输出

第 28 章

PWM DAC 实验

上一章介绍了 STM32F767 自带 DAC 模块的使用,但有时候两个 DAC 不够用,此时可以通过 PWM+RC 滤波来实一个 PWM DAC。本章将介绍如何使用 STM32F767 的 PWM 来设计一个 DAC。我们将使用按键(或 USMART)控制 STM32F767 的 PWM 输出,从而控制 PWM DAC 的输出电压;通过 ADC1 的通道 5 采集 PWM DAC 的输出电压,并在 LCD 模块上面显示 ADC 获取到的电压值以及 PWM DAC 的设定输出电压值等信息。

28.1 PWM DAC 简介

有时候,STM32F767 自带的 2 路 DAC 不够用,需要多路 DAC,外扩 DAC 成本又会高不少,此时,可以利用 STM32F767 的 PWM+简单的 RC 滤波来实现 DAC 输出,从而节省成本。在精度要求不是很高的时候,PWM+RC 滤波的 DAC 输出方式是一种非常廉价的解决方案。

PWM 本质上其实就是一种周期一定、而高低电平占空比可调的方波。实际电路的典型 PWM 波形如图 28.1.1 所示。

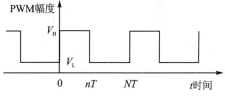

图 28.1.1　实际电路典型 PWM 波形

图 28.1.1 的 PWM 波形可以用分段函数表示为下式:

$$f(t) = \begin{cases} V_H & kNT \leqslant t \leqslant nT + kNT \\ V_L & kNT + nT \leqslant t \leqslant NT + kNT \end{cases} \quad ①$$

其中,T 是单片机中计数脉冲的基本周期,也就是 STM32F767 定时器计数频率的倒数。N 是 PWM 波一个周期的计数脉冲个数,也就是 STM32F767 的 ARR-1 的值。n 是 PWM 波一个周期中高电平的计数脉冲个数,也就是 STM32F767 的 CCRx 的值。V_H 和 V_L 分别是 PWM 波的高低电平电压值,k 为谐波次数,t 为时间。将①式展开成傅里叶级数,得到公式:

$$f(t) = \left[\frac{n}{N}(V_H + V_L) + V_L\right] + 2\frac{V_H - V_L}{\pi}\sin\left(\frac{n}{N}\pi\right)\cos\left(\frac{2\pi}{NT}t - \frac{n\pi}{N}k\right) + \sum_{k=2}^{\infty} 2\frac{V_H - V_L}{k\pi}\left|\sin\left(\frac{n\pi}{N}k\right)\right|\cos\left(\frac{2\pi}{NT}kt - \frac{n\pi}{N}k\right) \quad ②$$

从②式可以看出,式中第一个方括弧为直流分量,第 2 项为一次谐波分量,第 3 项为大于一次的高次谐波分量。式②中的直流分量与 n 成线性关系,并随着 n 从 0 到 N,直流分量从 V_L 到 V_L+V_H 之间变化。这正是电压输出的 DAC 所需要的。因此,如果能把式②中除直流分量外的谐波过滤掉,则可以得到从 PWM 波到电压输出 DAC 的转换,即 PWM 波可以通过一个低通滤波器进行解调。式②中第 2 项的幅度和相角与 n 有关,频率为 $1/(NT)$,其实就是 PWM 的输出频率。该频率是设计低通滤波器的依据。如果能把一次谐波很好过滤掉,则高次谐波就应该基本不存在了。

通过上面的了解可以得到 PWM DAC 的分辨率,计算公式如下:

$$分辨率 = \log_2 N$$

这里假设 n 的最小变化为 1,当 $N = 256$ 的时候,分辨率就是 8 位。而 STM32F767 的定时器大部分都是 16 位的(TIM2 和 TIM5 是 32 位),可以很容易得到更高的分辨率。分辨率越高,速度就越慢。不过本章要设计的 DAC 分辨率为 8 位。

在 8 位分辨条件下,一般要求一次谐波对输出电压的影响不要超过一个位的精度,也就是 3.3 V/256=0.012 89 V。假设 V_H 为 3.3 V,V_L 为 0 V,那么一次谐波的最大值是 2×3.3 V$/\pi = 2.1$ V,这就要求 RC 滤波电路提供至少 $-20\lg(2.1/0.012\,89) = -44$ dB 的衰减。

STM32F767 定时器最快的计数频率是 216 MHz,某些定时器只能到 108 MHz,所以以 108 MHz 频率为例介绍,8 位分辨率的时候,PWM 频率为 108 MHz/256 = 421.875 kHz。如果是一阶 RC 滤波,则要求截止频率 2.66 kHz;如果为 2 阶 RC 滤波,则要求截止频率为 33.62 kHz。

阿波罗 STM32F767 开发板的 PWM DAC 输出采用二阶 RC 滤波,该部分原理图如图 28.1.2 所示。

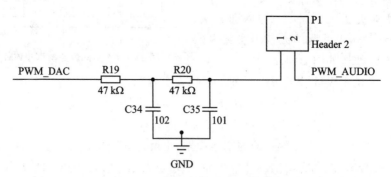

图 28.1.2　PWM DAC 二阶 RC 滤波原理图

二阶 RC 滤波截止频率计算公式为:

$$f = 1/2\pi RC$$

以上公式要求 R28 · C37 = R29 · C38 = RC。根据这个公式可以计算出图 28.1.2 的截止频率为 33.8 kHz,和 33.62 kHz 非常接近,满足设计要求。

PWM DAC 的原理部分就介绍到这里。

第 28 章 PWM DAC 实验

28.2 硬件设计

本章用到的硬件资源有：指示灯 DS0、KEY_UP 和 KEY1 按键、串口、LCD 模块、ADC、PWM DAC。本章使用 STM32F767 的 TIM9_CH2(PA3) 输出 PWM，经过二阶 RC 滤波后，转换为直流输出，实现 PWM DAC。同上一章一样，通过 ADC1 的通道 5 (PA5) 读取 PWM DAC 的输出，并在 LCD 模块上显示相关数值，通过按键和 USMART 控制 PWM DAC 的输出值。需要用到 ADC 采集 DAC 的输出电压，所以需要在硬件上将 PWM DAC 和 ADC 短接起来。PWM DAC 部分原理图如图 28.2.1 所示。从图 28.2.1 可知 PWM_DAC 的连接关系，但是这里有个注意的地方：因为 PWM_DAC 和 USART2_RX 共用了 PA3 引脚，所以在做本例程的时候必须拔了 P8 上面 PA3(RX) 的跳线帽（左侧跳线帽），否则会影响 PWM 转换结果。

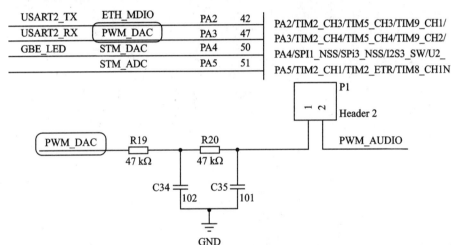

图 28.2.1　PWM DAC 原理图

硬件上还需要用跳线帽短接多功能端口的 PDC 和 ADC，如图 28.2.2 所示。

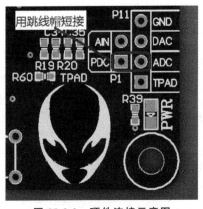

图 28.2.2　硬件连接示意图

28.3 软件设计

找到上一章的工程,本章用不到 dac.c,所以先去掉 dac.c 文件。然后添加 timer.c 文件进来。打开 timer.c 文件,在原有基础上,添加一个新的函数 TIM9_CH2_PWM_Init,该函数代码如下:

```c
//TIM9 CH2 PWM 输出设置
//PWM 输出初始化
//arr:自动重装值
//psc:时钟预分频数
void TIM9_CH2_PWM_Init(u16 arr,u16 psc)
{
    RCC->APB2ENR|=1<<16;              //TIM9 时钟使能
    RCC->AHB1ENR|=1<<0;               //使能 PORTA 时钟
    GPIO_Set(GPIOA,PIN3,GPIO_MODE_AF,GPIO_OTYPE_PP,GPIO_SPEED_100M,
            GPIO_PUPD_PU);//PA3,复用功能,上拉
    GPIO_AF_Set(GPIOA,3,3);           //PA3,AF3
    TIM9->ARR=arr;                    //设定计数器自动重装值
    TIM9->PSC=psc;                    //预分频器
    TIM9->CCMR1|=6<<12;               //CH2 PWM1 模式
    TIM9->CCMR1|=1<<11;               //CH2 预装载使能
    TIM9->CCER|=1<<4;                 //OC2 输出使能
    TIM9->CR1|=1<<7;                  //ARPE 使能
    TIM9->CR1|=1<<0;                  //使能定时器 9
}
```

该函数用来初始化 TIM9_CH2 的 PWM 输出(PA3),其原理同之前介绍的 PWM 输出一模一样,只是换过一个定时器而已。

同时在 timer.h 里面,修改代码如下:

```c
#ifndef __TIMER_H
#define __TIMER_H
#include "sys.h"
//通过改变 TIM3->CCR4 的值来改变占空比,从而控制 LED0 的亮度
#define LED0_PWM_VAL TIM3->CCR4
//TIM9 CH2 作为 PWM DAC 的输出通道
#define PWM_DAC_VAL  TIM9->CCR2
void TIM3_Int_Init(u16 arr,u16 psc);
void TIM3_PWM_Init(u32 arr,u32 psc);
void TIM5_CH1_Cap_Init(u32 arr,u16 psc);
void TIM9_CH2_PWM_Init(u16 arr,u16 psc);
#endif
```

此代码在原有基础上添加了 TIM9_CH2_PWM_Init 函数声明,并添加 PWM_DAC_VAL 宏定义,用于改变 TIM9_CH2 的 PWM 占空比,从而控制 PWM DAC 的输出。

接下来在 test.c 里面,修改代码如下:

```c
//设置输出电压
//vol:0~330,代表0~3.3 V
void PWM_DAC_Set(u16 vol)
{
    double temp = vol;
    temp/ = 100;
    temp = temp * 256/3.3;
    PWM_DAC_VAL = temp;
}
int main(void)
{
    u8 led0sta = 1;u16 adcx;
    float temp;
    u8 t = 0;u8 key;
    u16 pwmval = 0;
    Stm32_Clock_Init(432,25,2,9);      //设置时钟,216 MHz
    delay_init(216);                   //延时初始化
    uart_init(108,115200);             //初始化串口波特率为115 200
    usmart_dev.init(108);              //初始化USMART
    LED_Init();                        //初始化与LED连接的硬件接口
    MPU_Memory_Protection();           //保护相关存储区域
    SDRAM_Init();                      //初始化SDRAM
    LCD_Init();                        //初始化LCD
    Adc_Init();                        //初始化ADC
    KEY_Init();                        //按键初始化
    TIM9_CH2_PWM_Init(255,1);          //TIM9 PWM初始化,Fpwm = 108M/256 = 421.9 kHz
    POINT_COLOR = RED;
    LCD_ShowString(30,50,200,16,16,"Apollo STM32F4/F7");
    LCD_ShowString(30,70,200,16,16,"PWM DAC TEST");
    LCD_ShowString(30,90,200,16,16,"ATOM@ALIENTEK");
    LCD_ShowString(30,110,200,16,16,"2016/7/13");
    LCD_ShowString(30,130,200,16,16,"WK_UP:+  KEY1:-");
    POINT_COLOR = BLUE;//设置字体为蓝色
    LCD_ShowString(30,150,200,16,16,"DAC VAL:");
    LCD_ShowString(30,170,200,16,16,"DAC VOL:0.000V");
    LCD_ShowString(30,190,200,16,16,"ADC VOL:0.000V");
    PWM_DAC_VAL = pwmval;//初始值为0
    while(1)
    {
        t ++;
        key = KEY_Scan(0);
        if(key == WKUP_PRES)
        {
            if(pwmval<250)pwmval += 10;
            PWM_DAC_VAL = pwmval;          //输出
        }else if(key == KEY1_PRES)
        {
            if(pwmval>10)pwmval -= 10;
            else pwmval = 0;
            PWM_DAC_VAL = pwmval;          //输出
        }
```

```
                if(t==10||key==KEY1_PRES||key==WKUP_PRES)  //WKUP/KEY1 按下/时间到
                {
                    adcx = PWM_DAC_VAL;
                    LCD_ShowxNum(94,150,adcx,3,16,0);         //显示 DAC 寄存器值
                    temp = (float)adcx * (3.3/256);;          //得到 DAC 电压值
                    adcx = temp;
                    LCD_ShowxNum(94,170,temp,1,16,0);         //显示电压值整数部分
                    temp -= adcx;
                    temp *= 1000;
                    LCD_ShowxNum(110,170,temp,3,16,0x80);     //显示电压值的小数部分
                    adcx = Get_Adc_Average(ADC_CH5,20);       //得到 ADC 转换值
                    temp = (float)adcx * (3.3/4096);          //得到 ADC 电压值
                    adcx = temp;
                    LCD_ShowxNum(94,190,temp,1,16,0);         //显示电压值整数部分
                    temp -= adcx;
                    temp *= 1000;
                    LCD_ShowxNum(110,190,temp,3,16,0x80);     //显示电压值的小数部分
                    t = 0;
                    LED0(led0sta^=1);
                }
                delay_ms(10);
        }
}
```

此部分代码同上一章的基本一样,先对需要用到的模块进行初始化,然后显示一些提示信息。本章通过 KEY_UP 和 KEY1(也就是上下键)来实现对 PWM 脉宽的控制,经过 RC 滤波,最终实现对 DAC 输出幅值的控制。按下 KEY_UP 增加,按 KEY1 减小。同时,在 LCD 上面显示 TIM9_CCR2 寄存器的值、PWM DAC 设计输出电压以及 ADC 采集到的实际输出电压。同时 DS0 闪烁,提示程序运行状况。

不过此部分代码还有一个 PWM_DAC_Set 函数,用于 USMART 调用,从而通过串口控制 PWM DAC 的输出。所以还需要将 PWM_DAC_Set 函数加入 USMART 控制,方法前面已经有详细的介绍了,这里自行添加,或者直接查看配套资料的源码。

28.4 下载验证

代码编译成功之后,下载代码到 ALIENTEK 阿波罗 STM32 开发板上、可以看到,LCD 显示如图 28.4.1 所示。

同时伴随 DS0 的不停闪烁,提示程序在运行。此时,通过按 KEY_UP 按键可以看到输出电压增大,按 KEY1 则变小。注意,此时 PA3 不能接其他任何外设,如果没有拔 P8 排针上面 PA3 的跳线帽,那么 PWM DAC 将有很大误差。

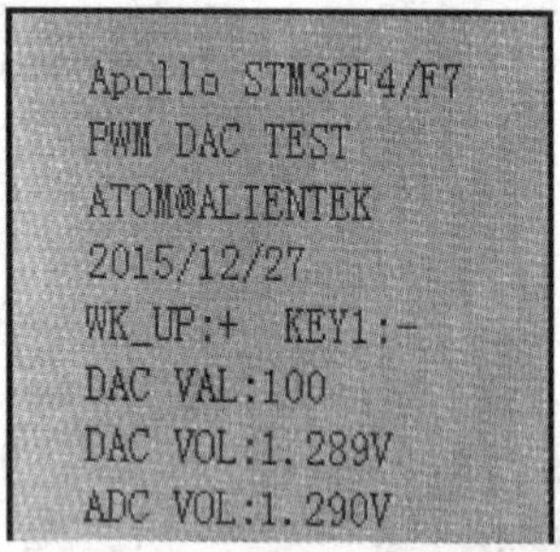

图 28.4.1 PWM DAC 实验测试图

第 28 章 PWM DAC 实验

读者可以试试在 USMART 调用 PWM_DAC_Set 函数来设置 PWM DAC 的输出电压,如图 28.4.2 所示。

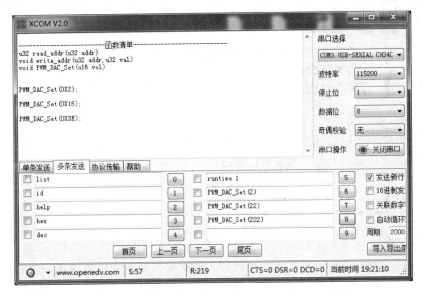

图 28.4.2 通过 USMART 设置 PWM DAC 的电压输出

第 29 章

DMA 实验

本章将介绍 STM32F767 的 DMA,将利用 STM32F767 的 DMA 来实现串口数据传送,并在 LCD 模块上显示当前的传送进度。

29.1 STM32F767 DMA 简介

DMA,全称为 Direct Memory Access,即直接存储器访问。DMA 传输方式无需 CPU,可直接控制传输,也没有中断处理方式那样保留现场和恢复现场的过程,通过硬件为 RAM 与 I/O 设备开辟了一条直接传送数据的通路,能使 CPU 的效率大为提高。

STM32F767 最多有 2 个 DMA 控制器(DMA1 和 DMA2),共 16 个数据流(每个控制器 8 个),每一个 DMA 控制器都用于管理一个或多个外设的存储器访问请求。每个数据流总共可以有多达 8 个通道(或称请求)。每个数据流通道都有一个仲裁器,用于处理 DMA 请求间的优先级。

STM32F767 的 DMA 有以下一些特性:
- 双 AHB 主总线架构,一个用于存储器访问,另一个用于外设访问;
- 仅支持 32 位访问的 AHB 从编程接口;
- 每个 DMA 控制器有 8 个数据流,每个数据流有多达 8 个通道(或称请求);
- 每个数据流有单独的 4 级 32 位先进先出存储器缓冲区(FIFO),可用于 FIFO 模式或直接模式;
- 通过硬件可以将每个数据流配置为:
  ① 支持外设到存储器、存储器到外设和存储器到存储器传输的常规通道;
  ② 支持在存储器方双缓冲的双缓冲区通道;
- 8 个数据流中的每一个都连接到专用硬件 DMA 通道(请求);
- DMA 数据流请求之间的优先级可用软件编程(4 个级别:非常高、高、中、低),在软件优先级相同的情况下可以通过硬件决定优先级(例如,请求 0 的优先级高于请求 1);
- 每个数据流也支持通过软件触发存储器到存储器的传输(仅限 DMA2 控制器);
- 可供每个数据流选择的通道请求有 8 个,此选择可由软件配置,允许几个外设启动 DMA 请求;
- 要传输的数据项的数目可以由 DMA 控制器或外设管理;

① DMA 流控制器：要传输的数据项的数目是 1～65 535，可用软件编程；
② 外设流控制器：要传输的数据项的数目未知并由源或目标外设控制，这些外设通过硬件发出传输结束的信号；
- 独立的源和目标传输宽度（字节、半字、字）：源和目标的数据宽度不相等时，DMA 自动封装/解封必要的传输数据来优化带宽，这个特性仅在 FIFO 模式下可用；
- 对源和目标的增量或非增量寻址；
- 支持 4 个、8 个和 16 个节拍的增量突发传输。突发增量的大小可由软件配置，通常等于外设 FIFO 大小的一半；
- 每个数据流都支持循环缓冲区管理；
- 5 个事件标志（DMA 半传输、DMA 传输完成、DMA 传输错误、DMA FIFO 错误、直接模式错误），进行逻辑或运算，从而产生每个数据流的单个中断请求。

STM32F767 有两个 DMA 控制器，DMA1 和 DMA2，本章仅针对 DMA2 进行介绍。STM32F767 的 DMA 控制器框图如图 29.1.1 所示。

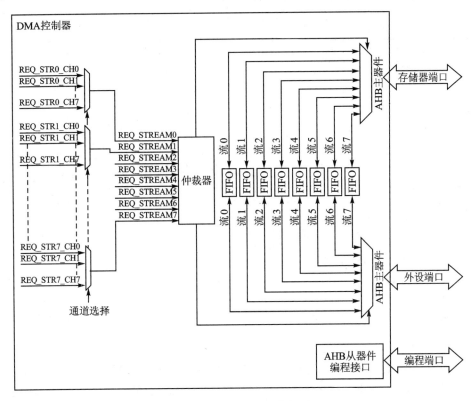

图 29.1.1　DMA 控制器框图

DMA 控制器执行直接存储器传输，因为采用 AHB 主总线，它可以控制 AHB 总线矩阵来启动 AHB 事务。它可以执行下列事务：

- 外设到存储器的传输；
- 存储器到外设的传输；
- 存储器到存储器的传输。

注意，存储器到存储器需要外设接口可以访问存储器，而仅DMA2的外设接口可以访问存储器，所以仅DMA2控制器支持存储器到存储器的传输，DMA1不支持。

图29.1.1中数据流的多通道选择是通过DMA_SxCR寄存器控制的，如图29.1.2所示。可以看出，DMA_SxCR控制数据流到底使用

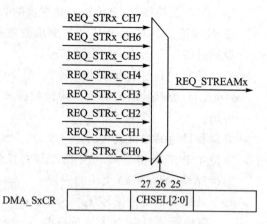

图29.1.2 DMA数据流通道选择

哪一个通道，每个数据流有8个通道可供选择，每次只能选择其中一个通道进行DMA传输。接下来看看DMA2的各数据流通道映射表，如表29.1.1所列。

表29.1.1 DMA2 各数据流通道映射表

外设请求	数据流0	数据流1	数据流2	数据流3	数据流4	数据流5	数据流6	数据流7
通道0	ADC1	SAI1_A	TIM8_CH1 TIM8_CH2 TIM8_CH3	SAI1_A	ADC1	SAI1_B	TIM1_CH1 TIM1_CH2 TIM1_CH3	SAI2_B
通道1	—	DCMI	ADC2	ADC2	SAI1_B	SPI6_TX	SPI6_RX	DCMI
通道2	ADC3	ADC3	—	SPI5_RX	SPI5_TX	CRYP_OUT	CRYP_IN	HASH_IN
通道3	SPI1_RX	—	SPI1_RX	SPI1_TX	SAI2_A	SPI1_RX	SAI2_B	QUADSPI
通道4	SPI4_RX	SPI4_TX	USART1_RX	SDMMC1	—	USART1_RX	SDMMC1	USART1_TX
通道5	—	USART6_RX	USART6_RX	SPI4_RX	SPI4_TX	—	USART6_TX	USART6_TX
通道6	TIM1_TRIG	TIM1_CH1	TIM1_CH2	TIM1_CH1	TIM1_CH4 TIM1_TRIG TIM1_COM	TIM1_UP	TIM1_CH3	—
通道7	—	TIM8_UP	TIM8_CH1	TIM8_CH2	TIM8_CH3	SPI5_RX	SPI5_TX	TIM8_CH4 TIM8_TRIG TIM8_COM

表29.1.1就列出了DMA2所有可能的选择情况，总共64种组合，比如本章要实现串口1的DMA发送，即USART1_TX，就必须选择DMA2的数据流7、通道4来进行DMA传输。注意，有的外设（比如USART1_RX）可能有多个通道可以选择，随意选择一个就可以了。

接下来介绍DMA设置相关的几个寄存器。

第一个是DMA中断状态寄存器，该寄存器总共有2个：DMA_LISR 和 DMA_

HISR,每个寄存器管理 4 数据流(总共 8 个),DMA_LISR 寄存器用于管理数据流 0~3,而 DMA_HISR 用于管理数据流 4~7。这两个寄存器各位描述都完全一模一样,只是管理的数据流不一样。

这里仅以 DMA_LISR 寄存器为例进行介绍,DMA_LISR 各位描述如图 29.1.3 所示。

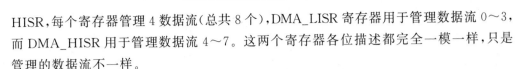

位 31:28、15:12   保留,必须保持复位值。

位 27、21、11、5   TCIFx:数据流 x 传输完成中断标志
　　　　　　　　此位将由硬件置 1,由软件清零,软件只须将 1 写入 DMA_LIFCR 寄存器的相应位。
　　　　　　　　0:数据流 x 上无传输完成事件　1:数据流 x 上发生传输完成事件

位 26、20、10、4   HTIFx:数据流 x 半传输中断标志
　　　　　　　　位将由硬件置 1,由软件清零,软件只须将 1 写入 DMA_LIFCR 寄存器的相应位。
　　　　　　　　0:数据流 x 上无半传输事件　1:数据流 x 上发生半传输事件

位 25、19、9、3   TEIFx:数据流 x 传输错误中断标志
　　　　　　　　此位将由硬件置 1,由软件清零,软件只须将 1 写入 DMA_LIFCR 寄存器的相应位。
　　　　　　　　0:数据流 x 上无传输错误　1:数据流 x 上发生传输错误

位 24、18、8、2   DMEIFx:数据流 x 直接模式错误中断标志
　　　　　　　　此位将由硬件置 1,由软件清零,软件只须将 1 写入 DMA_LIFCR 寄存器的相应位。
　　　　　　　　0:数据流 x 上无直接模式错误　1:数据流 x 上发生直接模式错误

位 23、17、7、1   保留,必须保持复位值。

位 22、16、6、0   FEIFx= 数据流 x FIFO 错误中断标志
　　　　　　　　此位将由硬件置 1,由软件清零,软件只须将 1 写入 DMA_LIFCR 寄存器的相应位。
　　　　　　　　0:数据流 x 上无 FI Fo 错误事件　1:数据流 x 上发生 FI FO 错误事件

图 29.1.3   DMA_LISR 寄存器各位描述

如果开启了 DMA_LISR 中这些位对应的中断,则达到条件后就会跳到中断服务函数里面去;即使没开启,我们也可以通过查询这些位来获得当前 DMA 传输的状态。这里常用的是 TCIFx 位,即数据流 x 的 DMA 传输完成与否标志。注意,此寄存器为只读寄存器,所以这些位被置位之后,只能通过其他的操作来清除。DMA_HISR 寄存器中各位描述同 DMA_LISR 寄存器各位描述完全一样,只是对应数据流 4~7,这里就不列出来了。

第二个是 DMA 中断标志清除寄存器。该寄存器同样有 2 个:DMA_LIFCR 和 DMA_HIFCR,同样是每个寄存器控制 4 个数据流,DMA_LIFCR 寄存器用于管理数据流 0~3,而 DMA_HIFCR 用于管理数据流 4~7。这两个寄存器各位描述都完全一模一样,只是管理的数据流不一样。

这里仅以 DMA_LIFCR 寄存器为例进行介绍，DMA_LIFCR 各位描述如图 29.1.4 所示。

31	30	29	28	27	26	25	24	23	22	21	20	19	18	17	16
\multicolumn{4}{|c|}{Reserved}	CTCIF3	CHTIF3	CTEIF3	CDMEIF3	Reserved	CFEIF3	CTCIF2	CHTIF2	CTEIF2	CDMEIF2	Reserved	CFEIF2
				w	w	w	w		w	w	w	w	w		w

15	14	13	12	11	10	9	8	7	6	5	4	3	2	1	0
\multicolumn{4}{|c|}{Reserved}	CTCIF1	CHTIF1	CTEIF1	CDMEIF1	Reserved	CFEIF1	CTCIF0	CHTIF0	CTEIF0	CDMEIF0	Reserved	CFEIF0
				w	w	w	w		w	w	w	w	w		w

位 31:28、15:12　保留，必须保持复位值。

位 27、21、11、5　CTCIFx：数据流 x 传输完成中断标志清零
　　　　　　　　将 1 写入此位时，DMA_LISR 寄存器中相应的 TCIFx 标志将清零

位 26、20、10、4　CHTIFx：数据流 x 半传输中断标志清零
　　　　　　　　将 1 写入此位时，DMA_LISR 寄存器中相应的 HTIFx 标志将清零

位 25、19、9、3　CTEIFx：数据流 x 传输错误中断标志清零
　　　　　　　　将 1 写入此位时，DMA_LISR 寄存器中相应的 TEIFx 标志将清零

位 24、18、8、2　CDMEIFx：数据流 x 直接模式错误中断标志清零
　　　　　　　　将 1 写入此位时，DMA_LISR 寄存器中相应的 DMEIFx 标志将清零

位 23、17、7、1　保留，必须保持复位值。

位 22、16、6、0　CFEIFx：数据流 x FIFO 错误中断标志清零
　　　　　　　　将 1 写入此位时，DMA_LISR 寄存器中相应的 CFEIFx 标志将清零

图 29.1.4　DMA_LIFCR 寄存器各位描述

DMA_LIFCR 的各位就是用来清除 DMA_LISR 对应位的，通过写 1 清除。在 DMA_LISR 被置位后，必须通过向该位寄存器对应的位写入 1 来清除。DMA_HIFCR 的使用同 DMA_LIFCR 类似，这里就不做介绍了。

第三个是 DMA 数据流 x 配置寄存器（DMA_SxCR）（x=0～7，下同）。该寄存器的设置这里就不贴出来了，见《STM32F7 中文参考手册》第 229 页 8.5.5 小节。该寄存器控制着 DMA 的很多相关信息，包括数据宽度、外设及存储器的宽度、优先级、增量模式、传输方向、中断允许、使能等都是通过该寄存器来设置的。所以，DMA_SxCR 是 DMA 传输的核心控制寄存器。

第四个是 DMA 数据流 x 数据项数寄存器（DMA_SxNDTR）。这个寄存器控制 DMA 数据流 x 的每次传输所要传输的数据量，其设置范围为 0～65535。并且该寄存器的值会随着传输的进行而减少，当该寄存器的值为 0 的时候就代表此次数据传输已经全部发送完成了。所以，可以通过这个寄存器的值来知道当前 DMA 传输的进度。注意，这里是数据项数目，而不是指的字节数。比如设置数据位宽为 16 位，那么传输一次（一个项）就是 2 个字节。

第五个是 DMA 数据流 x 的外设地址寄存器（DMA_SxPAR）。该寄存器用来存储 STM32F767 外设的地址，比如使用串口 1，那么该寄存器必须写入 0x40011028（其实就是 &USART1_TDR）。如果使用其他外设，就修改成相应外设的地址就行了。

第 29 章　DMA 实验

最后一个是 DMA 数据流 x 的存储器地址寄存器,由于 STM32F767 的 DMA 支持双缓存,所以存储器地址寄存器有两个:DMA_SxM0AR 和 DMA_SxM1AR,其中,DMA_SxM1AR 仅在双缓冲模式下才有效。本章没用到双缓冲模式,所以存储器地址寄存器就是 DMA_SxM0AR,该寄存器和 DMA_CPARx 差不多,但是是用来放存储器的地址的。比如使用 SendBuf[7800]数组来做存储器,那么在 DMA_SxM0AR 中写入&SendBuff 就可以了。

DMA 相关寄存器就介绍到这里,这些寄存器的详细描述可参考《STM32F7 中文参考手册》第 8.5 节。本章要用到串口 1 的发送,属于 DMA2 的数据流 7,通道 4,接下来就介绍配置步骤:

① 使能 DMA2 时钟,并等待数据流可配置。

DMA 的时钟使能是通过 AHB1ENR 寄存器来控制的,这里要先使能时钟,才可以配置 DMA 相关寄存器,所以先要使能 DMA2 的时钟。另外,要对配置寄存器(DMA_SxCR)进行设置,必须先等待其最低位为 0(也就是 DMA 传输禁止了),才可以进行配置。

② 设置外设地址。

设置外设地址通过 DMA_SxPAR 来设置,只要在这个寄存器里面写入&USART1_DR 的值就可以了。该地址将作为 DMA 传输的目标地址。

③ 设置存储器地址。

因为没有用到双缓冲模式,所以,我们通过 DMA_SxM0AR 来设置存储器地址。假设要把数组 SendBuf 作为存储器,那么在该寄存器写入&SendBuf 就可以了。该地址将作为 DMA 传输的源地址。

④ 设置传输数据量。

通过 DMA_SxNDTR 来设置传输数据,这里面写入此次要传输的数据量就可以了,也就是 SendBuf 的大小。该寄存器的数值将在 DMA 启动后自减,每次新的 DMA 传输中都重新向该寄存器写入要传输的数据量。

⑤ 设置 DMA2 数据流 7 的配置信息。

配置信息通过 DMA2_S7CR(MDK 里面叫 DMA2_Stream7→CR)来设置。这里设置存储器和外设的数据位宽均为 8,且模式是存储器到外设的存储器增量模式,不使用双缓冲模式等,并选择数据流通道为 4。

另外,优先级可以随便设置,因为只有一个数据流被开启了。假设有多个数据流开启(最多 8 个),那么就要设置优先级了。DMA 仲裁器将根据这些优先级的设置来决定先执行那个数据流的 DMA。优先级越高的,越早执行;当优先级相同的时候,根据硬件上的编号来决定哪个先执行(编号越小越优先)。

⑥ 使能 DMA2 数据流 7,启动传输。

在以上配置都完成了之后,就使能 DMA2_S7CR 的最低位开启 DMA 传输。注意,要设置 USART1 的使能 DMA 传输位,通过 USART1→CR3 的第 7 位设置。

通过以上 6 步设置就可以启动一次 USART1 的 DMA 传输了。

29.2 硬件设计

本章用到的硬件资源有指示灯 DS0、KEY0 按键、串口、LCD 模块、DMA。本章将利用外部按键 KEY0 来控制 DMA 的传送，每按一次 KEY0，DMA 就传送一次数据到 USART1，然后在 LCD 模块上显示进度等信息。DS0 还是用作程序运行的指示灯。

本章实验需要注意 P4 口的 RXD、TXD 是否和 PA9、PA10 连接上，如果没有，须先连接。

29.3 软件设计

打开上一章的工程，先把没用到.c 文件删掉，包括 USMART 相关代码以及 adc.c、timer.c 等（注意，此时 HARDWARE 组剩下 led.c、mpu.c、sdram.c、ltdc.c、key.c 和 lcd）。

在 HARDWARE 文件夹下新建一个 DMA 的文件夹。然后新建一个 dma.c 的文件和 dma.h 的头文件，保存在 DMA 文件夹下，并将 DMA 文件夹加入头文件包含路径。

打开 dma.c 文件，输入如下代码：

```c
//DMAx 的各通道配置
//这里的传输形式是固定的,这点要根据不同的情况来修改
//从存储器->外设模式/8位数据宽度/存储器增量模式
//DMA_Streamx:DMA 数据流,DMA1_Stream0~7/DMA2_Stream0~7
//chx:DMA 通道选择,范围:0~7
//par:外设地址
//mar:存储器地址
//ndtr:数据传输量
void MYDMA_Config(DMA_Stream_TypeDef * DMA_Streamx,u8 chx,u32 par,u32 mar,
                u16 ndtr)
{
    DMA_TypeDef * DMAx;
    u8 streamx;
    if((u32)DMA_Streamx>(u32)DMA2)      //得到当前 stream 是属于 DMA2 还是 DMA1
    {
        DMAx = DMA2;
        RCC->AHB1ENR|= 1 << 22;          //DMA2 时钟使能
    }else
    {
        DMAx = DMA1;
        RCC->AHB1ENR|= 1 << 21;          //DMA1 时钟使能
    }
    while(DMA_Streamx->CR&0X01);         //等待 DMA 可配置
    streamx = (((u32)DMA_Streamx - (u32)DMAx) - 0X10)/0X18;    //得到 stream 通道号
    if(streamx>= 6)DMAx->HIFCR|= 0X3D << (6*(streamx-6)+16);//清空之前所有中断标志
    else if(streamx>= 4)DMAx->HIFCR|= 0X3D << 6*(streamx-4);//清空之前所有中断标志
    else if(streamx>= 2)DMAx->LIFCR|= 0X3D << (6*(streamx-2)+16);//清空中断标志
```

```c
        else DMAx ->LIFCR|= 0X3D << 6 * streamx;   //清空之前该 stream 上的所有中断标志
        DMA_Streamx ->PAR = par;                    //DMA 外设地址
        DMA_Streamx ->M0AR = mar;                   //DMA 存储器 0 地址
        DMA_Streamx ->NDTR = ndtr;                  //DMA 传输长度
        DMA_Streamx ->CR = 0;                       //先全部复位 CR 寄存器值
        DMA_Streamx ->CR|= 1 << 6;                  //存储器到外设模式
        DMA_Streamx ->CR|= 0 << 8;                  //非循环模式(即使用普通模式)
        DMA_Streamx ->CR|= 0 << 9;                  //外设非增量模式
        DMA_Streamx ->CR|= 1 << 10;                 //存储器增量模式
        DMA_Streamx ->CR|= 0 << 11;                 //外设数据长度:8 位
        DMA_Streamx ->CR|= 0 << 13;                 //存储器数据长度:8 位
        DMA_Streamx ->CR|= 1 << 16;                 //中等优先级
        DMA_Streamx ->CR|= 0 << 21;                 //外设突发单次传输
        DMA_Streamx ->CR|= 0 << 23;                 //存储器突发单次传输
        DMA_Streamx ->CR|= (u32)chx << 25;          //通道选择
        //DMA_Streamx ->FCR = 0X21;                 //FIFO 控制寄存器
}
//开启一次 DMA 传输
//DMA_Streamx:DMA 数据流,DMA1_Stream0~7/DMA2_Stream0~7
//ndtr:数据传输量
void MYDMA_Enable(DMA_Stream_TypeDef * DMA_Streamx,u16 ndtr)
{
        DMA_Streamx ->CR&= ~(1 << 0);               //关闭 DMA 传输
        while(DMA_Streamx ->CR&0X1);                //确保 DMA 可以被设置
        DMA_Streamx ->NDTR = ndtr;                  //DMA 传输长度
        DMA_Streamx ->CR|= 1 << 0;                  //开启 DMA 传输
}
```

该部分代码仅仅 2 个函数。其中,MYDMA_Config 函数基本上就是按照上面介绍的步骤来初始化 DMA 的。该函数是一个通用的 DMA 配置函数,DMA1、DMA2 的所有通道都可以利用该函数配置,不过有些固定参数可能要适当修改(比如位宽、传输方向等)。该函数在外部只能修改 DMA 及数据流编号、通道号、外设地址、存储器地址(SxM0AR)传输数据量等几个参数,更多的其他设置只能在该函数内部修改。

MYDMA_Enable 函数用来产生一次 DMA 传输,该函数每执行一次,DMA 就发送一次。

保存 dma.c,并把 dma.c 加入到 HARDWARE 组下。接下来打开 dma.h,输入如下内容:

```c
#ifndef __DMA_H
#define __DMA_H
#include "sys.h"
void MYDMA_Config(DMA_Stream_TypeDef * DMA_Streamx,u8 chx,u32 par,u32 mar,
                  u16 ndtr);//配置 DMAx_CHx
void MYDMA_Enable(DMA_Stream_TypeDef * DMA_Streamx,u16 ndtr);//使能一次 DMA 传输
#endif
```

保存 dma.h,最后在 test.c 里面修改 main 函数如下:

```c
#define SEND_BUF_SIZE 7800
//发送数据长度,最好等于 sizeof(TEXT_TO_SEND)+2 的整数倍.
u8 SendBuff[SEND_BUF_SIZE];        //发送数据缓冲区
const u8 TEXT_TO_SEND[] = {"ALIENTEK Apollo STM32F7 DMA 串口实验"};
int main(void)
{
    u8 led0sta = 1;
    u16 i; u8 t = 0;
    u8 j,mask = 0;
    float pro = 0;                   //进度
    Stm32_Clock_Init(432,25,2,9);//设置时钟,216 MHz
    delay_init(216);                 //延时初始化
    uart_init(108,115200);           //初始化串口波特率为 115 200
    LED_Init();                      //初始化与 LED 连接的硬件接口
    MPU_Memory_Protection();         //保护相关存储区域
    SDRAM_Init();                    //初始化 SDRAM
    LCD_Init();                      //初始化 LCD
    KEY_Init();                      //按键初始化
MYDMA_Config(DMA2_Stream7,4,(u32)&USART1->TDR,(u32)SendBuff,SEND_BUF_SIZE);
//DMA2,STEAM7,CH4,外设为串口 1,存储器为 SendBuff,长度为:SEND_BUF_SIZE.
    POINT_COLOR = RED;
    LCD_ShowString(30,50,200,16,16,"Apollo STM32F4/F7");
    LCD_ShowString(30,70,200,16,16,"DMA TEST");
    LCD_ShowString(30,90,200,16,16,"ATOM@ALIENTEK");
    LCD_ShowString(30,110,200,16,16,"2016/7/14");
    LCD_ShowString(30,130,200,16,16,"KEY0:Start");
    POINT_COLOR = BLUE;//设置字体为蓝色
    j = sizeof(TEXT_TO_SEND);
    for(i = 0;i<SEND_BUF_SIZE;i++)//填充 ASCII 字符集数据
    {
        if(t>=j)//加入换行符
        {
            if(mask){SendBuff[i] = 0x0a;t = 0;}
            else {SendBuff[i] = 0x0d;mask++;}
        }else//复制 TEXT_TO_SEND 语句
        {
            mask = 0;
            SendBuff[i] = TEXT_TO_SEND[t];
            t++;
        }
    }
    POINT_COLOR = BLUE;//设置字体为蓝色
    i = 0;
    while(1)
    {
        t = KEY_Scan(0);
        if(t == KEY0_PRES)//KEY0 按下
        {
```

第29章 DMA 实验

```
    printf("\r\nDMA DATA:\r\n");
    LCD_ShowString(30,150,200,16,16,"Start Transimit....");
    LCD_ShowString(30,170,200,16,16,"   %");//显示百分号
    USART1->CR3 = 1 << 7;                    //使能串口1的DMA发送
    MYDMA_Enable(DMA2_Stream7,SEND_BUF_SIZE); //开始一次DMA传输
    //等待DMA传输完成,此时我们来做另外一些事,点灯
    //实际应用中,传输数据期间,可以执行另外的任务
    while(1)
    {
        if(DMA2->HISR&(1 << 27))         //等待DMA2_Steam7传输完成
        {
            DMA2->HIFCR|=1 << 27;        //清除DMA2_Steam7传输完成标志
            break;
        }
        pro = DMA2_Stream7->NDTR;        //得到当前还剩余多少个数据
        pro = 1 - pro/SEND_BUF_SIZE;     //得到百分比
        pro *= 100;                      //扩大100倍
        LCD_ShowNum(30,170,pro,3,16);
    }
    LCD_ShowNum(30,170,100,3,16);        //显示100%
    LCD_ShowString(30,150,200,16,16,"Transimit Finished!");//提示完成
    }
    i++;
    delay_ms(10);
    if(i == 20){LED0(led0sta^=1);i=0;}   //提示系统正在运行
}
```

至此,DMA 串口传输的软件设计就完成了。

29.4 下载验证

在代码编译成功之后,通过串口下载代码到 ALIENTEK 阿波罗 STM32 开发板上,可以看到,LCD 显示如图 29.4.1 所示。

伴随 DS0 的不停闪烁,提示程序在运行。打开串口调试助手,然后按 KEY0 可以看到,串口显示如图 29.4.2 所示的内容。

可以看到,串口收到了阿波罗 STM32F767 开发板发送过来的数据,同时 TFTLCD 上显示了进度等信息,如图 29.4.3 所示。

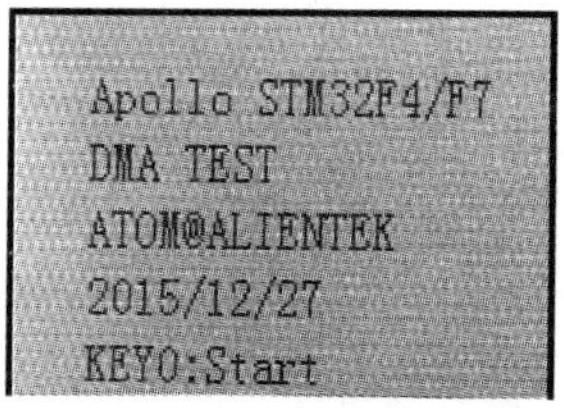

图 29.4.1 DMA 实验测试图

至此,整个 DMA 实验就结束了。希望通过本章的学习,读者能掌握 STM32F767 的 DMA 使用。DMA 是个非常好的功能,不但能减轻 CPU 负担,还能提高数据传输速度,合理地应用往往能让程序设计变得简单。

STM32F7 原理与应用——寄存器版(上)

图 29.4.2 串口收到的数据内容

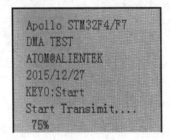

29.4.3 DMA 串口数据传输中

第 30 章

I²C 实验

本章将介绍如何使用 STM32F767 的普通 I/O 口模拟 I²C 时序,并实现和 24C02 之间的双向通信。本章将使用 STM32F767 的普通 I/O 口模拟 I²C 时序来实现 24C02 的读/写,并将结果显示在 LCD 模块上。

30.1 I²C 简介

I²C(Inter-Integrated Circuit)总线是一种由 PHILIPS 公司开发的两线式串行总线,用于连接微控制器及其外围设备。它是由数据线 SDA 和时钟 SCL 构成的串行总线,可发送和接收数据。在 CPU 与被控 IC 之间、IC 与 IC 之间进行双向传送,高速 I²C 总线一般可达 400 kbps 以上。

I²C 总线在传送数据过程中共有 3 种类型信号,分别是开始信号、结束信号和应答信号。

- 开始信号:SCL 为高电平时,SDA 由高电平向低电平跳变,开始传送数据。
- 结束信号:SCL 为高电平时,SDA 由低电平向高电平跳变,结束传送数据。
- 应答信号:接收数据的 IC 在接收到 8 bit 数据后,向发送数据的 IC 发出特定的低电平脉冲,表示已收到数据。CPU 向受控单元发出一个信号后,等待受控单元发出一个应答信号,CPU 接收到应答信号后,根据实际情况做出是否继续传递信号的判断。若未收到应答信号,则判断为受控单元出现故障。

这些信号中,起始信号是必需的,结束信号和应答信号都可以不要。I²C 总线时序图如图 30.1.1 所示。

ALIENTEK 阿波罗 STM32F767 开发板板载的 EEPROM 芯片型号为 24C02。该芯片的总容量是 256 字节,通过 I²C 总线与外部连接,本章就通过 STM32F767 来实现 24C02 的读/写。

目前大部分 MCU 都带有 I²C 总线接口,STM32F767 也不例外。但是这里不使用 STM32F767 的硬件 I²C 来读/写 24C02,而是通过软件模拟。ST 为了规避飞利浦 I²C 专利问题,将 STM32 的硬件 I²C 设计得比较复杂,而且稳定性不怎么好,所以这里不推荐使用。有兴趣的读者可以研究一下 STM32F767 的硬件 I²C。

用软件模拟 I²C 最大的好处就是方便移植,同一个代码兼容所有 MCU。任何一个单片机只要有 I/O 口,就可以很快地移植过去,而且不需要特定的 I/O 口。而对于硬

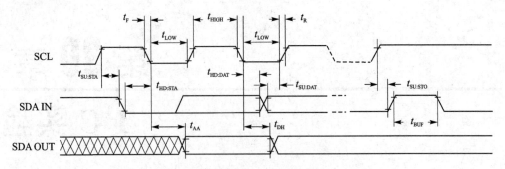

图 30.1.1　I²C 总线时序图

件 I²C，换一款 MCU，基本上就得重新搞一次，移植是比较麻烦的。

本章实验功能简介：开机的时候先检测 24C02 是否存在，然后在主循环里面检测两个按键，其中一个按键（KEY1）用来执行写入 24C02 的操作，另外一个按键（KEY0）用来执行读出操作，在 LCD 模块上显示相关信息。同时，用 DS0 提示程序正在运行。

30.2　硬件设计

本章需要用到的硬件资源有指示灯 DS0、KEY0 和 KEY1 按键、串口（USMART 使用）、LCD 模块、24C02。前面 4 部分的资源前面已经介绍了，这里只介绍 24C02 与 STM32F767 的连接。24C02 的 SCL 和 SDA 分别连在 STM32F767 的 PH4 和 PH5 上的，连接关系如图 30.2.1 所示。

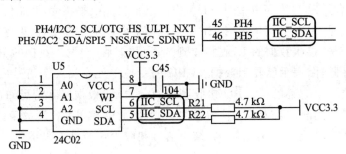

图 30.2.1　STM32F767 与 24C02 连接图

30.3　软件设计

打开上一章的工程，由于本章要用到 USMART 组件，且没有用到 DMA，所以，先去掉 dma.c，然后添加 USMART 组件（方法见第 21.3 节）。

在 HARDWARE 文件夹下新建一个 24CXX 的文件夹。然后新建一个 24cxx.c、myiic.c 的文件和 24cxx.h、myiic.h 的头文件，保存在 24CXX 文件夹下，并将 24CXX 文件夹加入头文件包含路径。

第30章 I²C实验

打开 myiic.c 文件,输入如下代码:

```c
//初始化IIC
void IIC_Init(void)
{
    RCC->AHB1ENR|=1 << 7;                          //使能 PORTH 时钟
    GPIO_Set(GPIOH,PIN4|PIN5,GPIO_MODE_OUT,GPIO_OTYPE_PP,
             GPIO_SPEED_50M,GPIO_PUPD_PU);         //PH4/PH5 设置
    IIC_SCL(1);
    IIC_SDA(1);
}
//产生 IIC 起始信号
void IIC_Start(void)
{
    SDA_OUT();     //sda线输出
    IIC_SDA(1);
    IIC_SCL(1);
    delay_us(4);
    IIC_SDA(0);//START:when CLK is high,DATA change form high to low
    delay_us(4);
    IIC_SCL(0);//钳住I2C总线,准备发送或接收数据
}
//产生 IIC 停止信号
void IIC_Stop(void)
{
    SDA_OUT();//sda线输出
    IIC_SCL(0);
    IIC_SDA(0);//STOP:when CLK is high DATA change form low to high
    delay_us(4);
    IIC_SCL(1);
    IIC_SDA(1);//发送I2C总线结束信号
    delay_us(4);
}
//等待应答信号到来
//返回值:1,接收应答失败
//      0,接收应答成功
u8 IIC_Wait_Ack(void)
{
    u8 ucErrTime = 0;
    SDA_IN();          //SDA设置为输入
    IIC_SDA(1);delay_us(1);
    IIC_SCL(1);delay_us(1);
    while(READ_SDA)
    {
        ucErrTime++;
        if(ucErrTime>250)
        {
            IIC_Stop();
            return 1;
        }
    }
```

```c
    IIC_SCL(0);//时钟输出0
    return 0;
}
//产生ACK应答
void IIC_Ack(void)
{
    IIC_SCL(0);
    SDA_OUT();
    IIC_SDA(0);
    delay_us(2);
    IIC_SCL(1);
    delay_us(2);
    IIC_SCL(0);
}
//不产生ACK应答
void IIC_NAck(void)
{
    IIC_SCL(0);
    SDA_OUT();
    IIC_SDA(1);
    delay_us(2);
    IIC_SCL(1);
    delay_us(2);
    IIC_SCL(0);
}
//IIC发送一个字节
//返回从机有无应答
//1,有应答
//0,无应答
void IIC_Send_Byte(u8 txd)
{
    u8 t;
    SDA_OUT();
    IIC_SCL(0);//拉低时钟开始数据传输
    for(t=0;t<8;t++)
    {
        IIC_SDA((txd&0x80)>>7);
        txd<<=1;
        delay_us(2);
        IIC_SCL(1);
        delay_us(2);
        IIC_SCL(0);
        delay_us(2);
    }
}
//读1个字节,ack=1时,发送ACK,ack=0,发送nACK
u8 IIC_Read_Byte(unsigned char ack)
{
    unsigned char i,receive=0;
    SDA_IN();//SDA设置为输入
    for(i=0;i<8;i++)
```

```
        {
            IIC_SCL(0);
            delay_us(2);
            IIC_SCL(1);
            receive <<= 1;
            if(READ_SDA)receive++ ;
            delay_us(1);
        }
        if (!ack)IIC_NAck();//发送nACK
        else IC_Ack(); //发送ACK
        return receive;
}
```

该部分为 I²C 驱动代码,实现包括 I²C 的初始化(I/O 口)、I²C 开始、I²C 结束、ACK、I²C 读/写等功能。在其他函数里面,只需要调用相关的 I²C 函数就可以和外部 I²C 器件通信了,这里并不局限于 24C02,该段代码可以用在任何 I²C 设备上。

保存该部分代码,把 myiic.c 加入到 HARDWARE 组下面。然后在 myiic.h 里面输入如下代码:

```
#ifndef __MYIIC_H
#define __MYIIC_H
#include "sys.h"
//IO方向设置
#define SDA_IN()  {GPIOH->MODER&=~(3<<(5*2));GPIOH->MODER|=0<<5*2;}//输入
#define SDA_OUT() {GPIOH->MODER&=~(3<<(5*2));GPIOH->MODER|=1<<5*2;}//输出
//IO操作函数
#define IIC_SCL(x)      GPIO_Pin_Set(GPIOH,PIN4,x)      //SCL
#define IIC_SDA(x)      GPIO_Pin_Set(GPIOH,PIN5,x)      //SDA
#define READ_SDA        GPIO_Pin_Get(GPIOH,PIN5)        //读取SDA
//IIC所有操作函数
void IIC_Init(void);                    //初始化IIC的IO口
void IIC_Start(void);                   //发送IIC开始信号
void IIC_Stop(void);                    //发送IIC停止信号
void IIC_Send_Byte(u8 txd);             //IIC发送一个字节
u8 IIC_Read_Byte(unsigned char ack);    //IIC读取一个字节
u8 IIC_Wait_Ack(void);                  //IIC等待ACK信号
void IIC_Ack(void);                     //IIC发送ACK信号
void IIC_NAck(void);                    //IIC不发送ACK信号
#endif
```

该部分代码的 SDA_IN() 和 SDA_OUT() 分别用于设置 IIC_SDA 接口为输入和输出;如果这两句代码看不懂,须好好温习下 I/O 口的使用。接下来在 24cxx.c 文件里面输入如下代码:

```
//初始化IIC接口
void AT24CXX_Init(void)
{
    IIC_Init();
}
//在AT24CXX指定地址读出一个数据
//ReadAddr:开始读数的地址
```

```c
//返回值:读到的数据
u8 AT24CXX_ReadOneByte(u16 ReadAddr)
{
    u8 temp = 0;
    IIC_Start();
    if(EE_TYPE>AT24C16)
    {
        IIC_Send_Byte(0XA0);              //发送写命令
        IIC_Wait_Ack();
        IIC_Send_Byte(ReadAddr >> 8);     //发送高地址
    }else IIC_Send_Byte(0XA0 + ((ReadAddr/256) << 1));   //发送器件地址0XA0,写数据
    IIC_Wait_Ack();
    IIC_Send_Byte(ReadAddr % 256);        //发送低地址
    IIC_Wait_Ack();
    IIC_Start();
    IIC_Send_Byte(0XA1);                  //进入接收模式
    IIC_Wait_Ack();
    temp = IIC_Read_Byte(0);
    IIC_Stop();                           //产生一个停止条件
    return temp;
}
//在AT24CXX指定地址写入一个数据
//WriteAddr:写入数据的目的地址
//DataToWrite:要写入的数据
void AT24CXX_WriteOneByte(u16 WriteAddr,u8 DataToWrite)
{
    IIC_Start();
    if(EE_TYPE>AT24C16)
    {
        IIC_Send_Byte(0XA0);              //发送写命令
        IIC_Wait_Ack();
        IIC_Send_Byte(WriteAddr >> 8);    //发送高地址
    }else IIC_Send_Byte(0XA0 + ((WriteAddr/256) << 1));  //发送器件地址0XA0,写数据
    IIC_Wait_Ack();
    IIC_Send_Byte(WriteAddr % 256);       //发送低地址
    IIC_Wait_Ack();
    IIC_Send_Byte(DataToWrite);           //发送字节
    IIC_Wait_Ack();
    IIC_Stop();//产生一个停止条件
    delay_ms(10);     //EEPROM写入过程比较慢,需等待一点时间,再写下一次
}
//在AT24CXX里面的指定地址开始写入长度为Len的数据
//该函数用于写入16 bit或者32 bit的数据
//WriteAddr:开始写入的地址
//DataToWrite:数据数组首地址
//Len       :要写入数据的长度2,4
void AT24CXX_WriteLenByte(u16 WriteAddr,u32 DataToWrite,u8 Len)
{
    u8 t;
    for(t = 0;t<Len;t++)
    {
```

```c
        AT24CXX_WriteOneByte(WriteAddr+t,(DataToWrite>>(8*t))&0xff);
    }
}
//在AT24CXX里面的指定地址开始读出长度为Len的数据
//该函数用于读出16bit或者32bit的数据
//ReadAddr:开始读出的地址
//返回值:数据
//Len:要读出数据的长度2,4
u32 AT24CXX_ReadLenByte(u16 ReadAddr,u8 Len)
{
    u8 t;
    u32 temp=0;
    for(t=0;t<Len;t++)
    {
        temp<<=8;
        temp+=AT24CXX_ReadOneByte(ReadAddr+Len-t-1);
    }
    return temp;
}
//检查AT24CXX是否正常
//这里用了24XX的最后一个地址(255)来存储标志字
//如果用其他24C系列,这个地址要修改
//返回1:检测失败
//返回0:检测成功
u8 AT24CXX_Check(void)
{
    u8 temp;
    temp=AT24CXX_ReadOneByte(255);//避免每次开机都写AT24CXX
    if(temp==0X55)return 0;
    else//排除第一次初始化的情况
    {
        AT24CXX_WriteOneByte(255,0X55);
        temp=AT24CXX_ReadOneByte(255);
        if(temp==0X55)return 0;
    }
    return 1;
}
//在AT24CXX里面的指定地址开始读出指定个数的数据
//ReadAddr :开始读出的地址 对24c02为0~255
//pBuffer  :数据数组首地址
//NumToRead:要读出数据的个数
void AT24CXX_Read(u16 ReadAddr,u8 *pBuffer,u16 NumToRead)
{
    while(NumToRead)
    {
        *pBuffer++=AT24CXX_ReadOneByte(ReadAddr++);
        NumToRead--;
    }
}
//在AT24CXX里面的指定地址开始写入指定个数的数据
//WriteAddr :开始写入的地址 对24c02为0~255
```

```c
//pBuffer    :数据数组首地址
//NumToWrite:要写入数据的个数
void AT24CXX_Write(u16 WriteAddr,u8 * pBuffer,u16 NumToWrite)
{
    while(NumToWrite--)
    {
        AT24CXX_WriteOneByte(WriteAddr, * pBuffer);
        WriteAddr++;
        pBuffer++;
    }
}
```

这部分代码理论上是可以支持 24Cxx 所有系列芯片的(地址引脚必须都设置为 0),但是这里只测试了 24C02,其他器件有待测试。读者也可以验证一下,24CXX 的型号定义在 24cxx.h 文件里面,通过 EE_TYPE 设置。

保存该部分代码,把 24cxx.c 加入到 HARDWARE 组下面,然后在 24cxx.h 里面输入如下代码:

```c
#ifndef __24CXX_H
#define __24CXX_H
#include "myiic.h"
#define AT24C01     127
#define AT24C02     255
#define AT24C04     511
#define AT24C08     1023
#define AT24C16     2047
#define AT24C32     4095
#define AT24C64     8191
#define AT24C128    16383
#define AT24C256    32767
//开发板使用的是24c02,所以定义 EE_TYPE 为 AT24C02
#define EE_TYPE AT24C02
u8 AT24CXX_ReadOneByte(u16 ReadAddr);                        //指定地址读取一个字节
void AT24CXX_WriteOneByte(u16 WriteAddr,u8 DataToWrite);     //指定地址写入一个字节
void AT24CXX_WriteLenByte(u16 WriteAddr,u32 DataToWrite,u8 Len);
//指定地址开始写入指定长度的数据
u32 AT24CXX_ReadLenByte(u16 ReadAddr,u8 Len);                //指定地址开始读取指定长度数据
void AT24CXX_Write(u16 WriteAddr,u8 * pBuffer,u16 NumToWrite);
//从指定地址开始写入指定长度的数据
void AT24CXX_Read(u16 ReadAddr,u8 * pBuffer,u16 NumToRead);
//从指定地址开始读出指定长度的数据
u8 AT24CXX_Check(void);    //检查器件
void AT24CXX_Init(void);   //初始化 IIC
#endif
```

最后,在 main 函数里面编写应用代码。在 test.c 里面,修改 main 函数如下:

```c
//要写入到24c02的字符串数组
const u8 TEXT_Buffer[] = {"Apollo STM32F7 IIC TEST"};
#define SIZE sizeof(TEXT_Buffer)
int main(void)
```

```c
{
    u8 led0sta = 1;
    u8 key;
    u16 i = 0;
    u8 datatemp[SIZE];
    Stm32_Clock_Init(432,25,2,9);        //设置时钟,216 MHz
    delay_init(216);                     //延时初始化
    uart_init(108,115200);               //初始化串口波特率为 115 200
    usmart_dev.init(108);                //初始化 USMART
    LED_Init();                          //初始化与 LED 连接的硬件接口
    MPU_Memory_Protection();             //保护相关存储区域
    SDRAM_Init();                        //初始化 SDRAM
    LCD_Init();                          //初始化 LCD
    KEY_Init();                          //按键初始化
    AT24CXX_Init();                      //IIC 初始化
    POINT_COLOR = RED;
    LCD_ShowString(30,50,200,16,16,"Apollo STM32F4/F7");
    LCD_ShowString(30,70,200,16,16,"IIC TEST");
    LCD_ShowString(30,90,200,16,16,"ATOM@ALIENTEK");
    LCD_ShowString(30,110,200,16,16,"2016/7/14");
    LCD_ShowString(30,130,200,16,16,"KEY1:Write  KEY0:Read");  //显示提示信息
    while(AT24CXX_Check())//检测不到 24c02
    {
        LCD_ShowString(30,150,200,16,16,"24C02 Check Failed!");
        delay_ms(500);
        LCD_ShowString(30,150,200,16,16,"Please Check!       ");
        delay_ms(500);
        LED0(led0sta^=1);//DS0 闪烁
    }
    LCD_ShowString(30,150,200,16,16,"24C02 Ready!");
    POINT_COLOR = BLUE;//设置字体为蓝色
    while(1)
    {
        key = KEY_Scan(0);
        if(key == KEY1_PRES)//KEY1 按下,写入 24C02
        {
            LCD_Fill(0,170,239,319,WHITE);//清除半屏
            LCD_ShowString(30,170,200,16,16,"Start Write 24C02....");
            AT24CXX_Write(0,(u8 *)TEXT_Buffer,SIZE);
            LCD_ShowString(30,170,200,16,16,"24C02 Write Finished!");//提示传送完成
        }
        if(key == KEY0_PRES)//KEY0 按下,读取字符串并显示
        {
            LCD_ShowString(30,170,200,16,16,"Start Read 24C02.... ");
            AT24CXX_Read(0,datatemp,SIZE);
            LCD_ShowString(30,170,200,16,16,"The Data Readed Is:  ");//提示传送完成
            LCD_ShowString(30,190,200,16,16,datatemp);//显示读到的字符串
        }
        i++;
        delay_ms(10);
        if(i == 20)
```

```
            {
                LED0(led0sta^=1);//DS0 闪烁
                i=0;
            }
        }
```

该段代码通过 KEY1 按键来控制 24C02 的写入,通过另外一个按键 KEY0 来控制 24C02 的读取,并在 LCD 模块上面显示相关信息。

最后,将 AT24CXX_WriteOneByte 和 AT24CXX_ReadOneByte 函数加入 USMART 控制,这样就可以通过串口调试助手,读/写任何一个 24C02 的地址,方便测试。

至此,软件设计部分就结束了。

30.4 下载验证

代码编译成功之后,下载代码到 ALIENTEK 阿波罗 STM32 开发板上,先按 KEY1 按键写入数据,然后按 KEY0 读取数据,得到如图 30.4.1 所示。

同时 DS0 会不停闪烁,提示程序正在运行。程序在开机的时候会检测 24C02 是否存在,如果不存在,则会在 LCD 模块上显示错误信息,同时 DS0 慢闪。读者可以通过跳线帽把 PH4 和 PH5 短接就可以看到报错了。

USMART 测试 24C02 的任意地址(地址范围 0~255)读/写如图 30.4.2 所示。

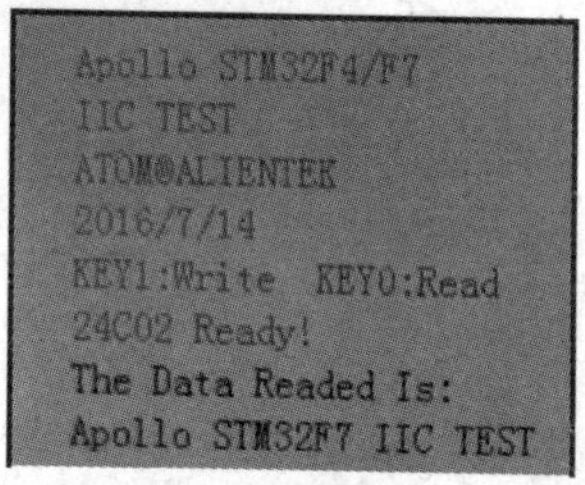

图 30.4.1　I^2C 实验程序运行效果图

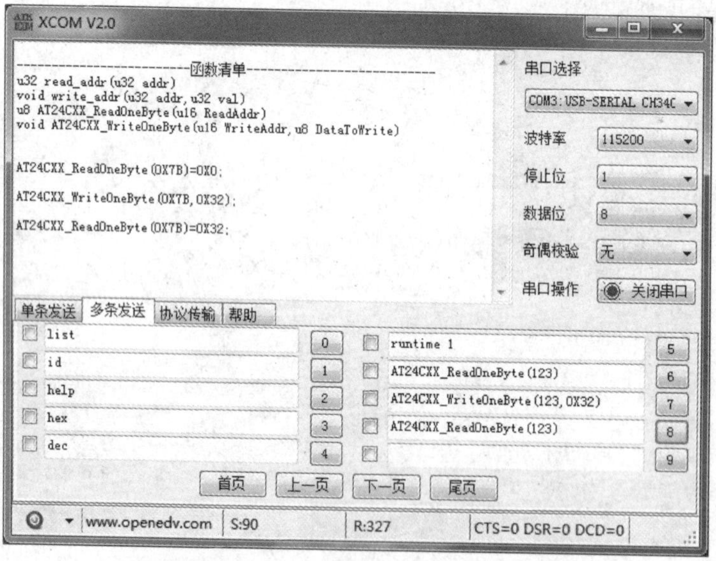

图 30.4.2　USMART 控制 24C02 读/写

第 31 章

I/O 扩展实验

上一章介绍了 I²C 驱动 24C02，本章将介绍如何使用 I²C 来扩展 I/O 口。本章将使用 STM32F767 的普通 I/O 口模拟 I²C 时序，从而驱动 PCF8574/AT8574，达到扩展 I/O 口的目的。

31.1 PCF8574/AT8574 简介

PCF8574 是飞利浦公司推出的一款 I²C 接口的远程 I/O 扩展芯片，AT8574 是芯景科技的产品，PCF8574 和 AT8574 完全兼容，它们可以互相替换使用，接下来的介绍和说明仅以 PCF8754 为例做说明，AT8574 参考学习即可。

PCF8574 包含一个 8 位准双向口和一个 I²C 总线接口。PCF8574 电流消耗很低，且输出锁存具有大电流驱动能力可直接驱动 LED。它还带有一条中断接线(INT)，可与 MCU 的中断逻辑相连，通过 INT 发送中断信号，远端 I/O 不必经过 I²C 总线通信就可通知 MCU 是否有数据从端口输入，这意味着 PCF8574 可以作为一个单被控器。

PCF8574 有如下特性：
- 支持 2.5～6.0 V 操作电压；
- 低备用电流(≤10 μA)；
- 支持开漏中断输出；
- 支持 I²C 总线扩展 8 路 I/O 口；
- 输出锁存具有大电流驱动能力可直接驱动 LED；
- 通过 3 个硬件地址引脚可寻址 8 个器件。

1. 引脚说明

PCF8574 的引脚说明如表 31.1.1 所列。

这里使用的 PCF8574T 采用 SO16 封装，总共 16 个脚，其中包括 8 个准双向 I/O 口(P0～P7)、3 个地址线(A0～A2)、SCL、SDA、INT、VDD 和 VSS。每个 PCF8574T 只需要最少 2 个 I/O 口，就可以扩展 8 路 I/O，且支持一个 I²C 总线上挂最多 8 个 PCF8574T，这样通过 2 个 I/O 最多可以扩展 64 个 I/O 口。在 MCU 的 I/O 不够用的时候，PCF8574T 是一个非常不错的 I/O 扩展方案。

表 31.1.1 PCF8574 引脚说明

标 号	引 脚 S016	描 述	标 号	引 脚 S016	描 述
A0	1	地址输入 0	P4	9	准双向 I/O 口 4
A1	2	地址输入 1	P5	10	准双向 I/O 口 5
A2	3	地址输入 2	P6	11	准双向 I/O 口 6
P0	4	准双向 I/O 口 0	P7	12	准双向 I/O 口 7
P1	5	准双向 I/O 口 1	$\overline{\text{INT}}$	13	中断输出(低电平有效)
P2	6	准双向 I/O 口 2	SCL	14	串行时钟线
P3	7	准双向 I/O 口 3	SDA	15	串行数据线
VSS	8	地	VDD	16	电源

2. 寻 址

一个 I^2C 总线上最多可以挂 8 个 PCF8574T(通过 A0～A2 寻址),PCF8574T 的从机地址格式如图 31.1.1 所示。图中的 S 代表 I^2C 的 Start 信号(启动信号);A 代表 PCF8574T 发出的应答信号;A0～A2 为 PCF8574T 的寻址信息,我们开发板上 A0～A2 都是接 GND 的,所以,PCF8574T 的地址为 0X40(左移了一位);R/W 为读/写控制位,R/W=0 的时候,表示写数据到 PCF8574T,输出到 P0～P7 口,R/W=1 的时候,表示读取 PCF8574T 的数据,获取 P0～P7 的 I/O 口状态。

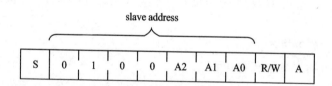

图 31.1.1 PCF8574T 从机地址格式

I^2C 协议的介绍可参考上一章。

3. 写数据(输出)

PCF8574T 的写数据时序如图 31.1.2 所示。由图可知,PCF8574T 的数据写入非常简单。首先发送 PCF8574T 的从机地址+写信号(R/W=0),然后等待 PCF8574T 的应答信号。在应答成功后,发送数据(DATA1)给 PCF8574T 就可以了。发送完数据,会收到 PCF8574T 的应答信号。在发送应答信号的同时,PCF8574T 会将接收到的数据(DATA1)输出到 P0～P7 上面(对应关系见上图)。注意,图中的 WRITE TO PORT 信号是 PCF8574T 内部自己产生的,它在每次发送应答的同时产生,用于将刚刚接收到的数据输出到 P0～P7 上,此信号不需要 MCU 发送。

第31章 I/O 扩展实验

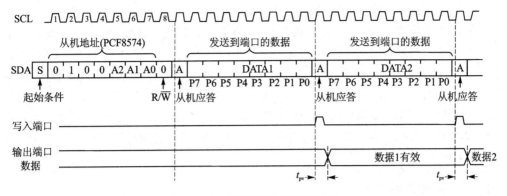

图 31.1.2　PCF8574T 写数据时序

4．读数据（输入）

PCF8574T 的读数据时序如图 31.1.3 所示。

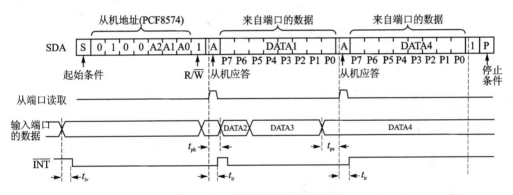

图 31.1.3　PCF8574T 读数据时序

PCF8574T 的读数据流程：首先发送 PCF8574T 的从机地址＋读信号（$R/\overline{W}=1$），然后等待 PCF8574T 应答（注意，PCF8574T 在发送应答的同时会锁存 P0～P7 的数据），然后读取 P0～P7 的数据。数据读取支持连续读取，在最后的时候发送 STOP 信号即可完成读数据操作。

注意，PCF8574T 的数据锁存（READ FROM PORT）发生在发送应答信号的时候，之后，P0～P7 发送的数据变化（比如图中的 DATA2 和 DATA3）将不会读取进来，直到下一个应答信号进行锁存。

5．中　断

PCF8574T 带有中断输出脚，它可以连接到 MCU 的中断输入引脚上。在输入模式中（I/O 口输出高电平，即可做输入使用），输入信的上升或下降沿都可以产生中断，在 tiv 时间之后 INT 有效。注意，一旦中断有效后，就必须对 PCF8574T 进行一次读取/写入操作，复位中断后才可以输出下一次中断，否则中断将一直保持（无法输出下一次输入信号变化所产生的中断）。

关于PCF8574就介绍到这里。

本章实验功能简介：开机的时候先检测PCF8574T是否存在，然后在主循环里面检测KEY0按键和PCF8574T的中断信号；当KEY0按下时，控制PCF8574T的P0口输出，从而控制蜂鸣器（连接在P0口）的开关。当检测到PCF8574T的中断信号时，读取EXIO（连接在PCF8574T的P4口）的状态；当EXIO=0（即P4=0）的时候，控制LED1的翻转。同时，LCD模块上显示相关信息，并用DS0提示程序正在运行。另外，本例程将PCF8574T的相关控制函数加入USMART控制，也可以通过USMART控制/读取PCF8574T。

31.2 硬件设计

本章需要用到的硬件资源有：指示灯DS0、KEY0按键、串口（USMART使用）、LCD模块、PCF8574T、蜂鸣器。前面4部分的资源已经介绍过了，这里介绍PCF8574T与STM32F767、蜂鸣器的连接。PCF8574T同24C02等共用一个I^2C接口，SCL和SDA分别连在STM32F767的PH4和PH5上的，另外INT脚连接在STM32F767的PB12上面，连接关系如图31.2.1所示。

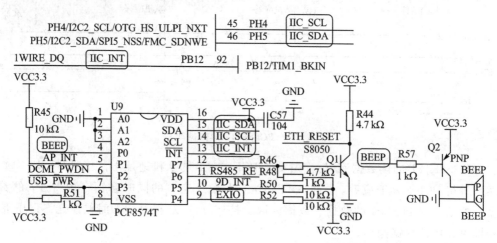

图31.2.1　PCF8574T与STM32F767和蜂鸣器的连接图

由图可知，蜂鸣器控制信号BEEP连接在PCF8574T的P0脚上，EXIO连接在P4脚上，其他还连接了一些外设（比如网络复位脚、摄像头、USB、485等），我们将在对应章节进行介绍，这里就不多说了。注意，IIC_INT脚同1WIRE_DQ共用了PB12，使用时只能分时复用，不能同时使用。

31.3 软件设计

打开上一章的工程，由于本章没有用到24C02，所以，先去掉24cxx.c，再在

第31章 I/O 扩展实验

HARDWARE 文件夹下新建一个 PCF8574 的文件夹。然后新建一个 pcf8574.c 和 pcf8574.h 的头文件,保存在 PCF8574 文件夹下,并将 PCF8574 文件夹加入头文件包含路径。

打开 pcf8574.c 文件,输入如下代码:

```c
//初始化 PCF8574
//返回值:0,初始化成功
//       1,初始化失败
u8 PCF8574_Init(void)
{
    u8 temp = 0;
    RCC->AHB1ENR|= 1 << 1;              //使能 PORTB 时钟
    GPIO_Set(GPIOB,PIN12,GPIO_MODE_IN,0,0,GPIO_PUPD_PU);//PB12 上拉输入
    IIC_Init();                          //IIC 初始化
    //检查 PCF8574 是否在位
    IIC_Start();
    IIC_Send_Byte(PCF8574_ADDR);         //写地址
    temp = IIC_Wait_Ack();//等待应答,通过判断是否有 ACK 应答,来判断 PCF8574 的状态
    IIC_Stop();                          //产生一个停止条件
    PCF8574_WriteOneByte(0XFF);          //默认情况下所有 I/O 输出高电平
    return temp;
}
//读取 PCF8574 的 8 位 I/O 值
//返回值:读到的数据
u8 PCF8574_ReadOneByte(void)
{
    u8 temp = 0;
    IIC_Start();
    IIC_Send_Byte(PCF8574_ADDR|0X01);   //进入接收模式
    IIC_Wait_Ack();
    temp = IIC_Read_Byte(0);
    IIC_Stop();                          //产生一个停止条件
    return temp;
}
//向 PCF8574 写入 8 位 I/O 值
//DataToWrite:要写入的数据
void PCF8574_WriteOneByte(u8 DataToWrite)
{
    IIC_Start();
    IIC_Send_Byte(PCF8574_ADDR|0X00);   //发送器件地址 0X40,写数据
    IIC_Wait_Ack();
    IIC_Send_Byte(DataToWrite);          //发送字节
    IIC_Wait_Ack();
    IIC_Stop();                          //产生一个停止条件
    delay_ms(10);
}
//设置 PCF8574 某个 I/O 的高低电平
//bit:要设置的 I/O 编号,0~7
//sta:I/O 的状态;0 或 1
void PCF8574_WriteBit(u8 bit,u8 sta)
```

```c
{
    u8 data;
    data = PCF8574_ReadOneByte();           //先读出原来的设置
    if(sta == 0)data& = ~(1 << bit);
    else data|= 1 << bit;
    PCF8574_WriteOneByte(data);             //写入新的数据
}
//读取PCF8574的某个I/O的值
//bit:要读取的I/O编号,0~7
//返回值:此I/O的值,0或1
u8 PCF8574_ReadBit(u8 bit)
{
    u8 data;
    data = PCF8574_ReadOneByte();           //先读取这个8位I/O的值
    if(data&(1 << bit))return 1;
    else return 0;
}
```

该部分为 PCF8574 的驱动代码,其中的 I²C 相关函数直接使用上一章 myiic.c 里面提供的相关函数,这里不做介绍。

这里总共有 5 个函数:PCF8574_Init 函数用于初始化并检测 PCF8574,这里的初始化 PB12 为上拉输入,以检测 PCF8574T 的中断输出信号,另外,在该函数里面,我们通过检查 PCF8574 的应答信号来确认 PCF8574 是否正常(在位)。PCF8574_ReadOneByte 和 PCF8574_WriteOneByte 函数用于读取/写入 PCF8574,从而读取/控制 P0~P7。最后,PCF8574_WriteBit 和 PCF8574_ReadBit 函数用于控制或者读取 PCF8574 的单个 I/O。

保存该部分代码,把 pcf8574.c 加入到 HARDWARE 组下面,然后在 pcf8574.h 里面输入如下代码:

```c
#ifndef __PCF8574_H
#define __PCF8574_H
#include "sys.h"
#include "myiic.h"
#define PCF8574_INT     GPIO_Pin_Get(GPIOB,PIN12)    //PCF8574 INT脚
#define PCF8574_ADDR    0X40                          //PCF8574 地址(左移了一位)
//PCF8574 各个I/O的功能
#define BEEP_IO         0       //蜂鸣器控制引脚          P0
#define AP_INT_IO       1       //AP3216C 中断引脚        P1
#define DCMI_PWDN_IO    2       //DCMI 的电源控制引脚     P2
#define USB_PWR_IO      3       //USB 电源控制引脚        P3
#define EX_IO           4       //扩展I/O,自定义使用      P4
#define MPU_INT_IO      5       //MPU9250 中断引脚        P5
#define RS485_RE_IO     6       //RS485_RE 引脚           P6
#define ETH_RESET_IO    7       //以太网复位引脚          P7
u8 PCF8574_Init(void);
u8 PCF8574_ReadOneByte(void);
void PCF8574_WriteOneByte(u8 DataToWrite);
void PCF8574_WriteBit(u8 bit,u8 sta);
```

```c
u8 PCF8574_ReadBit(u8 bit);
#endif
```

该部分代码定义了 PCF8574 的中断检测脚、地址、每个 I/O 连接的外设宏定义和相关操作函数申明。

最后，在 main 函数里面编写应用代码。在 test.c 里面，修改 main 函数如下：

```c
int main(void)
{
    u8 led0sta = 1,led1sta = 1;
    u8 key;
    u16 i = 0;
    u8 beepsta = 1;
    Stm32_Clock_Init(432,25,2,9);        //设置时钟,216 MHz
    delay_init(216);                      //延时初始化
    uart_init(108,115200);                //初始化串口波特率为115 200
    usmart_dev.init(108);                 //初始化 USMART
    LED_Init();                           //初始化与 LED 连接的硬件接口
    MPU_Memory_Protection();              //保护相关存储区域
    SDRAM_Init();                         //初始化 SDRAM
    LCD_Init();                           //初始化 LCD
    KEY_Init();                           //按键初始化
    POINT_COLOR = RED;
    LCD_ShowString(30,50,200,16,16,"Apollo STM32F4/F7");
    LCD_ShowString(30,70,200,16,16,"PCF8574 TEST");
    LCD_ShowString(30,90,200,16,16,"ATOM@ALIENTEK");
    LCD_ShowString(30,110,200,16,16,"2016/7/15");
    LCD_ShowString(30,130,200,16,16,"KEY0:BEEP ON/OFF");   //显示提示信息
    LCD_ShowString(30,150,200,16,16,"EXIO:DS1 ON/OFF");    //显示提示信息
    while(PCF8574_Init())                 //检测不到 PCF8574
    {
        LCD_ShowString(30,170,200,16,16,"PCF8574 Check Failed!");delay_ms(500);
        LCD_ShowString(30,170,200,16,16,"Please Check!      ");delay_ms(500);
        LED0(led0sta^ = 1);//DS0 闪烁
    }
    LCD_ShowString(30,170,200,16,16,"PCF8574 Ready!");
    POINT_COLOR = BLUE;//设置字体为蓝色
    while(1)
    {
        key = KEY_Scan(0);
        if(key == KEY0_PRES)//KEY0 按下,读取字符串并显示
        {
            beepsta = !beepsta;                   //蜂鸣器状态取反
            PCF8574_WriteBit(BEEP_IO,beepsta);    //控制蜂鸣器
        }
        if(PCF8574_INT == 0)                      //PCF8574 的中断低电平有效
        {
            key = PCF8574_ReadBit(EX_IO);
            //读取 EXIO 状态,同时清除 PCF8574 的中断输出(INT 恢复高电平)
            if(key == 0)LED1(led1sta^ = 1);       //LED1 状态取反
        }
```

```
            i++;
            delay_ms(10);
            if(i==20)
            {
                LED0(led0sta^=1);//DS0 闪烁
                i=0;
            }
        }
    }
```

该段代码通过 KEY0 按键可以控制蜂鸣器的开关。另外,在 while 循环里面会不停地检测 PCF8574 的中断引脚是否有输出中断,如果有,就读取 EXIO 的状态(读操作会复位中断,以便检测下一个中断),当 EXIO=0 的时候控制 DS1 开关。同时,在 LCD 模块上面显示相关信息,并用 DS0 指示程序运行状态。

最后,将 PCF8574_ReadOneByte、PCF8574_WriteOneByte、PCF8574_ReadBit 和 PCF8574_WriteBit 这 4 个函数加入 USMART 控制,这样就可以通过串口调试助手控制 PCF8574,方便测试。

至此,软件设计部分就结束了。

31.4 下载验证

代码编译成功之后,下载代码到 ALIENTEK 阿波罗 STM32 开发板上,得到如图 31.4.1 所示的界面。屏幕提示"PCF8574 Ready!",表示 PCF8574 已经准备好。同时 DS0 会不停地闪烁,提示程序正在运行。此时,按按键 KEY0 就可以控制蜂鸣器的开和关。也可以用一根杜邦线连接 EXIO(在 P3 排针的最左下角)和 GND(短接一次 GND,改变一次 DS1 的状态),就可以控制 DS1 的开和关。

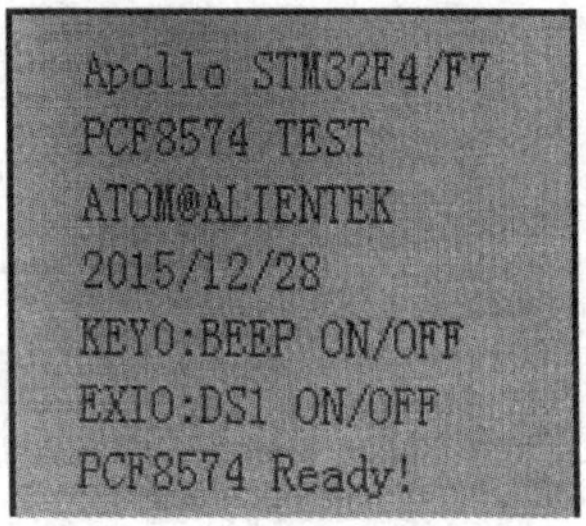

图 31.4.1　程序运行界面

另外,本例程还可以用 USMART 调用 PCF8574 相关函数进行控制,读者可以自行测试,这里就不演示了。

第 32 章
光环境传感器实验

上一章介绍了 I²C 驱动 PCF8574T，本章将介绍如何使用 I²C 来驱动光环境传感器。本章将使用 STM32F767 的普通 I/O 口模拟 I²C 时序来驱动 AP3216C，从而检测环境光强度（ALS）、接近距离（PS）和红外线强度（IR）等环境参数。

32.1 AP3216C 简介

AP3216C 是敦南科技推出的一款三合一环境传感器，包含数字环境光传感器（ALS）、接近传感器（PS）和一个红外 LED（IR）。该芯片通过 I²C 接口和 MCU 连接，并支持中断（INT）输出。AP3216C 的特点如下：
- I²C 接口，支持高达 400 kHz 通信速率；
- 支持多种工作模式（ALS、PS+IR、ALS+PS+IR 等）；
- 内置温度补偿电路；
- 工作温度支持 −30~80℃；
- 环境光传感器具有 16 位分辨率；
- 接近传感器具有 10 位分辨率；
- 红外传感器具有 10 位分辨率；
- 超小封装（4.1×2.4×1.35 mm）。

因为以上一些特性，AP3216C 广泛应用于智能手机，用来检测光强度（自动背光控制）和接近开关控制（听筒靠近耳朵，手机自动灭屏功能）。AP3216C 的框图如图 32.1.1 所示。

1. 引脚说明

AP3216C 的引脚说明如表 32.1.1 所列。

AP3216C 和 MCU 只需要连接 SCL、SDA 和 INT 就可以实现驱动。其 SCL 和 SDA 同 24C02 共用，连接在 PH4 和 PH5 上，INT 脚连接在 PCF8574 的 P1 上，如图 31.2.1 所示。关于 I²C 协议的介绍可参考 I²C 实验的这个章节。

2. 写寄存器

AP3216C 的写寄存器时序如图 32.1.2 所示。图中先发送 AP3216C 的地址（7 位，0X1E，左移一位后为 0X3C），最低位 W=0 表示写数据，随后发送 8 位寄存器地址，最

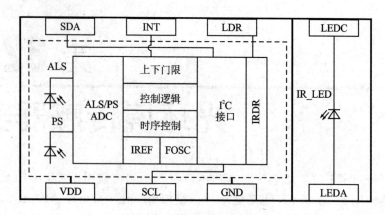

图 32.1.1 AP3216C 框图

后发送 8 位寄存器值。其中,S 表示 I^2C 起始信号;W 表示读/写标志位(W=0 表示写,W=1 表示读);A 表示应答信号;P 表示 I^2C 停止信号。

表 32.1.1 AP3216C 引脚说明

引脚编号	标 号	说 明
1	VDD	电源,接 3.3 V
2	SCL	I^2C 时钟信号,开漏
3	GND	地线
4	LEDA	LED 阳极,接 3.3 V
5	LEDC	LED 阴极,一般连接 LDR
6	LDR	LED 驱动输出脚,一般接 LEDC
7	INT	中断输出脚
8	SDA	I^2C 数据信号,开漏

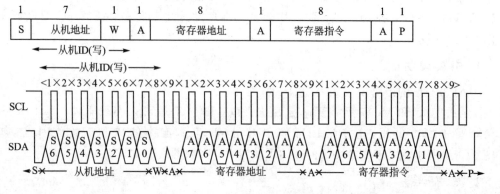

图 32.1.2 AP3216C 写寄存器时序

3. 读寄存器

AP3216C 的读寄存器时序如图 32.1.3 所示。图中同样是先发送 7 位地址＋写操作，然后再发送寄存器地址，随后，重新发送起始信号（Sr），再次发送 7 位地址＋读操作，然后读取寄存器值。其中，Sr 表示重新发送 I^2C 起始信号，N 表示不对 AP3216C 进行应答，其他简写同上。

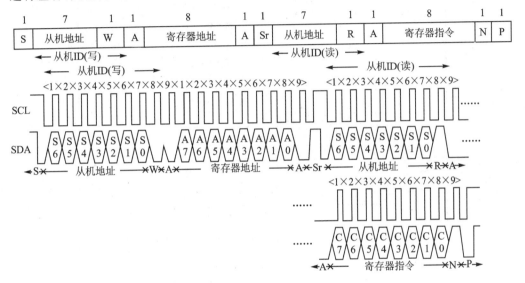

图 32.1.3 AP3216C 读寄存器时序

4. 寄存器描述

AP3216C 有一系列寄存器，由这些寄存器来控制 AP3216C 的工作模式以及中断配置、数据输出等。这里仅介绍本章需要用到的一些寄存器，其他寄存器的描述和说明可参考 AP3216C 的数据手册。

本章需要用到 AP3216C 的寄存器如表 32.1.2 所列。表中的 0X00 是一个系统模式控制寄存器，主要在初始化的时候配置。初始化的时候，先设置其值为 100，实行一次软复位，随后设置其值为 011，开启 ALS＋PS＋IR 检测功能。

剩下的 6 个寄存器为数据寄存器，输出 AP3216C 内部 3 个传感器所检测到的数据（ADC 值）。注意，读取间隔至少要大于 112.5 ms，因为 AP3216C 内部完成一次 ALS＋PS＋IR 的数据转换需要 112.5 ms 的时间。

AP3216C 就介绍到这里，详细说明可参考其数据手册。

本章实验功能简介：开机的时候先检测 AP3216C 是否存在，如检测不到 AP3216C，则在 LCD 屏幕上面显示报错信息。如果检测到 AP3216C，则显示正常，并在主循环里面循环读取 ALS＋PS＋IR 的传感器数据，并显示在 LCD 屏幕上面。同时，DS0 闪烁，提示程序正在运行。另外，本例程将 AP3216C 的读/写操作函数加入 USMART 控制，也可以通过 USMART 对 AP3216C 进行控制。

表 32.1.2 AP3216C 相关寄存器及其说明

地址	有效位	指令	说明
0X00	2:0	系统模式	000:掉电模式(默认) 001:ALS 功能激活 010:PS+IR 功能激活 011:ALS+PS+IR 功能激活 100:软复位 101:ALS 单次模式 110:PS+IR 单次模式 111:ALS+PS+IR 单次模式
0X0A	7	IR 低位数据	0:IR&PS 数据有效;1:无效
	1:0		IR 最低 2 位数据
0X0B	7:0	IR 高位数据	IR 高 8 位数据
0X0C	7:0	ALS 低位数据	ALS 低 8 位数据
0X0D	7:0	ALS 高位数据	ALS 高 8 位数据
0X0E	7	PS 低位数据	0,物体在远离;1,物体在靠近
	6		0,IR 数据有效;1,IR 数据无效
	3:0		PS 最低 4 位数据
0X0F	7	PS 高位数据	0,物体在远离;1,物体在靠近
	6		0,IR 数据有效;1,IR 数据无效
	5:0		PS 高 6 位数据

32.2 硬件设计

本章需要用到的硬件资源有：指示灯 DS0、串口（USMART 使用）、LCD 模块、AP3216C。前面 3 部分的资源前面已经介绍了，这里介绍 AP3216C 与 STM32F767 的连接。AP3216C 同 24C02 等共用一个 I^2C 接口，SCL 和 SDA 分别连在 STM32F767 的 PH4 和 PH5 上的，INT 脚连接在 PCF8574T 的 P1 口上，连接关系如图 32.2.1 所示。

注意，AP3216C 的 AP_INT 脚是连接在 PCF8574T 的 P1 脚上的（如图 30.2.1 所示），如果想要用 AP3216C 的中断输出功能，则必须初始化 PCF8574T，并监控 PCF8574T 的中断引脚，发现有中断输入的时候，读取 PCF8574T，判断 P1 脚是否有低电平出现，从而检测 AP3216C 的中断。本章并没有用到 AP3216C 的中断功能，所以，不需要配置 PCF8574T。

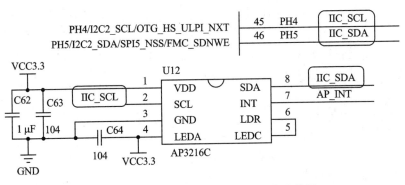

图 32.2.1 AP3216C 与 STM32F767 的连接图

32.3 软件设计

打开上一章的工程,由于本章没有用到 PCF8574T,所以,先去掉 pcf8574.c,再在 HARDWARE 文件夹下新建一个 AP3216C 的文件夹。然后新建一个 ap3216c.c 和 ap3216c.h 的头文件,保存在 AP3216C 文件夹下,并将 AP3216C 文件夹加入头文件包含路径。

打开 ap3216c.c 文件,输入如下代码:

```
//初始化 AP3216C
//返回值:0,初始化成功
//       1,初始化失败
u8 AP3216C_Init(void)
{
    u8 temp = 0;
    IIC_Init();                                  //初始化 IIC
    AP3216C_WriteOneByte(0x00,0X04);             //复位 AP3216C
    delay_ms(50);                                //AP33216C 复位至少 10 ms
    AP3216C_WriteOneByte(0x00,0X03);             //开启 ALS、PS + IR
    temp = AP3216C_ReadOneByte(0X00);            //读取刚刚写进去的 0X03
    if(temp == 0X03)return 0;                    //AP3216C 正常
    else return 1;                               //AP3216C 失败
}
//读取 AP3216C 的数据
//读取原始数据,包括 ALS,PS 和 IR
//注意,如果同时打开 ALS,IR + PS 的话两次数据读取的时间间隔要大于 112.5 ms
void AP3216C_ReadData(u16 * ir,u16 * ps,u16 * als)
{
    u8 buf[6];
    u8 i;
    for(i = 0;i<6;i++)buf[i] = AP3216C_ReadOneByte(0X0A + i);    //循环读取所有传感器数据
    if(buf[0]&0X80) * ir = 0;                                    //IR_OF 位为 1,则数据无效
    else * ir = ((u16)buf[1] << 2)|(buf[0]&0X03);                //读取 IR 传感器的数据
    * als = ((u16)buf[3] << 8)|buf[2];                           //读取 ALS 传感器的数据
```

```c
        if(buf[4]&0x40) * ps = 0;                      //IR_OF 位为 1,则数据无效
        else * ps = ((u16)(buf[5]&0X3F) << 4)|(buf[4]&0X0F);  //读取 PS 传感器的数据
}
//IIC 写一个字节
//reg:寄存器地址
//data:要写入的数据
//返回值:0,正常
//     其他,错误代码
u8 AP3216C_WriteOneByte(u8 reg,u8 data)
{
    IIC_Start();
    IIC_Send_Byte(AP3216C_ADDR|0X00);              //发送器件地址 + 写命令
    if(IIC_Wait_Ack()){IIC_Stop();return 1;}       //等待应答
    IIC_Send_Byte(reg);                            //写寄存器地址
    IIC_Wait_Ack();                                //等待应答
    IIC_Send_Byte(data);                           //发送数据
    if(IIC_Wait_Ack()){IIC_Stop();return 1;}       //等待 ACK
    IIC_Stop();
    return 0;
}
//IIC 读一个字节
//reg:寄存器地址
//返回值:读到的数据
u8 AP3216C_ReadOneByte(u8 reg)
{
    u8 res;
    IIC_Start();
    IIC_Send_Byte(AP3216C_ADDR|0X00);              //发送器件地址 + 写命令
    IIC_Wait_Ack();                                //等待应答
    IIC_Send_Byte(reg);                            //写寄存器地址
    IIC_Wait_Ack();                                //等待应答
    IIC_Start();
    IIC_Send_Byte(AP3216C_ADDR|0X01);              //发送器件地址 + 读命令
    IIC_Wait_Ack();                                //等待应答
    res = IIC_Read_Byte(0);                        //读数据,发送 nACK
    IIC_Stop();                                    //产生一个停止条件
    return res;
}
```

该部分为 AP3216C 的驱动代码,其中的 I²C 相关函数直接使用第 30 章 myiic.c 里面提供的相关函数,这里不做介绍。

这里总共有 4 个函数:AP3216C_Init 函数用于初始化并检测 AP3216C,先设置 AP3216C 软复位,随后设置其工作在 ALS+PS+IR 模式,通过对系统模式寄存器的读/写操作来判断 AP3216C 是否正常(在位);AP3216C_WriteOneByte 和 AP3216C_ReadOneByte 函数实现 AP3216C 的寄存器写入和读取功能;AP3216C_ReadData 函数则用于读取 ALS+PS+IR 传感器的数据,一般只需要调用该函数获取数据即可。

保存该部分代码,把 ap3216c.c 加入到 HARDWARE 组下面,然后在 ap3216c.h 里面输入如下代码:

```c
#ifndef __AP3216C_H
#define __AP3216C_H
#include "sys.h"
#define AP3216C_ADDR      0X3C        //AP3216C 器件 IIC 地址(左移了一位)
u8 AP3216C_Init(void);
u8 AP3216C_WriteOneByte(u8 reg,u8 data);
u8 AP3216C_ReadOneByte(u8 reg);
void AP3216C_ReadData(u16 * ir,u16 * ps,u16 * als);
#endif
```

保存此部分代码。最后，在 main 函数里面编写应用代码，在 test.c 里面，修改 main 函数如下：

```c
int main(void)
{
u8 led0sta = 1;
    u16 ir,als,ps;
    Stm32_Clock_Init(432,25,2,9);        //设置时钟,216 MHz
    delay_init(216);                     //延时初始化
    uart_init(108,115200);               //初始化串口波特率为 115 200
    usmart_dev.init(108);                //初始化 USMART
    LED_Init();                          //初始化与 LED 连接的硬件接口
    MPU_Memory_Protection();             //保护相关存储区域
    SDRAM_Init();                        //初始化 SDRAM
    LCD_Init();                          //初始化 LCD
    POINT_COLOR = RED;
    LCD_ShowString(30,50,200,16,16,"Apollo STM32F4/F7");
    LCD_ShowString(30,70,200,16,16,"AP3216C TEST");
    LCD_ShowString(30,90,200,16,16,"ATOM@ALIENTEK");
    LCD_ShowString(30,110,200,16,16,"2016/7/15");
    while(AP3216C_Init())                //检测不到 AP3216C
    {
        LCD_ShowString(30,130,200,16,16,"AP3216C Check Failed!");delay_ms(500);
        LCD_ShowString(30,130,200,16,16,"Please Check!        ");delay_ms(500);
        LED0(led0sta^= 1);               //DS0 闪烁
    }
    LCD_ShowString(30,130,200,16,16,"AP3216C Ready!");
    LCD_ShowString(30,160,200,16,16," IR:");
    LCD_ShowString(30,180,200,16,16," PS:");
    LCD_ShowString(30,200,200,16,16,"ALS:");
    POINT_COLOR = BLUE;                  //设置字体为蓝色
    while(1)
    {
        AP3216C_ReadData(&ir,&ps,&als);  //读取数据
        LCD_ShowNum(30 + 32,160,ir,5,16); //显示 IR 数据
        LCD_ShowNum(30 + 32,180,ps,5,16); //显示 PS 数据
        LCD_ShowNum(30 + 32,200,als,5,16);//显示 ALS 数据
        LED0(led0sta^= 1);               //提示系统正在运行
        delay_ms(120);
    }
}
```

该段代码就是根据 32.1 节最后的功能简介来编写的,初始化完成以后,main 函数死循环里面调用 AP3216C_ReadData 函数,读取 ALS+PS+IR 的数据,并显示在 LCD 上面。同时,DS0 闪烁,提示程序正在运行。这里延时 120 ms 读取一次,确保 ALS+PS+IR 的转换全部完成,以保证数据正常。

最后,将 AP3216C_ReadOneByte 和 AP3216C_WriteOneByte 函数加入 USMART 控制,这样,就可以通过串口调试助手控制 AP3216C 了,方便测试。

至此,软件设计部分就结束了。

32.4 下载验证

代码编译成功之后,下载代码到 ALIENTEK 阿波罗 STM32 开发板上,得到如图 32.4.1 所示的界面。

此时,用手遮挡/靠近 AP3216C 传感器可以看到,3 个传感器的数据变化了,说明我们的代码是工作正常的。

另外,本例程还可以用 USMART 调用 AP3216C 的读/写函数进行控制,读者可以自行测试,这里就不演示了。

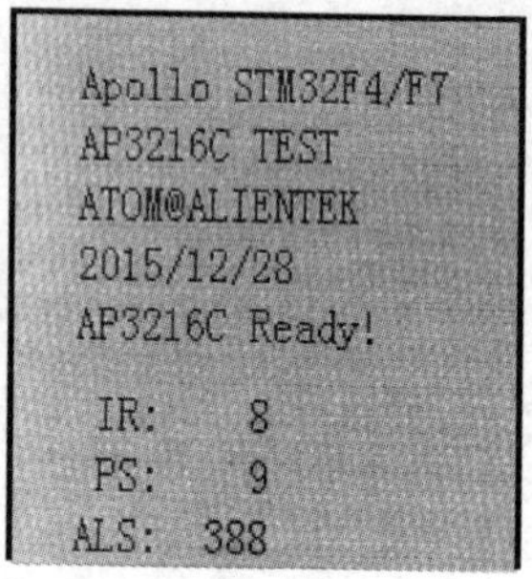

```
Apollo STM32F4/F7
AP3216C TEST
ATOM@ALIENTEK
2015/12/28
AP3216C Ready!
IR:     8
PS:     9
ALS:    388
```

图 32.4.1 程序运行界面

第 33 章

QSPI 实验

本章将介绍 STM32F767 的 QSPI 功能,将使用 STM32F767 自带的 QSPI 来实现对外部 Flash(W25Q256)的读/写,并将结果显示在 LCD 模块上。

33.1 QSPI 简介

本章通过 STM32F767 的 QSPI 接口来驱动 W25Q256 这颗 SPI Flash 芯片,本节介绍 QSPI 相关知识点。

33.1.1 QSPI 接口简介

QSPI 即 Quad SPI,是一种专用的通信接口,连接单、双或四(条数据线)SPI Flash 存储器。STM32F7 具有 QSPI 接口,支持如下 3 种工作模式:
- 间接模式:使用 QSPI 寄存器执行全部操作;
- 状态轮询模式:周期性读取外部 Flash 状态寄存器,标志位置 1 时会产生中断(如擦除或烧写完成,产生中断);
- 内存映射模式:外部 Flash 映射到微控制器地址空间,从而系统将其视作内部存储器。

STM32F7 的 QSPI 接口具有如下特点:
- 支持 3 种工作模式:间接模式、状态轮询模式和内存映射模式;
- 支持双闪存模式,可以并行访问两个 Flash,可同时发送/接收 8 位数据;
- 支持 SDR(单倍率速率)和 DDR(双倍率速率)模式;
- 针对间接模式和内存映射模式,完全可编程操作码;
- 针对间接模式和内存映射模式,完全可编程帧格式;
- 集成 FIFO,用于发送和接收;
- 允许 8、16 和 32 位数据访问;
- 具有适用于间接模式操作的 DMA 通道;
- 在达到 FIFO 阈值、超时、操作完成以及发生访问错误时产生中断。

STM32F7 的 QSPI 接口框图如图 33.1.1 所示。图 33.1.1 为 QSPI 单闪存模式的功能框图,由图可知,QSPI 接口通过 6 根线与 SPI 芯片连接,包括 4 根数据线(IO0~3)、一根时钟线(CLK)和一根片选线(nCS)。我们知道,普通的 SPI 通信一般只有一根数据线(MOSI),而 QSPI 则具有 4 根数据线,所以 QSPI 的速率至少是普通 SPI 的 4 倍,可以大大提高通信速率。接下来简单介绍 STM32F7 QSPI 接口的的几个重要知识点。

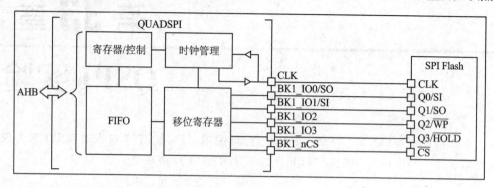

图 33.1.1　STM32F7 QSPI 框图

1. QSPI 命令序列

QSPI 通过命令与 Flash 通信,每条命令包括指令、地址、交替字节、空指令和数据这 5 个阶段,任一阶段均可跳过,但至少要包含指令、地址、交替字节或数据阶段之一。

nCS 在每条指令开始前下降,在每条指令完成后再次上升。QSPI 的 4 线模式下的读命令示例如图 33.1.2 所示。可以看出一次 QSPI 传输的 5 个阶段,接下来分别介绍。

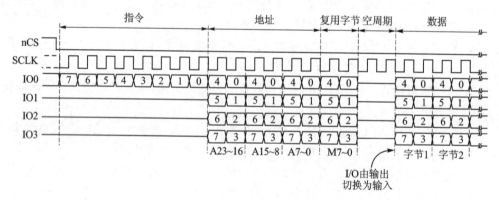

图 33.1.2　4 线模式 QSPI 读命令示例

1) 指令阶段

此阶段通过 QUADSPI_CCR[7:0]寄存器的 INSTRUCTION 字段指定一个 8 位指令发送到 Flash。注意,指令阶段一般是通过 IO0 单线发送,但是也可以配置为双线/4 线发送指令,可以通过 QUADSPI_CCR[9:8]寄存器的 IMODE[1:0]这两个位进行配置,如 IMODE[1:0]=00,则表示无须发送指令。

2) 地址阶段

此阶段可以发送 1~4 字节地址给 Flash 芯片,指示要操作的地址。地址字节长度由 QUADSPI_CCR[13:12]寄存器的 ADSIZE[1:0]字段指定,0~3 表示 1~4 字节地址长度。在间接模式和轮询模式下,待发送的地址由 QUADSPI_AR 寄存器指定。地址阶段同样可以以单线、双线、4 线模式发送,通过 QUADSPI_CCR[11:10]寄存器的 ADMODE[1:0]这两个位进行配置,如 ADMODE [1:0]=00,则表示无须发送地址。

3) 交替字节(复用字节)阶段

此阶段可以发送 1~4 字节数据给 Flash 芯片,一般用于控制操作模式。待发送的交替字节数由 QUADSPI_CCR[17:16]寄存器的 ABSIZE[1:0]位配置。待发送的数据由 QUADSPI_ABR 寄存器中指定。交替字节同样可以以单线、双线、4 线模式发送,通过 QUADSPI_CCR[15:14]寄存器的 ABMODE[1:0]这两个位配置,如 ABMODE [1:0]=00,则跳过交替字节阶段。

4) 空指令周期阶段

在空指令周期阶段,在给定的 1~31 个周期内不发送或接收任何数据,目的是当采用更高的时钟频率时,给 Flash 芯片留出准备数据阶段的时间。这一阶段中给定的周期数由 QUADSPI_CCR[22:18]寄存器的 DCYC[4:0]位配置。若 DCYC 为零,则跳过空指令周期阶段,命令序列直接进入下一个阶段。

5) 数据阶段

此阶段可以从 Flash 读取/写入任意字节数量的数据。在间接模式和自动轮询模式下,待发送/接收的字节数由 QUADSPI_DLR 寄存器指定。在间接写入模式下,发送到 Flash 的数据必须写入 QUADSPI_DR 寄存器。在间接读取模式下,通过读取 QUADSPI_DR 寄存器获得从 Flash 接收的数据。数据阶段同样可以以单线、双线、4 线模式发送,通过 QUADSPI_CCR[25:24]寄存器的 DMODE [1:0]这两个位进行配置,如 DMODE [1:0]=00,则表示无数据。

以上就是 QSPI 数据传输的 5 个阶段,其中,交替字节阶段一般用不到,可以省略(通过设置 ABMODE[1:0]=00)。另外,本章是通过间接模式来访问 QSPI 的,接下来介绍间接模式。

2. 间接模式

在间接模式下,通过写入 QUADSPI 寄存器来触发命令,通过读/写数据寄存器来传输数据。

当 FMODE=00 (QUADSPI_CCR[27:26])时,QUADSPI 处于间接写入模式,在数据阶段,将数据写入数据寄存器(QUADSPI_DR),即可写入数据到 Flash。当 FMODE=01 时,QUADSPI 处于间接读取模式,在数据阶段,读取 QUADSPI_DR 寄存器,即可读取 Flash 里面的数据。

读/写字节数由数据长度寄存器(QUADSPI_DLR)指定。当 QUADSPI_DLR=0xFFFFFFFF 时,则数据长度视为未定义,QUADSPI 将持续传输数据,直到到达 Flash 结尾(Flash 容量由 QUADSPI_DCR[20:16]寄存器的 FSIZE[4:0]位定义)。如果不传输任何数据,则 DMODE[1:0] (QUADSPI_CCR[25:24])应设置为 00。

当发送或接收的字节数(数据量)达到编程设定值时,如果 TCIE=1,则 TCF 置 1

并产生中断。在数据量不确定的情况下,将根据FSIZE[4:0]定义的Flash大小,在达到外部SPI Flash的限制时,TCF置1。

在间接模式下有3种触发命令启动的方式,即:

① 不需要发送地址(ADMODE[1:0]==00)和数据(DMODE[1:0]==00)时,对INSTRUCTION[7:0](QUADSPI_CCR[7:0])执行写入操作。

② 需要发送地址(ADMODE[1:0]!=00),但不需要发送数据(DMODE[1:0]==00)时,对ADDRESS[31:0](QUADSPI_AR)执行写入操作。

③ 需要发送地址(ADMODE[1:0]!=00)和数据(DMODE[1:0]!=00)时,对DATA[31:0](QUADSPI_DR)执行写入操作。

如果命令启动,则BUSY位(QUADSPI_SR的第5位)将自动置1。

3. QSPI Flash 配置

外部SPI Flash芯片的相关参数可以通过器件配置寄存器(QUADSPI_DCR)来进行设置。寄存器QUADSPI_DCR[20:16]的FSIZE[4:0]这5个位,用于指定外部存储器的大小,计算公式为:

$$Fcap = 2^{FSIZE+1}$$

Fcap表示Flash的容量,单位为字节,在间接模式下,最高支持4 GB容量的Flash芯片,但是在内存映射模式下的可寻址空间限制为256 MB。

QSPI连续执行两条命令时,它在两条命令之间将片选信号(nCS)置为高电平,默认仅一个CLK周期。某些Flash需要命令之间的时间更长,可以通过寄存器QUADSPI_DCR[10:8]的CSHT[2:0](选高电平时间)这3个位设置高电平时长,0~7表示1~8个时钟周期(最大为8)。

时钟模式用于指定在nCS为高电平时,CLK的时钟极性。通过寄存器QUADSPI_DCR[0]的CKMODE位指定:当CKMODE=0时,CLK在nCS为高电平期间保持低电平,称之为模式0;当CKMODE=1时,CLK在nCS为高电平期间保持高电平,称之为模式3。

接下来介绍本章需要用到的一些寄存器。

首先是QSPI控制寄存器QUADSPI_CR,各位描述如图33.1.3所示。

31	30	29	28	27	26	25	24	23	22	21	20	19	18	17	16
\multicolumn{8}{PRESCALER}								PMM	APMS	Res.	TOIE	SMIE	FTIE	TCIE	TEIE
rw	rw	rw	rw	rw	rw	rw	rw	rw	rw		rw	rw	rw	rw	rw

15	14	13	12	11	10	9	8	7	6	5	4	3	2	1	0
Res.	Res.	Res.	FTHRES					FSEL	DFM	Res.	SSHIFT	TCEN	DMAEN	ABORT	EN
			rw	rw	rw	rw	rw	rw	rw		rw	rw	rw	rw	w1s

图33.1.3 QUADSPI_CR寄存器各位描述

该寄存器只关心需要用到的一些位(下同),首先是PRESCALER[7:0],用于设置AHB时钟预分频器0~255,表示0~256分频。这里使用W25Q256最大支持104 MHz

的时钟,设置 PRESCALER=2,即 3 分频,得到 QSPI 时钟为 72 MHz(216/3)。

FTHRES[4:0]用于设置 FIFO 阈值,范围为 0～31,表示 FIFO 的阈值为 1～32 字节。

FSEL 位用于选择 Flash,我们的 W25Q256 连接在 STM32F7 的 QSPI BK1 上面,所以设置此位为 0 即可。

DFM 位用于设置双闪存模式,这里用的是单闪存模式,所以设置此位为 0 即可。

SSHIFT 位用于设置采样移位,默认情况下,QSPI 接口在 Flash 驱动数据后过半个 CLK 周期开始采集数据。使用该位可考虑外部信号延迟,推迟数据采集。一般设置此位为 1,移位半个周期采集,确保数据稳定。

ABORT 位用于终止 QSPI 的当前传输,设置为 1 即可终止当前传输,在读/写 Flash 数据的时候可能会用到。

EN 位用于控制 QSPI 的使能,这里需要用到 QSPI 接口,所以必须设置此位为 1。

接下来看 QSPI 器件配置寄存器 QUADSPI_DCR,各位描述如图 33.1.4 所示。该寄存器可以设置 Flash 芯片的容量(FSIZE)、片选高电平时间(CSHT)和时钟模式(CKMODE)等,这些位的设置说明见前面的 QSPI Flash 配置部分介绍。

31	30	29	28	27	26	25	24	23	22	21	20	19	18	17	16
Res.	Res.	Res.	Res.	Res.	Res.	Res.	Res.	Res.	Res.	Res.	FSIZE				
											rw	rw	rw	rw	rw
15	14	13	12	11	10	9	8	7	6	5	4	3	2	1	0
Res.	Res.	Res.	Res.	CSHT			Res.	Res.	Res.	Res.	Res.	Res.	Res.	Res.	CKMODE
				rw	rw	rw									rw

图 33.1.4 QUADSPI_DCR 寄存器各位描述

接下来看 QSPI 通信配置寄存器 QUADSPI_CCR,各位描述如图 33.1.5 所示。

31	30	29	28	27	26	25	24	23	22	21	20	19	18	17	16
DDRM	DHHC	Res.	SIOO	FMODE[1:0]		DMODE		Res.	DCYC[4:0]					ABSIZE	
rw	rw		rw	rw	rw	rw			rw	rw	rw	rw	rw	rw	rw
15	14	13	12	11	10	9	8	7	6	5	4	3	2	1	0
ABMODE		ADSIZE		ADMODE		IMODE		INSTRUCTION[7:0]							
rw	rw	rw	rw	rw	rw	rw	rw	rw	rw	rw	rw	rw	rw	rw	rw

图 33.1.5 QUADSPI_CCR 寄存器各位描述

DDRM 位用于设置双倍率模式(DDR),这里没用到双倍率模式,所以设置此位为 0。

SIOO 位用于设置指令是否只发送一次,这里需要每次都发送指令,所以设置此位为 0。

FMODE[1:0]这两个位用于设置功能模式:00,间接写入模式;01,间接读取模式;10,自动轮询模式;11,内存映射模式。这里使用间接模式,所以此位根据需要设置为 00/01。

DMODE[1:0]这两个位用于设置数据模式;00,无数据;01,单线传输数据;10,双线传输数据;11,4线传输数据;这里一般设置为00/11。

DCYC[4:0]这5个位用于设置空指令周期数,可以控制空指令阶段的持续时间,设置范围为0~31。设置为0,则表示没有空指令周期。

ABMODE[1:0]这两个位用于设置交替字节模式,一般设置为0,表示无交替字节。

ADMODE[1:0]这两个位用于设置地址模式;00,无地址;01,单线传输地址;10,双线传输地址;11,4线传输地址;一般设置为00/11。

IMODE[1:0]这两个位用于设置指令模式;00,无指令;01,单线传输指令;10,双线传输指令;11,4线传输指令;一般设置为00/11。

INSTRUCTION[7:0]这8个位用于设置将要发送给Flash的指令。

注意,以上这些位的配置都必须在QUADSPI_SR寄存器的BUSY位为0时才可配置。

接下来看QSPI数据长度寄存器QUADSPI_DLR,该寄存器为一个32位寄存器,可以设置的数据长度范围为0~0XFFFFFFFF。当QUADSPI_DLR!=0XFFFFFFFF时,表示传输的字节长度(+1);当QUADSPI_DLR==0XFFFFFFFF时,表示不限传输长度,直到到达由FSIZE定义的Flash结尾。

接下来看QSPI地址寄存器QUADSPI_AR,该寄存器为一个32位寄存器,用于指定发送到Flash的地址。

接下来看QSPI数据寄存器QUADSPI_DR,该寄存器为一个32位寄存器,用于指定与外部SPI Flash设备交换的数据。该寄存器支持字、半字和字节访问。

在间接写入模式下,写入该寄存器的数据在数据阶段发送到Flash,在此之前则存储于FIFO。如果FIFO满了,则暂停写入,直到FIFO具有足够的空间接收要写入的数据才继续。

在间接模式下,读取该寄存器可获得(通过FIFO)已从Flash接收的数据。如果FIFO所含字节数比读取操作要求的字节数少,且BUSY=1,则暂停读取,直到足够的数据出现或传输完成才继续。

接下来看QSPI状态寄存器QUADSPI_SR,各位描述如图33.1.6所示。

31	30	29	28	27	26	25	24	23	22	21	20	19	18	17	16
Res.	Res.	Res.	Res.	Res.	Res.	Res.	Res.	Res.	Res.	Res.	Res.	Res.	Res.	Res.	Res.
15	14	13	12	11	10	9	8	7	6	5	4	3	2	1	0
Res.	Res.	\multicolumn{4}{c}{FLEVEL[5:0]}				Res.	Res.	BUSY	TOF	SMF	FTF	TCF	TEF
		r	r	r	r	r	r			r	r	r	r	r	r

图33.1.6 QUADSPI_SR寄存器各位描述

BUSY位指示操作是否忙。当该位为1时,表示QSPI正在执行操作。在操作完成或者FIFO为空的时候,该位自动清零。

第 33 章 QSPI 实验

FTF 位表示 FIFO 是否到达阈值。在间接模式下,若达到 FIFO 阈值,或从 Flash 读取完成后,FIFO 中留有数据时,该位置 1。只要阈值条件不再为"真",该位就自动清零。

TCF 位表示传输是否完成。在间接模式下,当传输的数据数量达到编程设定值,或在任何模式下传输中止时,该位置 1。向 QUADSPI_FCR 寄存器的 CTCF 位写 1,可以清零此位。

最后看 QSPI 标志清零寄存器 QUADSPI_FCR,各位描述如图 33.1.7 所示。

31	30	29	28	27	26	25	24	23	22	21	20	19	18	17	16
Res.	Res.	Res.	Res.	Res.	Res.	Res.	Res.	Res.	Res.	Res.	Res.	Res.	Res.	Res.	Res.
15	14	13	12	11	10	9	8	7	6	5	4	3	2	1	0
Res.	Res.	Res.	Res.	Res.	Res.	Res.	Res.	Res.	Res.	Res.	CTOF	CSMF	Res.	CTCF	CTEF
											w1o	w1o		w1o	w1o

图 33.1.7 QUADSPI_FCR 寄存器各位描述

该寄存器一般只用到 CTCF 位,用于清除 QSPI 的传输完成标志。

至此,本章 QSPI 实验需要用到的 QSPI 相关寄存器就全部介绍完了,更详细的介绍可参考《STM32F7 中文参考手册》14.5 节。接下来看间接模式下 QSPI 的 4 个常见操作简要步骤:初始化、发送命令、读数据和写数据。

(1) QSPI 初始化步骤

① 开启 QSPI 接口和相关 I/O 的时钟,并设置 I/O 口的复用功能。

要使用 QSPI,肯定要先开启其时钟(由 AHB3ENR 控制),然后根据使用的 QSPI I/O 口来开启对应 I/O 口的时钟,并初始化相关 I/O 口的复用功能(选择 QSPI 复用功能)。

② 设置 QSPI 相关参数。

此部分需要设置两个寄存器 QUADSPI_CR 和 QUADSPI_DCR,控制 QSPI 的时钟、片选参数、Flash 容量和时钟模式等参数,设定 SPI Flash 的工作条件。最后,使能 QSPI,完成对 QSPI 的初始化。

(2) QSPI 发送命令步骤

① 等待 QSPI 空闲。

在 QSPI 发送命令前,必须先等待 QSPI 空闲,通过判断 QUADSPI_SR 寄存器的 BUSY 位为 0 来确定。

② 设置命令参数。

此部分主要是通过通信配置寄存器(QUADSPI_CCR)设置,将 QSPI 配置为每次都发送指令、间接写模式,根据具体需要设置指令、地址、空周期和数据等的传输位宽等信息。如果需要发送地址,则配置地址寄存器(QUADSPI_AR)。

配置完成以后即可启动发送。如果不需要传输数据,则需要等待命令发送完成(等待 QUADSPI_SR 寄存器的 TCF 位为 1)。

(3) QSPI 读数据步骤

1) 设置数据传输长度

通过设置数据长度寄存器(QUADSPI_DLR)来配置需要传输的字节数。

2) 设置 QSPI 工作模式并设置地址

因为要读取数据,所以,设置 QUADSPI_CCR 寄存器的 FMODE[1:0] 位为 01,工作在间接读取模式。然后,通过地址寄存器(QUADSPI_AR)设置将要读取的数据的首地址。

3) 读取数据

在发送完地址以后就可以读取数据了,不过要等待数据准备好,通过判断 QUADSPI_SR 寄存器的 FTF 和 TCF 位,当这两个位任意一个位为 1 的时候,我们就可以读取 QUADSPI_DR 寄存器来获取从 Flash 读到的数据。

最后,在所有数据接收完成以后,终止传输(ABORT),清除传输完成标志位(TCF)。

(4) QSPI 写数据步骤

1) 设置数据传输长度

通过设置数据长度寄存器(QUADSPI_DLR)来配置需要传输的字节数。

2) 设置 QSPI 工作模式并设置地址

因为要读取数据,所以,设置 QUADSPI_CCR 寄存器的 FMODE[1:0] 位为 00,工作在间接写入模式。然后,通过地址寄存器(QUADSPI_AR)设置将要写入的数据的首地址。

3) 写入数据

在发送完地址以后就可以写入数据了,不过要等待 FIFO 不满;当 QUADSPI_SR 寄存器的 FTF 位为 1 的时候,表示 FIFO 非满,可以写入数据,此时往 QUADSPI_DR 写入需要发送的数据,就可以实现写入数据到 Flash。

最后,在所有数据写入完成以后,终止传输(ABORT),清除传输完成标志位(TCF)。

STM32F7 的 QSPI 接口就介绍到这里,接下来介绍 W25Q256。

33.1.2　W25Q256 简介

W25Q256 是华邦公司生产的一颗容量为 32 MB 的串行 Flash 芯片,它将 32 MB 的容量分为 512 个块(Block),每个块大小为 64 KB,每个块又分为 16 个扇区(Sector),每个扇区 4 KB。W25Q256 的最小擦除单位为一个扇区,也就是每次必须擦除 4 KB。这样就需要给 W25Q256 开辟一个至少 4 KB 的缓存区,这对 SRAM 要求比较高,要求芯片必须有 4 KB 以上 SRAM 才能很好地操作。

W25Q256 的擦写周期多达 10 万次,具有 20 年的数据保存期限,支持电压为 2.7~ 3.6 V。W25Q256 支持标准的 SPI,还支持双输出/四输出 SPI 和 QPI(QPI 即 QSPI,下同),最高时钟频率可达 104 MHz(双输出时相当于 208 MHz,四输出时相当于

第33章 QSPI实验

416 MHz)。本章将利用STM32F7的QSPI接口来实现对W25Q256的驱动。

接下来介绍本章驱动W25Q256需要用到的一些指令,如表33.1.1所列。该表列出了本章驱动W25Q256需要用到的所有指令和对应的参数,可见,QPI模式比SPI模式所需要的时钟数少得多,所以速度也快得多。这里要注意SPI模式和QPI模式下时钟数的区别。接下来简单介绍一下这些指令。

表 33.1.1　W25Q256 指令

输入/输出数据		字节1	字节2	字节3	字节4	字节5	字节6	字节7
时钟数	SPI模式	0～7	8～15	16～23	24～31	32～39	40～47	48～55
	QPI模式	0,1	2,3	4,5	6,7	8,9	10,11	12,13
W25X_ReadStatusReg1		0X05	S7－S0					
W25X_ReadStatusReg2		0X35	S15～S8					
W25X_ReadStatusReg3		0X15	S23～S16					
W25X_WriteStatusReg1		0X01	S7～S0					
W25X_WriteStatusReg2		0X31	S15～S8					
W25X_WriteStatusReg3		0X11	S23～S16					
W25X_ManufactDeviceID		0X90	Dummy	Dummy	0X00	MF7～MF0	ID7～ID0	
W25X_EnterQPIMode		0X38						
W25X_Enable4ByteAddr		0XB7						
W25X_SetReadParam		0XC0	P7～P0					
W25X_WriteEnable		0X06						
W25X_FastReadData		0X0B	A31～A24	A23～A16	A15～A8	A7～A0	Dummy[1]	D7～D0[2]
W25X_PageProgram		0X02	A31～A24	A23～A16	A15～A8	A7～A0	D7～D0[2]	D7～D0[2]
W25X_SectorErase		0X20	A31～A24	A23～A16	A15～A8	A7～A0		
W25X_ChipErase		0XC7						

1. 在 QPI 模式下 dummy 时钟的个数,由读参数控制位 P[5:4] 位控制。
2. 传输的数据量,只要不停地给时钟就可以持续传输。对于 W25X_PageProgram 指令,则单次传输最多不超过 256 字节,否则将覆盖之前写入的数据。

首先,前面6个指令是用来读取/写入状态寄存器1～3的。在读取的时候,读取 S23～S0 的数据;在写入的时候,写入 S23～S0。S23～S0 由 3 部分组成:S23～S16、S15～S8、S7～S0,即状态寄存器 3、2、1,如表 33.1.2 所列。

这 3 个状态寄存器只关心需要用到的一些位:ADS、QE 和 BUSY 位。其他位的说明参见 W25Q256 的数据手册。

ADS 位表示 W25Q256 当前的地址模式,是一个只读位。当 ADS=0 的时候,表示当前是 3 字节地址模式;当 ADS=1 的时候,表示当前是 4 字节地址模式。我们需要使用 4 字节地址模式,所以在读取到该位为 0 的时候,必须通过 W25X_Enable4ByteAddr

•411•

指令,设置为 4 字节地址模式。

表 33.1.2　W25Q256 状态寄存器

状态寄存器 3	S23	S22	S21	S20	S19	S18	S17	S16
位说明	HOLD/RST	DRV1	DRV0			WPS	ADP	ADS
状态寄存器 2	S15	S14	S13	S12	S11	S10	S9	S8
位说明	SUS	CMP	LB3	LB2	LB1		QE	SRP1
状态寄存器 1	S7	S6	S5	S4	S3	S2	S1	S0
位说明	SRP0	TB	BP3	BP2	BP1	BP0		BUSY

QE 位用于使能 4 线模式(Quad),可读可写,并且是可以保存的(掉电后可以继续保持上一次的值)。本章需要用到 4 线模式,所以在读到该位为 0 的时候,必须通过 W25X_WriteStatusReg2 指令设置此位为 1,表示使能 4 线模式。

BUSY 位用于表示擦除/编程操作是否正在进行。当擦除/编程操作正在进行时,此位为 1,此时 W25Q256 不接收任何指令;当擦除/编程操作完成时,此位为 0。此位为只读位,在执行某些操作的时候,必须等待此位为 0。

W25X_ ManufactDeviceID 指令用于读取 W25Q256 的 ID,可以用于判断 W25Q256 是否正常。对于 W25Q256 来说,MF[7:0]=0XEF,ID[7:0]=0X18。

W25X_ EnterQPIMode 指令用于设置 W25Q256 进入 QPI 模式。上电时,W25Q256 默认是 SPI 模式,需要通过该指令设置其进入 QPI 模式。注意:在发送该指令之前,必须先设置状态寄存器 2 的 QE 位为 1。

W25X_Enable4ByteAddr 指令用于设置 W25Q256 进入 4 字节地址模式。当读取到 ADS 位为 0 的时候,必须通过此指令将 W25Q256 设置为 4 字节地址模式;否则,只能访问 16 MB 的地址空间。

W25X_SetReadParam 指令可以用于设置读参数控制位 P[5:4],这两个位的描述如表 33.1.3 所列。

表 33.1.3　W25Q256 读参数控制位

P5 - P4	DUMMY 时钟	最高读取频率/Hz	最高读取频率/MHz (A[1:0]=0)	最高读取频率/MHz (A[1:0]=0,0 VCC=3.0~3.6 V)
0　0	2	33	33	40
0　1	4	55	80	80
1　0	6	80	80	104
1　1	8	80	80	104

为了让 W25Q256 可以工作在最大频率下,这里设置 P[5:4]=11,即可工作在 104 MHz 的时钟频率下。此时,读取数据时的 dummy 时钟个数为 8 个(参见 W25X_

FastReadData 指令)。

W25X_WriteEnable 指令用于设置 W25Q256 写使能。在执行擦除、编程、写状态寄存器等操作之前,必须通过该指令设置 W25Q256 写使能,否则无法写入。

W25X_FastReadData 指令用于读取 Flash 数据。在发送完该指令以后,就可以读取 W25Q256 的数据了。该指令发送完成后,可以持续读取 Flash 里面的数据,只要不停地给时钟,就可以不停地读取数据。

W25X_PageProgram 指令用于编程 Flash(写入数据到 Flash)。该指令发送完成后,最多可以一次写入 256 字节到 W25Q256,超过 256 字节则需要多次发送该指令。

W25X_SectorErase 指令用于擦除一个扇区(4 KB)的数据。因为 Flash 具有只可以写 0、不可以写 1 的特性,所以在写入数据的时候,一般需要先擦除(归 1)再写。W25Q256 的最小擦除单位为一个扇区(4 KB)。该指令在写入数据的时候经常要有用。

W25X_ChipErase 指令用于全片擦除 W25Q256。

最后看看 W25Q256 的初始化流程(QPI 模式):

① 使能 QPI 模式。

因为我们是通过 QSPI 访问 W25Q256 的,所以先设置 W25Q256 工作在 QPI 模式下。通过 W25X_EnterQPIMode 指令控制。注意,在该指令发送之前,必须先使能 W25Q256 的 QE 位。

② 设置 4 字节地址模式。

W25Q256 上电后,一般默认是 3 字节地址模式,需要通 W25X_Enable4ByteAddr 指令设置其为 4 字节地址模式,否则只能访问 16 MB 的地址空间。

③ 设置读参数。

这一步通过 W25X_SetReadParam 指令,将 P[5:4]设置为 11,以支持最高速度访问 W25Q256(8 个 dummy,104 MHz 时钟频率)。至此,W25Q256 的初始化流程就完成了,接下来便可以通过 QSPI 读/写数据了。

更多 W25Q256 的介绍可参考 W25Q256 的数据手册。

33.2 硬件设计

本章实验功能简介:开机的时候先检测 W25Q256 是否存在,然后在主循环里面检测两个按键,其中一个按键(KEY1)用来执行写入 W25Q256 的操作,另外一个按键(KEY0)用来执行读出操作,在 LCD 模块上显示相关信息。同时,用 DS0 提示程序正在运行。

所要用到的硬件资源如下:指示灯 DS0、KEY0 和 KEY1 按键、LCD 模块、QSPI、W25Q256。这里只介绍 W25Q256 与 STM32F767 的连接。板上 W25Q256 是连接在 STM32F767 的 QSPI BK1 上的,连接关系如图 33.2.1 所示。

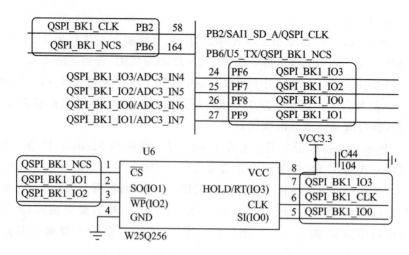

图 33.2.1 STM32F767 与 W25Q256 连接电路图

33.3 软件设计

打开上一章的工程,由于本章用不到 AP3216C 相关代码,所以,先去掉 myiic.c 和 ap3216c.c。在 HARDWARE 文件夹下新建一个 W25QXX 的文件夹和 QSPI 的文件夹。然后新建一个 w25qxx.c 和 w25qxx.h 的文件,保存在 W25QXX 文件夹下,新建 qspi.c 和 qspi.h 的文件,保存在 QSPI 文件夹下,并将这两个文件夹加入头文件包含路径。

打开 qspi.c 文件,输入如下代码:

```
//等待状态标志
//flag:需要等待的标志位
//sta:需要等待的状态
//wtime:等待时间
//返回值:0,等待成功.1,等待失败
u8 QSPI_Wait_Flag(u32 flag,u8 sta,u32 wtime)
{
    u8 flagsta = 0;
    while(wtime)
    {
        flagsta = (QUADSPI->SR&flag)? 1:0;
        if(flagsta == sta)break;
        wtime -- ;
    }
    if(wtime)return 0;
    else return 1;
}
//初始化 QSPI 接口
//返回值:0,成功;1,失败
u8 QSPI_Init(void)
```

```c
{
    u32 tempreg = 0;
    RCC->AHB1ENR|=1 << 1;              //使能 PORTB 时钟
    ……//省略部分 I/O 初始化代码
    GPIO_AF_Set(GPIOF,9,10);           //PF9,AF10
    
    
    RCC->AHB3RSTR|=1 << 1;             //复位 QSPI
    RCC->AHB3RSTR&= ~(1 << 1);         //停止复位 QSPI
    if(QSPI_Wait_Flag(1 << 5,0,0XFFFF) == 0)   //等待 BUSY 空闲
    {
        tempreg = (3-1) << 24;         //设置时钟为 AHB 时钟的 1/3,即 216 MHz/3 = 72 MHz,13.8 ns
        tempreg|= (4-1) << 8;          //设置 FIFO 阈值为 4 个字节(最大为 31,表示 32 个字节)
        tempreg|= 0 << 7;              //选择 FLASH1
        tempreg|= 0 << 6;              //禁止双闪存模式
        tempreg|= 1 << 4;              //采样移位半个周期(DDR 模式下,必须设置为 0)
        QUADSPI->CR = tempreg;         //设置 CR 寄存器
        tempreg = (25-1) << 16;        //设置 FLASH 大小为 2~25 = 32 MB
        tempreg|= (4-1) << 8;          //片选高电平时间为 4 个时钟,即手册的 tSHSL 参数
        tempreg|= 1 << 0;              //Mode3,空闲时 CLK 为高电平
        QUADSPI->DCR = tempreg;        //设置 DCR 寄存器
        QUADSPI->CR|= 1 << 0;          //使能 QSPI
    }else return 1;
    return 0;
}
//QSPI 发送命令
//cmd:要发送的指令
//addr:发送到的目的地址
//mode:模式,详细位定义如下:
//  mode[1:0]:指令模式;00,无指令;01,单线传输指令;10,双线传输指令;11,四线传输指令
//  mode[3:2]:地址模式;00,无地址;01,单线传输地址;10,双线传输地址;11,四线传输地址
//  mode[5:4]:地址长度;00,8 位地址;01,16 位地址;10,24 位地址;11,32 位地址
//  mode[7:6]:数据模式;00,无数据;01,单线传输数据;10,双线传输数据;11,四线传输数据
//dmcycle:空指令周期数
void QSPI_Send_CMD(u8 cmd,u32 addr,u8 mode,u8 dmcycle)
{
    u32 tempreg = 0;
    u8 status;
    if(QSPI_Wait_Flag(1 << 5,0,0XFFFF) == 0)     //等待 BUSY 空闲
    {
        tempreg = 0 << 31;                       //禁止 DDR 模式
        tempreg|= 0 << 28;                       //每次都发送指令
        tempreg|= 0 << 26;                       //间接写模式
        tempreg|= ((u32)mode >> 6) << 24;        //设置数据模式
        tempreg|= (u32)dmcycle << 18;            //设置空指令周期数
        tempreg|= ((u32)(mode >> 4)&0X03) << 12; //设置地址长度
        tempreg|= ((u32)(mode >> 2)&0X03) << 10; //设置地址模式
        tempreg|= ((u32)(mode >> 0)&0X03) << 8;  //设置指令模式
        tempreg|= cmd;                           //设置指令
        QUADSPI->CCR = tempreg;                  //设置 CCR 寄存器
        if(mode&0X0C)QUADSPI->AR = addr;         //有指令+地址要发送
```

```c
            if((mode&0XC0) == 0)                              //无数据传输,等待指令发送完成
            {
                status = QSPI_Wait_Flag(1 << 1,1,0XFFFF);    //等待 TCF,即传输完成
                if(status == 0)QUADSPI->FCR|=1 << 1;         //清除 TCF 标志位
            }
        }
    }
    //QSPI 接收指定长度的数据
    //buf:接收数据缓冲区首地址
    //datalen:要传输的数据长度
    //返回值:0,正常
    //      其他,错误代码
    u8 QSPI_Receive(u8 * buf,u32 datalen)
    {
        u32 tempreg = QUADSPI->CCR;
        u32 addrreg = QUADSPI->AR;
        u8 status;
        vu32 * data_reg = &QUADSPI->DR;
        QUADSPI->DLR = datalen - 1;                          //设置数据传输长度
        tempreg&= ~(3 << 26);                                //清除 FMODE 原来的设置
        tempreg|=1 << 26;                                    //设置 FMODE 为间接读取模式
        QUADSPI->FCR|=1 << 1;                                //清除 TCF 标志位
        QUADSPI->CCR = tempreg;                              //回写 CCR 寄存器
        QUADSPI->AR = addrreg;                               //回写 AR 寄存器,触发传输
        while(datalen)
        {
            status = QSPI_Wait_Flag(3 << 1,1,0XFFFF);        //等到 FTF 和 TCF,即接收到了数据
            if(status == 0){* buf++= * (vu8 *)data_reg;datalen-- ;} //等待成功,读取数据
            else break;
        }
        if(status == 0)
        {
            QUADSPI->CR|=1 << 2;                             //终止传输
            status = QSPI_Wait_Flag(1 << 1,1,0XFFFF);        //等待 TCF,即数据传输完成
            if(status == 0)
            {
                QUADSPI->FCR|=1 << 1;                        //清除 TCF 标志位
                status = QSPI_Wait_Flag(1 << 5,0,0XFFFF);    //等待 BUSY 位清零
            }
        }
        return status;
    }
    //QSPI 发送指定长度的数据
    //buf:发送数据缓冲区首地址
    //datalen:要传输的数据长度
    //返回值:0,正常;其他,错误代码
    u8 QSPI_Transmit(u8 * buf,u32 datalen)
    {
        u32 tempreg = QUADSPI->CCR;
        u32 addrreg = QUADSPI->AR;
```

```
        u8 status;
        vu32 * data_reg = &QUADSPI->DR;
        QUADSPI->DLR = datalen - 1;             //设置数据传输长度
        tempreg& = ~(3 << 26);                  //清除 FMODE 原来的设置
        tempreg| = 0 << 26;                     //设置 FMODE 为间接写入模式
        QUADSPI->FCR| = 1 << 1;                 //清除 TCF 标志位
        QUADSPI->CCR = tempreg;                 //回写 CCR 寄存器
        while(datalen)
        {
            status = QSPI_Wait_Flag(1 << 2,1,0XFFFF);   //等到 FTF
            if(status! = 0)break;               //等待成功
            *(vu8 *)data_reg = * buf++;
            datalen--;
        }
        if(status == 0)
        {
            QUADSPI->CR| = 1 << 2;              //终止传输
            status = QSPI_Wait_Flag(1 << 1,1,0XFFFF);   //等待 TCF,即数据传输完成
            if(status == 0)
            {
                QUADSPI->FCR| = 1 << 1;         //清除 TCF 标志位
                status = QSPI_Wait_Flag(1 << 5,0,0XFFFF);   //等待 BUSY 位清零
            }
        }
        return status;
    }
```

此部分代码实现了 QSPI 的初始化、发送命令、读数据和写数据这 4 个关键函数，这几个函数是按 33.1.1 小节末尾介绍的步骤来实现的。

保存 qspi.c，并把该文件加入到 HARDWARE 组下面，然后打开 qspi.h，在里面输入如下代码：

```
# ifndef __QSPI_H
# define __QSPI_H
# include "sys.h"
u8 QSPI_Wait_Flag(u32 flag,u8 sta,u32 wtime);           //QSPI 等待某个状态
u8 QSPI_Init(void);                                     //初始化 QSPI
void QSPI_Send_CMD(u8 cmd,u32 addr,u8 mode,u8 dmcycle); //QSPI 发送命令
u8 QSPI_Receive(u8 * buf,u32 datalen);                  //QSPI 接收数据
u8 QSPI_Transmit(u8 * buf,u32 datalen);                 //QSPI 发送数据
# endif
```

保存 qspi.h，然后打开 w25qxx.c，并在里面编写与 W25Q256 操作相关的代码。由于篇幅所限，详细代码这里就不贴出了。这里仅介绍几个重要的函数。首先介绍 W25QXX_Qspi_Enable 函数，该函数代码如下：

```
//W25QXX 进入 QSPI 模式
void W25QXX_Qspi_Enable(void)
{
    u8 stareg2;
```

```c
    stareg2 = W25QXX_ReadSR(2);              //先读出状态寄存器2的原始值
    if((stareg2&0X02) == 0)                  //QE位未使能
    {
        W25QXX_Write_Enable();               //写使能
        stareg2 |= 1 << 1;                   //使能QE位
        W25QXX_Write_SR(2,stareg2);          //写状态寄存器2
    }
    QSPI_Send_CMD(W25X_EnterQPIMode,0,(0 << 6)|(0 << 4)|(0 << 2)|(1 << 0),0);
    //写指令,地址为0,无数据_8位地址_无地址_单线传输指令,无空周期,0个字节数据
    W25QXX_QPI_MODE = 1;                     //标记QSPI模式
}
```

该函数用于设置 W25Q256 进入 QPI 模式,在 W25Q256 初始化的时候被调用。该函数末尾有 "W25QXX_QPI_MODE=1",表示 W25Q256 当前为 QPI 模式。W25QXX_QPI_MODE 是 w25qxx.c 里面定义的一个全局变量,用于表示 W25Q256 的当前模式(0,SPI 模式;1,QPI 模式)。

然后介绍 W25QXX_Init 函数,该函数代码如下:

```c
//初始化 SPI FLASH 的 I/O 口
void W25QXX_Init(void)
{
    u8 temp;
    QSPI_Init();                             //初始化QSPI
    W25QXX_Qspi_Enable();                    //使能QSPI模式
    W25QXX_TYPE = W25QXX_ReadID();           //读取FLASH ID
    //printf("ID:%x\r\n",W25QXX_TYPE);
    if(W25QXX_TYPE == W25Q256)               //SPI FLASH为W25Q256
    {
        temp = W25QXX_ReadSR(3);             //读取状态寄存器3,判断地址模式
        if((temp&0X01) == 0)                 //非4字节地址模式,则进入4字节地址模式
        {
            W25QXX_Write_Enable();           //写使能
            QSPI_Send_CMD(W25X_Enable4ByteAddr,0,(0 << 6)|(0 << 4)|(0 << 2)|(3 << 0),0);
            //QPI,使能4字节地址指令,地址为0,无数据_8位地址_无地址_4线传输指令
            //无空周期,0个字节数据
        }
        W25QXX_Write_Enable();               //写使能
        QSPI_Send_CMD(W25X_SetReadParam,0,(3 << 6)|(0 << 4)|(0 << 2)|(3 << 0),0);
        //QPI,设置读参数指令,地址为0,4线传数据_8位地址_无地址_4线传输指令
        //无空周期,1个字节数据
        temp = 3 << 4;                       //设置P4&P5=11,8个dummy clocks,104 MHz
        QSPI_Transmit(&temp,1);              //发送一个字节
    }
}
```

该函数用于初始化 W25Q256。首先调用 QSPI_Init 函数,初始化 STM32F7 的 QSPI 接口,然后依据 33.1.2 小节末尾介绍的初始化流程,初始化 W25Q256。在初始化完成以后便可以通过 QSPI 接口读/写 W25Q256 的数据了。

接下来介绍 W25QXX_Read 函数,该函数代码如下:

第33章 QSPI 实验

```
//读取 SPI FLASH,仅支持 QPI 模式
//在指定地址开始读取指定长度的数据
//pBuffer:数据存储区
//ReadAddr:开始读取的地址(最大 32 bit)
//NumByteToRead:要读取的字节数(最大 65 535)
void W25QXX_Read(u8 * pBuffer,u32 ReadAddr,u16 NumByteToRead)
{
    QSPI_Send_CMD(W25X_FastReadData,ReadAddr,(3 << 6)|(3 << 4)|(3 << 2)|(3 << 0),8);
    //QPI,快速读数据,地址为 ReadAddr,4 线传输数据_32 位地址_4 线传输地址_4 线传输
    //指令,8 空周期,NumByteToRead 个数据
    QSPI_Receive(pBuffer,NumByteToRead);
}
```

该函数用于从 W25Q256 的指定地址读出指定长度的数据。由于 W25Q256 支持以任意地址(但是不能超过 W25Q256 的地址范围)开始读取数据,所以,这个代码相对来说就比较简单了。通过 QSPI_Send_CMD 函数发送 W25X_FastReadData 指令,并发送读数据首地址(ReadAddr),然后通过 QSPI_Receive 函数循环读取数据,存放在 pBuffer 里面。

有读的函数,当然就有写的函数了,接下来介绍 W25QXX_Write 函数。该函数的作用与 W25QXX_Read 的作用类似,不过是用来写数据到 W25Q256 里面的,代码如下:

```
//写 SPI FLASH
//在指定地址开始写入指定长度的数据
//该函数带擦除操作
//pBuffer:数据存储区
//WriteAddr:开始写入的地址(最大 32 bit)
//NumByteToWrite:要写入的字节数(最大 65 535)
u8 W25QXX_BUFFER[4096];
void W25QXX_Write(u8 * pBuffer,u32 WriteAddr,u16 NumByteToWrite)
{
    u32 secpos;
    u16 secoff;
    u16 secremain;
    u16 i;
    u8 * W25QXX_BUF;
    W25QXX_BUF = W25QXX_BUFFER;
    secpos = WriteAddr/4096;                              //扇区地址
    secoff = WriteAddr % 4096;                            //在扇区内的偏移
    secremain = 4096 - secoff;                            //扇区剩余空间大小
    //printf("ad:%X,nb:%X\r\n",WriteAddr,NumByteToWrite); //测试用
    if(NumByteToWrite<= secremain)secremain = NumByteToWrite;  //不大于 4 096 个字节
    while(1)
    {
        W25QXX_Read(W25QXX_BUF,secpos * 4096,4096);       //读出整个扇区的内容
        for(i = 0;i<secremain;i ++)                        //校验数据
        {
            if(W25QXX_BUF[secoff + i]! = 0XFF)break;      //需要擦除
        }
```

```
            if(i<secremain)                              //需要擦除
            {
                W25QXX_Erase_Sector(secpos);             //擦除这个扇区
                for(i=0;i<secremain;i++)W25QXX_BUF[i+secoff]=pBuffer[i];  //复制
                W25QXX_Write_NoCheck(W25QXX_BUF,secpos*4096,4096);  //写入整个扇区
            }else W25QXX_Write_NoCheck(pBuffer,WriteAddr,secremain);    //写擦除,直接写
        if(NumByteToWrite==secremain)break;          //写入结束了
        else                                          //写入未结束
        {
            secpos++;                                  //扇区地址增1
            secoff=0;                                  //偏移位置为0
            pBuffer+=secremain;                        //指针偏移
            WriteAddr+=secremain;                      //写地址偏移
            NumByteToWrite-=secremain;                 //字节数递减
            if(NumByteToWrite>4096)secremain=4096;     //下一个扇区还是写不完
            else secremain=NumByteToWrite;             //下一个扇区可以写完了
        }
    }
}
```

该函数可以在 W25Q256 的任意地址开始写入任意长度(必须不超过 W25Q256 的容量)的数据。这里简单介绍一下思路:先获得首地址(WriteAddr)所在的扇区,并计算在扇区内的偏移,然后判断要写入的数据长度是否超过本扇区所剩下的长度。如果不超过,再先看看是否要擦除,如果不要,则直接写入数据即可;如果要则读出整个扇区,则在偏移处开始写入指定长度的数据,然后擦除这个扇区,再一次性写入。当需要写入的数据长度超过一个扇区的长度的时候,须先按照前面的步骤把扇区剩余部分写完,再在新扇区内执行同样的操作,如此循环,直到写入结束。这里还定义了一个 W25QXX_BUFFER 的全局变量,用于擦除时缓存扇区内的数据。

其他的代码比较简单,这里不介绍了。保存 w25qxx.c,然后加入到 HARDWARE 组下面,再打开 w25qxx.h,在该文件里面输入如下代码:

```
#ifndef __W25QXX_H
#define __W25QXX_H
#include "sys.h"
//W25X系列/Q系列芯片列表
#define W25Q80          0XEF13
#define W25Q16          0XEF14
#define W25Q32          0XEF15
#define W25Q64          0XEF16
#define W25Q128         0XEF17
#define W25Q256         0XEF18
extern u16 W25QXX_TYPE;                      //定义 W25QXX芯片型号
#define W25X_WriteEnable    0x06
……//省略部分定义
#define W25X_ExitQPIMode    0xFF
void W25QXX_Init(void);
……//省略部分定义
void W25QXX_Wait_Busy(void);                 //等待空闲
#endif
```

第33章　QSPI 实验

这里面就定义了一些与 W25Q256 操作相关的命令和函数（部分省略了），这些命令在 W25Q256 的数据手册上都有详细的介绍，感兴趣的读者可以参考学习。保存此部分代码。最后，在 test.c 里面，修改 main 函数如下：

```c
//要写入到 W25Q256 的字符串数组
const u8 TEXT_Buffer[] = {"Apollo STM32F7 QSPI TEST"};
#define SIZE sizeof(TEXT_Buffer)
int main(void)
{
    u8 led0sta = 1;
    u8 key;
    u16 i = 0;
    u8 datatemp[SIZE];
    u32 FLASH_SIZE;
    Stm32_Clock_Init(432,25,2,9);       //设置时钟,216 MHz
    delay_init(216);                    //延时初始化
    uart_init(108,115200);              //初始化串口波特率为 115 200
    usmart_dev.init(108);               //初始化 USMART
    LED_Init();                         //初始化与 LED 连接的硬件接口
    MPU_Memory_Protection();            //保护相关存储区域
    SDRAM_Init();                       //初始化 SDRAM
    LCD_Init();                         //初始化 LCD
    KEY_Init();                         //按键初始化
    W25QXX_Init();                      //W25QXX 初始化
    POINT_COLOR = RED;
    LCD_ShowString(30,50,200,16,16,"Apollo STM32F4/F7");
    LCD_ShowString(30,70,200,16,16,"QSPI TEST");
    LCD_ShowString(30,90,200,16,16,"ATOM@ALIENTEK");
    LCD_ShowString(30,110,200,16,16,"2016/7/18");
    LCD_ShowString(30,130,200,16,16,"KEY1:Write  KEY0:Read");  //显示提示信息
    while(W25QXX_ReadID()!= W25Q256)    //检测不到 W25Q256
    {
        LCD_ShowString(30,150,200,16,16,"W25Q256 Check Failed!");
        delay_ms(500);
        LCD_ShowString(30,150,200,16,16,"Please Check!       ");
        delay_ms(500);
        LED0(led0sta^= 1);              //DS0 闪烁
    }
    LCD_ShowString(30,150,200,16,16,"W25Q256 Ready!");
    FLASH_SIZE = 32 * 1024 * 1024;      //Flash 大小为 32M 字节
    POINT_COLOR = BLUE;                 //设置字体为蓝色
    while(1)
    {
        key = KEY_Scan(0);
        if(key == KEY1_PRES)            //KEY1 按下,写入 W25Q256
        {
            LCD_Fill(0,170,239,319,WHITE);   //清除半屏
            LCD_ShowString(30,170,200,16,16,"Start Write W25Q256....");
            W25QXX_Write((u8 *)TEXT_Buffer,FLASH_SIZE - 100,SIZE);
            //从倒数第 100 个地址处开始,写入 SIZE 长度的数据
```

```
            LCD_ShowString(30,170,200,16,16,"W25Q256 Write Finished!");//提示完成
        }
        if(key == KEY0_PRES)//KEY0 按下,读取字符串并显示
        {
            LCD_ShowString(30,170,200,16,16,"Start Read W25Q256.... ");
            W25QXX_Read(datatemp,FLASH_SIZE - 100,SIZE);
            //从倒数第 100 个地址处开始,读出 SIZE 个字节
            LCD_ShowString(30,170,200,16,16,"The Data Readed Is:   ");//提示传送完成
            LCD_ShowString(30,190,200,16,16,datatemp);//显示读到的字符串
        }
        i++;
        delay_ms(10);
        if(i == 20)
        {
            LED0(led0sta^= 1);      //DS0 闪烁
            i = 0;
        }
    }
}
```

这部分代码和 I²C 实验那部分代码大同小异,这里就不多说了,实现的功能也和 I²C 差不多,不过此次写入和读出的是 SPI Flash,而不是 EEPROM。最后,将 W25QXX_ReadSR、W25QXX_Write_SR、W25QXX_ReadID 和 W25QXX_Erase_Chip 等函数加入 USMART 控制,这样就可以通过串口调试助手,操作 W25Q256,方便大家测试。

33.4 下载验证

代码编译成功之后,下载代码到 ALIENTEK 阿波罗 STM32 开发板上,先按 KEY1 按键写入数据,然后按 KEY0 读取数据,得到如图 33.4.1 所示界面。

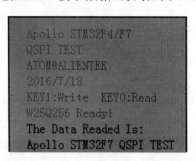

图 33.4.1 SPI 实验程序运行效果图

伴随 DS0 的不停闪烁,提示程序在运行。程序在开机的时候会检测 W25Q256 是否存在,如果不存在,则会在 LCD 模块上显示错误信息,同时 DS0 慢闪。

第 34 章

RS485 实验

本章将介绍如何使用 STM32F767 的串口实现 RS485 通信（半双工），将使用 STM32F767 的串口 2 来实现两块开发板之间的 RS485 通信，并将结果显示在 LCD 模块上。

34.1　RS485 简介

RS485（一般称作 485/EIA－485）是隶属于 OSI 模型物理层的电气特性规定为 2 线、半双工、多点通信的标准。它的电气特性和 RS232 大不一样，用缆线两端的电压差值来表示传递信号，RS485 仅仅规定了接收端和发送端的电气特性，没有规定或推荐任何数据协议。

RS485 的特点包括：
- 接口电平低，不易损坏芯片。RS485 的电气特性:逻辑"1"以两线间的电压差为 ＋(2～6)V 表示,逻辑"0"以两线间的电压差为 －(2～6)V 表示。接口信号电平比 RS232 降低了,不易损坏接口电路的芯片,且该电平与 TTL 电平兼容,可方便与 TTL 电路连接。
- 传输速率高。10 m 时，RS485 的数据最高传输速率可达 35 Mbps；在 1 200 m 时，传输速度可达 100 kbps。
- 抗干扰能力强。RS485 接口是采用平衡驱动器和差分接收器的组合，抗共模干扰能力增强（即抗噪声干扰性好），传输距离远，支持节点多。RS485 总线最长可以传输 1 200 m 以上（速率≤100 kbps）。
- 一般最大支持 32 个节点，如果使用特制的 RS485 芯片，可以达到 128 个或者 256 个节点，最大的可以支持到 400 个节点。

推荐 RS485 使用在点对点网络中时，使用线型、总线型，不能是星型、环型网络。理想情况下，RS485 需要 2 个终端匹配电阻，其阻值要求等于传输电缆的特性阻抗（一般为 120 Ω）。没有特性阻抗的话，当所有的设备都静止或者没有能量的时候就会产生噪声，而且线移需要双端的电压差。没有终接电阻的话，会使得较快速的发送端产生多个数据信号的边缘，从而导致数据传输出错。RS485 推荐的连接方式如图 34.1.1 所示。

在图 34.1.1 所示的连接中，如果需要添加匹配电阻，则一般在总线的起止端加入，也就是主机和设备 4 上面各加一个 120 Ω 的匹配电阻。

由于 RS485 具有传输距离远、传输速度快、支持节点多和抗干扰能力更强等特点，所以 RS485 有很广泛的应用。

阿波罗 STM32F767 开发板采用 SP3485 作为收发器，该芯片支持 3.3 V 供电，最大传输速度可达 10 Mbps，支持多达 32 个节点，并且有输出短路保护。该芯片的框图如图 34.1.2 所示。

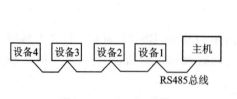

图 34.1.1　RS485 连接

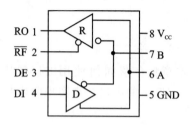

图 34.1.2　SP3485 框图

图中，A、B 总线接口用于连接 RS485 总线。RO 是接收输出端，DI 是发送数据收入端，RE 是接收使能信号（低电平有效），DE 是发送使能信号（高电平有效）。

本章通过该芯片连接 STM32F767 的串口 2，从而实现两个开发板之间的 RS485 通信。本章将实现这样的功能：通过连接两个阿波罗 STM32F767 开发板的 RS485 接口，然后由 KEY0 控制发送，当按下一个开发板的 KEY0 的时候，则发送 5 个数据给另外一个开发板，并在两个开发板上分别显示发送的值和接收到的值。

本章只需要配置好串口 2，就可以实现正常的 RS485 通信了。串口 2 的配置和串口 1 基本类似，只是串口的时钟来自 APB1，最大频率为 54 MHz。

34.2　硬件设计

本章要用到的硬件资源如下：指示灯 DS0、KEY0 按键、LCD 模块、PCF8574T、串口 2、RS485 收发芯片 SP3485。前面 4 个之前都已经详细介绍过了，这里只介绍 SP3485 和串口 2 的连接关系，如图 34.2.1 所示。

从图 34.2.1 可以看出，STM32F767 的串口 2 通过 P8 端口设置，连接到 SP3485。注意，RS485_RE 信号是连接在 PCF8574T 的 P6 脚上的，并没有直接连接到 MCU，需要通过 I^2C 总线控制 PCF8574T，从而实现对 RS485_RE 的控制。RS485_RE 控制 SP3485 的收发，当 RS485_RE＝0 的时候，为接收模式；当 RS485_RE＝1 的时候，为发送模式。

另外，PA2、PA3 和 ETH_MDIO 和 PWM_DAC 有共用 I/O，所以在使用的时候注意分时复用，不能同时使用。

图中的 R34 和 R32 是两个偏置电阻，用来保证总线空闲时，A、B 之间的电压差都会大于 200 mV（逻辑 1），从而避免因总线空闲时，A、B 压差不定而引起逻辑错乱，可能出现的乱码。

第 34 章 RS485 实验

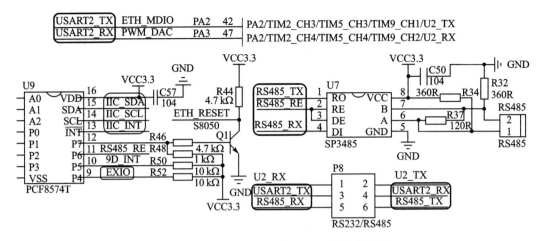

图 34.2.1 STM32F767 与 SP3485 连接电路图

然后,设置好开发板上 P8 排针的连接,再通过跳线帽将 PA2 和 PA3 分别连接到 485_TX 和 485_RX 上面,如图 34.2.2 所示。

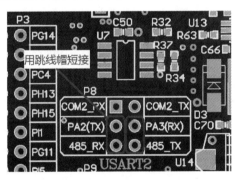

图 34.2.2 硬件连接示意图

最后,用 2 根导线将两个开发板 RS485 端子的 A 和 A、B 和 B 连接起来。注意,不要接反了(A 接 B),接反了会导致通信异常。

34.3 软件设计

打开上一章的工程,由于本章要用到 PCF8574T,且没有用到 W25Q256,所以,先去掉 qspi.c 和 w25qxx.c,然后添加 myiic.c 和 pcf8574.c。

在 HARDWARE 文件夹下新建一个 RS485 的文件夹,然后新建一个 rs485.c 和 rs485.h 的文件保存在 RS485 文件夹下,并将 RS485 文件夹加入头文件包含路径。

打开 rs485.c 文件,输入如下代码:

```
#if EN_USART2_RX                    //如果使能了接收
//接收缓存区
u8 RS485_RX_BUF[64];                //接收缓冲,最大 64 个字节
```

```c
//接收到的数据长度
u8 RS485_RX_CNT = 0;
void USART2_IRQHandler(void)
{
    u8 res;
    if(USART2 -> ISR&(1 << 5))                  //接收到数据
    {
        res = USART2 -> RDR;
        if(RS485_RX_CNT<64)
        {
            RS485_RX_BUF[RS485_RX_CNT] = res;   //记录接收到的值
            RS485_RX_CNT ++ ;                   //接收数据增加 1
        }
    }
}
#endif
//初始化 I/O 串口 2
//pclk1:PCLK1 时钟频率(MHz),APB1 一般为 54 MHz
//bound:波特率
void RS485_Init(u32 pclk1,u32 bound)
{
    u32 temp;
    temp = (pclk1 * 1000000 + bound/2)/bound;   //得到 USARTDIV@OVER8 = 0,四舍五入计算
    PCF8574_Init();                             //初始化 PCF8574,用于控制 RE 脚
    RCC -> AHB1ENR|= 1 << 0;                    //使能 PORTA 口时钟
    GPIO_Set(GPIOA,PIN2|PIN3,GPIO_MODE_AF,GPIO_OTYPE_PP,GPIO_SPEED_50M,
            GPIO_PUPD_PU);                      //PA2,PA3,复用功能,上拉
    GPIO_AF_Set(GPIOA,2,7);                     //PA2,AF7
    GPIO_AF_Set(GPIOA,3,7);                     //PA3,AF7
    RCC -> APB1ENR|= 1 << 17;                   //使能串口 2 时钟
    RCC -> APB1RSTR|= 1 << 17;                  //复位串口 2
    RCC -> APB1RSTR&= ~(1 << 17);               //停止复位
    //波特率设置
    USART2 -> BRR = temp;                       //波特率设置
    USART2 -> CR1 = 0;                          //清零 CR1 寄存器
    USART2 -> CR1|= 0 << 28;                    //设置 M1 = 0
    USART2 -> CR1|= 0 << 12;                    //设置 M0 = 0&M1 = 0,选择 8 位字长
    USART2 -> CR1|= 0 << 15;                    //设置 OVER8 = 0,16 倍过采样
    USART2 -> CR1|= 1 << 3;                     //串口发送使能
#if EN_USART2_RX
    //使能接收中断                               //如果使能了接收
    USART2 -> CR1|= 1 << 2;                     //串口接收使能
    USART2 -> CR1|= 1 << 5;                     //接收缓冲区非空中断使能
    MY_NVIC_Init(3,3,USART2_IRQn,2);            //组 2,最低优先级
#endif
    USART2 -> CR1|= 1 << 0;                     //串口使能
    RS485_TX_Set(0);                            //默认设置为接收模式
}
//RS485 发送 len 个字节
//buf:发送区首地址
```

```c
//len:发送的字节数(为了和本代码的接收匹配,这里建议不要超过64个字节)
void RS485_Send_Data(u8 * buf,u8 len)
{
    u8 t;
    RS485_TX_Set(1);                            //设置为发送模式
    for(t = 0;t<len;t ++ )                      //循环发送数据
    {
        while((USART2 -> ISR&0X40) == 0);       //等待发送结束
        USART2 -> TDR = buf[t];
    }
    while((USART2 -> ISR&0X40) == 0);           //等待发送结束
    RS485_RX_CNT = 0;
    RS485_TX_Set(0);                            //设置为接收模式
}
//RS485 查询接收到的数据
//buf:接收缓存首地址
//len:读到的数据长度
void RS485_Receive_Data(u8 * buf,u8 * len)
{
    u8 rxlen = RS485_RX_CNT;
    u8 i = 0;
    * len = 0;                                  //默认为0
    delay_ms(10);               //等待10 ms,连续10 ms没有接收到一个数据,则认为接收结束
    if(rxlen == RS485_RX_CNT&&rxlen)            //接收到了数据,且接收完成了
    {
        for(i = 0;i<rxlen;i ++ )buf[i] = RS485_RX_BUF[i];
        * len = RS485_RX_CNT;                   //记录本次数据长度
        RS485_RX_CNT = 0;                       //清零
    }
}
//RS485 模式控制.
//en:0,接收;1,发送.
void RS485_TX_Set(u8 en)
{
    PCF8574_WriteBit(RS485_RE_IO,en);
}
```

此部分代码总共5个函数。其中,RS485_Init 函数为 RS485 通信初始化函数,完成对串口2的配置,另外,对 PCF8574 也进行了初始化,方便控制 SP3485 的收发。同时,如果使能中断接收,则会执行串口2的中断接收配置。USART2_IRQHandler 函数用于中断接收来自 RS485 总线的数据,将其存放在 RS485_RX_BUF 里面。RS485_Send_Data 和 RS485_Receive_Data 函数用来发送数据到 RS485 总线和读取从 RS485 总线收到的数据。这里重点介绍一下接收数据的流程(超时法):首先令 rxlen=RS485_RX_CNT,记录当前接收到的字节数,随后等待10 ms,如果在这个10ms里面没有接收到任何数据(RS485_RX_CNT 的值未增加),那么就说明接收完成了;如果有接收到其他数据(RS485_RX_CNT 变大了),那么说明还在继续接收数据,须等到下一个循环再处理。最后,RS485_TX_Set 函数用于通过 PCF8574 控制 RS485_RE 引脚。

保存 rs485.c，并把该文件加入 HARDWARE 组下面，然后打开 rs485.h 在里面输入如下代码：

```c
#ifndef __RS485_H
#define __RS485_H
#include "sys.h"
extern u8 RS485_RX_BUF[64];          //接收缓冲,最大64个字节
extern u8 RS485_RX_CNT;              //接收到的数据长度
//如果想串口中断接收,设置 EN_USART2_RX 为1,否则设置为0
#define EN_USART2_RX    1            //0,不接收;1,接收
void RS485_Init(u32 pclk1,u32 bound);
void RS485_Send_Data(u8 *buf,u8 len);
void RS485_Receive_Data(u8 *buf,u8 *len);
void RS485_TX_Set(u8 en);
#endif
```

这里开启了串口2的中断接收，保存 rs485.h。最后，在 test.c 里面，修改 main 函数如下：

```c
int main(void)
{
    u8 led0sta = 1;
    u8 key;u8 i = 0,t = 0;u8 cnt = 0;
    u8 rs485buf[5];
    Stm32_Clock_Init(432,25,2,9);     //设置时钟,216 MHz
    delay_init(216);                   //延时初始化
    uart_init(108,115200);             //初始化串口波特率为115 200
    usmart_dev.init(108);              //初始化 USMART
    LED_Init();                        //初始化与 LED 连接的硬件接口
    MPU_Memory_Protection();           //保护相关存储区域
    SDRAM_Init();                      //初始化 SDRAM
    LCD_Init();                        //初始化 LCD
    KEY_Init();                        //按键初始化
    RS485_Init(54,9600);               //初始化 RS485
    POINT_COLOR = RED;
    LCD_ShowString(30,50,200,16,16,"Apollo STM32F4/F7");
    LCD_ShowString(30,70,200,16,16,"RS485 TEST");
    LCD_ShowString(30,90,200,16,16,"ATOM@ALIENTEK");
    LCD_ShowString(30,110,200,16,16,"2016/7/19");
    LCD_ShowString(30,130,200,16,16,"KEY0:Send");    //显示提示信息
    POINT_COLOR = BLUE;                               //设置字体为蓝色
    LCD_ShowString(30,150,200,16,16,"Count:");       //显示当前计数值
    LCD_ShowString(30,170,200,16,16,"Send Data:");   //提示发送的数据
    LCD_ShowString(30,210,200,16,16,"Receive Data:");//提示接收到的数据
    while(1)
    {
        key = KEY_Scan(0);
        if(key == KEY0_PRES)//KEY0 按下,发送一次数据
        {
            for(i = 0;i<5;i++)
            {
```

```
                    rs485buf[i] = cnt + i;                              //填充发送缓冲区
                    LCD_ShowxNum(30 + i * 32,190,rs485buf[i],3,16,0X80);        //显示数据
                }
                RS485_Send_Data(rs485buf,5);                    //发送 5 个字节
            }
            RS485_Receive_Data(rs485buf,&key);
            if(key)                                              //接收到有数据
            {
                if(key>5)key = 5;                               //最大是 5 个数据
                for(i = 0;i<key;i++)LCD_ShowxNum(30 + i * 32,230,rs485buf[i],3,16,0X80);
                                                                //显示
            }
            t++;
            delay_ms(10);
            if(t == 20)
            {
                LED0(led0sta^= 1);                              //提示系统正在运行
                t = 0;
                cnt++;
                LCD_ShowxNum(30 + 48,150,cnt,3,16,0X80);        //显示数据
            }
        }
    }
```

此部分代码中主要关注下 RS485_Init(54,9600)，这里用的是 54，而不是 108，是因为 APB1 的时钟是 54 MHz，故是 54；而串口 1 的时钟来自 APB2，是 108 MHz 的时钟，所以这里和串口 1 的设置是有点区别的。cnt 是一个累加数，一旦 KEY0 按下，就以这个数位基准连续发送 5 个数据。当 RS485 总线收到数据的时候，就将收到的数据直接显示在 LCD 屏幕上。

最后，将 RS485_Send_Data 函数加入 USMART 控制，这样，就可以通过串口调试助手，随意发送想要发的数据(字符串形式发送)了，方便测试。

34.4 下载验证

代码编译成功之后，下载代码到 ALIENTEK 阿波罗 STM32 开发板上(注意，要 2 个开发板都下载这个代码)，得到如图 34.4.1 所示界面。

伴随 DS0 的不停闪烁，提示程序在运行。此时，按下 KEY0 就可以在另外一个开发板上面收到这个开发板发送的数据了，如图 34.4.2 和图 34.4.3 所示。

图 34.4.2 来自开发板 A，发送了 5 个数据；图 34.4.3 来自开发板 B，接收到了来自开发板 A

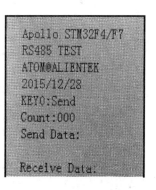

图 34.4.1 程序运行效果图

的 5 个数据。

本章介绍的 RS485 总线是通过串口控制收发的,只需要将 P8 的跳线帽稍做改变,该实验就变成了一个 RS232 串口通信实验了,通过对接两个开发板的 RS232 接口,即可得到同样的实验现象,有兴趣的读者可以实验一下。

另外,利用 USMART 测试的部分这里就不做介绍了,读者可自行验证下。

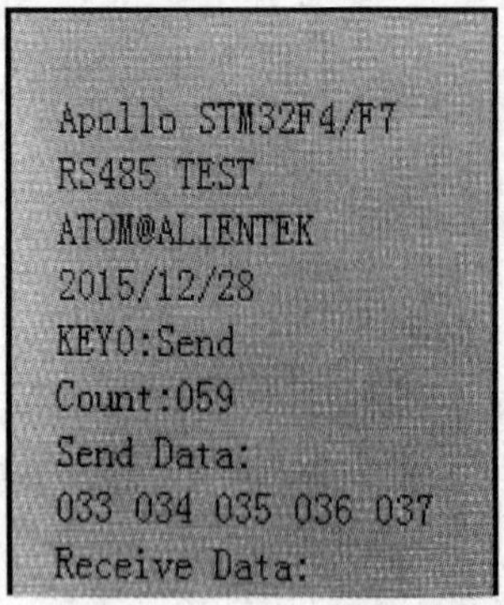

```
Apollo STM32F4/F7
RS485 TEST
ATOM@ALIENTEK
2015/12/28
KEY0:Send
Count:059
Send Data:
033 034 035 036 037
Receive Data:
```

图 34.4.2 RS485 发送数据

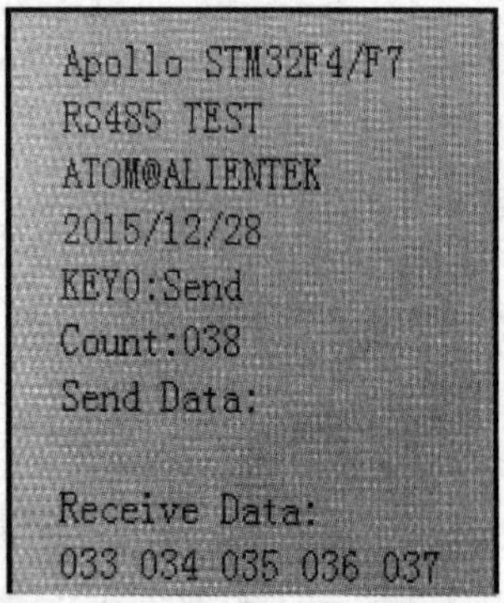

```
Apollo STM32F4/F7
RS485 TEST
ATOM@ALIENTEK
2015/12/28
KEY0:Send
Count:038
Send Data:

Receive Data:
033 034 035 036 037
```

图 34.4.3 RS485 接收数据

第 35 章

CAN 通信实验

本章将介绍如何使用 STM32F767 自带的 CAN 控制器来实现两个开发板之间的 CAN 通信,并将结果显示在 LCD 模块上。

35.1 CAN 简介

CAN 是 Controller Area Network 的缩写(以下称为 CAN),是 ISO 国际标准化的串行通信协议。在当前的汽车产业中,出于对安全性、舒适性、方便性、低公害、低成本的要求,各种各样的电子控制系统被开发了出来。由于这些系统之间通信所用的数据类型及对可靠性的要求不尽相同,由多条总线构成的情况很多,线束的数量也随之增加。为适应"减少线束的数量"、"通过多个 LAN,进行大量数据的高速通信"的需要,1986 年德国电气商博世公司开发出面向汽车的 CAN 通信协议。此后,CAN 通过 ISO11898 及 ISO11519 进行了标准化,现在在欧洲已是汽车网络的标准协议。

现在,CAN 的高性能和可靠性已被认同,并被广泛应用于工业自动化、船舶、医疗设备、工业设备等方面。现场总线是当今自动化领域技术发展的热点之一,被誉为自动化领域的计算机局域网。它的出现为分布式控制系统实现各节点之间实时、可靠的数据通信提供了强有力的技术支持。

CAN 控制器根据两根线上的电位差来判断总线电平。总线电平分为显性电平和隐性电平,二者必居其一。发送方通过使总线电平发生变化,将消息发送给接收方。

CAN 协议具有一下特点:

① 多主控制。在总线空闲时,所有单元都可以发送消息(多主控制);而两个以上的单元同时开始发送消息时,根据标识符(Identifier 以下称为 ID)决定优先级。ID 并不表示发送的目的地址,而是表示访问总线的消息的优先级。两个以上的单元同时开始发送消息时,对各消息 ID 的每个位逐个进行仲裁比较。仲裁获胜(被判定为优先级最高)的单元可继续发送消息,仲裁失利的单元则立刻停止发送而进行接收工作。

② 系统的柔软性。与总线相连的单元没有类似于"地址"的信息。因此,在总线上增加单元时,连接在总线上的其他单元的软硬件及应用层都不需要改变。

③ 通信速度较快,通信距离远。最高 1 Mbps(距离小于 40 m),最远可达 10 km (速率低于 5 kbps)。

④ 具有错误检测、错误通知和错误恢复功能。所有单元都可以检测错误(错误检

测功能),检测出错误的单元会立即同时通知其他所有单元(错误通知功能);正在发送消息的单元一旦检测出错误,会强制结束当前的发送。强制结束发送的单元会不断反复地重新发送此消息,直到成功发送为止(错误恢复功能)。

⑤ 故障封闭功能。CAN 可以判断出错误的类型是总线上暂时的数据错误(如外部噪声等)还是持续的数据错误(如单元内部故障、驱动器故障、断线等)。因此,当总线上发生持续数据错误时,可将引起此故障的单元从总线上隔离出去。

⑥ 连接节点多。CAN 总线是可同时连接多个单元的总线。可连接的单元总数理论上是没有限制的,但实际上可连接的单元数受总线上的时间延迟及电气负载的限制。降低通信速度,可连接的单元数增加;提高通信速度,则可连接的单元数减少。

正是因为 CAN 协议的这些特点,所以 CAN 特别适合工业过程监控设备的互连,因此,越来越受到工业界的重视,并已公认为最有前途的现场总线之一。

CAN 协议经过 ISO 标准化后有两个标准:ISO11898 标准和 ISO11519—2 标准。其中,ISO11898 是针对通信速率为 125 kbps～1 Mbps 的高速通信标准,而 ISO11519—2 是针对通信速率为 125 kbps 以下的低速通信标准。

本章使用的是 500 kbps 的通信速率,使用的是 ISO11898 标准,该标准的物理层特征如图 35.1.1 所示。

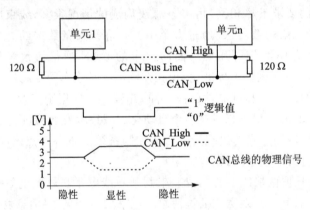

图 35.1.1　ISO11898 物理层特性

从该特性可以看出,显性电平对应逻辑 0,CAN_H 和 CAN_L 之差为 2.5 V 左右。而隐性电平对应逻辑 1,CAN_H 和 CAN_L 之差为 0 V。在总线上显性电平具有优先权,只要有一个单元输出显性电平,总线上即为显性电平。而隐形电平则具有包容的意味,只有所有的单元都输出隐性电平,总线上才为隐性电平(显性电平比隐性电平更强)。另外,在 CAN 总线的起止端都有一个 120 Ω 的终端电阻来做阻抗匹配,以减少回波反射。

CAN 协议是通过以下 5 种类型的帧进行的:数据帧、遥控帧、错误帧、过载帧、间隔帧。

另外,数据帧和遥控帧有标准格式和扩展格式两种格式。标准格式有 11 个位的标识符(ID),扩展格式有 29 个位的 ID。各种帧的用途如表 35.1.1 所列。

表 35.1.1 CAN 协议各种帧及其用途

帧类型	帧用途
数据帧	用于发送单元向接收单元传送数据的帧
遥控帧	用于接收单元向具有相同 ID 的发送单元请求数据的帧
错误帧	用于当检测出错误时向其他单元通知错误的帧
过载帧	用于接收单元通知其尚未做好接收准备的帧
间隔帧	用于将数据帧及遥控帧与前面的帧分离开来的帧

由于篇幅所限,这里仅对数据帧进行详细介绍。数据帧一般由 7 个段构成,即:
① 帧起始,表示数据帧开始的段。
② 仲裁段,表示该帧优先级的段。
③ 控制段,表示数据的字节数及保留位的段。
④ 数据段,数据的内容,一帧可发送 0~8 个字节的数据。
⑤ CRC 段,检查帧的传输错误的段。
⑥ ACK 段,表示确认正常接收的段。
⑦ 帧结束,表示数据帧结束的段。
数据帧的构成如图 35.1.2 所示。图中,D 表示显性电平,R 表示隐形电平(下同)。

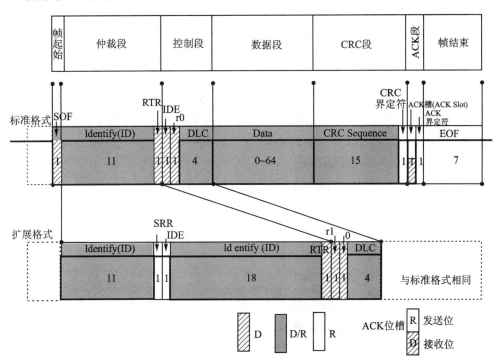

图 35.1.2 数据帧的构成

帧起始比较简单，标准帧和扩展帧都是由一个位的显性电平表示帧起始。仲裁段表示数据优先级的段，标准帧和扩展帧格式在本段有所区别，如图35.1.3所示。

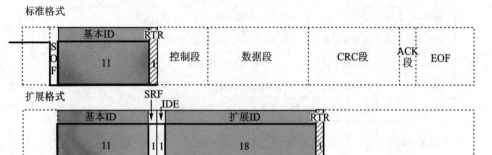

图35.1.3　数据帧仲裁段构成

标准格式的ID有11个位，从ID28～ID18被依次发送。禁止高7位都为隐性（禁止设定ID=1111111XXXX）。扩展格式的ID有29个位。基本ID从ID28～ID18，扩展ID由ID17～ID0表示。基本ID和标准格式的ID相同。禁止高7位都为隐性（禁止设定：基本ID=1111111XXXX）。

其中，RTR位用于标识是否是远程帧（0，数据帧；1，远程帧），IDE位为标识符选择位（0，使用标准标识符；1，使用扩展标识符），SRR位为代替远程请求位，为隐性位，它代替了标准帧中的RTR位。

控制段由6个位构成，表示数据段的字节数。标准帧和扩展帧的控制段稍有不同，如图35.1.4所示。图中，r0和r1为保留位，必须全部以显性电平发送，但是接收端可

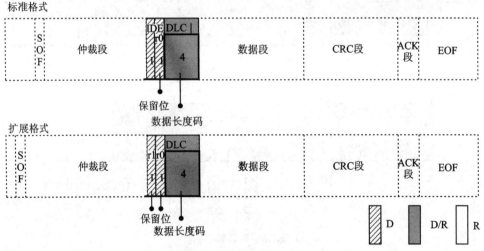

图35.1.4　数据帧控制段构成

以接收显性、隐性及任意组合的电平。DLC 段为数据长度表示段，高位在前，DLC 段有效值为 0~8，但是接收方接收到 9~15 的时候并不认为是错误。

数据段可包含 0~8 个字节的数据。从最高位(MSB)开始输出，标准帧和扩展帧在这个段的定义都是一样的，如图 35.1.5 所示。

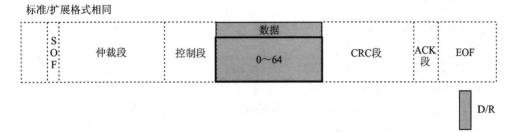

图 35.1.5　数据帧数据段构成

CRC 段用于检查帧传输错误。由 15 个位的 CRC 顺序和一个位的 CRC 界定符（用于分隔的位）组成。标准帧和扩展帧在这个段的格式也是相同的，如图 35.1.6 所示。

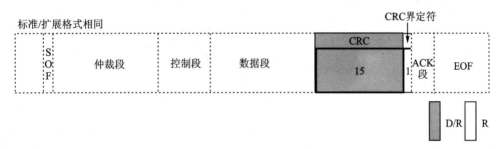

图 35.1.6　数据帧 CRC 段构成

此段 CRC 的值计算范围包括帧起始、仲裁段、控制段、数据段。接收方以同样的算法计算 CRC 值并进行比较，不一致时会通报错误。

ACK 段用来确认是否正常接收，由 ACK 槽(ACK Slot)和 ACK 界定符 2 个位组成。标准帧和扩展帧在这个段的格式也是相同的，如图 35.1.7 所示。

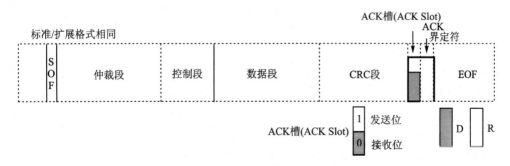

图 35.1.7　数据帧 CRC 段构成

发送单元的 ACK 发送 2 个位的隐性位,而接收到正确消息的单元在 ACK 槽(ACK Slot)发送显性位,通知发送单元正常接收结束,这个过程叫发送 ACK/返回 ACK。发送 ACK 的是在既不处于总线关闭态也不处于休眠态的所有接收单元中,接收到正常消息的单元(发送单元不发送 ACK)。正常消息是指不含填充错误、格式错误、CRC 错误的消息。

帧结束,这个段也比较简单,标准帧和扩展帧在这个段格式一样,由 7 个位的隐性位组成。

至此,数据帧的 7 个段就介绍完了,其他帧的介绍可参考配套资料的"CAN 入门书.pdf"相关章节。接下来再来看看 CAN 的位时序。

由发送单元在非同步的情况下发送的每秒钟的位数称为位速率。一个位可分为 4 段,即同步段(SS)、传播时间段(PTS)、相位缓冲 1(PBS1)、相位缓冲段 2(PBS2)。这些段又由可称为 Time Quantum(以下称为 T_q)的最小时间单位构成。一位分为 4 个段,每个段又由若干个 T_q 构成,这称为位时序。

一位由多少个 T_q 构成、每个段又由多少个 T_q 构成等,可以任意设定位时序。通过设定位时序,多个单元可同时采样,也可任意设定采样点。各段的作用和 T_q 数如表 35.1.2 所列。

表 35.1.2 一个位各段及其作用

段名称	段的作用	T_q 数	
同步段 (SS:Synchronization Segment)	多个连接在总线上的单元通过此段实现时序调整,同步进行接收和发送的工作。由隐性到显性电平的边沿或由显性电平到隐性电平边沿最好出现在段中	$1T_q$	$8\sim25T_q$
传播时间段 (PTS:Propagation Time Segment)	用于吸收网络上的物理延迟的段。 所谓的网络和物理延迟指发送单元的输出延迟、总线上信号的传播延迟、接收单元的输入延迟 这个段的时间为以上各延迟时间的和的两倍	$1\sim8T_q$	
相位缓冲段 1 (PBS1:Phase Buffer Segment 1)	当信号边沿不能被包含于 SS 段中时,可在此段进行补偿。	$1\sim8T_q$	
相位缓冲段 2 (PBS2:Phase Buffer Segment 2)	由于各单元以各自独立的时钟工作,细微的时钟误差会累积起来,PBS 段可用于吸收此误差。 通过对相位缓冲段加减 SJW 吸收误差。 SJW 加大后允许误差加大,但通信速度下降	$2\sim8T_q$	
再同步补偿宽度 (SJW:reSynchronization Jump Width)	因时钟频率偏差、传送延迟等,各单元有同步误差。SJW 为补偿此误差的最大值	$1\sim4T_q$	

一个位的构成如图 35.1.8 所示。图中的采样点是指读取总线电平,并将读到的电平作为位值的点,位置在 PBS1 结束处。根据这个位时序就可以计算 CAN 通信的波特率了。具体计算方法稍后介绍,前面提到的 CAN 协议具有仲裁功能,下面来看看是如何实现的。

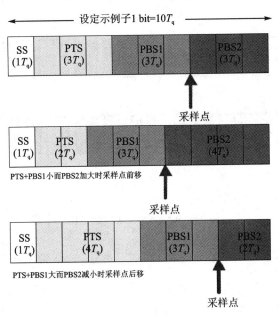

图 35.1.8 一个位的构成

在总线空闲态,最先开始发送消息的单元获得发送权。当多个单元同时开始发送时,各发送单元从仲裁段的第一位开始进行仲裁。连续输出显性电平最多的单元可继续发送。实现过程如图 35.1.9 所示。图中,单元 1 和单元 2 同时开始向总线发送数据,开始部分它们的数据格式是一样的,故无法区分优先级。直到 T 时刻,单元 1 输出隐性电平,而单元 2 输出显性电平,此时单元 1 仲裁失利,立刻转入接收状态工作,不再与单元 2 竞争,而单元 2 则顺利获得总线使用权,继续发送自己的数据。这就实现了仲裁,让连续发送显性电平多的单元获得总线使用权。

通过以上介绍,我们对 CAN 总线有了个大概了解(详细介绍参考配套资料的"CAN 入门书.pdf"),接下来介绍 STM32F767 的 CAN 控制器。

STM32F767 自带的是 bxCAN,即基本扩展 CAN,支持 CAN 协议 2.0A 和 2.0B。它的设计目标是,以最小的 CPU 负荷来高效处理大量收到的报文。它也支持报文发送的优先级要求(优先级特性可软件配置)。对于安全紧要的应用,bxCAN 提供所有支持时间触发通信模式所需的硬件功能。

STM32F767 的 bxCAN 的主要特点有:
➢ 支持 CAN 协议 2.0A 和 2.0B 主动模式;
➢ 波特率最高达 1 Mbps;

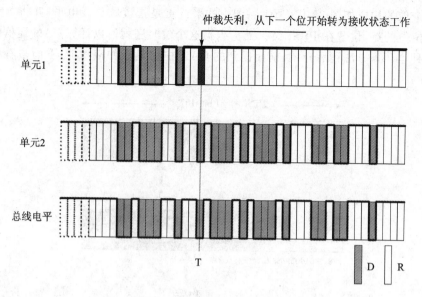

图 35.1.9　CAN 总线仲裁过程

- 支持时间触发通信；
- 具有 3 个发送邮箱；
- 具有 3 级深度的 2 个接收 FIFO；
- 可变的过滤器组(28 个，CAN1 和 CAN2 共享)。

STM32F767IGT6 中带有 2 个 CAN 控制器，而本章只用了一个 CAN，即 CAN1。双 CAN 的框图如图 35.1.10 所示。可以看出，两个 CAN 都分别拥有自己的发送邮箱和接收 FIFO，但是它们共用 28 个滤波器。通过 CAN_FMR 寄存器的设置可以设置滤波器的分配方式。

STM32F767 的标识符过滤是一个比较复杂的东东，它的存在减少了 CPU 处理 CAN 通信的开销。STM32F767 的过滤器(也称筛选器)组最多有 28 个，每个滤波器组 x 由 2 个 32 位寄存器 CAN_FxR1 和 CAN_FxR2 组成。

STM32F767 每个过滤器组的位宽都可以独立配置，以满足应用程序的不同需求。根据位宽的不同，每个过滤器组可提供：

- 一个 32 位过滤器，包括：STDID[10:0]、EXTID[17:0]、IDE 和 RTR 位；
- 2 个 16 位过滤器，包括：STDID[10:0]、IDE、RTR 和 EXTID[17:15]位。

此外过滤器可配置为屏蔽位模式和标识符列表模式。

在屏蔽位模式下，标识符寄存器和屏蔽寄存器一起，指定报文标识符的任何一位，应该按照"必须匹配"或"不用关心"处理。而在标识符列表模式下，屏蔽寄存器也被当作标识符寄存器用。因此，不是采用一个标识符加一个屏蔽位的方式，而是使用 2 个标识符寄存器。接收报文标识符的每一位都必须跟过滤器标识符相同。

通过 CAN_FMR 寄存器可以配置过滤器组的位宽和工作模式，如图 35.1.11 所示。

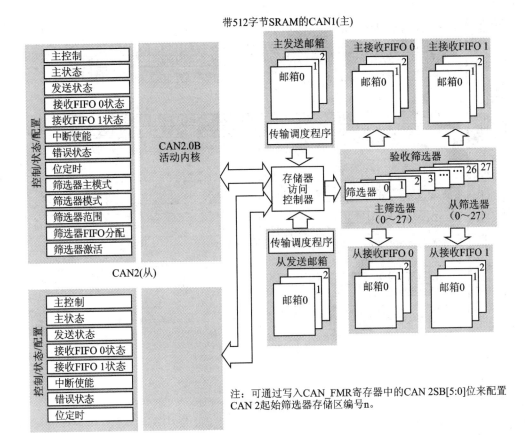

图 35.1.10　双 CAN 框图

为了过滤出一组标识符,应该设置过滤器组工作在屏蔽位模式。为了过滤出一个标识符,应该设置过滤器组工作在标识符列表模式。应用程序不用的过滤器组,应该保持在禁用状态。过滤器组中的每个过滤器都被编号为(叫做过滤器号,图 35.1.11 中的 n)从 0 开始,到某个最大数值(取决于过滤器组的模式和位宽的设置)。

举个简单的例子,设置过滤器组 0 工作在一个 32 位过滤器-标识符屏蔽模式,然后设置 CAN_F0R1 = 0XFFFF0000,CAN_F0R2 = 0XFF00FF00。其中,存放到 CAN_F0R1 的值就是期望收到的 ID,即希望收到的 ID(STID+EXTID+IDE+RTR)最好是 0XFFFF0000。而 0XFF00FF00 就是设置我们需要必须关心的 ID,表示收到的 ID,其位[31:24]和位[15:8]这 16 个位必须和 CAN_F0R1 中对应的位一模一样;而另外的 16 个位则不关心,可以一样,也可以不一样,都认为是正确的 ID,即收到的 ID 必须是 0XFFxx00xx,才算是正确的(x 表示不关心)。

关于标识符过滤的详细介绍可参考《STM32F7 中文参考手册》的 36.7.4 小节(1 152 页)。接下来看看 STM32F767 的 CAN 发送和接收的流程。

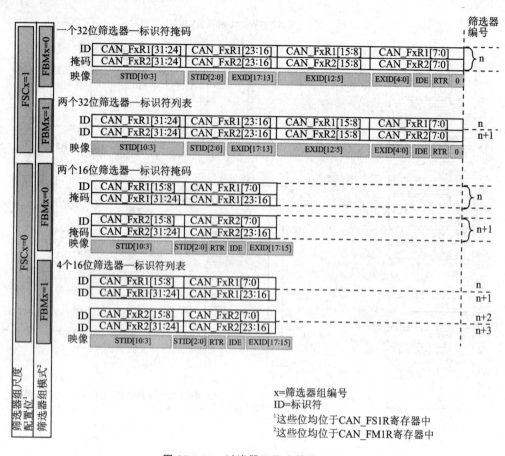

图 35.1.11 过滤器组位宽模式设置

1. CAN 发送流程

CAN 发送流程为:程序选择一个空置的邮箱(TME＝1)→设置标识符(ID),数据长度和发送数据→设置 CAN_TIxR 的 TXRQ 位为 1,请求发送(邮箱挂号(等待成为最高优先级)→预定发送(等待总线空闲)→发送→邮箱空置。整个流程如图 35.1.12 所示。

图中还包含了很多其他处理,如终止发送(ABRQ＝1)和发送失败处理等。通过这个流程图就可以大致了解 CAN 的发送流程,后面的数据发送基本就是按照此流程来走。

2. CAN 接收流程

CAN 接收到的有效报文被存储在 3 级邮箱深度的 FIFO 中。FIFO 完全由硬件来管理,从而节省了 CPU 的处理负荷,简化了软件并保证了数据的一致性。应用程序只能通过读取 FIFO 输出邮箱来读取 FIFO 中最先收到的报文。这里的有效报文是指那些正确被接收(直到 EOF 都没有错误)且通过了标识符过滤的报文。前面我们知道,CAN 的接收有 2 个 FIFO,每个滤波器组都可以设置其关联的 FIFO,通过 CAN_

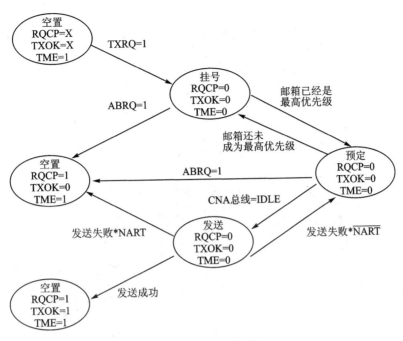

图 35.1.12　发送邮箱

FFA1R 的设置可以将滤波器组关联到 FIFO0/FIFO1。

CAN 接收流程为:FIFO 空→收到有效报文→挂号_1(存入 FIFO 的一个邮箱,这个由硬件控制,我们不需要理会)→收到有效报文→挂号_2→收到有效报文→挂号_3→收到有效报文→溢出。

这个流程里面没有考虑从 FIFO 读出报文的情况,实际情况是必须在 FIFO 溢出之前读出至少一个报文,否则下个报文到来时将导致 FIFO 溢出,从而出现报文丢失。每读出一个报文,相应的挂号就减一,直到 FIFO 空。CAN 接收流程如图 35.1.13 所示。

FIFO 接收到的报文数可以通过查询 CAN_RFxR 的 FMP 寄存器来得到,只要 FMP 不为 0,我们就可以从 FIFO 读出收到的报文。

接下来简单看看 STM32F767 的 CAN 位时间特性,其和之前介绍的稍有点区别。STM32F767 把传播时间段和相位缓冲 1(STM32F767 称之为时间段 1)合并了,所以 STM32F767 的 CAN 一个位只有 3 段:同步段(SYNC_SEG)、时间段 1(BS1)和时间段 2(BS2)。STM32F767 的 BS1 段可以设置为 1～16 个时间单元,刚好等于上面介绍的传播时间段和相位缓冲段 1 之和。STM32F767 的 CAN 位时序如图 35.1.14 所示。

图中还给出了 CAN 波特率的计算公式,我们只需要知道 BS1、BS2 的设置,以及 APB1 的时钟频率(一般为 54 MHz),就可以方便地计算出波特率。比如设置 TS1=10、TS2=7 和 BRP=6,在 APB1 频率为 54 MHz 的条件下,即可得到 CAN 通信的波特率=54 000/[(7＋10＋1)×6]=500 kbps。

接下来介绍一下本章需要用到的一些比较重要的寄存器。首先来看 CAN 的主控

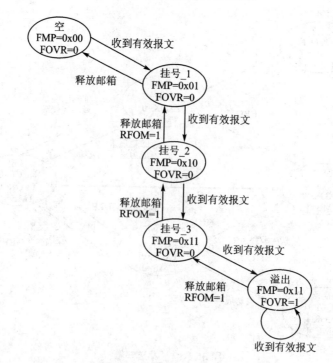

图 35.1.13　FIFO 接收报文

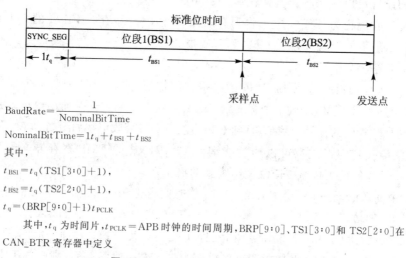

$$BaudRate = \frac{1}{NominalBitTime}$$

$NominalBitTime = 1t_q + t_{BS1} + t_{BS2}$

其中，

$t_{BS1} = t_q(TS1[3:0]+1)$，

$t_{BS2} = t_q(TS2[2:0]+1)$，

$t_q = (BRP[9:0]+1)t_{PCLK}$

其中，t_q 为时间片，t_{PCLK} = APB 时钟的时间周期，BRP[9:0]、TS1[3:0] 和 TS2[2:0] 在 CAN_BTR 寄存器中定义。

图 35.1.14　STM32F767 CAN 位时序

制寄存器(CAN_MCR)，各位描述如图 35.1.15 所示。

　　该寄存器的详细描述可参考《STM32F7 中文参考手册》36.9.2 小节，这里仅介绍 INRQ 位，该位用来控制初始化请求。软件对该位清 0 可使 CAN 从初始化模式进入正常工作模式：当 CAN 在接收引脚检测到连续的 11 个隐性位后，CAN 就达到同步，并为接收和发送数据做好准备了。为此，硬件相应地对 CAN_MSR 寄存器的 INAK 位清 0。

软件对该位置 1 可使 CAN 从正常工作模式进入初始化模式:一旦当前的 CAN 活动(发送或接收)结束,CAN 就进入初始化模式。相应地,硬件对 CAN_MSR 寄存器的 INAK 位置 1。所以在 CAN 初始化的时候,先要设置该位为 1,然后进行初始化(尤其是 CAN_BTR 的设置,该寄存器必须在 CAN 正常工作之前设置),之后再设置该位为 0,让 CAN 进入正常工作模式。

31	30	29	28	27	26	25	24	23	22	21	20	19	18	17	16
						Reserved									DBF
															rw
15	14	13	12	11	10	9	8	7	6	5	4	3	2	1	0
RESET			Reserved					TTCM	ABOM	AWUM	NART	RFLM	TXFP	SLEPP	INRQ
rs								rw	rw	rw	rw	rw	rw	rw	rw

图 35.1.15　寄存器 CAN_MCR 各位描述

第二个介绍 CAN 位时序寄存器(CAN_BTR)。该寄存器用于设置分频、T_{bs1}、T_{bs2} 以及 T_{sjw} 等非常重要的参数,直接决定了 CAN 的波特率。另外,该寄存器还可以设置 CAN 的工作模式,该寄存器各位描述如图 35.1.16 所示。

31	30	29	28	27	26	25	24	23	22	21	20	19	18	17	16
SILM	LBKM			Reserved		SJW[1:0]		Res.	TS2[2:0]			TS1[3:0]			
rw	rw					rw	rw		rw	rw	rw	rw	rw	rw	rw
15	14	13	12	11	10	9	8	7	6	5	4	3	2	1	0
		Reserved				BRP[9:0]									
						rw	rw	rw	rw	rw	rw	rw	rw	rw	rw

位 31　　SILM:静默模式(调试)
　　　　　0:正常工作;1:静默模式
位 30　　LBKM:环回模式(调试)
　　　　　0:禁止环回模式;1:使能环回模式
位 29:26　保留,必须保持复位值。
位 25:24　SJW[1:0]:再同步跳转宽度
　　　　　这些域定义 CAN 硬件在执行再同步时最多可以将位加长或缩短的时间片数目。
　　　　　$t_{RJW}=t_{CAN}\times(SJW[1:0]+1)$
位 23　　保留,必须保持复位值。
位 22:20　TS2[2:0]:时间段 2
　　　　　这些位定义时间段 2 中的时间片数目。
　　　　　$t_{BS2}=t_{CAN}\times(TS2[2:0]+1)$
位 19:16　TS1[3:0]:时间段 1
　　　　　这些位定义时间段 1 中的片数目。
　　　　　$t_{BS1}=t_{CAN}\times(TS1[3:0]+1)$
位 15:10　保留,必须保持复位值。
位 9:0　　BRP[9:0]:波特率预分频器
　　　　　这些位定义一个时间片的长度。
　　　　　$t_q=(BRP[9:0]+1)\times t_{PCLK}$

图 35.1.16　寄存器 CAN_BTR 各位描述

STM32F767提供了两种测试模式,环回模式和静默模式,当然还可以组合成环回静默模式。这里简单介绍下环回模式。

在环回模式下,bxCAN把发送的报文当作接收的报文并保存(如果可以通过接收过滤)在接收邮箱里,也就是环回模式是一个自发自收的模式,如图35.1.17所示。

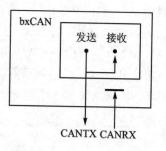

图 35.1.17 CAN 环回模式

环回模式可用于自测试。为了避免外部的影响,在环回模式下 CAN 内核忽略确认错误(在数据/远程帧的确认位时刻,不检测是否有显性位)。在环回模式下,bxCAN 在内部把 Tx 输出回馈到 Rx 输入上,而完全忽略 CANRX 引脚的实际状态。发送的报文可以在 CANTX 引脚上检测到。

第三个介绍 CAN 发送邮箱标识符寄存器(CAN_TIxR)(x=0~3),各位描述如图 35.1.18 所示。该寄存器主要用来设置标识符(包括扩展标识符),另外还可以设置帧类型,通过 TXRQ 值 1 来请求邮箱发送。因为有 3 个发送邮箱,所以寄存器 CAN_TIxR 有 3 个。

31	30	29	28	27	26	25	24	23	22	21	20	19	18	17	16
STID[10:0]/EXID[28:18]											EXID[17:13]				
rw	rw	rw	rw	rw	rw	rw	rw	rw	rw	rw	rw	rw	rw	rw	rw

15	14	13	12	11	10	9	8	7	6	5	4	3	2	1	0
EXID[12:0]													IDE	RTR	TXRQ
rw	rw	rw	rw	rw	rw	rw	rw	rw	rw	rw	rw	rw	rw	rw	rw

位 31:21　STID[10:0]/EXID[28:18]:标准标识符或扩展标识符
　　　　　标准标识符或扩展标识符的 MSB(取决于 IDE 位的值)。

位 20:3　EXID[17:0]:扩展标识符
　　　　　扩展身份标识的 LSB。

位 2　　IDE:标识符扩展
　　　　　此位用于定义邮箱中消息的标识符类型。
　　　　　0:标准标识符;1:扩展标识符

位 1　　RTR:远程发送请求
　　　　　0:数据帧;1:遥控帧

位 0　　TXRQ:发送邮箱请求
　　　　　由软件置 1,用于请求发送相应邮箱的内容。
　　　　　邮箱变为空后,此位由硬件清零

图 35.1.18　寄存器 CAN_TIxR 各位描述

第四个介绍 CAN 发送邮箱数据长度和时间戳寄存器(CAN_TDTxR)(x=0~2)。该寄存器本章仅用来设置数据长度,即最低 4 个位,比较简单,这里就不详细介绍了。

第五个介绍的是 CAN 发送邮箱低字节数据寄存器(CAN_TDLxR)(x=0~2),

各位描述如图 35.1.19 所示。

31	30	29	28	27	26	25	24	23	22	21	20	19	18	17	16
\multicolumn{8}{c|}{DATA3[7:0]}								DATA2[7:0]							
rw	rw	rw	rw	rw	rw	rw	rw	rw	rw	rw	rw	rw	rw	rw	rw
15	14	13	12	11	10	9	8	7	6	5	4	3	2	1	0
DATA1[7:0]								DATA0[7:0]							
rw	rw	rw	rw	rw	rw	rw	rw	rw	rw	rw	rw	rw	rw	rw	rw

位 31:24　DATA3[7:0]:数据字节 3
　　　　消息的数据字节 3。

位 23:16　DATA2[7:0]:数据字节 2
　　　　消息的数据字节 2。

位 15:8　DATA1[7:0]:数据字节 1
　　　　消息的数据字节 1。

位 7:0　DATA0[7:0]:数据字节 0
　　　　消息的数据字节 0。
　　　　一条消息可以包含 0 到 8 个字节数据字节,从字节 0 开始

图 35.1.19　寄存器 CAN_TDLxR 各位描述

该寄存器用来存储将要发送的数据,这里只能存储低 4 个字节。另外还有一个寄存器 CAN_TDHxR,用来存储高 4 个字节,这样总共就可以存储 8 个字节。CAN_TDHxR 的各位描述同 CAN_TDLxR 类似,就不单独介绍了。

第六个介绍 CAN 接收 FIFO 邮箱标识符寄存器(CAN_RIxR)(x=0/1),各位描述同 CAN_TIxR 寄存器几乎一模一样,只是最低位为保留位。该寄存器用于保存接收到的报文标识符等信息,可以通过读该寄存器获取相关信息。

同样的,CAN 接收 FIFO 邮箱数据长度和时间戳寄存器(CAN_RDTxR)、CAN 接收 FIFO 邮箱低字节数据寄存器(CAN_RDLxR)和 CAN 接收 FIFO 邮箱高字节数据寄存器(CAN_RDHxR)分别和发送邮箱的 CAN_TDTxR、CAN_TDLxR 以及 CAN_TDHxR 类似,这里我们就不单独一一介绍了。详细介绍可参考《STM32F7 中文参考手册》36.9 节。

第七个介绍 CAN 过滤器模式寄存器(CAN_FM1R),各位描述如图 35.1.20 所示。该寄存器用于设置各滤波器组的工作模式,对 28 个滤波器组的工作模式都可以通过该寄存器设置,不过该寄存器必须在过滤器处于初始化模式下(CAN_FMR 的 FINIT 位=1)才可以进行设置。

第八个介绍 CAN 过滤器位宽寄存器(CAN_FS1R),各位描述如图 35.1.21 所示。该寄存器用于设置各滤波器组的位宽,对 28 个滤波器组的位宽设置都可以通过该寄存器实现。该寄存器也只能在过滤器处于初始化模式下进行设置。

第九个介绍 CAN 过滤器 FIFO 关联寄存器(CAN_FFA1R),各位描述如图 35.1.22 所示。该寄存器设置报文通过滤波器组之后被存入的 FIFO,如果对应位为 0,则存放到 FIFO0;如果为 1,则存放到 FIFO1。该寄存器也只能在过滤器处于初始化模式下

配置。

31	30	29	28	27	26	25	24	23	22	21	20	19	18	17	16
\multicolumn{4}{c}{Reserved}	FBM27	FBM26	FBM25	FBM24	FBM23	FBM22	FBM21	FBM20	FBM19	FBM18	FBM17	FBM16
				rw	rw	rw	rw	rw	rw	rw	rw	rw	rw	rw	rw
15	14	13	12	11	10	9	8	7	6	5	4	3	2	1	0
FBM15	FBM14	FBM13	FBM12	FBM11	FBM10	FBM9	FBM8	FBM7	FBM6	FBM5	FBM4	FBM3	FBM2	FBM1	FBM0
rw	rw	rw	rw	rw	rw	rw	rw	rw	rw	rw	rw	rw	rw	rw	rw

位 31:28 保留，必须保持复位值。

位 27:0 FBMx:筛选器模式

筛选器 x 的寄存器的模式。

0:筛选器存储区 x 的两个 32 位寄存器处于标识符屏蔽模式。

1:筛选器存储区 x 的两个 32 位寄存器处于标识符列表模式

图 35.1.20　寄存器 CAN_FM1R 各位描述

31	30	29	28	27	26	25	24	23	22	21	20	19	18	17	16
\multicolumn{4}{c}{Reserved}	FSC27	FSC26	FSC25	FSC24	FSC23	FSC22	FSC21	FSC20	FSC19	FSC18	FSC17	FSC16
				rw	rw	rw	rw	rw	rw	rw	rw	rw	rw	rw	rw
15	14	13	12	11	10	9	8	7	6	5	4	3	2	1	0
FSC15	FSC14	FSC13	FSC12	FSC11	FSC10	FSC9	FSC8	FSC7	FSC6	FSC5	FSC4	FSC3	FSC2	FSC1	FSC0
rw	rw	rw	rw	rw	rw	rw	rw	rw	rw	rw	rw	rw	rw	rw	rw

位 31:28 保留，必须保持复位值。

位 27:0 FSCx:筛选器尺度配置

这些位定义了筛选器 13～0 的尺度配置。

0:双 16 位尺度配置;1:单 32 位尺度配置

图 35.1.21　寄存器 CAN_FS1R 各位描述

31	30	29	28	27	26	25	24	23	22	21	20	19	18	17	16
\multicolumn{4}{c}{Reserved}	FFA27	FFA26	FFA25	FFA24	FFA23	FFA22	FFA21	FFA20	FFA19	FFA18	FFA17	FFA16
				rw	rw	rw	rw	rw	rw	rw	rw	rw	rw	rw	rw
15	14	13	12	11	10	9	8	7	6	5	4	3	2	1	0
FFA15	FFA14	FFA13	FFA12	FFA11	FFA10	FFA9	FFA8	FFA7	FFA6	FFA5	FFA4	FFA3	FFA2	FFA1	FFA0
rw	rw	rw	rw	rw	rw	rw	rw	rw	rw	rw	rw	rw	rw	rw	rw

位 31:28 保留，必须保持复位值。

位 27:0 FFAx:筛选器 x 的筛选器 FIFO 分配

通过此筛选器的消息将存储在指定的 FIFO 中。

0:筛选器分配到 FIFO0;1:筛选器分配到 FIFO1

图 35.1.22　寄存器 CAN_FFA1R 各位描述

第十个介绍 CAN 过滤器激活寄存器(CAN_FA1R)。该寄存器各位对应滤波器组和前面的几个寄存器类似，这里就不列出了，对对应位置 1，即开启对应的滤波器组；置 0，则关闭该滤波器组。

最后介绍 CAN 的过滤器组 i 的寄存器 x(CAN_FiRx)(i=0~27,x=1/2),各位描述如图 35.1.23 所示。

31	30	29	28	27	26	25	24	23	22	21	20	19	18	17	16
FB31	FB30	FB29	FB28	FB27	FB26	FB25	FB24	FB23	FB22	FB21	FB20	FB19	FB18	FB17	FB16
rw	rw	rw	rw	rw	rw	rw	rw	rw	rw	rw	rw	rw	rw	rw	rw
15	14	13	12	11	10	9	8	7	6	5	4	3	2	1	0
FB15	FB14	FB13	FB12	FB11	FB10	FB9	FB8	FB7	FB6	FB5	FB4	FB3	FB2	FB1	FB0
rw	rw	rw	rw	rw	rw	rw	rw	rw	rw	rw	rw	rw	rw	rw	rw

位 31:0　FB[31:0]:筛选器位

标识符

寄存器的每一位用于指定预期标识符的相应位的级别。

0:需要显性位;1:需要隐性位

掩码

寄存器的每一位用于指定相关标识寄存器的位是否必须与预期标识符的相庆位匹配。

0:无关,不使用此位进行比较。

1:必须匹配,传入标识符的此位必须与筛选器相应标识符寄存器中指定的级别相同

图 35.1.23　寄存器 CAN_FiRx 各位描述

每个滤波器组的 CAN_FiRx 都由 2 个 32 位寄存器构成,即 CAN_FiR1 和 CAN_FiR2。根据过滤器位宽和模式的不同设置,这两个寄存器的功能也不尽相同。关于过滤器的映射、功能描述和屏蔽寄存器的关联参见图 35.1.11。

CAN 的介绍就到此结束了。接下来看看本章将实现的功能及 CAN 的配置步骤。

本章通过 KEY_UP 按键选择 CAN 的工作模式(正常模式/环回模式),然后通过 KEY0 控制数据发送,并通过查询的办法将接收到的数据显示在 LCD 模块上。如果是环回模式,则用一个开发板即可测试。如果是正常模式,就需要 2 个阿波罗开发板,并且将它们的 CAN 接口对接起来,然后一个开发板发送数据,另外一个开发板将接收到的数据显示在 LCD 模块上。

最后来看看本章的 CAN 的初始化配置步骤:

① 配置相关引脚的复用功能(AF9),使能 CAN 时钟。

要用 CAN,第一步就要使能 CAN 的时钟。CAN 的时钟通过 APB1ENR 的第 25 位来设置。其次要设置 CAN 的相关引脚为复用输出,这里需要设置 PA11(CAN1_RX) 和 PA12(CAN1_TX) 为复用功能(AF9),并使能 PA 口的时钟。

② 设置 CAN 工作模式及波特率等。

这一步通过先设置 CAN_MCR 寄存器的 INRQ 位让 CAN 进入初始化模式,然后设置 CAN_MCR 的其他相关控制位。再通过 CAN_BTR 设置波特率和工作模式(正常模式/环回模式)等信息。最后设置 INRQ 为 0,退出初始化模式。

③ 设置滤波器。

本章将使用滤波器组 0,并工作在 32 位标识符屏蔽位模式下。先设置 CAN_FMR 的 FINIT 位,让过滤器组工作在初始化模式下,然后设置滤波器组 0 的工作模式以及

标识符 ID、屏蔽位。最后激活滤波器,并退出滤波器初始化模式。

至此,CAN 就可以开始正常工作了。如果用到中断,则还需要进行中断相关的配置;本章没用到中断,所以就不介绍了。

35.2 硬件设计

本章要用到的硬件资源如下:指示灯 DS0、KEY0 和 KEY_UP 按键、LCD 模块、CAN、CAN 收发芯片 JTA1050。前面 3 个之前都已经详细介绍过了,这里介绍 STM32F767 与 TJA1050 连接关系,如图 35.2.1 所示。

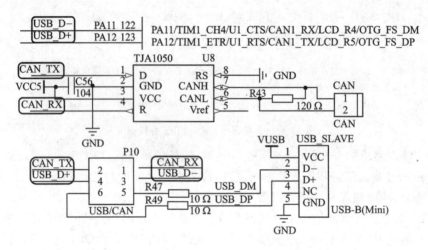

图 35.2.1 STM32F767 与 TJA1050 连接电路图

可以看出,STM32F767 的 CAN 通过 P10 的设置连接到 TJA1050 收发芯片,然后通过接线端子(CAN)同外部的 CAN 总线连接。图中还可以看出,在阿波罗 STM32 开发板上面是带有 120 Ω 终端电阻的,如果开发板不是作为 CAN 的终端,则需要把这个电阻去掉,以免影响通信。注意,CAN1 和 USB 共用了 PA11 和 PA12,所以不能同时使用。

这里还要注意,要设置好开发板上 P10 排针的连接,通过跳线帽将 PA11 和 PA12 分别连接到 CAN_RX 和 CAN_TX 上面,如图 35.2.2 所示。

最后,用 2 根导线将两个开发板 CAN 端子的 CAN_L 和 CAN_L,CAN_H 和 CAN_H 连接起来。注意,不要接反了(CAN_L 接 CAN_H),接反了会导致通信异常。

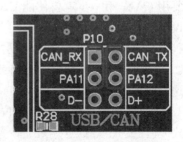

图 35.2.2 硬件连接示意图

35.3 软件设计

打开上一章的工程,由于本章没有用到 RS485 和 PCF8574,所以,先去掉 rs485.c、pcf8574.c 和 myiic.c。然后,在 HARDWARE 文件夹下新建一个 CAN 的文件夹,再新建一个 can.c 和 can.h 的文件保存在 CAN 文件夹下,并将 CAN 文件夹加入头文件包含路径。

打开 can.c 文件,输入如下代码:

```c
//CAN 初始化
//tsjw:重新同步跳跃时间单元.范围:1~3
//tbs2:时间段 2 的时间单元.范围:1~8
//tbs1:时间段 1 的时间单元.范围:1~16
//brp :波特率分频器.范围:1~1 024;(实际要加 1,也就是 1~1024) tq = (brp) * tpclk1
//注意以上参数任何一个都不能设为 0,否则会乱
//波特率 = Fpclk1/((tbs1 + tbs2 + 1) * brp)
//mode:0,普通模式;1,回环模式
//Fpclk1 的时钟在初始化的时候设置为 54 MHz,如果设置 CAN1_Mode_Init(1,7,10,6,1)
//则波特率为:54M/((7 + 10 + 1) * 6) = 500 kbps
//返回值:0,初始化 OK
//      其他,初始化失败
u8 CAN1_Mode_Init(u8 tsjw,u8 tbs2,u8 tbs1,u16 brp,u8 mode)
{
    u16 i = 0;
    if(tsjw == 0||tbs2 == 0||tbs1 == 0||brp == 0)return 1;
    tsjw -= 1;//先减去 1.再用于设置
    tbs2 -= 1;
    tbs1 -= 1;
    brp -= 1;
    RCC->AHB1ENR|= 1 << 0;      //使能 PORTA 口时钟
    GPIO_Set(GPIOA,PIN11|PIN12,GPIO_MODE_AF,GPIO_OTYPE_PP,
            GPIO_SPEED_50M,GPIO_PUPD_PU);//PA11,PA12,复用功能,上拉输出
    GPIO_AF_Set(GPIOA,11,9);    //PA11,AF9
    GPIO_AF_Set(GPIOA,12,9);    //PA12,AF9
    RCC->APB1ENR|= 1 << 25;     //使能 CAN1 时钟 CAN1 使用的是 APB1 的时钟
    CAN1->MCR = 0x0000;         //退出睡眠模式(同时设置所有位为 0)
    CAN1->MCR|= 1 << 0;         //请求 CAN 进入初始化模式
    while((CAN1->MSR&1 << 0) == 0)
    {
        i++;
        if(i>100)return 2;      //进入初始化模式失败
    }
    CAN1->MCR|= 0 << 7;         //非时间触发通信模式
    CAN1->MCR|= 0 << 6;         //软件自动离线管理
    CAN1->MCR|= 0 << 5;         //睡眠模式通过软件唤醒(清除 CAN1->MCR 的 SLEEP 位)
    CAN1->MCR|= 1 << 4;         //禁止报文自动传送
    CAN1->MCR|= 0 << 3;         //报文不锁定,新的覆盖旧的
    CAN1->MCR|= 0 << 2;         //优先级由报文标识符决定
```

```c
    CAN1->BTR = 0x00000000;        //清除原来的设置
    CAN1->BTR|= mode << 30;        //模式设置 0,普通模式;1,回环模式
    CAN1->BTR|= tsjw << 24;        //重新同步跳跃宽度(Tsjw)为 tsjw+1 个时间单位
    CAN1->BTR|= tbs2 << 20;        //Tbs2 = tbs2 + 1 个时间单位
    CAN1->BTR|= tbs1 << 16;        //Tbs1 = tbs1 + 1 个时间单位
    CAN1->BTR|= brp << 0;          //分频系数(Fdiv)为 brp + 1
                                   //波特率:Fpclk1/((Tbs1 + Tbs2 + 1) * Fdiv)
    CAN1->MCR&= ~(1 << 0);         //请求 CAN 退出初始化模式
    while((CAN1->MSR&1 << 0) == 1)
    {
        i++;
        if(i>0XFFF0)return 3;//退出初始化模式失败
    }
    //过滤器初始化
    CAN1->FMR|= 1 << 0;            //过滤器组工作在初始化模式
    CAN1->FA1R&= ~(1 << 0);        //过滤器 0 不激活
    CAN1->FS1R|= 1 << 0;           //过滤器位宽为 32 位
    CAN1->FM1R|= 0 << 0;           //过滤器 0 工作在标识符屏蔽位模式
    CAN1->FFA1R|= 0 << 0;          //过滤器 0 关联到 FIFO0
    CAN1->sFilterRegister[0].FR1 = 0X00000000;//32 位 ID
    CAN1->sFilterRegister[0].FR2 = 0X00000000;//32 位 MASK
    CAN1->FA1R|= 1 << 0;           //激活过滤器 0
    CAN1->FMR&= 0 << 0;            //过滤器组进入正常模式
#if CAN1_RX0_INT_ENABLE
    //使用中断接收
    CAN1->IER|= 1 << 1;            //FIFO0 消息挂号中断允许
    MY_NVIC_Init(1,0,CAN1_RX0_IRQn,2);//组 2
#endif
    return 0;
}
//id:标准 ID(11 位)/扩展 ID(11 位 + 18 位)
//ide:0,标准帧;1,扩展帧
//rtr:0,数据帧;1,远程帧
//len:要发送的数据长度(固定为 8 个字节,在时间触发模式下,有效数据为 6 个字节)
//*dat:数据指针
//返回值:0~3,邮箱编号.0XFF,无有效邮箱
u8 CAN1_Tx_Msg(u32 id,u8 ide,u8 rtr,u8 len,u8 * dat)
{
    u8 mbox;
    if(CAN1->TSR&(1 << 26))mbox = 0;           //邮箱 0 为空
    else if(CAN1->TSR&(1 << 27))mbox = 1;      //邮箱 1 为空
    else if(CAN1->TSR&(1 << 28))mbox = 2;      //邮箱 2 为空
    else return 0XFF;                          //无空邮箱,无法发送
    CAN1->sTxMailBox[mbox].TIR = 0;            //清除之前的设置
    if(ide == 0)       //标准帧
    {
        id&= 0x7ff;//取低 11 位 stdid
        id <<= 21;
    }else              //扩展帧
```

```
            id&=0X1FFFFFFF;//取低32位extid
            id<<=3;
    }
    CAN1->sTxMailBox[mbox].TIR|=id;
    CAN1->sTxMailBox[mbox].TIR|=ide<<2;
    CAN1->sTxMailBox[mbox].TIR|=rtr<<1;
    len&=0X0F;//得到低四位
    CAN1->sTxMailBox[mbox].TDTR&=~(0X0000000F);
    CAN1->sTxMailBox[mbox].TDTR|=len;        //设置DLC
    //待发送数据存入邮箱
    CAN1->sTxMailBox[mbox].TDHR=(((u32)dat[7]<<24)|
                                 ((u32)dat[6]<<16)|
                                 ((u32)dat[5]<<8)|
                                 ((u32)dat[4]));
    CAN1->sTxMailBox[mbox].TDLR=(((u32)dat[3]<<24)|
                                 ((u32)dat[2]<<16)|
                                 ((u32)dat[1]<<8)|
                                 ((u32)dat[0]));
    CAN1->sTxMailBox[mbox].TIR|=1<<0;//请求发送邮箱数据
    return mbox;
}
//获得发送状态
//mbox:邮箱编号
//返回值:发送状态.0,挂起;0X05,发送失败;0X07,发送成功
u8 CAN1_Tx_Staus(u8 mbox)
{
    u8 sta=0;
    switch(mbox)
    {
        case 0:
            sta|=CAN1->TSR&(1<<0);              //RQCP0
            sta|=CAN1->TSR&(1<<1);              //TXOK0
            sta|=((CAN1->TSR&(1<<26))>>24);     //TME0
            break;
        case 1:
            sta|=CAN1->TSR&(1<<8)>>8;           //RQCP1
            sta|=CAN1->TSR&(1<<9)>>8;           //TXOK1
            sta|=((CAN1->TSR&(1<<27))>>25);     //TME1
            break;
        case 2:
            sta|=CAN1->TSR&(1<<16)>>16;         //RQCP2
            sta|=CAN1->TSR&(1<<17)>>16;         //TXOK2
            sta|=((CAN1->TSR&(1<<28))>>26);     //TME2
            break;
        default:
            sta=0X05;//邮箱号不对,肯定失败
        break;
    }
    return sta;
```

```c
}
//得到在FIFO0/FIFO1中接收到的报文个数
//fifox:0/1.FIFO编号
//返回值:FIFO0/FIFO1中的报文个数
u8 CAN1_Msg_Pend(u8 fifox)
{
    if(fifox == 0)return CAN1->RF0R&0x03;
    else if(fifox == 1)return CAN1->RF1R&0x03;
    else return 0;
}
//接收数据
//fifox:邮箱号
//id:标准ID(11位)/扩展ID(11位+18位)
//ide:0,标准帧;1,扩展帧
//rtr:0,数据帧;1,远程帧
//len:接收到的数据长度(固定为8个字节,在时间触发模式下,有效数据为6个字节)
//dat:数据缓存区
void CAN1_Rx_Msg(u8 fifox,u32 * id,u8 * ide,u8 * rtr,u8 * len,u8 * dat)
{
    * ide = CAN1->sFIFOMailBox[fifox].RIR&0x04;//得到标识符选择位的值
    if( * ide == 0)//标准标识符
    {
        * id = CAN1->sFIFOMailBox[fifox].RIR >> 21;
    }else         //扩展标识符
    {
        * id = CAN1->sFIFOMailBox[fifox].RIR >> 3;
    }
    * rtr = CAN1->sFIFOMailBox[fifox].RIR&0x02;      //得到远程发送请求值
    * len = CAN1->sFIFOMailBox[fifox].RDTR&0x0F;//得到DLC
    // * fmi = (CAN1->sFIFOMailBox[FIFONumber].RDTR >> 8)&0xFF;//得到FMI
    //接收数据
    dat[0] = CAN1->sFIFOMailBox[fifox].RDLR&0XFF;
    dat[1] = (CAN1->sFIFOMailBox[fifox].RDLR >> 8)&0XFF;
    dat[2] = (CAN1->sFIFOMailBox[fifox].RDLR >> 16)&0XFF;
    dat[3] = (CAN1->sFIFOMailBox[fifox].RDLR >> 24)&0XFF;
    dat[4] = CAN1->sFIFOMailBox[fifox].RDHR&0XFF;
    dat[5] = (CAN1->sFIFOMailBox[fifox].RDHR >> 8)&0XFF;
    dat[6] = (CAN1->sFIFOMailBox[fifox].RDHR >> 16)&0XFF;
    dat[7] = (CAN1->sFIFOMailBox[fifox].RDHR >> 24)&0XFF;
    if(fifox == 0)CAN1->RF0R|= 0X20;//释放FIFO0邮箱
    else if(fifox == 1)CAN1->RF1R|= 0X20;//释放FIFO1邮箱
}
#if CAN1_RX0_INT_ENABLE      //使能RX0中断
//中断服务函数
void CAN1_RX0_IRQHandler(void)
{
    u8 rxbuf[8];
    u32 id;
    u8 ide,rtr,len;
    CAN1_Rx_Msg(0,&id,&ide,&rtr,&len,rxbuf);
```

```c
    printf("id:%d\r\n",id);
……//省略部分代码
    printf("rxbuf[7]:%d\r\n",rxbuf[7]);
}
#endif
//can发送一组数据(固定格式:ID为0X12,标准帧,数据帧)
//len:数据长度(最大为8)
//msg:数据指针,最大为8个字节
//返回值:0,成功;
//       其他,失败
u8 CAN1_Send_Msg(u8 * msg,u8 len)
{
    u8 mbox;
    u16 i = 0;
    mbox = CAN1_Tx_Msg(0X12,0,0,len,msg);
    while((CAN1_Tx_Staus(mbox)! = 0X07)&&(i<0XFFF))i ++ ;//等待发送结束
    if(i >= 0XFFF)return 1;                 //发送失败了吗
    return 0;                               //发送成功
}
//can口接收数据查询
//buf:数据缓存区
//返回值:0,无数据被收到
//       其他,接收的数据长度
u8 CAN1_Receive_Msg(u8 * buf)
{
    u32 id;
    u8 ide,rtr,len;
    if(CAN1_Msg_Pend(0) == 0)return 0;      //没有接收到数据,直接退出
    CAN1_Rx_Msg(0,&id,&ide,&rtr,&len,buf);  //读取数据
    if(id! = 0x12||ide! = 0||rtr! = 0)len = 0;  //接收错误
    return len;
}
```

此部分代码总共8个函数,这里挑其中几个比较重要的函数简单介绍下。首先是CAN_Mode_Init函数,用于CAN的初始化;该函数带有5个参数,可以设置CAN通信的波特率和工作模式等。该函数就是按35.1节末尾的介绍来初始化的,本章设计滤波器组0工作在32位标识符屏蔽模式,从设计值可以看出,该滤波器是不会对任何标识符进行过滤的,因为所有的标识符位都被设置成不需要关心,方便读者实验。

第二个函数是Can_Tx_Msg函数,用于CAN报文的发送。该函数先查找空的发送邮箱,然后设置标识符ID等信息,最后写入数据长度和数据,并请求发送,实现一次报文的发送。

第三个函数是Can_Msg_Pend函数,用于查询接收FIFOx(x=0/1)是否为空。如果返回0,则表示FIFOx空;如果为其他值,则表示FIFOx有数据。

第四个函数是Can_Rx_Msg函数,用于CAN报文的接收。该函数先读取标识符,然后读取数据长度,并读取接收到的数据,最后释放邮箱数据。

can.c里面还包含了中断接收的配置,通过can.h的CAN_RX0_INT_ENABLE宏定义来配置是否使能中断接收,本章不开启中断接收。保存can.c,并把该文件加入

HARDWARE 组下面,然后打开 can.h 并在里面输入如下代码:

```c
#ifndef __CAN_H
#define __CAN_H
#include "sys.h"
//CAN1 接收 RX0 中断使能
#define CAN1_RX0_INT_ENABLE          0              //0,不使能;1,使能
u8 CAN1_Mode_Init(u8 tsjw,u8 tbs2,u8 tbs1,u16 brp,u8 mode);  //CAN 初始化
u8 CAN1_Tx_Msg(u32 id,u8 ide,u8 rtr,u8 len,u8 *dat);         //发送数据
u8 CAN1_Msg_Pend(u8 fifox);                                   //查询邮箱报文
void CAN1_Rx_Msg(u8 fifox,u32 *id,u8 *ide,u8 *rtr,u8 *len,u8 *dat);//接收数据
u8 CAN1_Tx_Staus(u8 mbox);                                    //返回发送状态
u8 CAN1_Send_Msg(u8 *msg,u8 len);                             //发送数据
u8 CAN1_Receive_Msg(u8 *buf);                                 //接收数据 #endif
```

其中,CAN_RX0_INT_ENABLE 用于设置是否使能中断接收,本章不用中断接收,故设置为 0。保存 can.h。最后,在 test.c 里面,修改 main 函数如下:

```c
int main(void)
{
    u8 led0sta = 1;
    u8 key;
    u8 i = 0,t = 0;
    u8 cnt = 0;
    u8 canbuf[8];
    u8 res;
    u8 mode = 1;                        //CAN 工作模式;0,普通模式;1,环回模式
    Stm32_Clock_Init(432,25,2,9);       //设置时钟,216 MHz
    delay_init(216);                    //延时初始化
    uart_init(108,115200);              //初始化串口波特率为 115 200
    usmart_dev.init(108);               //初始化 USMART
    LED_Init();                         //初始化与 LED 连接的硬件接口
    MPU_Memory_Protection();            //保护相关存储区域
    SDRAM_Init();                       //初始化 SDRAM
    LCD_Init();                         //初始化 LCD
    KEY_Init();                         //按键初始化
    CAN1_Mode_Init(1,7,10,6,1);         //CAN 初始化,波特率 500 kbps
    POINT_COLOR = RED;
    LCD_ShowString(30,50,200,16,16,"Apollo STM32F4/F7");
    LCD_ShowString(30,70,200,16,16,"CAN TEST");
    LCD_ShowString(30,90,200,16,16,"ATOM@ALIENTEK");
    LCD_ShowString(30,110,200,16,16,"2016/7/19");
    LCD_ShowString(30,130,200,16,16,"LoopBack Mode");
    LCD_ShowString(30,150,200,16,16,"KEY0:Send WK_UP:Mode");//显示提示信息
    POINT_COLOR = BLUE;                 //设置字体为蓝色
    LCD_ShowString(30,170,200,16,16,"Count:");              //显示当前计数值
    LCD_ShowString(30,190,200,16,16,"Send Data:");          //提示发送的数据
    LCD_ShowString(30,250,200,16,16,"Receive Data:");       //提示接收到的数据
    while(1)
    {
        key = KEY_Scan(0);
        if(key == KEY0_PRES)            //KEY0 按下,发送一次数据
```

```
                for(i = 0;i<8;i++)
                {
                    canbuf[i] = cnt + i;//填充发送缓冲区
                    if(i<4)LCD_ShowxNum(30 + i * 32,210,canbuf[i],3,16,0X80);//显示数据
                    else LCD_ShowxNum(30 + (i - 4) * 32,230,canbuf[i],3,16,0X80);//显示数据
                }
                res = CAN1_Send_Msg(canbuf,8);//发送8个字节
                if(res)LCD_ShowString(30 + 80,190,200,16,16,"Failed");//提示发送失败
                else LCD_ShowString(30 + 80,190,200,16,16,"OK    ");    //提示发送成功
            }else if(key == WKUP_PRES)//WK_UP按下,改变CAN的工作模式
            {
                mode = !mode;
                CAN1_Mode_Init(1,7,10,6,mode);          //普通模式初始化,波特率500 kbps
                POINT_COLOR = RED;                      //设置字体为红色
                if(mode == 0)                           //普通模式,需要2个开发板
                {
                    LCD_ShowString(30,130,200,16,16,"Nnormal Mode ");
                }else                                   //回环模式,一个开发板就可以测试了
                {
                    LCD_ShowString(30,130,200,16,16,"LoopBack Mode");
                }
                POINT_COLOR = BLUE;//设置字体为蓝色
            }
            key = CAN1_Receive_Msg(canbuf);
            if(key)//接收到有数据
            {
                LCD_Fill(30,270,160,310,WHITE);//清除之前的显示
                for(i = 0;i<key;i++)
                {
                    if(i<4)LCD_ShowxNum(30 + i * 32,270,canbuf[i],3,16,0X80);//显示数据
                    else LCD_ShowxNum(30 + (i - 4) * 32,290,canbuf[i],3,16,0X80);//显示数据
                }
            }
            t++;
            delay_ms(10);
            if(t == 20)
            {
                LED0(led0sta^ = 1);//提示系统正在运行
                t = 0;
                cnt++;
                LCD_ShowxNum(30 + 48,170,cnt,3,16,0X80);        //显示数据
            }
        }
    }
}
```

此部分代码中主要关注"CAN_Mode_Init(1,7,10,6,mode);"函数,其用于设置波特率和CAN的模式。根据前面的波特率计算公式,我们知道这里的波特率被初始化为500 kbps。mode参数用于设置CAN的工作模式(普通模式/环回模式),通过KEY_UP按键可以随时切换模式。cnt是一个累加数,一旦KEY0按下,就以这个数为基准

连续发送 8 个数据。当 CAN 总线收到数据的时候，就将收到的数据直接显示在 LCD 屏幕上。

最后，将 CAN1_Send_Msg 函数加入 USMART 控制，这样就可以通过串口调试助手，随意发送想要发的数据（字符串形式发送）了，方便测试。

35.4 下载验证

代码编译成功之后，下载代码到 ALIENTEK 阿波罗 STM32 开发板上，得到如图 35.4.1 所示界面。

伴随 DS0 的不停闪烁，提示程序在运行。默认设置的是环回模式，此时，按下 KEY0 就可以在 LCD 模块上面看到自发自收的数据（如图 35.4.1 所示）。如果选择普通模式（通过 KEY_UP 按键切换），就必须连接两个开发板的 CAN 接口，然后就可以互发数据了，如图 35.4.2 和图 35.4.3 所示。

图 35.4.2 来自开发板 A，发送了 8 个数据；图 35.4.3 来自开发板 B，收到了来自开发板 A 的 8 个数据。

另外，利用 USMART 测试的部分这里就不做介绍了，读者可自行验证下。

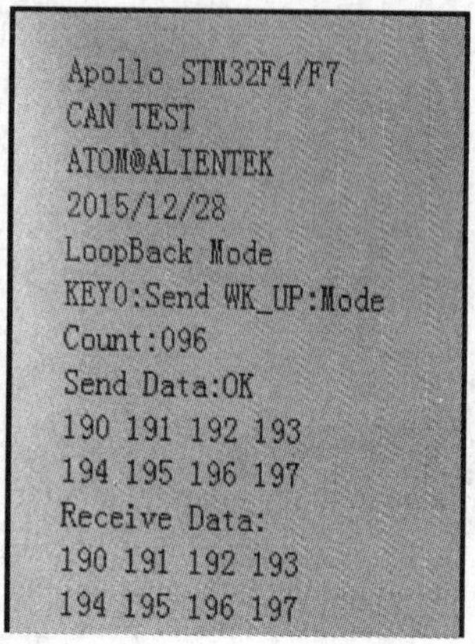

至此，30 个基础例程就全部讲解完了，另外 35 个高级例程的讲解详见《STM32F7 原理与应用——寄存器版（下）》。

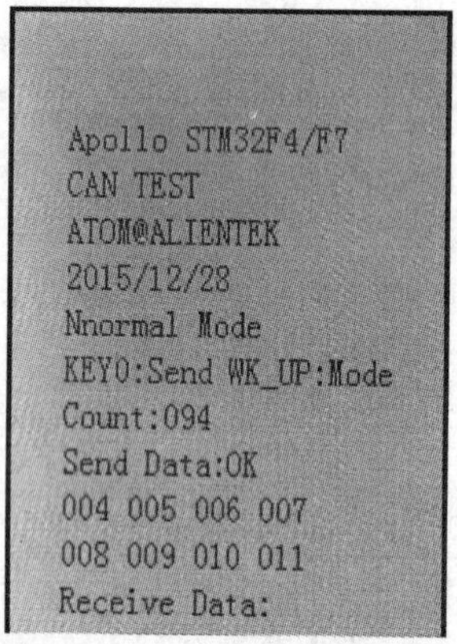

图 35.4.1　程序运行效果图

图 35.4.2　CAN 普通模式发送数据 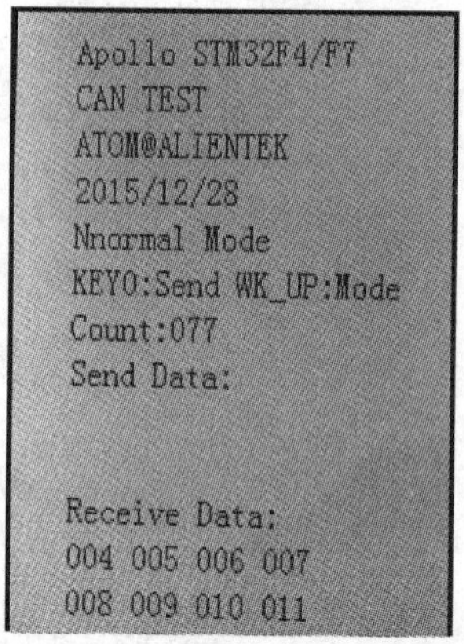　　图 35.4.3　CAN 普通模式接收数据

参考文献

[1] 刘军,张洋.精通STM32F4[M].北京:北京航空航天大学出版社,2013.
[2] 刘军,张洋.原子教你玩STM32(寄存器版)[M].2版.北京:北京航空航天大学出版社,2015.
[3] 意法半导体.STM32F7中文参考手册.2版.2015.
[4] 意法半导体.STM32F7xx参考手册(英文版).2版.2016.
[5] 意法半导体.STM32F7编程手册(英文版).2版.2016.
[6] Joseph Yiu. ARM Cortex-M3权威指南[M].宋岩,译.北京:北京航空航天大学出版社,2009.
[7] 刘荣,圈圈教你玩USB[M],北京:北京航空航天大学出版社,2009.
[8] ARM. Cortex-M7 Generic User Guide,Rev r1p0,2015.
[9] ARM. Cortex-M7 Technical Reference Manual,Rev r1p0,2015.
[10] Microsoft. FAT32白皮书.夏新,译. Rev 1.03,2000.